产品设计与开发系列丛书

大话产品实现：
从设计原型到最终产品

[美] 安娜·C.桑顿（Anna C.Thornton） 编著

汪玉柱 译

机械工业出版社

本书系统性地阐述了硬件产品从原型开发到全面量产的全过程，涵盖了对项目管理、规范文件、产品定义、试产质量测试、成本和现金流、生产系统、面向制造的设计和 DFX、工艺设计、工艺装备、生产质量、供应链、生产计划、分销、认证和标签、客户支持和批量生产等全方面的介绍，涉及的行业包括汽车行业、电子消费品行业、医疗行业、航空业等。本书内容丰富全面，语言平实易懂，有翔实的企业案例，可操作性强。

本书脉络清晰，给有志于了解产品实现过程的工程师、创业者、高校师生提供了一份清晰的硬件产品实现地图，也提供了很多可供参考的检查清单，可以帮助读者更快地上手，规避硬件产品实现过程中的各种陷阱。

北京市版权局著作权合同登记 图字：01-2021-2975 号。

图书在版编目（CIP）数据

大话产品实现：从设计原型到最终产品/（美）安娜·C. 桑顿（Anna C. Thornton）编著；汪玉柱译. —北京：机械工业出版社，2024.2

（产品设计与开发系列丛书）

书名原文：Product realization：going from one to a million

ISBN 978-7-111-74986-8

Ⅰ. ①大… Ⅱ. ①安… ②汪… Ⅲ. ①硬件–产品设计 Ⅳ. ①TP330.3

中国国家版本馆 CIP 数据核字（2024）第 046996 号

机械工业出版社（北京市百万庄大街22号　邮政编码100037）
策划编辑：雷云辉　　　　　　责任编辑：雷云辉
责任校对：杜丹丹　王　延　　封面设计：鞠　杨
责任印制：任维东
河北鑫兆源印刷有限公司印刷
2024年5月第1版第1次印刷
169mm×239mm · 26.75印张 · 462千字
标准书号：ISBN 978-7-111-74986-8
定价：169.00 元

电话服务　　　　　　　　　网络服务
客服电话：010-88361066　　机 工 官 网：www.cmpbook.com
　　　　　010-88379833　　机 工 官 博：weibo.com/cmp1952
　　　　　010-68326294　　金 书 网：www.golden-book.com
封底无防伪标均为盗版　　机工教育服务网：www.cmpedu.com

THE TRANSLATOR'S WORDS
译者序

无论现代的信息技术、软件技术如何发展，产品都脱离不了作为载体的硬件。一款产品可能会集成各种各样的功能，同时它的硬件制造会涉及各种传统和更先进的制造工艺，如果工程师们只专注于技术而对其他方面不闻不问，那么就会迷失在自我感觉良好的"技术泡泡"中，而产品却无人问津。所以，为了创造出一款可以生产又可以赢利的产品，设计师们非常有必要学习产品开发的整个框架，在技术、质量、成本等诸多因素中求取平衡。

本书由波士顿大学的安娜·C.桑顿教授编著，她有丰富的现场实践经验和教学经验。她用简单易懂的语言描述了硬件产品开发时所要关注的点，简单实用，对于设计师、生产和质量人员、项目经理、创业者等都非常宝贵，可以让他们在产品实现过程中少走很多弯路。

本书第1章~第4章通过诸多案例向读者介绍了为什么要了解产品实现，进入产品实现过程之前要做哪些准备，以及为了开启这趟旅程所应具备的如项目管理等基础知识。第5章~第8章从产品计划入手，介绍了概括产品要求的规范、产品定义、试产质量测试，以及对于产品实现过程中成本和现金流的管理。第9章~第13章聚焦在如何做好制造计划上，内容涉及各种生产系统的介绍，DFM和DFX介绍，工艺设计，工艺装备，以及如何管理生产质量。第14章~第16章聚焦于如何管理供应链，如何做好生产计划，以及如何把产品分销给客户。第17章~第19章介绍了生产全部完成后为了合法销售所需要的认证，产品售出后要提供的客户支持，以及批量生产中需要注意的一些问题。

每一款产品的实现过程都是一场马拉松，最重要的是中间的24.2英里，它考验着你的体能与分配，考验着你遇到问题时的调整与坚持。这本书就是你产品实现过程的通关向导，值得一读。

由于本书涉及领域较多，书中如有翻译不当之处，敬请读者能够予以指正，在此表示衷心的感谢。读者也可扫描封面勒口二维码进群讨论技术问题，交流不同观点。

汪玉柱

ACKNOWLEDGEMENTS

致　谢

　　我要感谢众多帮助我完成这本书的人。最重要的是我的女儿和丈夫，他们一直在忍受我写作、编辑和霸占厨房的餐桌。感谢 Karyn Knight Detering，她的插图对我整理思路，保持幽默感很有帮助。感谢我的父亲 Roy Thornton 和编辑 Céilidh Erickson，他们的阅读和编辑工作让这本书变得更好。还要感谢 Elaine Chen 和 Steven Eppinger，如果没有他们的鼓励和鞭策，这本书是写不出来的。感谢波士顿大学工程学院给了我空间和资源来开发产品实现课程。我在 730 室的同事 Gerry Fine、Bill Hauser 和 Greg Blonder 是我的好帮手，帮助我成为一名更好的教师。还要感谢 Ken Rother、Clive Bolton、Ben Flaumenhaft 和 Steve Hodges，他们都贡献了自己的专业知识和经验。还要感谢 Dragon 公司的团队，包括 Scott Miller 和 Bill Drislane，我从他们身上学到了很多。感谢与我合作过的所有客户，尤其是波音、SRAM 和费森尤斯卡比公司的员工。特别感谢我的朋友 Sarah 和 Rita、我的母亲以及支持和鼓励我的教练 Rita Allen、Cecile J. Klavens 和 Susan Farina。感谢所有撰写小故事和提供图片的人。最后，要感谢我所有的学生，他们阅读了我最初的草稿，并提出了很多尖锐的问题，他们是我热爱教学的原因。

CONTENTS
目 录

概述

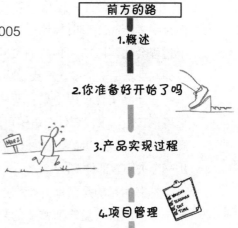

新技术和新产品总是有改变我们生活和社会的潜能。很多书会描述如何才能得到一个创意的火花，然后转化成一个原型样品以及一份初始的商业计划，然而令人吃惊的是，很少有书去描述把一个原型样品制成一个能交到客户手中的成品所需要的成百上千个步骤。不幸的是，一些产品开发团队几乎总是会低估产品实现过程中所涉及的痛苦、工作量、时间和资源。因此，很多公司推出新产品时会延期，预算会超标而且质量也不达标。

当产品开发团队有了一个外形和功能近似的原型样品，已经定义了产品几何结构和材料，详细说明了制造方式且已准备成批制造时，产品实现过程就开始了（也叫向生产过渡、试产或者生产爬坡）。大多数团队都相信如果原型样品可以工作而且有市场，那么只需要花几个月就能把产品制造出来，然后开始销售。无论是小部件，还是一架复杂的飞机，许多新产品上市时间都要比预期晚，而且很多产品上市时相比原计划，它带有的功能会减少，或者预算会超支。整个过程会比团队初期预测的更复杂，付出更多成本。就其本质而言，产品实现过程本身就是一个多次迭代、痛苦但最终又值得的过程。

在产品实现过程中只有两件几乎可以确定的事：一是工作比团队所计划的更多；二是几乎没有什么事情可以第一次就完美完成。零件可能不会如预期般地顺利脱模，包装可能没做好保护而导致产品损坏，还有供应商可能无法准时发出一个关键零部件。

本书的目的是帮助并带领学生、工程师、初创公司以及相关组织走过那些把一个产品带入量产所需要的复杂而又高度相关的各种流程。本书并不致力于帮你想出一个绝妙的产品创意或者如何去推广它，因为介绍这些内容的书已经足够多了。通过了解前方道路中所有的崎岖和弯路，团队可以在郑重地做出商业计划承诺之前就更好地预见潜在的问题。本书收集了来自 100 多家公司的经验教训，这些公司包括从零收入的初创公司到营收数十亿美元的大公司。尽管从表面上看，飞机、医疗设备或者一款新型无人机的产品开发过程非常不同，但实际上大多数行业都采用了相似的方法、原则和文件。除了产品尺寸，每家公司都必须定义产品，设计他们的生产系统，并在平衡互相制约的成本、质量和进度各目标的同时让一切运转起来。

1.1 案例

从 2017 年 1 月到 2018 年 5 月，特斯拉 Model 3 的发布曾在《纽约时报》

500 多篇文章中出现。自从特斯拉公司官宣了 Model 3，对埃隆·马斯克及其团队来说明显而又痛苦的是，他们严重低估了把一款具有全新技术的高量产车大批量交付市场所需要的时间，与此同时还要建造一座高度自动化的制造工厂。2017 年 4 月，特斯拉公司市场估值 509 亿美元，高于同期的通用汽车。此时特斯拉公司承诺 2018 年会生产超 50 万辆车。然而，直至 2018 年 3 月的最后一周，特斯拉公司只生产了 2000 辆 Model 3。2018 年 5 月中旬，特斯拉公司暂停生产来处理关键的生产问题。后来虽然特斯拉公司大幅提高了生产速度，但截至 2019 年第 3 季度，折合到全年也只不过生产了约 31.9 万辆。尽管特斯拉公司针对产能爬升时所遭遇的延期还没给出确切的原因，但他们已经暗示了原因有产线瓶颈、供应商延误、交付上的挑战、质量问题、过度自动化。也并不是只有特斯拉公司在这些方面痛苦挣扎过，其他为人所知的延期包括：

1）2001 年，洛克希德·马丁公司获得联合攻击战斗机（也就是现在的 F-35）的项目订单，并计划于 2010 年完成交付。后来该项目预算严重超支并且进度落后。在整个项目周期中花费有可能超过 1 万亿美元。

2）波音 787 曾被各种问题困扰，如文档错误、供应商延期、装配错误、供应链问题、电池质量问题，从而造成了延期。该项目初始成本预算是 60 亿美元，但后来经估算总成本可能已经接近 320 亿美元。

3）GTAT 公司曾尝试为 Apple 公司大批量供应蓝宝石屏幕，但一直被量产和低良率问题所困扰。良率问题可能是导致该公司在 2014 年破产的一个原因。

并不是只有大公司才会遇到产品实现中的问题。像在众包平台上发起项目的 GlowForge（一家生产激光切割机的公司）和 Coolest Cooler（一家生产配有电池驱动搅拌器的冷却器公司），他们的交付延期了好几年，他们所承诺的所有交期从来没有实现过。图 1-1 展示了一个众筹到近 300 万美元的产品所持续累积的延期例子。最初承诺的交期是 7 个月，但是直到该项目启动后的第 27 个月才有第一个产品发出。横坐标方向说明了每次所承诺的产品在交付上的延期。最终该公司在项目发起后的第 33 个月发出通知，公司关闭并向客户道歉，理由是财务拮据以及成本上升。在写本书的时候，并不是所有的资助人都拿到了他们的产品，而且该公司已经 6 个月未更新任何信息了。

在一篇由 Jense 和 Özkil 写的文章中，他们研究后发现 Kickstarter 平台上超过 40% 的产品交付会延期一年多，而有 50% 的产品从来就没有发出过。他们发现这些延期原因虽各有不同，但最常见的原因在于产品交付问题、生产后期所发现的质量检测问题，以及产品的制造可行性（DFM）问题。

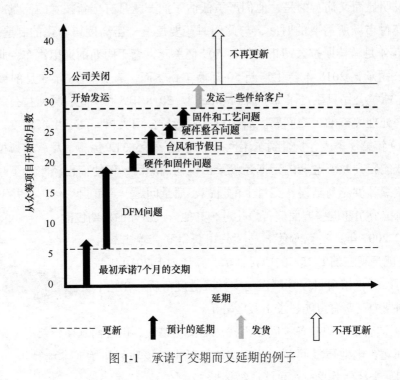

图 1-1　承诺了交期而又延期的例子

表 1-1 中，每个公司的失败都有各自的理由，但当把原因分组去看时就能发现几个相似的主题：

（1）技术方面没有做好量产准备　许多产品失败的原因在于公司在产品实现前并没有确保相应的技术已经足够成熟。原型样品可以运行，但是它们并不能批量生产。即使这些公司能发出一些产品，要么质量比前期所承诺的要低，要么就是缺少某些产品功能。

（2）生产系统没有成熟到可以支持批量生产　尽管技术准备好了，但批量生产的方式并不成熟。一些公司没有成功开发出可靠的供应链，另一些公司没能找到可靠的制造合作伙伴，还有一些公司不能以稳定一致的质量进行生产。

（3）花了太多时间和成本才走完生产过程　很多公司的失败是因为在批量生产之前就用光了现金。资金的缺乏则会导致产品只能以低质量生产出来，继而导致较差的客户满意度，以及后续低迷的销量。

表 1-1　已经失败的创业产品案例

产品	历史
CST-01 （Central Standard Timing）	在 2013 年以众筹抵押的形式筹集了超过 100 万美元，以制造"世界上最薄的手表"，但最终没能交付，原因：1）技术不够稳定；2）他们没有制造产品所需的技能
Elio P4 Scooter （Elio Motors）	筹集了 1700 万美元，承诺到 2014 年会推出一款三轮电动摩托车。然而到了 2019 年，该公司仍未交付任何产品
Zane drone （Toquing Group）	2015 年，一个迷你摄像无人机的项目帮助 Toquing Group 公司在 Kickstarter 平台上筹集了 400 万美元，但公司不久就申请了破产。调查发现，该无人机从来就没有运转起来过
Coolest Cooler	这是 2014 年在 Kickstarter 平台上筹集资金最多的项目。Coolest 公司能交付少量产品，但在交付所有订单之前，它就遇到了资金问题

插文 1-1：图标

贯穿整本书，你会看到很多不同的小图标。这些图标用于强调需要避免的问题，因为这些问题后续会导致严重的后果。此外，一些其他的小图标可用来帮助你浏览本书。

	在产品实现中使用的术语和行话		章节总结和要点
	用来确保你已经完成了所有事情的检查清单		为了支持产品实现过程，你所需要创建的文件

1.2　制造 10000 件产品远不同于制造 1 件

初始的产品设计只需要让产品在某种设定状态下工作一次，而产品实现却是要求 100 万个产品在 100 万种不同工况下都能工作。一个原型样品可以由专业制造商几周内通过手工打造出来。为了使投资人或学

校老师印象深刻，原型样品只需要在镜头前运行一次就可以，而且通常是由一个了解该样品特点和缺陷的专业人员来操作以防止出现故障。

相较而言，规模化生产并销售到市场则涉及制造成千上万件完全相同，并且能在客户千差万别的环境下使用的产品。大批量制造很具有挑战性，因为此过程中会存在许多变数，它们共同作用会使生产、测试、发货和客户体验偏离目标。另外，客户经常会在你无法预料的情景中使用产品，这也会导致无法预料的结果。最终，随着产品从原型样品转到批量生产，涉及的人员和组织数量也呈指数级增长，过程也会变得更加复杂，出现缺陷与沟通不畅的概率也会增加。

一个成功的产品必须要能解决客户的一个实际问题，而且要以合适的价格、高质量、准时交付给客户。推出新产品需要很多复杂而又相关联的活动，包括：

1）确保产品做好了生产准备。

2）评估产品和过程的安全与可靠性问题。

3）设法解决环境问题，如危险品的管理和废物处置。

4）对生产系统进行设计以低成本且稳定一致地制造产品。

5）做几次工厂试产以测试工程性、设计和生产系统。

6）建造一个物流系统以使材料能准时到达工厂，产品能准时发给客户。

7）确保产品符合法规要求。

8）定义一个质量控制系统以确保在产品到达客户之前将问题检测出来。

9）创建一个客户支持系统。

成功的产品实现过程要求协调很多活动去定义、测试并部署好所有系统以批量生产。它并不像在工厂里按下开关那么简单，相反，生产系统的每一方面都要进行测试和调整。没有公司可以在第一次出样后就迅速进入全速生产（插文1-2），因为没有公司可以第一次就把所有事情都做对。

插文 1-2：为什么理解行话是重要的

产品实现的过程充满了行话，其含义也许不那么确切。了解产品实现的一部分内容其实就是学习如何用行业人员的语言和他们说话。例如，在砂型铸造中使用的箱体叫作砂箱（flask），首次试模注射（first test shots）是指在一个新的注射模具上生产出第一批零件，用于对模具进行微调。贯穿本书，我们会使用一些常见的产品实现和制造业行话。带有词典图标的文本框用于强调那些读者也许不那么熟悉的术语。

在试产期间，团队会重新设计零件、修模、与供应商合作以提高质量、改变装配步骤并承担很多其他工作以达到产品推出的目标。以下是团队不期望但又会经常遇到的问题：

1）**随着生产速度和产量的增加，会有更多无法预料的问题出现，但却需要用更少的时间去解决。**很多质量问题只有当团队以更高速度生产时才会变得明显。首先，生产更多产品相当于给了小概率问题更多的发生机会；其次，高速生产时并不能提供与低速生产时相同的质量。

2）**在线测试无法找出缺陷**。团队一般会在装配过程中或装配之后认真地对产品进行测试，但测试经常无法复制产品在客户现场所遇到的工况。因此，缺陷经常是由客户发现。

3）**产品在保修期内由于一些无法预料的外力而失效**。产品会跌落、被摇晃或者通常会被用户不当使用。你很容易忽视那些会损坏产品的使用情景，尤其是客户从来没使用过的新技术产品。

4）**公司很晚才惊讶地发现有法律法规要求**。每个产品都需要认证以符合电磁辐射（electromagnetic field，EMF）、电磁干扰（electromagnetic interference，EMI）、安全和环境法规。你不会愿意因为没有提前计划去通过一些关键的认证测试，而在试产过程后期再重新设计充电电路，或者增加电磁辐射屏蔽罩。

5）**在产品正式推出前，客户发现了他们不喜欢的东西**。在公司没有使用最终面向生产的材料做出一个可以运行的产品之前，客户通常是无法给出一些有意义的反馈的。不幸的是，收到这些反馈通常是在已经开发好了昂贵的模具之后，这时候再做设计变更既昂贵又耗时。

6）**预测可能不准确**。采购团队必须要在生产前提前订购好所有的材料。然而在需要下单的时候，需求预测往往是非常不确定的。公司要么需要提前花大价钱准备更多库存，要么会在晚些时候面临潜在的材料短缺问题。

为了顺利通过产品实现过程，一些产品开发与制造公司已经开发出了高度互联的工具、文档、方法、流程来管理这些复杂性。这些产品实现流程确实有效地降低了出错的概率，减少了可变性并提高了产品与生产系统的稳定性与可靠性。

1.3　产品实现是一场马拉松

产品实现就像跑一场马拉松。每个人都关注马拉松比赛的第一英里和紧张刺激的最后一英里，但比赛输赢在于中间的 24.2 英里（在波士顿马拉松比赛中，通常是在心碎坡）。

对于任何有风险的项目，其"第一英里"都是令人兴奋的。团队找到一些客户进行交流，想出一些创意，创造品牌，开发硬件，设计很酷的 T 恤衫。"第一英里"是大部分书籍、创新项目、本科生与研究生商科课程所关注的阶段。商科学生从商学院教室出来时就带着商业计划书。工程系学生把大部分设计课程花在制作单个的原型样品上，而且他们认为自己已经学会了如何开发一个产品。只制作一个产品经常会给刚毕业的学生造成一种错觉，他们大大低估了把一个产品交付到客户手中所要进行的所有后续步骤。商科学生和工程系学生离开大学时都认为第一英里就是马拉松的大部分。

"最后一英里"，把产品带过终点线也会得到很多关注：商业杂志文章经常聚焦在当产品到达客户手中时会发生什么。而在学院里，"冲过终点"后的时期也是大量文学作品所关注的焦点，这些作品会关注一旦生产全速运行起来后如何优化操作。

"中间的 24.2 英里"，从一个伟大创意到第一个产品上架，漫长而痛苦，且充满挑战。新团队对自己的新产品会感到很兴奋，会在此过程中投入极大的精力，但也经常很天真地不理解他们前面"马拉松"的长度与难度。在"比赛"开始与结束之间，很少有关于可能会发生什么的讨论，所以也难怪很多公司或团队会低估这段旅程的长度与困难。正如在一场马拉松比赛中，只有那些训练有素并做好准备的人才会有更多的成功机会；而天真、没有训练过的人只能被担架从比赛中抬走。

针对产品实现这个马拉松过程，经过培训的产品开发者能预见很多挑战，确保很多问题会被主动地解决，并且有合适的合作资源。通过知晓接下来会遇到什么，团队可以减少过程中的痛苦与未知，并且提升成功的可能性。

1.4　工厂并不是一台巨大的 3D 打印机

大多数没有经验（甚至有经验的）的团队会认为把一个设计发给工厂与把一个文件发给 3D 打印厂商然后打印的过程是相似的。他们以为在选择了一个工厂或者合约制造商后，只要他们把图样发给工厂并检查一遍，然后一个运转完好的产品在三个月后就会通过 DHL 快递出现在你面前。一些制造商甚至会向你承诺这个服务，但如果你要是相信那就太傻了。

即使产品开发团队把制造完全外包，也需要了解产品生产出来所要经历的过程。产品开发团队需要对量产样品进行测试并提供反馈，持续地优化设计。团队需要积极地与合约制造商或工厂进行合作，他们应该要对过程足够了解，这样才能快速对任何出现的问题做出反应，并避免潜在的错误。简而言之，团队可以外包制造本身，但不能外包制造的责任。

1.5　三个原则

大多数产品实现失败是由于违反了以下产品设计三个基本原则中的一个或多个：

1）理解并在基本的物理法则内设计。

2）忽视制造很危险。

3）要清楚你的成本与现金流。

你无法打破基本的物理法则。说到底，硬件是被物理法则、机械结构、电子器件所支配的；一个违反基本第一性原理的产品是永远无法运行的。这个原则看上去似乎很明显，但很多开发者会由于盲目允诺一些不可行的东西而陷入麻烦。有个臭名昭著的案例，伊丽莎白·福尔摩斯在 2013 年筹集了超过 7 亿美元，她承诺会交付一个只用一小滴血液就可以居家检测的医疗设备，但其实这件事除了她要使之成为现实的欲望之外，几乎没有任何科学依据。

团队需要进行可靠的工程学设计和分析。依笔者的经验来看，大多数质量问题、召回和产品故障之所以发生，是为了达到产品在视觉上的美观要求或者无法实现的功能而忽略了设计、材料或者制造方面基本的物理学原理，如团队想从极小的电池中获取 8 小时的电量，或者把 Wi-Fi 芯片、蓝牙、扬声器和耳机封装进 25 美分硬币大小的装置中，但基本的物理法则限制了他们使用当前的技术所能进行的设计。

你无法将白色的塑料与白色的油漆匹配起来。当你在实际制造一个产品时到底会发生什么，这其中的问题只有通过实践才会浮现出来。例如，很多以前没设计过产品的团队经常会尝试把产品全部做成白色，包括模具成型的塑料件和喷漆件的组合，但当他们拿到产品时，发现即使 Pantone 色卡的色号完全一致，两种白色似乎也永远无法完全匹配，在不同的光线下，它们的差异会特别大，其中一个看上去总是很脏。这个原则以及其他上千条原则是设计者需要通过实践和对竞品的严谨评估才能获取的知识。团队，即使是经验丰富的团队，应该咨询一下专家他们产品的生产可行性如何。注意，如果你的组织在某个领域没有经验而团队的第一反应却是"这应该挺简单的"，那么很有可能在发运给客户前的 10 天内出现问题。

现金流不足是创业失败的首要原因。工程师不应该只生活在技术中。产品开发需要对更多现实的成本、质量、资源限制和进度计划保持一种理解与体会。太多商业计划只关注实物产品的成本和投资回报率，而不了解把产品做出来所需要的现金。不幸的是，做硬件是个资金密集型过程，团队需要远在实现任何回报之前就为开发、模具、样品做各种开支。通过避免我们在本书中谈到的一些陷阱，团队可通过更准确地预测首先需要筹集多少资金来降低在产品还未推向市场之前就出现现金短缺的可能性。

1.6 为什么要了解产品实现

没有乐队会在不练习的情况下就去表演。不幸的是，大多数产品推出期间（尤其是对于创业团队），演奏者需要一边学习读谱，一边学习新乐器，同时还要演奏。本书打算教授读者产品实现过程中涉及的所有活动，以让团队准备得更充分。

在设计的早期阶段，你的团队所做的决定会对你后续把产品顺利推进到量产的能力有重大影响。例如，选择焊锡线而不是采用边缘连接器能降低产品的销售成本（cost of goods sold，COGS）（见 8.3 节），但同时也会提高导致裂缝和其他缺陷的冷焊风险。又如，决定在多个国家销售你的产品也许会提高销售额，但会在认证和国内的支持上花费更多费用。

人们很容易会因为有意思的技术挑战或者想尝试做太多事情而分心。下面是几个会让你从"什么是最重要的事"上分心的例子。

自己想尝试做太多东西。许多团队会陷入创新的热情中，即使外包更合理，他们也想要自己生产整个产品。有时一个供应商能更便宜、更快速、更高质量地完成，而团队自己做最终却一塌糊涂。例如，团队也许想尝试自己来管理国内的分销事务，却发现在高峰时段雇佣不到足够的人手；这时把来料交付和出货订单外包给一个物流公司反而会便宜很多。

选择最便宜的制造商却以质量问题收场。很多人经常

试图选择最便宜的制造商，但这经常是以品质低劣，或者与一个不太合作且反应较慢的合约制造商合作为代价。

没能认识到产品实现过程需要多长时间却承诺了非常激进的时间表。 人们容易向客户承诺可以很快地交付产品。然而，如果你承诺了非常激进的交付计划，那么你就需要匆忙地通过关键的产品测试或者只好延期导致客户不满。所以最好是少承诺、多兑现，而不是相反。

等着去接触服务合作伙伴。 人们会习惯推迟与下游合作伙伴的接触，因为他们觉得"这事应该很容易"或者"我们还没到那个阶段"。例如，包装设计总是会比预期要花费更多的时间，但是公司经常会推迟包装事宜，因为他们认为"包装设计不会花多长时间，只是个箱子而已"。公司经常会推迟与第三方物流供应商签订合同，直到最后一分钟才不得不匆忙并花费更多费用把产品寄送给客户。如果能尽早了解合作伙伴的需求，公司就有更长的窗口期来评估潜在的供应商并谨慎选择最合适的。

等着在过程后期估算成本。 团队不希望在宣传了目标零售价（制造商建议的零售价）之后，才发现产品的实际到岸成本（产品成本，包含运送成本）过高。早期的估算可以表明团队是否有机会达到目标成本。

假设后续通过量产来最小化成本很容易。 许多产品在推向市场时，其成本都比预期的要高，但是团队相信当销量达到峰值时就可以降低成本。不幸的是，很多工程师高估了成本降低的幅度。1 件与 100 件产品的成本差异可能非常显著，但是随着销量从 1000 件上升到 10000 件，边际节省的成本会显著降低。

没有仔细规划现金流。 当你规划预算或者筹集资金时，是否了解把一个产品带过终点线时的真实成本决定了产品实现的成功与失败。当你正准备开始销售产品给客户时，却发现现金告罄是很可怕的。

直到试产后期才发现制造问题。 团队需要尽早评估他们设计的制造可行性与装配难易程度。你不会想等到已经为模具付了钱，才发现零件无法制造。

在试产后期增加产品功能。 在开发后期，产品管理团队总会试图给产品增加功能或种类。这在增加生产系统复杂度的同时，却没有留下足够的时间充分测试新功能，那么质量缺陷就会不可避免地出现。要尽可能忠于最小化可行性产品的原则，以降低失败发生的概率。

没有及早了解产品的用途以及进行针对性设计。 非常常见的是在设计阶段后期，设计师才对可靠性和耐久性要求做出详细说明，这就会导致非常昂贵的重新设计。后期的设计变更，例如增加强度或者降低热负载，会延迟产品推出并推高成本。

1.7 本书结构

本书会带领读者从产品原型到试产，再到生产爬坡，走完整个过程，也会向团队介绍一些概念、工具和每一步的挑战。

需要重点指出的是，虽然本书章节是依次展开的，但并不意味着你的团队每次只能执行一个过程或严格地按顺序去开展。许多过程是可以同时进行的，而且团队可能会迭代很多次。例如，组织需要在理解质量策划过程的来龙去脉之前就策划试产过程，但是他们也需要理解质量策划过程以设计一组正确的试产。

本书的受众面很广，包括研究生、本科生、创业团队和大公司。它是以一个直接参与产品设计 20 余年的机械工程师的视角所写就的，而且笔者现在仍活跃在工厂现场。因此，本书主要关注一些与把一个产品从试产阶段带到批量生产阶段有关的工程、成本和进度问题，而较少关注市场营销和财务问题。因为在这本书中不可能罗列所有涉及的内容（而且它会很快过时），网站 productrealizationbook.com 为读者提供了附加的参考和资源。

本书粗略地分成五大部分（见图 1-2）：

1）第一部分（**前方的路**）确保团队准备好了启动产品实现过程（第 2 章），给读者提供了一些关于产品实现过程的背景知识（第 3 章），介绍了产品实现过程中几个重要的项目管理工具（第 4 章）。

2）第二部分（**产品计划**）介绍了如何做好产品设计准备，包括要有一份完整综合的规范文件（第 5 章），定义产品设计的所有方面（第 6 章），在试产阶段如何验证并测试质量（第 7 章），以及预测产品成本和管理现金流（第 8 章）。

3）第三部分（**制造计划**）聚焦在使生产系统做好准备，包括关于生产系统的背景知识（第 9 章），确保产品的制造是可行的（第 10 章），定义制造工艺以便执行（第 11 章），设计和制造工艺装备（第 12 章），管理生产期间的质量（第 13 章）。

4）第四部分（**生产计划**）关注供应链管理，包括如何设计你的供应链（第 14 章），如何为生产做好计划以确保有充足的材料（第 15 章）和怎样把产品给到你的客户（第 16 章）。

5）第五部分（**销售你的产品**）涵盖了产品所需要做的认证和标签（第 17 章），如何建立客户支持系统（第 18 章），以及一旦全速生产时会发生什么事（第 19 章）。

当学习产品实现的过程时，你可能会迷失在细枝末节之中，从而失去对整个产品实现过程的俯瞰。图 1-2 展示了各章节之间的关系，可用作阅读此书的向导。

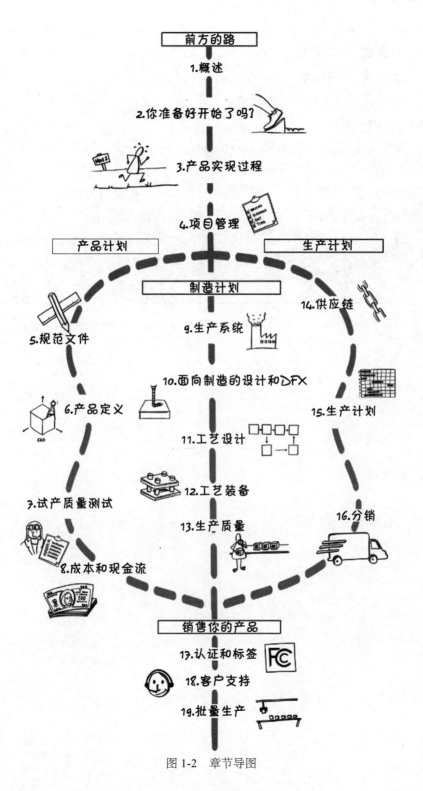

图 1-2　章节导图

小结和要点

❑ 制作 10000 件产品远不同于制作 1 件。

❑ 产品实现过程会因为很多原因而失败，包括技术准备不充分、生产系统不成熟和现金流不足。

❑ 产品实现是一个复杂而又跨职能的过程，它涉及组织内和跨组织间的很多人。

❑ 在产品实现过程中，团队需要平衡成本、质量和进度。最终，团队需要达到所有这三个目标才能创造出一款成功的产品。

❑ 提前了解前方的路会帮助团队更好地避免问题，以及为了完成目标而对所需要的资源进行计划。

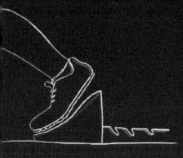

第2章

你准备好开始了吗

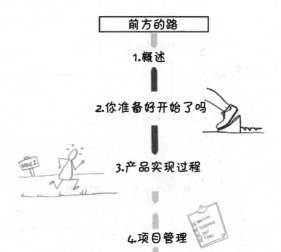

前方的路

1.概述

2.你准备好开始了吗

3.产品实现过程

4.项目管理

> 在产品准备就绪之前就进入产品实现过程会提高成本,降低产品成功的概率。本章定义了"准备就绪"意味着什么,即产品要满足客户需求,技术已经被充分地测试过,制造工艺也已足够成熟,而且所有文档都已准备就绪。

公司经常带着不成熟的概念就匆匆投入生产，努力抢在竞争者前面或者为了兑现对客户不切实际的承诺。仓促试产几乎不约而同地都会导致后续的失败，并最终花费团队的时间和资金。当团队进入产品实现过程时，对现金流的需求会显著增长，包括不得不雇用更多人，工程开发成本持续累积，材料也必须持续购买。你最好是在当每月消耗 10000 美元现金时去多花一个月时间做好准备，而不是当你的现金消耗速度是 10000 美元的 10 倍时，额外多花一个月时间去试产。

尽管人们倾向于"先开始吧，后面再想办法"，但在为了启动生产而投入资源和资金之前，团队要先问自己一些有关准备状态的尖锐问题。图 2-1 和检查清单 2-1 中总结了一些问题，还有如果所有这些准备状态的问题的回答都是否定时所需要采取的措施。接下来的内容会深入介绍准备状态的每个衡量标准的更多细节。

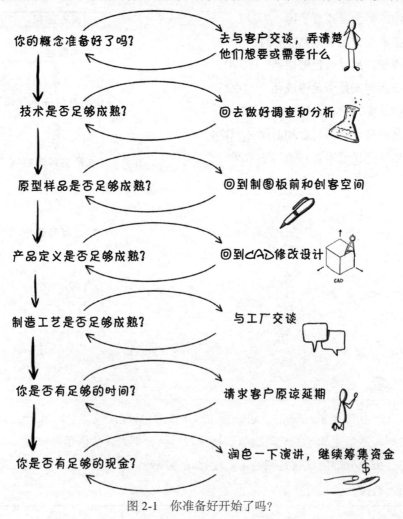

图 2-1　你准备好开始了吗？

> **检查清单 2-1：产品定义成熟度检查清单**
>
> ❑ **产品设计概念准备好了吗**？它能以一个合理的零售价满足客户需求吗？产品有可行的商业模式吗？
>
> ❑ **产品采用的技术足够成熟吗**？团队已确认那些未经测试的新技术能可靠地运行下去吗？其中任何一项技术有根本的可靠性或者质量缺陷吗？
>
> ❑ **原型样品足够成熟了吗**？该原型样品是真正可以代表所有面向生产细节的工程原型样品吗？
>
> ❑ **产品定义足够成熟了吗**？团队有对产品形成记录，以便转交给工厂，让他们参照规范进行制造吗？
>
> ❑ **制造工艺足够成熟了吗**？所有新的制造工艺是否已经成熟并且可以全速运行？
>
> ❑ **你有足够的时间吗**？你已经精确地评估过让产品为量产做好准备所需要的时间了吗？还是说你要延期？
>
> ❑ **你手上有足够的现金吗**？你是否已经仔细想过为了做必要的试产所需要的成本，以及推出产品的实际成本？
>
> ❑ **你是否解决了所有准备上市的风险**？如果你准备将没那么成熟的产品投入试产，那么你是否已经创建了一份风险管理计划？

2.1 你的概念准备好了吗

许多产品失败是因为它们没有以合理的成本来满足客户的需要。在开始产品实现之前，确保你有一个能满足客户重要需求的设计概念和可持续的商业模式至关重要。以下是一些产品案例，它们经过了产品实现的完整过程或大部分过程，但是因为它们没能达到准备状态的基本衡量标准而失败了。在以下这些例子中，产品设计都没能以一个合理的价格满足客户的需求。

Juicero 是 2016 年投资圈的宠儿。它融资了 1.2 亿美元来生产一台 800 美元的榨汁机，用于对预先洗切好的袋装水果和蔬菜包进行榨汁。Bloomberg News 上的一个曝光视频显示该公司所供应的水果和蔬菜包其实可以用手轻松地挤榨。在这个视频发布后，Juicero 就变成了一个笑柄。一篇来自 Bolt 的博客拆解文章道出了重点，对机器的过度工程化提高了其复杂性和由此产生的成本：

Bolt 对于硬件初创者的通常建议是先把精力聚焦在使产品快速推向市场以测试对于目标客户的核心假设是否成立上，然后再去迭代。与此相反的是，Juicero 在两年多的时间里花了 1.2 亿美元来建造一条复杂的供应链，以及一个完美但对于他们的目标群体太过昂贵的工程产品。

笔者最近曾与一位年轻的工程师有过交谈，他痴迷于他所认为的 Juicero 引入的高质量工程学。虽然已经读过这儿提到的所有文章，但他还坚持认为 Juicero 的工程学是出色的。花了好长时间笔者才说服他事实上那是很烂的工程设计。尽管就技术本身而言，那些复杂的技术细节确实令人印象深刻，但机器却没能满足客户的需求，因为它太昂贵了，而且它也没有比用人手揉捏那个蔬菜包做得更好。好的工程学是通过以合理的价格和质量满足客户的需求来衡量的，而不是通过零件数量或者复杂的机械结构。

另一个差不多同时间失败的饮料产品是 **Keurig Kold**，它试图扩张 Keurig 已经非常受欢迎的热咖啡和茶产品线，通过使用汽水胶囊进入冷饮领域。他们在 2015 财年投资了 1 亿美元，并计划在后续数年里继续投入相同的数额。他们与可口可乐以及 Dr.Pepper Snapple Group 达成了协议来分销他们的专营产品。不过一年内，Keurig 就把该产品从市场下架了。有几个因素可能导致了其失败，首先，饮料机昂贵且笨重；其次，每个汽水胶囊的零售价比单罐可乐的成本要高。客户是不愿意为那个设备和汽水胶囊的成本付钱的，用这些钱他们本可以更低的价格、更方便地买到现成的产品。

2013 年发布的**谷歌眼镜**，是通过增强现实（augmented reality，AR）技术将手机的技术和功能带入可穿戴设备的一次尝试。当谷歌发布该款眼镜时，产品有几个致命弱点，包括笨重的外观、不实用的用户界面，还有较短的电池寿命。产品失败的根本原因是那个技术虽然令人印象深刻，但它并没有解决任何可见的客户问题，因此也并未发掘出一个用户群体。

2.2　技术是否足够成熟

"我们有个很酷的新技术"经常被理解成"我们准备好把产品卖给客户了"，但这不是衡量"准备状态"的一个有效标准。一个可运行的台架测试能证明技术的可行性，但它无法证明安全性、可靠性、可扩展性、性能或者制造可行性。技术若是真正的成熟，它必须要满足性能指标、可批量生产、可在所有环境下为所有客户可靠运行等条件。

1996 年推出的**通用 EV1 车型**，是第一款批量生产的纯电动车型之一。当它刚推出时，得到了很多媒体的热议，而且很多潜在客户表现出了他们的兴趣。然而几年后，该车就从市场退出了，因为它没能为大多数购车者提供他们所需要的基本功能。它笨重的电池充满电后只能支持短距离行驶，而且内部只能坐下两个乘客。但最终电动汽车还是来了（如特斯拉等），因为其电池技术已足够先进到可以给驾驶者带来媲美传统燃油汽车的驾乘体验。

德国**大众公司**曾不得不召回 1100 万辆汽车并花费 180 亿美元来处理有关柴油发动机排放超标的问题。大众公司没能开发出一款能达到他们燃油里程数目标的出色发动机，但是他们仍然通过了大部分国家的燃油排放标准。他们通过在产品中安装软件，以改变排放测试时的性能来掩盖该技术缺陷，以便通过监管要求。这个行为造成了客户信心的丧失，而且是不道德和违法的，由此导致了大额罚款，而更重要的是造成了环境的破坏。

2019 年，在两次坠机事件后，**波音 737MAX**（经典款 737 的改版机型）被停飞。当飞机的迎角传感器失效时，它的新飞行控制系统会出现单点失效问题。飞行员并没有被告知该新控制系统与他们接受培训的 737 系统之间有何差别。很多组织上的失败也导致该单点失效被设计进系统中，而且飞行员并没有针对那个失事场景应如何做出快速反应接受过足够的培训，因而没能避免坠机灾难的发生。

如果团队曾认真地测试过技术的成熟度如何，这些技术上的缺陷本是可以避免的。在 20 世纪 70 年代，NASA 开发了一项技术成熟度等级（technology readiness level，TRL）标准（见表 2-1），用于评估木星轨道任务所使用的技术如何。之后，制造成熟度等级（manufacturing readiness level，MRL）也被创建出来用于评估军事产品是否可以批量生产。TRL 和 MRL 被设计用来确保所有团队成员明白什么时候一项技术和制造工艺才足够成熟到可以用在一项任务中。TRL 和 MRL 框架已经被广泛应用于很多行业以确保将足够的资源分配给还不够成熟的技术，以及用来管理在一个含有多种复杂新技术的项目中可能存在的风险。技术成熟度等级按 1~9 级划分，通常当一项技术至少达到 8 级时，产品实现过程才能启动。

表 2-1　技术成熟度等级（来源：参考文献 [17]）

等级	定义
1	基本原理得到观察和报告
2	技术概念和 / 或应用得到详细阐述
3	完成技术概念的关键功能和 / 或特征的解析和实验证明
4	完成实验室环境下的组件或者实验电路板（也叫面包板）验证
5	完成相关环境下组件或者实验电路板验证
6	完成相关环境下系统 / 子系统模型或原型的演示验证
7	完成运行环境下系统原型的演示验证
8	通过实验测试与演示验证，真实系统研制完成并证明合格
9	通过成功地执行任务，真实系统得到检验

2.3　原型样品是否足够成熟

　　一项技术也许已经足够成熟并且做好使用的准备了，但是这仍不意味着其产品概念已经准备好进入产品实现过程。原型样品可以让团队在真实的世界中测试概念，看看当前的设计运行状态如何。在概念构思时很多问题并不明显，而一旦原型实物被制作出来且被真实的用户使用后，那么初始设计的得当与否就会变得非常明显。

　　原型样品可分为以下几种：功能近似原型样品、外观近似原型样品、功能 / 外观近似原型样品和工程原型样品。功能近似原型样品用于证明关键技术的功能。通常一个机电产品的功能近似原型样品由一个实验电路板式的印制电路板组件（printed circuit board assembly，PCBA）和采用快速原型法制造的重要机械系统组成。它看起来通常就像一堆缠绕在一起的电线，但它能用来证明技术的可行性。功能近似的原型样品可以用来验证前文所述的 TRL 等级 5 水平。外观近似原型样品通常是一种非功能性外观样品，采用小批量原型工艺制造。顾名思义，外观近似原型样品用于展现最终产品的用户界面、颜色、材料以及表面处理。

　　只有当技术、产品形态以及表面处理都结合起来时，产品才准备好了进入下一步。功能 / 外观近似原型样品用于证明产品的功能元素是否可以适配在最终产品的外形之下。一旦这个原型完成，也就达到了 TRL 等级 7。最终，团队应该生产一个尽可能接近最终量产状态的工程样品，但它并不是采用大批量制造技术生产的。工程样品不仅用于测试产品功能，还有外观、装配和用户交互。

表 2-2 列出了原型样品的类型及其相关特征。图 2-2 展示了由 Embr 实验室所设计并制造的 Embr Wave 手环不同原型阶段的照片。版本 1.0 和版本 1.5 用来测试技术并获得用户反馈；但只有当外观和技术结合之时，才是产品准备好做设计验证测试（design verification test，DVT）的时候（第 3 章）。这些样品是工厂用接近最终生产的制造方式制作出来的，只不过是手工装配。

表 2-2 原型样品的类型及其相关特征

原型样品类型	验证内容	功能近似原型样品成熟度	外观近似原型样品成熟度	制造工艺成熟度	对于产品实现的准备状态
原理/概念论证	技术可以在限制条件下运行	零件没有最终定型。空间和布局还没有优化。也并不是所有功能都进行了设计	通常团队只有一个壳体的草图或者一个 3D 打印的结构	还没有考虑制造策略	非常糟糕。要启动试产还有太多问题需要解决。还有相当多重要的设计工作要做
功能近似原型样品	几乎所有功能都可以运行	该原型样品验证了大部分功能。细化的零件设计还未完成，最终零部件还未选定。最终产品的布局还未优化。原型样品通常是用现成的技术，如 Arduino 制作的	通常团队只有一个壳体草图或者一个 3D 打印的结构	还没有考虑制造策略	较差。零部件、组件和布局都需要细化，定制电路需要设计，而且它需要适配到外观近似原型样品上
外观近似原型样品	最终产品的 3D 结构和表面处理已完成，而且用户界面上的零件已建好模型	该原型样品论证了用户界面的一些被动功能	材料、内部结构、装配顺序，以及与功能性零件的结合还未完成	还没有考虑制造策略	较差。还有许多工程工作要做，以把功能性和外观结合起来
功能/外观近似原型样品	功能可以被并入工业设计中	布局大部分已经完成，但对于组件和子系统，并不是所有的设计决定都已做出。原型样品是采用原型工艺或手工方式制造的	采用快速原型工艺来制造机械结构。设计还没有针对制造进行优化	对几个关键零件已经选定了制造工艺。原型样品通常不是用量产材料制造出来的	欠佳。要把设计完成和把制造策略准备好，还有很多细节和想法要处理

(续)

原型样品类型	验证内容	功能近似原型样品成熟度	外观近似原型样品成熟度	制造工艺成熟度	对于产品实现的准备状态
工程原型样品	产品能制造出来，而且采用面向生产的零件，其功能也是有效的	布局已定型。制造采用小批量生产的速度和快速原型工艺进行模拟	所有特征已定义。快速原型技术用来创建零件	面向制造的设计已被应用于所有零件，物料清单已完成，零件被设计成可以批量生产的方式制造出来	很好。唯一突出的问题就是 DFM 变更，还有基于零件供应商反馈的一些其他调整

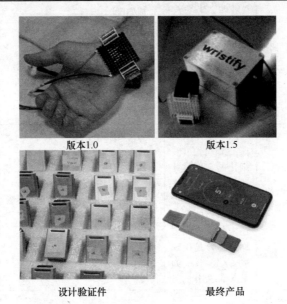

版本1.0　　　　　　　版本1.5

设计验证件　　　　　　最终产品

图 2-2　Embr Wave 手环原型样品（转载已获得 Embr 实验室许可）

2.4　产品定义是否足够成熟

除了原型样品要能运行且被测试过之外，所有的产品定义和文件都应该要准备好移交给工厂。检查清单 2-2 提供了一份需要准备好的信息清单。第 6 章会更详细地描述这些文件。

除了这些考虑之外，团队也需要了解软件、固件、任何附加服务、App 或者功能的

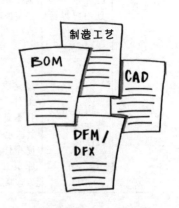

准备情况。例如，在图 1-1 所示创业公司的例子中，延期在很大程度上是由硬件的成熟度和预计的制造速度造成的，但团队没能交付软件也是一个主要的因素。

> **检查清单 2-2：产品实现准备状态检查清单**
>
> ❑ **你有一份完整的物料清单吗？** 除非有一份综合全面的物料清单，否则你无法估算产品成本或者为供应链做计划（第 6.2 节）。
>
> ❑ **所有零件都设计好了吗？所有工程图样都创建好了吗？** 图样不同于 CAD 文件，它包含了很多制造需要的相关信息，以便根据规范要求生产零件和装配（第 6.4 节）。
>
> ❑ **电子器件、固件、软件和 App 有多接近量产准备状态？** 一些原型样品是基于开源的电子器件平台，其来料时固件已经编程好了。不管怎样，在最终批量制造的产品上采用开发板在经济上是不划算的。如果设计并制作定制的电路板，同时要为其编进必要的固件信息，那交付周期将会非常长（第 6.5 节）。
>
> ❑ **每个零件的制造工艺确定了吗？并是否针对制造可行性做过评估？** 每个零件都应该具有选定的制造工艺。如果工艺选择晚了，则零件可能需要重新设计以匹配选择的工艺（第 10.1 节）。
>
> ❑ **对于定制零件你有指定的供应商吗？他们能胜任吗？** 选择一个供应商并且验证他们能否达到你的设计要求很有必要。例如，团队需要一个奇形怪状的电池或电动机，在确定其余设计之前，确定其几何结构是否可行至关重要（第 14 章）。

2.5 制造工艺是否足够成熟

在成熟度检查上排倒数第二位的就是要对制造工艺的准备状况进行评估。一些产品不仅要求增加某项独特技术，还要求对新制造技术进行开发和改进。美国国防部 MRL 对制造工艺的成熟度给出了一个综合描述（见表 2-3）。理想情况下，制造成熟度至少要到等级 8，产品实现过程才能开始。

表 2-3　制造成熟度等级（来源：参考文献［19］）

等级	定义
1	基础制造的影响已确认
2	制造概念已确认
3	制造概念已验证
4	在实验室环境下生产技术的能力已具备
5	在相关生产环境下生产零部件原型的能力已具备
6	在相关生产环境下生产原型系统或子系统的能力已具备
7	在典型生产环境下生产系统、子系统或组件的能力已具备
8	试生产能力已通过验证，低速度生产准备就绪
9	低速度生产已通过验证，全速生产准备就绪
10	全速生产已通过验证，精益生产准备就绪

GTAT 公司过去一直以相对低的生产速度生产较小尺寸的蓝宝石单晶片。他们没有能力履行为 Apple 公司制造更大晶片的合同义务，这导致了公司破产。他们也许高估了自己制造工艺的成熟度，也没能足够快地提高现有的生产速度和晶片尺寸。

特斯拉公司在最初几年里一直致力于他们的自动化和生产系统，以便于以期望的速度可靠地生产纯电动汽车。他们认为自己可以广泛实施自动化，而不用针对产品和过程的长周期调试进行策划。几年的延期严重限制了他们满足需求的能力。

2.6　是否有足够的现金和时间

在制造业和建筑业中，团队经常会对成本和计划过度承诺，但又很少能兑现。不管怎么说，这并不是经营业务的好方式。即使在大公司，团队也需要提前知道生产并推出一款新产品需要多少时间和资金。如果你错过了截止日期而又出现了现金短缺，那么筹集必要的资金以完成生产将会变得更加困难。第 4.2 节中描述了如何规划项目进度，第 8 章中描述了如何在过程早期估算成本和现金流。

Coolest Cooler 是一款由电池驱动搅拌的轮式冷却器，生产该冷却器的团队在 Kickstarter 上筹集了 1400 万美元，向大约 60000 名资助者中的 2/3 交付了产品，但还是在该众筹项目开始的 5 年后破产了。虽然筹集到了大量的资金，但最后他们手上却没有足够的钱来为生产所需的速度进行投资以兑现承诺。冷却器确实有效，收到的客户对产品也很满意。他们之前能交付一些产品给资助者，但为了获得更多的现金来交付产品，他们不得不在亚马逊上进行销售，而这进一步激怒了他们的初始资助人。

Glowforge 是一款家庭使用的激光切割机，生产该切割机的 Glowforge 公司没能向几个国际客户交付产品，因为他们没有事先了解在进行国际销售时所涉及的成本、时间和法规。大多数公司从只供应给美国、加拿大和欧洲开始。即使你只是发运少量的件到一个国家，但仍会要求进行全部的产品认证（第 17 章），这个过程很耗时而且花费高昂。此外，国际配送费用也很昂贵。Glowforge 很明显没有认识到在美国及欧盟国家以外交付的成本与复杂性，也注定会让客户失望。

故事 2-1：你为生产做好准备了吗？

Scott N.Miller，硬件众筹平台 Dragon Innovation 的首席执行官和创始人。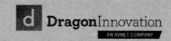

制造大批量硬件产品很困难，因为它涉及很多不同的原则，一家公司要想成功，所有这些原则必须无缝衔接在一起。在过去 25 年中，我有幸成为在 Disney Imagineering 和 iRobot 都推出过新产品（行走的机器人恐龙和 Roomba 的前四个版本）的团队中的一员，也帮助过数百家其他公司通过 Dragon Innovation 制造他们自己的产品。

最大的障碍之一就是要准确地评估制造和装配的设计成熟度。我经常使用字母表进行类比，"A" 代表想法，"Z" 代表在客户手中的产品。很多时候，公司完成了他们所认为的最终原型样品，并认为他们应该在 "M" 附近，实际上，他们更接近 "C"。

可负担得起的桌面 3D 打印技术的出现对于原型样品的制造来说是个游戏改变者。然而，这项技术是如此棒，以致于有时第一眼你经常很难说出一个注塑件与一个经过填充（为了隐藏纹路）并喷漆的 3D 打印件差别在哪。这种外观上的逼真效果有个意外的缺点，就是它会误导团队认为他们已经准备好可以把文件转交给工厂开模了，但实际上还有很多工作要做。因此，团队并没有充分考虑那个过程需要耗时多久，或者还需要有多少工程工作要做才能把 CAD 文件转换为可以开模的零件。

为了把 3D 打印的模型转换成量产的零件，我们喜欢从 DFA（面向装配的设计）开始。有许多方式可以实现，但我们经常关注两点：减少零件数量和使装配更简单。减少零件数量意味着你不会忘记订购一个你不需要的零件。其次，它对于使装配尽可能简单至关重要。下一步是零件级别的 DFM（面向制造的设计），包括制造与材料的选择、倒角和倒圆、分型面等。挑战在于这些针对几何结构的 DFA、DFM 变更可能影响到产品的功能与质量，所以经常需要迭代。

为了阐述一些隐藏的挑战，我分享一个客户的故事，他来找我们帮助他设计一款非常智能的游戏系统。该产品由可堆叠在一起的卡片组成，每个卡片都有小的 LCD 屏（想象一下玩填字游戏，每个方块内可以用不同的字母来替代，当排成一行时你可以推测出显示在相邻格子内的字母）。每个方块都由 3D 打印制造出了完美垂直的边，这样就可以垂直地叠放在一起。然而，对于注塑成型来说，零件就很有必要增加一个小角度（脱模斜度）来容纳材料的收缩，以及确保你能从模具中取出零件而不会刮伤它。即使增加一个 0.25° 的脱模斜度也会使方块看起来像一个比萨斜塔。为了得到一个垂直的壁，就需要一副复杂的模具（想象一下四个面都有滑块），反过来它就会延长计划进度，而且会给节假日季节的发货带来风险。

为了确保你准备好进入生产了，请记住那个字母表的类比以及在 DFA、DFM 过程中的因素。即使最小的细节也可能会产生不成比例的影响，并造成你不想要的后果。工作中最后的 20% 常会需要 80% 的时间。

文章来源：转载已获得 Scot N.Miller 许可。

商标来源：转载已获得 Dragon Innovation 许可。

2.7　如何定义"准备好了"

通常，你的预算以及向客户做出的承诺意味着你在完全准备好之前，就不得不开始生产。虽然有风险，但如果是下列情况，那带着没有完全准备好的产品继续往下进行也是可能的：

1）**变更不太可能会对设计的其余部分产生影响**。例如，如果液晶显示屏（liquid crystal display，LCD）的设计还没有完成，只要其变更不太可能影响产品其余部分的配合和功能，那么继续对其周围的零件进行加工也是可以的。又如，在选定电池供应商之前，你也许就开始为充电电路订购零件了，如果其体积和电量要求在可获得的商用现货零件（commercial off-the-shelf，COTS）范围内，那么你也许就可以冒这个风险。

2）**有一个更昂贵的备用计划**。通常，当团队假设一个低速生产的工艺可以很容易提速，或者只依据成本而不是质量选择零部件时，这就会导致技术风险。团队可以先准备一个备用计划，以防质量或速度无法达到目标。譬如，在初期可能选择了一款便宜的电动机以降低成本，但如果它没能满足技术要求，短时间内就可以更换成一款更贵的电动机。

不管你为将来的意外情况如何策划，后期变更都会伴随着风险，如可能会出现不想要的后果，使原本似乎完美的计划产生偏离。识别出的风险越多且越主动进行管理，则那些风险就越不可能造成延期或成本的上升。

小结和要点

❑ 仅仅因为你有个原型样品和一个客户并不意味着你应该启动产品实现过程。

❑ 产品团队应该问问自己以下几个问题：

  ❑ 你的概念准备好了吗？

  ❑ 技术是否足够成熟？

  ❑ 原型样品是否足够成熟？

  ❑ 你是否完全定义了你的产品？

  ❑ 制造计划准备好了吗？

  ❑ 是否有足够的现金和时间？

❑ 一个设计在理论上还不足够成熟就启动产品实现过程也是可能的。但是团队需要主动管理那些风险并提出备用计划，以防止不成熟的设计影响到成本、进度或质量。

第 3 章

产品实现过程

前方的路

1.概述

2.你准备好开始了吗

3.产品实现过程

4.项目管理

产品实现是一个复杂、高度迭代且通常是不可预测的过程。在开始之前，团队需要知道前方的路，而且要为从刚开始和工厂讨论，到第一个下线可销售的产品整个流程中所有需要完成的工作进行计划。团队需要大量文件来确保产品和过程的设计能以合适的质量和价格满足产品需求。

产品实现是一个产品从概念到批量生产整个流程的最后一步。不幸的是，很少有关于产品实现的书籍，大部分工程师只有在工作中才能学习了解它。在深入细节之前，有必要了解产品实现过程如何与学术界教授及工业界所使用的产品开发框架相匹配。本章第一部分描述了产品实现与总体产品开发过程的关系；第二部分描述了你所在的行业、你所采用的技术、你所销售的客户如何影响产品实现过程；第三部分描述了试产过程：生产如何从最初的原型样品转至批量生产。

3.1　产品开发过程

有很多种产品开发框架，但多数公司会遵循一个与由 Ulrich 和 Eppinger 所描述的相似的开发结构。每一步具体的活动、过程的形式和迭代的次数根据每个公司具体的过程与技术可能有所不同。此外，产品开发过程可以采用瀑布式方法（依序执行每个步骤）或者敏捷及精益方法（每个阶段进行多次快速迭代）。

图 3-1 左边部分描述了由 Ulrich 和 Eppinger 所定义的产品开发的基本阶段。团队从了解客户和他们的需求开始（产品计划阶段或构思阶段）。近年来，工业界和学术界提升了对产品计划的关注度。确保你对正确的需求有一个正确的概念，对创建一项成功的业务至关重要。正如在第 2 章中所指出的，一个被完美制造出来但并不能满足客户需要的产品依然是个失败品。在 *Disciplined Entrepreneurship* 或 *Lean Start-up* 中所描述的设计思维开发模型提供了一种结构化的方法来定义市场，找到未被满足的需求，并和客户来迭代和测试产品概念。图 3-1 右上部分的清单展示了由 Aulet 所定义的一个产品计划框架。

一旦产品创意开发得已足够用来开始设计真实的产品，那么工程团队、品牌管理团队、工业设计团队（被共同当作开发团队）会一起合作生成几个潜在的设计概念和方案（概念设计阶段）。然后，开发团队会评估这些潜在的设计以决定哪个方案最可能满足客户需求。接下来，工程团队会定义产品架构和主要的子系统（系统级设计阶段）。再之后就是细节设计，会导出一个全面到能够生产的产品（细节设计阶段）。之后产品设计会被测试和优化，最后产品才能批量生产（生产爬坡）。

产品实现处于传统产品开发过程的末期。它从细节设计阶段的末尾开始，然后一直持续到包括批量生产的生产爬坡。产品实现过程大致可分为以下四个阶段：

1) **定义产品**。工厂需要在一个产品被完整定义后才能开始批量生产。定义不仅仅是细化的零件模型。在把设计转给工厂前，开发团队需要提供全面而准确的一套文件，包括规范文件、机械图包、物料清单、CMF（颜色、材料和表面处理）文件，还有电子零件设计图包（第 5 章和第 6 章）。

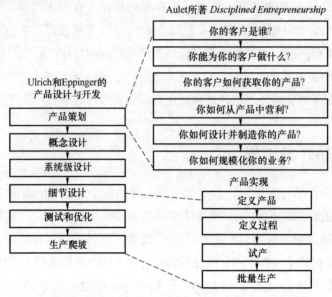

图 3-1　产品实现过程与其他产品开发框架的关系

2）**定义过程**。为了生产产品，不仅要设计产品，制造团队还必须选择（或开发）并全面规定制造产品所需要的过程（第 10 章）。过程的定义包括定义制造过程（第 9 章），定义零件的加工与装配过程（第 11 章），设计和制造工艺装备（第 12 章），建立供应链（第 14 章）。

3）**试产**。即使团队设计了生产系统，他们也无法像打开一个电灯开关那样简单地把生产线打开，然后就能全速生产。与产品开发团队在设计和优化阶段会制作一系列原型样品的方式一样，工厂同样要进行一系列试产（也叫作试运行、试跑、试制）。随着后续每次试产，工厂都会提高生产的数量。此外，每次试产时，生产速度也都会有所提升，生产线会更加接近最终量产的配置状态。试产阶段的目的在于：在进入全速生产前，查找出任何与设计、零件和生产系统有关的问题。这个试产过程是本章余下部分的重点。

4）**生产爬坡**。在运营组织确保了过程可以全速可靠地制造出质量合格的产品后，生产速度就可以提高了。运营组织要规划好材料的采购和生产排期以满足需求（第 15 章）。最终，组织必须设计一个分销系统来把产品运送给客户（第 16 章）。即使产品实现过程完成了，团队仍将继续管理生产，持续改善产品并对客户现场的产品提供支持（第 19 章）。

贯穿整个产品实现过程，团队必须要持续确保产品满足成本、质量和进度三个目标。但很遗憾，你总是要做出权衡。一般的经验法则是你只能三选二。例如，你可以得到低成本和出色的质量，但它需要花更多时间。团队不得不持续地平衡三个指标以找到最好的解决方案。

1）**成本**（第 8 章）。产品实现过程需要确保产品销售成本（cost of goods sold, COGs）和到岸成本达到目标。此外，团队需要确保他们没有耗尽现金。在试产期间，大量的钱会被花在服务、零件、模具和样品上，很容易就会超出你的预算。

2）**质量**（第 7 章、第 13 章和第 17 章）。在试产期间，团队需要持续不断地检查产品是否满足了质量目标。通过测试来确认制造的产品是否耐用且可靠，是否满足所在销售国家的所有法律标准。

3）**进度**（第 3 章和第 15 章）。整个过程必须要满足交付承诺，这涉及三个因素。首先，产品必须为批量生产做好了准备，试产过程定义了整个交付进度，团队需要计划试产次数以及何时需要全部完成以便能准时发布产品；其次，你需要确保工厂有足够的产能以足够的生产速度来满足客户的需求；最后，你必须能及时地从供应商处获得生产所需的材料。

随着从构思和产品设计转到生产，团队需要在组织结构和文化上做出几个转变（见表 3-1）。核心团队和扩展的虚拟团队（合约制造商、零件供应商和服务供应商）的规模会随着专家的加入，以及供应商被整合到过程中而显著地增长。组织风格会从非正式转向正式。转向产品实现模式要求有额外的管理结构，有围绕文档管理的纪律和结构化的流程来批准变更。

表 3-1　团队转至产品实现模式时组织的变化

特征	早期设计	产品实现
产品制作数量	单个	>10000 个
团队规模	4~5 人	>100 人
管理风格	灵活的	标准化且有纪律的
可靠性	专注于使产品运行一次	每次都要能运行
产品测试人员	设计师	用户
法规	不需要批准	要全面认证
成本	不惜成本让产品运行起来	关注产品销售成本和对于有限现金流的高效利用
进度	灵活的	需要满足交付承诺

3.2 行业标准

基于不同行业或产品，行业或政府标准组织不仅会针对产品，也会对制造方式、工作环境、危险物质的使用和废物处置施加一些法规和要求。行业标准的目的有些是为了标准化流程，其他则是为了确保消费者的安全。例如，先期产品质量策划（advanced product quality planning，APQP）开发出来就是为了确保来自供应库的质量在保持稳定一致的同时，可以减少供应商的文档工作。一家汽车行业的供应商通常会给不止一家汽车客户供货。在这些标准开发出来之前，供应商不得不维护同一份文件的若干种版本以满足他们多样的客户群体。该汽车行业标准意味着供应商针对所有客户，只需要遵循和记录一种产品实现过程就可以，因此提高了产出，降低了日常管理成本。

在高度监管的行业中，如航空航天或者医疗产品行业，标准能确保公司采用已知能提高安全性的最佳实践做法。例如，由美国食品和药品管理局（Food and Drug Administration，FDA）定义的药品生产质量管理规范（current good manufacturing processes，CGMPs）确保了制造过程不会毫无预料地超出控制，而且在任何缺陷品到达消费者手中之前都会被发现。表 3-2 涵盖了一份有特殊产品实现要求的产品和客户类型的清单。对于其中每一类，都需要咨询专家（内部雇员，或者外部顾问）来了解市场或产品细分市场所施加的限制。

故事 3-1：在试产中减少风险

Santiago Alegria，Íko systems 的创始人

Íko systems 是一家为现代家庭开发智能迷你温室的农业科技公司。我们想告诉人们的是我们的产品就像一台 Keurig 咖啡机，只不过是针对植物的。所有你要做的就是每两个月更换一次种荚、加水，然后看着你的草本植物生长。该产品融合了硬件、软件和植物学方面的技术，导致它的开发相当复杂。在我们的 alpha测试（工程验证测试或 engineering validation testing，EVT）中，我们决定通过给客户寄送已经预先发好芽的植物来降低风险。而我们启动 beta 测试是计划着把种

荚发给客户以便在产品中发芽，但很快发现这比我们想象的要难得多。大多数种子在土壤中陷得太深或者在发运途中被压扁。我们手工制作的陶瓷（其内包含种子和媒介）有很多大小不一的气孔，它们很快就被营养物堵住了，阻碍了水分的吸收。最重要的是，种子和根没能得到足够的氧气，所以长得很慢或根本就不生长。

这些问题是由许多因素共同导致的。首先，我们决定和一个外部供应商合作来获得种荚和更一致的气孔，但他们未能及时满足我们的小订单，因为我们太小了。其次，了解一个新种荚是否会有效发芽生长所需要的时间是几周，即植物发芽的时间。

就项目的现状而言，我们正在生产可靠的种荚，可以把它们交到客户手中而不发生发运上的问题。我们也升级了系统，用砂滤多孔石来给根部供氧。如果我们能更早地开始降低风险并与 EVT 阶段同步进行，那么我们本可以免去几个月的痛苦挣扎以及节省 beta 测试的时间。

文章来源：转载已获得 Santiago Alegria 许可。

照片来源：转载已获得 Íko systems 许可。

商标来源：转载已获得 Íko systems 许可。

表 3-2　有特殊产品实现要求的产品和客户类型

产品和客户类型	具体要求描述
医疗器械、材料和假体	根据设备和材料级别的不同，美国食品和药品管理局（FDA）及其他国家的医疗监管机构会对产品、包装、无菌度、设计变更和制造过程提出不同的要求
安全相关的产品（如火警警报器）	与安全相关的一些产品有特殊的法规来确保有充分的失效保护措施，以及最大程度地降低误报和漏报
面向儿童的产品	美国材料与试验协会（American Society for Testing and Materials，ASTM）有一个标准，其针对在美国由儿童使用的任何产品都定义了安全要求。快速浏览一下消费品安全委员会（Consumer Product Safety Commission，CPSC）网站就会看到仅仅因为没有遵循这些法规而有多少产品遭到了召回
数据采集设备和软件	如果关键数据（个人或其他）被传输回一个中央数据库，那么数据的使用和安全性也许就要被监管，尤其在欧洲

（续）

产品和客户类型	具体要求描述
非医疗生物相容性产品	一些产品不是医疗产品但能引起医疗问题。例如手表，它与皮肤接触，能导致皮肤刺激性问题。依据其用法和具体应用，也许有必要做一些生物相容性测试（插文 7-10）
国防相关产品	如果一些技术被认为是关键的军事和国防技术，那么在出口之前需要得到许可。国际武器贸易条例（International Traffic in Arms Regulations，ITAR）和出口管理条例（Export Administration Regulations，EAR）是美国监督国防产品出口的法规。这些产品归为两个级别：美国军需品清单（US Munitions List，USML），主要针对国防相关应用；商业管制清单（Commerce Control List，CCL），用于针对一些虽是商用但可能有军事应用的物品，如专用材料、电子设计和信息安全
B2B 产品	B2B 组织把产品卖给其他企业。一些工业团体给他们的供应商提出了一些常见要求，例如汽车行业和航空航天业
建筑材料	每个州（有时每个城市）都有自己的法规，只有达到了相应要求才允许把产品安装到新工程或者翻新的建筑项目中
在主要市场之外售卖的产品	每个国家对于地方代理、认证和发货都有自己的法规和要求。这些可能会在没有提前告知的情况下发生变化。贿赂和回扣在一些国家可能是平常事，但参与进这些实际操作中时通常都是违法的
激光或者有毒化学品	一些技术是受管制的且需要额外的认证

行业和法规标准通常可以公开获取到。它们也许不能直接应用于你的产品，但却是一项好的资源，可以用来了解应用于不同种类产品的最佳实践。以下是一些可能和读者相关的标准。

1）**ISO 9001 质量管理体系**是一个跨行业定义质量体系的通用标准。下面很多标准都来源于这些实践。

2）**药品生产质量管理规范（Current Good Manufacturing Practices，CGMPs）**是监管医疗器械如何生产的管理法规。CGMPs 详细概述了如下内容：设计控制、设计验证、过程认证和来料检验要求。这些要求不是非常具体（例如，法规没有规定明确的模板或软件），因此就给公司执行留出了余地。不同国家或经济组织可能有他们自己的标准，例如欧洲的医疗器械由法规 2017/745 监管。也有些国际标准被用来认证生产工厂，但在法律上并不一定是必须要求的（例如，ISO 13485：2016 和针对医疗器械的风险管理标准 ISO 14971：2012）。

3）**ISO/IATF 16949（替代 QS 9000）和先期产品质量策划（APQP）**最早是由福特、克莱斯勒、通用三家公司组成的联盟，即汽车工业行动小组

（Automotive Industry Action Group，AIAG）在 20 世纪 80 年代后期开发的一组过程。APQP 描述了几个所要求的过程，包括通过失效模式和影响分析（failure models and effects analysis，FMEA）来管理失效风险，在生产工厂中采用统计过程控制（statistical process control，SPC）以及使用生产件批准程序（production part approval process，PPAP）。

4）**AS 9100** 是一个与 ISO 9001 相似的航空工业标准，不过只针对航空工业。

5）**TL 9000** 是电信质量体系要求。它与 ISO 9001 有基本相同的结构和内容，另外还有一些只限于电信行业的特定流程。

3.3 试产过程

假设你的产品已经足够成熟到可以启动生产（第 2 章），你不可能从原型样品一步就跳到全速生产。生产系统和产品很少会在第一次尝试时就能完美运行，过程中会有太多种出错的方式。当特斯拉公司尝试快速地生产爬坡，但却接连没有达成目标时，他们也学到了这点。

以结构化的顺序逐渐增加原型样品的制作和测试的过程叫作试产。虽然很多公司用不同的名字称呼该过程（见表 3-3），但所有试产过程都有相同的目标，即确保当量产启动时，与生产、质量、性能有关的突出问题能够被降到最少。具体需要多少次试产取决于所在的行业、每次试产的复杂性和成本、设计和制造过程的成熟度、设计变更的次数和所承诺的交付日期。

每次试产的目的都是为了在量产前揭露出设计和生产问题。公司会采用量产过程（就是你会在量产时采用的方式）与原型过程（能生产相似零件，只不过是以更短的交付期和有限的固定成本投资）的混合方式先制备少量件。早期制作的样品主要用于解决概念问题，如软件、固件、整合问题或者用户界面问题。随着问题的解决，工厂会以更高的速度生产更多产品，最后会采用最终确定的模具、夹具、测试程序、工人和过程。每一步，产品都要经过严格的测试和评估以确保产品和过程能满足目标。对于本书，我们会把试产分成三种类型：工程验证测试（engineering verification testing，EVT）、设计验证测试（design verification testing，DVT）和生产验证测试（production verification testing，PVT）。EVT 聚焦在产品概念和工程学测试上，DVT 更关注所制造产品的性能，PVT 关注以期望速度生产时生产系统的能力。

通常来说，对于大部分消费品，每次试产阶段的生产规模都会以数量级增长。表 3-3 所示清单描述了制作原型样品和试产品的各个阶段，从产品开发期间开始到量产时结束（一个替代架构：alpha 和 beta 测试，将在插文 3-1 中有所描述）。图 3-2 以坐标图的形式展示了相同的信息。

表 3-3　每个试产阶段的描述、其他名称和特征

试产类型		工程验证测试（EVT）	设计验证测试（DVT）	生产验证测试（PVT）
描述		用量产零件（包括定制件和标准件）与软模零件结合来测试设计。面向生产的机械结构此时通常还没准备好。然而，功能、适配性和外观设计可以用 3D 打印件来模拟。也可用于测试软件和硬件最初的集成度	用量产件测试功能性。团队可以对模具稍微调整并识别出设计问题。这些件经常会被用于做认证。也可用于评估早期的包装方式	用于测试生产系统的表现。PVT 用来调整生产的设计，包括工人的培训、标准作业程序和生产速度
针对试产阶段的其他术语	玩具行业	工程试产	设计试产	生产试产
	汽车行业	试产装配	试产装配	爬坡到生产
	技术成熟度等级（TRL）	TRL7：原型接近或者处于计划的运行系统中	TRL8：技术被证明是有效可运行的	TRL9：技术的实际应用已有最终的形态
	制造成熟度等级（MRL）	MRL6：具备在相关生产环境下生产原型系统或子系统的能力	MRL7：具备在典型生产环境下生产系统、子系统或部件的能力	MRL8：试产能力已经通过验证，生产系统已经准备好进入小批量生产
件数		5~10	10~100	100~1000
样品用处		用作销售样品、用于拍摄市场推广的照片、软件测试、对功能规范的验证和认可、beta 测试	用于认证、耐久性测试、可靠性测试、市场推广样品	用于最终质量检查、外观检验、早期销售、推销商样品
设计成熟度		形态和功能已完成。CAD 已充分定义	包括公差和配合在内的最终细节已经确定	"考试结束"，后续预期只有细微的更改
外观		制作的原型样品（通常为手工修整）具有整体美学外观和触感	配合和表面处理已做过调整，驱动部分已经过调整，改善了重量平衡且最终确定了颜色、材料和表面处理	最终的配合和表面处理已经明确定义，此时已没有更改。标准样品（例如具有正确审美价值的样品）已经得到批准，最终的规范要求也已传达给供应商

（续）

试产类型	工程验证测试（EVT）	设计验证测试（DVT）	生产验证测试（PVT）
模具状态	一些长周期模具仍在加工中。一些机械零件通常采用原型工艺或软模制作。PCBA 模具已完成	模具以留铁的方式完成了（第 12 章），但还未抛光。模具会针对配合以及表面处理进行返工调整	最终的模具已完成且已抛光
夹具	夹具使用较少。原型样品通过手工制作	一些生产夹具已经用在原型样品制造中	最终的生产夹具已经制作好且测试过
包装方式	正在设计	原型包装已完成	全面量产和发运的包装已完成
产品质量测试	功能性验证已经完成以确保原型样品满足规范文件	耐久性和可靠性测试在进行中。一些认证测试已经开始且在量产前要完成	最终外观已经批准。QC 测试在进行中，尤其要核实 DVT 中没有通过的任何测试此时都应该能通过
测试设备	实验室、试验台测试设备用来全面地测试原型样品的功能性	一些最终的生产测试夹具已经制作好并已用于测试中	最终生产测试设备已完成且已验证
装配劳动力和生产线	原型样品车间或内部工程人员手工制作	由训练有素的装配工人在原型样品线上制作样品	最终的生产团队已经培训过且正在最终的生产线上操作
生产计划	对所需零件用量的早期预测已完成，且对长交期零件（材料授权）的订购已经启动	对于最终生产所需零件的采购已经下单。对所需材料的数量预测和进度安排已经接近完成	针对初期量产所需的所有材料的采购和交付已经完成。生产计划已经到位。正在创建对于量产的滚动预测

1）**一件原型样品**。从一个想法到第一个功能 / 外观近似原型样品是产品开发早期阶段活动的核心。团队致力于了解客户需求并着手设计一个解决方案。一旦确定了方案，团队就要决定产品外观、用户界面和功能性零件将如何一起运转。在从概念到细化设计期间，团队采用原型工艺来制作初期样品。样品通常采用原型电子零件、3D 打印件或者机械加工工件来制作；而外观则通过昂贵的手工方式来实现。

2）**五件原型样品**。接下来，团队会制作少量原型样品，以用于一些必要的现场测试，然后从客户和其他相关方那里收集反馈。这些样品（功能 / 外观近似原型样品）通常采用小批量或原型工艺制作，工厂此时还未介入。例如，采用激光切割而不是冲压。以少量方式做出来的原型样品看起来以及运行起来都应该要与最终产品相似，但外观或力学性能也许还没完全达到要求。通过这些原型样品，团队也能从内部或外部制造资源上获得关于设计的制造可行性反馈（第10章）。

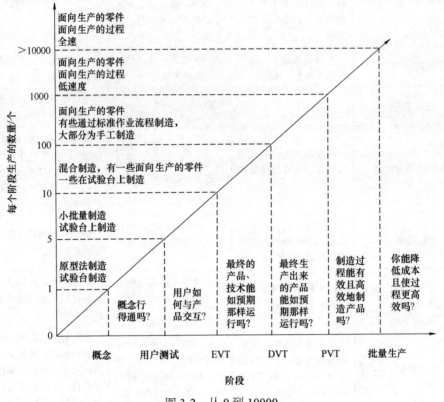

图 3-2　从 0 到 10000

3）**十件工程样品**。当团队向采用最终的量产方式过渡时，产品实现过程就开始了。下一个阶段，通常叫作 EVT，它采用了量产与小批量原型工艺的混合方式。有时 EVT 样品在最终工厂完成，有时由小批量制造商完成。零件设计中的大部分与最终量产时是相同的，但是也许制造方式不同，不过产品也满足大部分规范要求。这些样品用于评估产品设计，因为它可能要在实际现场运行。它们同样用于测试固件和软件。这些样品通常并不是很稳健，也许无法承受对于最终产品所要求的正常磨损。

4）**一百件设计样品**。DVT 阶段采用了面向生产的零件，但产品并不是在最终的装配线上制作出来。这个阶段用于确保面向生产的零件能如预期地工作。DVT 样品也会被用于支持认证过程（第17章），还会被用来测试耐久性和可靠性。

5）**一千件生产验证样品**。在 PVT 阶段，生产中的一些小问题需要被解决。此时采用了最终的生产线设备和工人，只不过是以足够低的生产速度运行，以确保在大量零件被浪费之前找到问题并解决掉。例如，团队可能发现一个手工装配过程产生了太多不良品，一个测试过程花费时间太长，或者生产线有太多瓶颈。

6）**一万件以上**。在爬坡到批量生产（第 19 章）（mass production，MP）阶段中时，速度会提高到最终的生产水平。在这个过程中，团队需要精简过程以使其更高效，减少浪费并提高生产流动性。

插文 3-1：alpha 和 beta 测试

一些组织会用术语 alpha（α）和 beta（β）测试来拟定原型样品和早期件要如何使用以收集客户反馈（许多人错误地使用了该术语）。α 和 β 测试通常用于软件开发；然而，一些硬件开发团队也在使用。α 和 β 测试一般用来验证产品对于客户的可用性（见表 3-4）。alpha 件通常是早期的功能 / 外观近似原型样品，它早于 EVT 试验，主要用来进行可用性测试和软件开发。beta 测试通常是在 DVT 或 PVT 件上完成，这些件是用来解决当产品采用面向生产的过程制造且采用量产技术进行装配时所出现的任何问题。

表 3-4　alpha 和 beta 测试

描述	alpha 测试	beta 测试
试验阶段	早于 EVT 或 EVT	DVT 或 PVT
测试者	朋友和家人、早期使用者、该领域专家	普通用户
测试范围	开放式结尾，用于找到未知的未知	进行受控试验以评估关键风险和未知
输出	可以产生推动重大设计变更的洞见	验证产品已为量产做好准备
市场关注度	只限内部	通过早期用户为产品创造热点

3.3.1　试产步骤

团队不能仅在工厂露个面然后就开始试产。团队需要做大量计划工作来确保一切就绪而且在试产期间要收集正确的数据。图 3-3 展示了为试产做准备和执行所涉及的步骤。

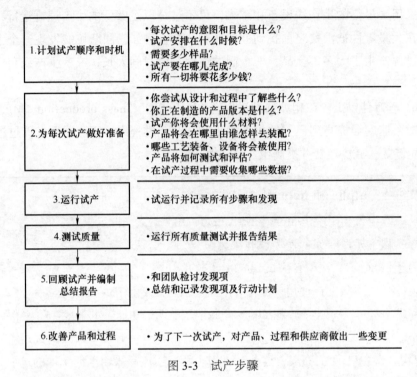

图 3-3　试产步骤

1. 计划试产顺序和时机

在产品实现过程早期，团队需要仔细策划他们的试产策略，包括设定试产次数、试产目的、每次试产预期要花多长时间、每一步制作的样品数量（插文 3-2）。对于试产所需要的任何长交期物品都要订购。模具、固定资产设备和测试设备的交付截止日期需要传达给工厂和供应商。计划阶段的目的就是要确保为每次试产在合适的时间分配正确的资源。

2. 为每次试产做好准备

一旦所有试产顺序和时机确定了，团队就不得不为每次试产做计划。试产过程的实际执行相对容易，难的是做好准备。试产就像给一个房间喷漆，大部分时间并不是花在把漆喷在墙上，而是把房间准备好。你必须确保你有所有必要的材料，你不会想在喷漆中途跑出去买刷子。为了确保有一个光滑的喷漆面，你修补墙面，抹上水泥，仔细地贴上胶带和罩布以防止油漆掉落在饰物和地板上。把颜色滚刷到墙上只需要几分钟，但整个工程如果没有提前数小时的认真准备，看上去将会一团糟。

与此类似，一个团队试产计划做得越好，整个过程运行就会越高效，也能带给团队更多洞见。很多团队草率地进入试产阶段，然后才意识到他们还没订购足够多的样品，没有正确地计划好测试，或者没有记录关键信息。检查清单3-1 给团队提供了一份清单，可以用来了解他们是否为试产做好了准备。

3. 运行试产

试产运行通常持续两三天到一周不等（取决于所要制造的数量和产品的复杂性）。工程团队、生产团队、质量团队各代表观察生产过程，解决任何设计问题，并实时地识别出可以改善之处。这些观察都应该被全面地记录下来。

插文 3-2：计划每次试产的规模

试产被用于对设计和制造过程进行调试，也生产一些样品。生产出来的样品主要用于测试，但也被各种业务职能部门用于进行其他相关活动。计划一次试产的部分作用就是要确保你有足够的产能、材料、时间和资金来生产足够数量的产品以满足公司的所有需求。而且，你也需要为无法运行或有重大缺陷的产品的生产损失做好计划。样品计划列出了每次试产所需要制备的数量。整个组织都需要做调查，这才不会在最后一分钟有人说"我也需要一个"。下列活动也许需要样品：

1）**质量测试**。这些样品会进行破坏性测试，通常无法再次使用。

2）**认证样品**。这些样品会被送到认证测试实验室。

3）**开发**。固件和软件团队需要样品来测试软件与硬件的集成。

4）**投资者样品**。投资者也许想要一些样品来让自己感到开心。

5）**销售样品**。样品也许会给到潜在客户以进行测试和评估。

6）**市场营销样品**。样品也许会给到市场营销部来推动销售和制作市场营销宣传资料。

备注：本插文左上角所使用的图标会在全书中使用，用于指明文件应该在哪里创建和管理。

---

4. 测试质量

一些样品会根据试产质量测试计划进行测试（第 7 章）。质量测试包括对以下方面的评估：

1）**用户反馈**。当用户有了一个看起来或运行起来都像最终产品的可运行样品时，他们将能够给出更好的反馈。样品用来识别技术规格是否准确，或者是否需要对产品要求做出更改。

2）**功能特性**。产品功能的每一方面都应该测试。

3）**外观表现**。产品的外观表现应该要进行评估以确保满足外观标准，包括：

——配合和触感：间隙和配合合适吗？

——颜色：颜色和表面处理始终一致吗？颜色互相匹配吗？

——表面：有期望的表面处理而且没有缺陷吗？

——重量与平衡：产品感觉如何？

4）**耐久性**。一些样品要经过压力测试，如跌落、振动、高低温、浸水、化学品测试（来自于手或清洁液体的油）。

5）**可靠性**。在期望的产品生命周期内，会对一些功能的运行能力持续重复地进行测试。

检查清单 3-1：试产计划清单

对于试产你有清楚的学习目标吗？仅仅为了制备产品而制备并不能充分利用该学习机会。

❑ 通过正式测试和用户测试，需要评估设计的哪些方面？

❑ 需要解决风险文件上的哪些风险？

❑ 在该阶段哪些质量测试需要完成？

❑ 对于测试、客户样品、市场营销和其他业务职能，你各需要多少样品？

❑ 这次试产有多不同于最终产品？

❑ 样品将会如何使用？

将会制作什么版本的样品？贯穿试产策划阶段，设计很可能会持续更新。在试产之前的某些时间点，团队需要决定将制作什么版本的产品以确保所有材料都能被正确地采购到位。

❑ **物料清单**。用来制作产品的物料清单需要冻结，最后一分钟的物料清单变更会打乱订购和计划。

❑ **图样版本**。在实际试产中应该记录下图样的版本。如果有问题，你需要知道生产的是哪个版本的产品。

❑ **正在生产哪种颜色 / 版本**？

该次试产会使用什么材料？团队需要确保为该次试产及时订购材料。

❑ **制造方式**。每个零件是如何做出来的？例如，尽管最终产品是注塑出来的，但早期 EVT 零件也许采用 3D 打印。

❑ **来源**。零件来自哪里？供应商是谁？这些是最终的供应商吗？供应商送你的是原型样品还是最终量产状态的零件？

❑ **成本**。零件将要花费多少钱？

❑ **交付时间和材料准备**。零件都会准时到达吗？质量都合格吗？

产品将会如何装配？产品制造可能发生在工作台上或者最终的生产线上。

❑ **工作台、试产线、生产线**。试产将在哪里何时进行？它是插到现有的生产线上还是在一条单独的试产线上进行？试产安排在何时？

❑ **标准作业程序、装配过程和制造**。用于制备产品的制造和装配过程应该要选定并记录下来。

❑ **人员配备和劳动力**。谁将制造试产件？他们的技能要求是什么？你是用那些能熟练进行装配的专业人员，还是用只接受过有限培训的普通工人？

将使用哪些工艺装备和设备？最终，生产线需要定制的工艺装备以支持生产。

❑ 为试产需要准备哪些制造设备？

❑ 如果夹具没有准备好，过程要如何模拟？

❑ 需要什么材质的搬运箱和其他设备以保护组件和最终成品？以及保护产品移动通过装配线？

产品将会如何测试和评估？

❑ **在线测试**。在试产期间将进行哪些测试、测量和评估？为了方便发现和解决问题，早期试产比最终量产通常要经过更多的质量测试。一些测试，例如印制电路板组件上的电路内测试（in-circuit testing，ICT），需要有定制的设备和夹具。设备是否可用？如果不可用，将使用什么替代？

❑ **质量测试计划**。需要对完成的原型样品进行哪些质量控制测试？相应的测试设备和夹具是否准备好了？样品如何分配给各测试？例如，如果 EVT 期间团队采用 3D 打印零件作为替代品，那么对产品做全面的化学接触测试就是浪费。

> **在试产过程中需要收集哪些数据**？团队需要计划在试产过程中，要系统性地收集哪些数据以及如何收集。
>
> ☐ **将要问哪些问题**：工艺周期时间？标准作业程序的准确性和完整性？时间和动作分析以识别难以装配的产品？生产良率和废品率？
>
> ☐ **数据将如何收集**？哪些图片、数据和注释要记录在案？谁负责观察和文档记录？

5. 回顾试产并编制总结报告

试产完成后，每次试产都应创建一份单独的报告，用于总结进行的所有活动和相应结果，包括在线的观察、对变更的建议、质量失效和其他一些评论。报告可确保团队成员能够回顾这些结果，并知道在下一次试产之前需要做些什么。另外，报告对于后续产品也是个绝佳的记录和资源。但往往存在的情况是教训并没有被记录，风险后续也未跟进，变更也未执行。

试产检讨必须包括试产期间的仔细观察：任何零件瑕疵、装配难题或者低效率都应记录下来并拍照留存，这些问题应该要解释清楚，也需要完成一个全面的根本原因分析。试产期间浮现的问题通常会包括：

1）外观缺陷（例如零件翘曲、飞边）。

2）机械缺陷（例如按钮不适配）。

3）装配挑战（例如线束布线困难）。

4）在线测试失效（例如相机图像测试因为无法自动对焦而失效）。

5）一些工作站生产周期太长（例如装配所需时间太长，工作站后库存堆积）。

6）标准作业程序有错误（或者没有标准作业程序）。

7）材料损坏（例如搬运箱没有保护好材料）。

8）包装问题（例如产品无法装入专用的箱子中）。

每个识别出来的问题应该包括：

1）问题或失效的描述。

2）根本原因分析。

3）一个纠正措施计划。

4）负责处理问题的团队成员。

5）纠正问题的时间表。

6）用以在下次试产中验证解决方案的测试。

风险管理文件（第 4.3 节）应该进行更新，也要重新评估生产计划，以适应纠正试产中发现的问题时所涉及的全部任务。

插文 3-3：产品实现作为精益创业模型的延伸

当在一个创业环境中讨论如何开发一个创新性产品时，大家会频繁地用到术语"精益创业"。在 Ries 关于这个主题的书的最初描述中，精益创业定义了一些通过使用来自客户的频繁反馈以帮助公司快速开发产品的实践。尽管最初是应用在软件上，但它的原则也正被应用到硬件开发中。

产品实现在哲学上与精益创业模型是一致的。有几个基本的精益创业原则可以使产品实现过程更加顺畅。

1）**最简可行产品（minimum viable product，MVP）**是产品的一个最简单可行的版本，它能解决客户的关键诉求而不必包含所有花里胡哨的东西。尤其是如果你正在一个新市场推出一项新技术，特征越少且物料清单越简单，也就越容易通过产品实现过程。

2）**创新核算和可执行的指标**是一些团队可以用来推动产品改善的衡量指标。在每次试产前，你要决定将测量什么内容以及如何测量它们，这有助于确保失效的识别和快速纠正。

3）**制造 - 测量 - 学习**重点强调要制造产品的几次迭代版本并快速改善设计。制造 - 测量 - 学习概念也与试产阶段非常一致。在整个过程中，学习会从"客户想要这个吗？"转换到"这项技术有效吗？我们能制造出来吗？"

---

6. 改善产品和过程

基于试产计划和报告，各团队需要在下次试产前实施改善。同时，也需要对接下来的试产计划做出更新，以反映任何需要重新做的质量测试，或者验证所做的变更具有预期效果。

3.3.2　试产推动整个产品实现时间线

试产时的延期事实上是不可能弥补回来的，也会不可避免地耽误量产。由于试产时各个任务都是有顺序的（必须在发现质量问题之前对产品进行测试，然后再重新设计，修改模具），所以很难在后续试产上找回时间。当面对延期时，团队通常倾向于减少一些试产，但这可能会导致后续严重的质量失效。

关于降低试产次数及缩短试产间隔时间，团队或工厂为此所能做的任何事情都可以给生产排程创造出更多的缓冲，并能给后续可能的延期留下一些空间。无论你是否准时开始试产，以及你能多么快地为下次试产做出调整，整体进度都由试产次数所决定。

1. 你需要多少次试产

大多数团队低估了把产品和工艺彻底调试好所需的试产次数。试产次数与下列内容高度相关：

1) **设计的成熟度**（第 2 章）。如果团队还在对产品细节进行迭代，就需要更多次的试产来测试每次的设计修改并对设计进行优化。还有，在产品实现过程中变更越晚，变更的成本也就会越高，因为修模通常既昂贵又耗时。

2) **具有挑战性但又无法提前测试的目标规范**。例如，如果低噪声对于产品的质量很关键，而且又有很多活动的零部件，很有可能产品就需要进行多次迭代以确保它的噪声不会太大。

3) **高度耦合的系统**。如果子系统可以分开制造并能在试产前提前测试，就更容易使整个产品正常运转。例如，如果电动机和控制器能在系统之外进行测试，这样就能更简单地把它们整合进整个设计中。如果所有零部件必须一起制作出来，或者产品没有完全装配好就无法测试，那么就需要更多次试产。

4) **不成熟的固件和软件**。硬件、电子固件和软件的集成问题只有当固件、软件和真实的硬件连接起来时才会显现。集成问题也许只有通过印制电路板更改才能解决。重新设计（重新设计电路并创建所有设计文件）一个电路板会严重耽误下次试产。

2. 你准时开始试产了吗？

很容易因为一些相对小的问题就错过计划好的试产时间。延期的原因通常包括：

1) **未识别出所有供应商**。小组通常认为找到一个具有特定性能和外形尺寸的相机或电动机很容易。如果采购人员没能找到一款合适的零部件，可能需要推迟试产来重新设计产品以适应现有的零部件。

2) **材料的可获得性**。只有所有零件都以比预期交付时

间更长的时间进行了订购，你才能开始试产。一些供应商在满足交付进度上比其他人做得更好。

3）**试产产能的可用性**。一个工厂内用于做试产的产能也许有限，要么是因为现有的生产，要么是因为要与其他产品竞争试产产能。如果你错过了窗口期，你可能不得不等着重新排队，即使你都已经准备好了。

4）**工艺装备和测试设备的可用性**。对于 PVT 而言，生产线所需要的都是最终状态的工艺装备。这些设备交期通常都比较长，交付上的任何延期都会耽误试产。

5）**工厂/合约制造商的响应速度**。一些合约制造商相比于其他厂商，在为下次试产做准备上响应度会更好。

3. 需要花多长时间来整合变更？

一个已定的试产完成后，工程团队、工厂和供应商将会对设计、工艺、零件和程序实施一些变更。快速落实变更的能力对整个试产时间线也很关键。各试产的间隔时间直接和下列内容有关：

1）**质量测试的速度**。只有当前试产的质量测试完成了，设计者才能开始着手下一次迭代。等待是为了确保上一次试产中的经验教训能反映在下一次试产中。

2）**你的设计合作伙伴的响应度**。并不是你的每个搭档都会像你的团队一样投入于把产品尽快推向市场。例如，一家户外设备公司把他们的电子系统设计外包给了一个单人的工作室以节省设计成本。在 EVT 后，团队需要实施很多设计变更来解决一个安全问题。然而，这项工作对于电子设计工作室而言只是件低优先级的事情，因为他还有其他客户。因为团队无法在关键的设计变更上快速转换，所以后来该轮试产就被耽误了。

3）**优化模具的时间**。拿到新零件所需要的最长交付时间通常是重新修模以及重新设定工艺参数的时间。如果你的供应商能实现快速周转，这将会减少各试产的间隔时间。

3.3.3　在哪里进行试产

试产可以采用多种生产模式，可在柔性单件车间、专用试产线或者在最终将会用于量产的实际生产线上进行。每种模式都有其成本和相应的优点。

1. 单件车间

早期 EVT 样品可能是在单件车间或创客空间由技术熟练的工人制作完成，

其制作成本要比最终批量生产的成本高很多，但是数量一般很少。采用单件车间的好处就是你能得到一个在力学性能和外观上都很接近最终产品的原型样品。而且，单件车间通常不需要使用模具，所以以材料的准备时间相对较短。

2. 专用试产线

第二个选项是使用工厂或试产车间中的专用试产线。专用试产线模拟了最终的生产环境，这样就便于发现问题而不会扰乱现有的生产。试产线有以下特征：

1）具有专用空间，可以对不同产品实现快速配置。

2）具有可以适用于各种产品的柔性夹具、工具和设备。

3）具有技艺精湛的工人和团队，他们可以处理无法预料的变化并调整零件以确保产品的高质量。

4）在试产线上制造出来的产品与最终产品较为相似，但生产速度和质量无法代表批量生产。团队仍需要在最终的生产线上加大产量以识别出量产才会出现的问题。

一些合约制造商会在美国（或欧洲国家）提供试产线，然后再把生产转移到海外低成本的地区进行量产。在开发团队周边进行试产，然后再把生产转移到低成本地区有明显好处。首先，更多的团队成员可以出现在试产现场，差旅时间和成本可以降低；其次，当沟通非常重要时（例如，小语种或者文化隔阂有碍于交流时），在试产阶段，团队可以更好地与试产团队进行沟通。

团队也应该意识到在两个不同地方进行试产和量产也有一些缺点。首先，一些对于最终生产所必需的工艺装备和零件也许不得不先在海外工厂制作好，然后为了试产再发运到美国；其次，有益的东西很难在不同现场进行共享，例如，如果装配工人发现了一个聪明的变通方法，他们必须要以同样的方式训练海外的工人。

3. 生产线

另一个选项就是在将来量产的生产线上做试产。通常，生产线已经在使用中，当生产线不是很忙或者可以与现有生产混合时（混合模式生产），就可以进行试产。例如，新款汽车通常与老款汽车在相同生产线一同生产。在量产线上进行试产有以下特征：

1）现有产品线的制造也许需要暂停一下以便于试产，产品也许需要轮班生产，或者试产可以与现有生产混合进行。

2）团队可以采用现有的工艺装备与设备。

3）进行试产和量产使用的是相同的工人，他们的经验可以帮助他们了解新产品。

4）从试产到量产不会有太多意外的情况。

5）通常适用于那些一个产品族中的产品，或者相同产品的不同代际。

有时如果公司没有一条专用的试产线或者试产车间，团队就没有选择。然而，如果你打算选择合约制造商这条路，那么不同制造商将会提供不同选项。每种方案都有好几种成本效益，也有混合的方式（见表 3-5）。一些公司会在试产车间做早期的 EVT 和 DVT 试产，然后 PVT 试产会在最终的工厂里完成。

表 3-5　各种试产地点的利与弊

试产线的好处	生产线	海外试产车间	国内试产车间	单件车间
设计团队容易参与到试产过程中		⇔	⬆	⬇
可以对工艺装备做出快速更改		⇔	⬇	⬆
不会扰乱现有生产		⬆	⬆	⬆⬆
劳动力的质量		⬆	⬆	⬆⬆
可以发现一些与人员、工艺装备等相关的生产问题	基准	⬇	⬇	⬇⬇
可以为客户定制样品		⬆	⬆	⬆⬆
可以从试产线快速转至批量生产线		⬇	⬇⬇	⬇⬇
可以试验非常新的技术与新的装配方式		⬆	⬆	⬆⬆

注：⇔：与基准相似；⬆：具有一些优势；⬆⬆：具有明显优势；⬇：具有一些劣势；⬇⬇：具有明显劣势。

3.3.4　试产从来不会如预期般顺利

理想情况下，一个给定的 EVT、DVT 或者 PVT 试产已经计划好了，所有材料和工艺装备都达到了试产所需要的合适成熟度，那么就可以准时开始试产了。然而现实从来不会那么理想：正当你期待的时候，工艺装备没有完全准备好，设计变更也还未确定又或者某人的航班取消了。因此，试产总会与计划略有差异。此外，也许需要额外的试产。

在额外试产的混乱中，试产不会如预期进行，又或者设计变更迟迟未定，对于每次试产，记录当前的设计状态（物料清单、CAD、工艺装备计划、标准作业流程）非常关键。在混乱的试产期间发生的典型失效包括：

1）很容易忘记"新电池配置是在 DVT3 中开始的还是 DVT4 中"，而且不能对问题正确地归因于是功能还是质量失效。

2）纯粹为了试产而试产是在浪费时间，不会有重要的收获。团队感受到了试产的压力但没有清楚定义的目标。仓促行事、没有策划，团队会错失许多学习的机会。

3）没有定义质量测试计划也同样是在浪费时间。样品会搁在那里等着团队决定做什么测试。因此，也没能为下次试产及时发现问题。

4）很多时候，组织会对质量测试中的失效不予理睬，因为"我们有一个待定的设计变更来解决那个问题"。但后来他们并没有重新进行那个测试以验证新的设计是否会再次发生那个故障。

通过充分全面地计划试产，理解目标，认真记录，系统地管理那些发现的问题，团队可以避免以上问题所导致的严重质量问题或延期。

3.3.5 试验新制造工艺

在一些情形中，新产品也许包括新的且未测试过的制造工艺。新制造工艺也许已经以小批量或者在实验室条件下测试过了，但需要与产品产量同步提升。如果扩大制造规模，需要设计和生产新的固定资产设备，那么新工艺将尤其具有挑战性。

如果没有认识到在全速生产规模下同步开发一款新产品和新工艺的复杂性会导致严重的失败。例如，2013 年前后，GTAT 公司拿到苹果公司的订单合同，为其生产蓝宝石屏以替代玻璃手机屏。GTAT 公司同意同步增建一个更大规模的生产工厂以提升产能，生产比过去更大的晶体。大量资源和资金被花在建造设施以及在短期内提升产能上，但当公司无法在承诺的时间内交付产品时，公司已经扩张太多了并最终宣布了破产。尽管有很多因素导致了该公司的破产，但首席运营官 Daniel Squiller 把失败归结于他们没有能力快速大幅地提升大晶体的生产能力。他们已经在为其他公司生产较小的晶体，但为了生产更大的晶体，他们需要对制程进行必要的改动，而这个过程比他们预期的要长，也花费了更多的成本，继而导致了流动性危机，最终导致了破产。

小结和要点

❑ 成规模制造比生产一两件要更难。

❑ 产品实现过程是整个产品开发过程的一部分。

❑ 产品实现过程的目标是要确保产品在满足成本、质量和时间进度的前提下为量产做好准备。

❑ 试产过程可以帮助团队提升产量曲线。该过程以工程验证测试（EVT）开始，然后是设计验证测试（DVT），最后是生产验证测试（PVT）。依据行业和技术成熟度，需要不同次数的试产以提升到全速生产。

❑ 不同行业在产品实现过程中会引入不同要求。

❑ 针对试产过程做策划，对于你想尽可能从过程中学习更多非常关键。

❑ 试产过程永远不会如预期般顺利进行，延期的时间也总是难以弥补。

第 4 章

项目管理

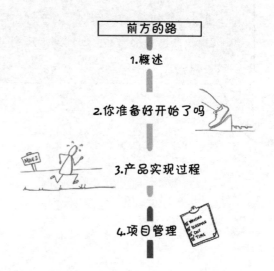

前方的路

1.概述

2.你准备好开始了吗

3.产品实现过程

4.项目管理

在产品实现过程中，积极的项目管理对涉及的资源密集型、迭代型和跨职能过程必不可少。本章将回顾四种你的团队需要的项目管理工具：角色和职责分配、关键路径管理、风险管理和企业数据管理。

把一个产品从原型带到量产要求成百上千人的协作，执行成千上万个对时间敏感的任务，而且要准时且在预算内完成，几乎没有出差错的余地。与原型样品的延期不同，推出一款新产品时，在紧急关头经常涉及数百万美元。整个公司不会因一个产品概念，而会因它如何被执行而成功或破产。产品实现也是一个必须适应意外变化的过程；整个试产过程的目的就是揭示并解决问题，但同时每一个变化都会对整个过程产生连锁反应。

如果不能使所有以上这些活动保持在正轨上并管理它们不可避免的变化，则会导致：

1）**违反合同义务**。销售合同经常是以满足具体的交付日期为依据的。错过了窗口期不仅会有现有订单被取消的风险，也会对持续销售构成风险。

2）**简化质量测试过程**。当进度非常紧张时，人们倾向于牺牲质量测试。但这几乎总是一个错误。没有做充分的耐久性和可靠性测试可能会留下产品在实际现场失效的风险。

3）**错过季节性趋势**。许多产品大部分都是在固定的窗口期内卖掉的：玩具是在节假日，烧烤设备是在夏季。错过一个目标日期就意味着损失了一整年利润中相当大的一部分，也就给了竞争者一次在市场中站稳脚跟的机会。

4）**消费者信心的丧失**。负面评价很难从对一个产品的印象中去除。如果早期的过失被公之于众，无论是在科技电子刊物上还是在社交媒体上，那些负面评价将永远存在。

5）**现金流不足**。延误产品的发布可能会给现金储备带来压力。团队通常不会为无法预料到的额外试产以及追加的样品留有预算，用来保持公司日常运转（例如办公室和差旅花费）的花销速度超过了预期的产品发布日期，那么晚发布可能意味着现金耗尽。当你刚刚错过了最后期限而且没有钱为第一张采购订单付款时，此时再筹集额外的资金就会大大降低你的估值，这就会使问题变得更加复杂。投资者能闻到绝望的味道。

保持一切都在正轨上通常需要项目经理的关注。在一个理想的世界中，完美的团队不需要项目管理。每个人都会意识到重要的问题，团队将会均衡地划分工作，程序和变更也将被清楚地沟通，人们会跨过职能界限来提出一些关键问题。

正如你很容易猜到的那样，现实总是不那么理想。产品的实现过程对于单个人来说经常过于复杂以至于难以意识到项目的所有方面。当团队错过最后期限时，"我以为是别人正在处理这个问题"、"这应该很容易"和"我不知道现在已经到期限了"就变成了人们熟悉的口头禅。

当所有职能小组的任务汇聚到一起时，项目管理在产品实现过程中就尤其重要。工程团队正在完成设计并进行后期修改；产品团队正从用户那里获取反馈；运营和制造团队正在准备生产系统；财务部门正在跟踪资金并管理现金流；法务部门正在管理与供应商的合同；人力资源部门通常正在招募新员工以为生产爬坡做好准备。在整个产品实现过程中，需要进行大量的跨职能沟通。例如，负责质量测试的团队需要理解由工程团队对规范文件所做的任何变更，并针对新要求更新他们的测试计划。

积极的项目管理（project management，PM）对于把像产品实现这么复杂的活动保持在正轨上至关重要。PMI，一个领导项目管理的机构，将项目管理定义为："……把知识、技能、工具和技术应用于项目活动以满足项目要求"。一份普华永道（PricewaterhouseCoopers，PwC）的研究发现，97%的受访公司认为项目管理对业务绩效至关重要。有效的项目管理将帮助团队沟通变化带来的影响，在关键日期之前很好地完成任务，以及确保一些本可避免的问题不会对产品发布造成阻碍。

本书将不会涵盖项目管理的所有方面。大量已出版的书籍可以为任何感兴趣的读者更深入地阐述这个主题。本章将会强调几种对产品实现比较关键的项目管理工具。

1）**定义角色和职责**（第4.1节），确保团队可以意识到他们的职责，且及时运用正确的技能。这可以使团队避免诸如"我以为其他的团队在负责那件事"或者"我们不知道必须这样做"之类的借口。

2）**管理关键路径**（第4.2节），保持团队聚焦在决定整个项目进度的一组活动上。当不知道哪些是必要的时，人们就会倾向于做那些能给他们带来认可的工作，或者容易做的，又或者他们认为重要的工作。然而，枯燥的、困难的、乏味的任务往往对进度是最关键的。理解关键路径能帮助团队聚焦在项目真正需要的事情上而不是个人更喜欢做的工作上。

3）**管理和跟踪风险**（第4.3节），确保潜在的障碍得到解决和清除。当团队忽视了一些潜在问题，或者在过程早期他们发现问题后但没能跟进，就会有产品失效的风险。谨慎的风险管理会系统地记录并跟踪这些问题，以确保团队能降低风险并解决所有问题。

4）**管理企业数据**（第4.4节），确保所有执行产品实现过程需要的数据都是最新的而且有权限访问。过程中有成百上千份文件，很容易有人发布错误的文件版本，或者两个人不知不觉地编辑了同一份文件。企业数据管理（enterprise data management，EDM）对数据和文件的存储、获取、更新和检索进行了规范。

4.1 角色和职责

当你的产品概念第一次出现时，无论是在一个初创企业还是在一个大公司的设计团队中，你都可能工作在一个小的互相协作的团队中，其中每个人只做所有事情的一小部分，例如"我是首席工程师，但我也设计了商标并且帮助做客户验证"。

当你准备将硬件产品推向市场时，你的团队将会涉及更多人，他们彼此之间的沟通并不容易，所以必须明确界定角色和职责。虽然一个核心的产品团队也许只有 5~10 个人，但扩展的团队可能会大得多，因为包含了所有将接触你产品的工厂、供应商及服务团队人员。在进入产品实现之前，很有必要知道什么样的技能和能力是被需要的，以确保核心和扩展团队拥有所有这些技能。在产品发布之前才发现你需要配备一个客户支持团队是很危险的，这会让你在最后一刻才仓促寻找供应商。

在并不是你团队最急需的核心能力方面，把一些角色外包出去也许比较吸引人，也经常是最划算的。不过要记住，外包角色并不意味着外包对工作的职责。你组织内的某人需要负责并了解外包工作，评估外包工作的质量并且把供应商的贡献纳入核心团队中。

下面两节描述了产品实现过程中典型的角色和职责，以及如何管理并跟踪什么人负责什么事。不过要记住，有多少个公司就有多少种组织团队的方式。依据该公司的历史、规模、技术挑战和所在行业，每个公司与此处所描述的会有或多或少的区别。单个人也许有多重角色或者整个部门只专注于一组任务。一个初创企业也许只有一个人负责整个供应链，然而汽车行业的一家大公司也许有整个部门只从事于跟踪供应库的碳足迹。你的个人机构也许在某些方式上与这些模板不同，但需要完成的工作是相似的。

4.1.1 职能小组

所有组织，不论其技术、规模、增长速度和所属国家，大体都需要相同的职能小组以推出一款产品。组织结构图定义了每个小组如何向上汇报至高级管理层。每个公司也许对他们的职能机构有自己独特的名字或者有自己独特的汇报结构。在几乎所有组织中，下面是一些直接参与产品实现过程的职能角色。

1. 执行团队

首席执行官（Chief Executive Officer，CEO）、首席运营官（Chief Operating Officer，COO）、首席产品官（Chief Product Officer，CPO）以及首席技术官（Chief Technology Officer，CTO）通常会制定战略并监督各项职能，但是不会参与产品实现过程中的日常琐事，除非有非常严重的问题。

2. 项目管理团队

项目经理负责协调各职能部门，跟踪风险，确保各团队的进度。他们有时会向一个专门的项目管理职能小组汇报或者可能通过工程或者产品管理组织向上汇报。在一些公司，我们这里所指的"项目经理"也会被称为团队主管、项目负责人或者项目协调人。根据公司的情况、可用的团队技能和项目需求，项目经理也许需要提供技术输入以确保成本、质量和进度目标可以达成。在其他方面，项目经理只需要维持进度，保持和更新风险文档，并确保所有的任务都能按时完成。

3. 产品管理团队

产品管理团队成员负责管理与客户的关系。他们定义客户的需求，预测可能的销售额并且把产品卖给客户。在产品实现过程中，他们代表着客户，对成本、质量和进度之间的权衡做最终的决定。他们与客户一起测试试产的样品并对试产各阶段提出改进建议（对产品或者品牌推广）。产品管理包括以下职能小组。

1）**产品负责人**对最终的产品定义、品牌和市场营销方式负有主要责任。当他们从组织的不同部分获取输入时，他们也要在成本、质量和进度方面做最后的权衡。

2）**品牌管理小组**负责以各种方式将产品品牌涉及的所有方面（例如包装、移动应用、颜色、材料和表面处理规范及市场营销）持续一致地传达给消费者。

3）**市场营销小组**直接与客户合作并分析全球趋势，以了解客户需求、市场动态及如何将产品定位到特定市场。

4）**销售小组**管理着产品的实际销售。在一些组织中，销售团队也可能要负责制定与传达销售预测。在其他组织中，这个工作可能是由产品经理或者市场营销角色来做。

5）**客户支持小组**负责在客户购买产品之后与客户互动。例如，当有客户投诉时他们要接听电话并帮助推进维修。有时这些人被安置在质量团队或运营团队。

4. 工程团队

产品的工程化并不仅仅是定义零件的几何结构。对于一个典型的电子机械系统，工程团队包含下列职能小组：

1）**研发（research and development，R&D）**有时也称为开发工程，主要进行产品技术开发并确保技术对于量产已足够成熟。该小组通常参与整个试产过程，以支持解决问题并且验证设计变更。

2）**机械工程师**负责设计机械零部件（如结构、齿轮、电动机和机械机构）。

3）**CAD 工程师**负责创建 CAD 模型和图样，定义产品和零部件的几何结构。有时机械工程师和工业工程师会承担该角色，创建他们自己的 CAD 模型和图样。

4）**电子工程师**负责设计电子元器件，包括印制电路板组件、显示器、电源管理系统和传感器系统。

5）**固件工程师**负责为电子元器件编写自定义的固件。

6）**软件工程师**负责设计并编写软件以使产品运行，并提供设备的交互界面。

7）**App 设计和开发工程师**负责创建可以在智能手机或者笔记本计算机上运行并且可以和产品进行沟通的应用程序。App 需要运行在不同的操作系统和设备上。

8）**工业设计（industrial design，ID）师**负责定义外观、触感、工效学和产品的硬件用户交互界面（按钮和开关）。工业设计定义了产品的颜色、材料和表面处理规格。

9）**包装设计师**负责设计产品的包装方式（例如礼盒、内包装和内衬等），既要能在运输过程中牢固地固定产品，又要能用来传达产品品牌。

10）**表面处理和喷漆工程师**负责确保涂层、表面处理和喷漆既能满足耐久性要求，又能满足外观要求。

11）**持续改善工程小组**负责计划并执行量产期间的设计变更以降低成本、提高质量及解决现场发现的问题。

在产品实现过程中并不是所有以上这些小组都一直处于忙碌之中。例如，研发小组通常在产品开发早期非常活跃，并协助进行早期的工程验证测试。研发小组在产品实现过程中的其余阶段也会参与分析和解决问题。当产品转至量产，客户开始提供反馈时，持续改善工程小组就会开始忙碌起来。

5. 制造运营团队

这个团队负责制造设备与设施，并负责按时生产与交付合格质量的产品。在项目转交给工厂之前，制造运营团队会与设计团队一起工作来确保产品是可生产的。制造运营团队对整个量产过程负责，包括以下职能小组：

1）**工厂运营小组**负责管理工厂、生产线和劳动力。在有合约制造商参与的情况下，工厂运营小组主要负责管理双方关系。

2）**制造工程小组**负责设计生产所需的工艺装备及材料搬运设备。这个团队也负责定义标准作业程序。

3）**生产预测与计划小组**负责确保工厂的产能可以支撑预期的销售。他们要确保材料已经订购，以与生产计划相匹配。

4）**工业工程/运营小组**负责确保工厂有充足的产能，确定哪里适合自动化，对生产线进行优化以减少在制品库存（work in progress，WIP）数量，并确保劳动力规划与生产要求相匹配。他们可能也需要设计搬运箱和材料搬运设备。

5）**分销小组**负责把产品从工厂送到客户手中。分销计划可能包括复杂的发运过程、多种运输方式以及每个国家的海关关税。

6）**逆向物流小组**负责把缺陷件从客户那里取回来，进行维修或者处置，然后给客户重新发运一个可运行的件。这个小组通常与客户支持小组紧密合作以确保客户的投诉得到正确处理。

7）**供应商管理小组**负责识别并管理供应商关系，包括从选择合适的供应商到对每个关键供应商进行质量审核。这个小组在价格谈判与销售预测方面经常与采购小组紧密合作（见下文"财务团队"部分）。

8）**材料管理小组**（可能与采购有所重叠）负责确保及时订购材料并管理库存。材料管理小组与采购小组沟通紧密以方便下订单，并直接与供应商协调订购与交付事宜。

6. 质量团队

质量团队成员应该从开始就参与到产品的开发过程中。如果从开始就介入，质量团队就能帮助避免做出一些会增加耐久性和可靠性测试失效风险的选择，以及规避一些会增加报废和返工的选项。然而，质量团队成员却通常是当试产开始后才被邀请参与其中。

在一些组织中，质量团队通过运营小组汇报，与设计相关的质量团队则由工程团队管理。在其他情况中，质量团队拥有自己的职能小组，直接向 CEO 进行汇报，是一个与制造运营、工程和产品管理平行的团队。

1）**质量工程小组**定义了产品的质量策略。质量工程师与产品工程团队密切合作以设计出对制造偏差具有稳健性的产品。质量工程小组的主要责任是定义质量测试计划和监督质量管理体系（quality management system，QMS）。该小组拟定了为使产品有资格销售并发运给客户所需的一系列测试。

2）**合规小组**负责管理认证要求、测试和文书工作。在没有内部团队或者产品法规太过复杂及不明确的情形下，经常就会求助于合规顾问。

3）**测试工程小组**负责设计并开发定制测试夹具和程序，其成员通常具有工程背景。例如，在自行车行业，这些工程师将负责开发用来测试换档机构可靠性的夹具。该测试夹具将自动重复换档，以测试它在预期寿命内的性能。测试工程师需要与质量和设计工程师并肩工作。

4）**测试技术小组成员**负责运行质量保证测试且通常具有副学士学位。有时测试技术小组与工厂，有时是与质量组织密切合作。

5）**质量保证小组**负责确保在工厂内完成的制造过程符合规范。质量保证可驱动持续改善以减少废品和返工。质量保证小组成员通常具有副学士学位到高级工程学位等。

6）**发运审核**是仅在发运前对质量进行的检查，通常由专门从事发运审核的第三方完成。

7）**计量师**负责验证所制造零件的尺寸精度。他们在公差分析和测量方法（如三坐标测量）方面有深厚的专业知识。

8）**持续改善小组**负责识别出现有生产中的问题，进行根本原因分析并与各团队合作以实施改善。这个小组与持续改善工程小组合作密切，有时会通过运营小组向上汇报。

7. 财务团队

财务团队有许多责任，包括编制预算、管理现金流和确保材料的订购。财务团队会参与从最初的产品概念到交付及客户支持的整个过程。

1）**财务小组**负责管理现金流和公司开销。财务小组需要与所有其他职能小组配合以了解现金支出和收入的规模和时间。

2）**采购小组**负责订购材料以确保不耽误生产。这个小组与运营小组和销售小组密切合作以了解销售预测，了解何时且需要购买多少库存。该小组也会针对批量采购协商降本，而且对于关键材料会建立并维护第二来源。

3）**订单管理小组**会从各产品分销渠道拿到订单并履行交付。订单管理小组与销售小组和运营小组密切合作以确保工厂可以交付所有订单。

4.1.2　分配角色和职责

确保所有任务都能准时完成的最简单方式就是对每项交付任务指定具体某个人（一个人或一个供应商或一个团队）来负责。在初创企业中，个人也许要对多项任务负责，然而在大公司，则需要整个小组在单项交付任务中合作。定义角色和职责的过程有助于识别一些未被分配的任务，同时也可以确保某个人不会过度劳累，并明确谁拥有对交付任务的最终批准权。

RASCI（或 RACI、RASIC）（Responsible、Accountable、Supporting、Consulted 和 Informed）角色矩阵是组织并记录这些角色和职责的一种正式方式，见表 4-1。

表 4-1　RASCI 角色矩阵对角色的定义

角色	描述
负责	谁在做实际工作？谁对交付任务负责
批准	谁负责批准交付物？当交付物不够好时谁来做决定？如果出现了问题，谁是最终负责人
支持	在活动、过程和服务的实施中谁来提供支持？责任方依赖谁来完成工作及子任务
咨询	谁能提供有价值的建议和咨询？谁是某个主题的专家
通知	谁应该被通知到关于交付任务的进展或者工作范围的重要变更

RASCI 文件是一个动态文件。通常，当任务清单和团队扩大时，项目经理会更新该表。表 4-2 展示了一个 RASCI 角色矩阵的例子。第一列包含了过程中主要的交付物和任务，第一行列出了过程中涉及的人和角色。每个单元格识别出了每个人在每个角色中所应负的责任：负责、批准、支持、咨询和通知。角色矩阵的目的是确保每个任务或可交付物都有一个负责的资源和一个最终批准的资源。其他三个角色——支持、咨询、通知——定义了谁将支持负责的小组和结果需要被实时通知到谁。

为了创建一份 RASCI 角色矩阵，项目经理通常需要执行以下步骤：

1）**定义主要交付物**，并为每项分配一行。这些应该要包括关键路径上的交付物，以及任何筹备性活动或者次要活动。这个列表应该只包含主要交付物，而非单个的任务（例如进度表或者甘特图中列出的任务）。举个例子，一份质量控制计划是一个交付物，创建一份质量控制计划也许会关联许多任务，包括先起草初稿然后与供应商一起评估，但是这些不应该被涵盖在 RASCI 角色矩阵中。在单个任务层级上定义 RASCI 角色矩阵将会与项目计划有大量重叠，这可能会在二者间造成重复和差错。

表 4-2　一个 RASCI 角色矩阵的例子

交付物和任务	人和角色					
	团队主管	产品工程师	产品经理	质量工程师	制造工程师	工业工程师
CMF 文件	通知	通知	批准			负责
CAD 文件	通知	负责	批准	支持	通知	支持
质量计划	通知	支持	批准	负责	支持	
工艺装备计划	通知	支持	批准	通知	负责	

2）**在矩阵中罗列出资源和供应商**。对于一些大的公司，每列第一行应该列出相应的工作描述（例如，主管机械工程师）或角色而不是单个人的名字。这可确保即使有人离开或改变角色了，该文件仍然能维持正确。对于一些较小的公司，单个人会有多种角色，把每列分配到具体个人可能更容易些。

3）**起草 RASCI 角色矩阵**。通常，该矩阵由项目经理或者产品主管起草。对于每个交付物，应该只有一个角色被标记为"负责"和"批准"。这样可以实现单点责任制。

4）**与每个人或小组主管一起审查**，以确定各人员都被正确分配了角色，以及他们是否了解自己的角色并且有足够的时间按进度完成任务。

5）**识别出哪些任务资源分配不足**，并识别出额外的资源（或吸引他们的计划）。例如，可能会发现没有资源被分配到设计和管理包装。这个时候，团队也许就要开始寻找一个能管理包装设计和生产的供应商了。

6）**维护文件**。团队和交付物会随着时间而发生变化，应该做好该文件的维护更新。根据文件本身的精神，应该只有一个人（通常是项目经理）对维护和修改该文件负责。该文件应该可供整个团队进行审查。

4.2　关键路径管理

本书才进入第 4 章，就已经描述了一系列复杂而又互相关联的任务。精确

地列举产品实现过程和大型复杂甘特图中所有的任务是一项艰巨甚至是不可能
完成的工作。考虑到所有需要完成的任务，你很可能会失
去对那些最终推动整个项目时间线的任务的关注。为了使
团队关注于对交付最重要的事情，团队可以识别出关键路
径并主动管理它。这并不是说其他任务可以忽略，但关注
关键路径有助于优先处理对进度至关重要的事情。过去，
项目管理有句谚语：项目一天比一天延期。由于产品实现
过程中的不确定性，你可以在某一天走上正轨，而一个重
大问题的出现可能会造成数周甚至数月的突然延期。

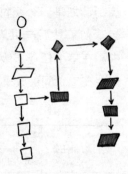

关键路径是一系列的任务和资源，它们决定了项目交付的最
短时间。关键路径通常通过甘特图或者其他进度文档作为项目进
度的一部分被维护。通常情况下，关键路径会随着项目的延误和
额外的迭代需要而改变。支线任务是关键路径上某个项目开始之
前必须要完成的活动。为了保持进度，团队必须努力保证：

1）**关键路径上的每项任务要花费尽可能少的时间**。花太长时间制作一个模
具或做一次试产会直接影响到整个进度，而且想弥补回来这个时间也很有挑战。

2）**支线任务要全部准时完成**。例如，如果材料没有在试产之前提前足够长
的时间订购，那么你的团队就会在关键路径上出现延期。

在过去，项目经理会手动画出关键路径，但现在几乎所有团队都使用项目
管理软件来创建他们的关键路径。根据行业和产品的复杂度不同，关键路径上
的活动也会有所差异。对于大多数机电产品的实现过程，关键路径通常会先从
完成设计、制作工艺装备开始，然后经过试产阶段和制造阶段，最后以分销结
束。图4-1展示了一个典型的带有并行支线任务的关键路径。

一款典型的消费电子产品的交付进度由依次执行下列任务所需的时间决定：

1）**完成产品设计图包（第6章）**。产品设计必须足够接近最终设计，以便从
工厂获得准确的成本估算并设计工艺装备。只有当制造工程师检查过所有文件
并确保能以目标成本制造产品时，设计图包（所有CAD文件、图样、BOM、规
范文档及CMF文件）才算完成。将设计图包准备好并移交给工厂，在很大程度
上取决于详细设计阶段的工作和对细节的关注。完成设计图包可以像导出文件
并发送给工厂那么简单，也可能需要花费数周把图样整理清楚以做好移交准备。

2）**评审所有零件的制造可行性（第10章）**。即使设计图包已经完成，团队
仍将需要做些小改动以满足可制造性，例如，根据所使用的制造工艺，增加筋，

去除倒扣，增加卡扣等。每种类型的工艺都有自己的一组规则。如果工程团队忽视了考虑制造的复杂性，那么这个阶段将可能涉及重大的重新设计。评审快的话可能需要一天，慢的话可能需要几个月的时间来迭代设计。

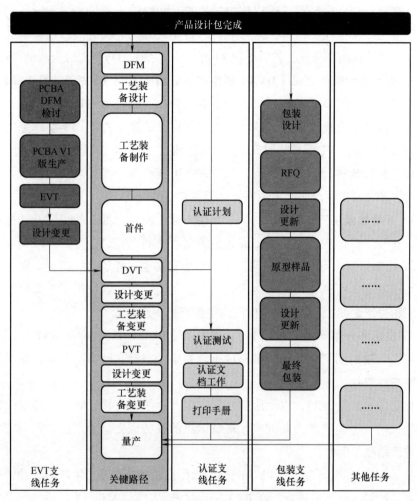

图 4-1　带有并行支线任务的关键路径

3）**设计工艺装备（第 12 章）**。这个阶段把制造零件的 CAD 文件作为输入以设计用于制造该零件的工艺装备。工艺装备中的模具设计并不是做出零件几何结构的相应形状，然后加工出型腔那么简单。例如，注塑模具的设计需要考虑收缩和翘曲，以及冷却、材料流动、分模线和顶杆。模具设计可能花费数周到数月。

4）**制作工艺装备**。切割一套硬模是一个时间非常长的过程，取决于其复杂程度、尺寸、类型和数量，可能需要花 2~12 周的时间。切割模具成本也很昂贵，所以第一次就做对非常重要。

5）**生产首次试模件**。设计验证测试（DVT）试产要求采用面向量产制造的零件。在模具制作完成后，完成首次试模的时间取决于制造和装配设备的可用性，以及生产一批次的时间。这可能会需要几天或几周的时间。在模具准备就绪，首次试模件制作完成，首件检验（FPI）完成之前，DVT 流程无法继续进行。

6）**进行设计验证测试（DVT）和生产验证测试（PVT）试产（第3章）**。产品需要经过充分的 DVT、PVT 以及其他相关测试，以建立对产品的信心，确保其质量和性能符合批量生产的要求。取决于产品的复杂程度和类型，每次试产可能需要花几周到几个月的时间。每次试产后，团队都必须对产品进行测试，并对设计和模具进行必要的修改。每次试产可能需要一周或两周时间，如果需要修改模具，两次试产之间可能需要一个月左右的时间。

7）**开始批量生产（第19章）**。一旦生产通过验证，那么就可以开始批量生产了。在开始批量生产到完成足够数量的发运产品之间总会存在一段间隔。即使 PVT 能够解决大部分生产问题，生产系统起初也可能运行比较慢。要得到足够多用于发运的可销售产品可能需要几天到几周时间，这取决于产品的整个制造周期和生产速度（工厂在单位时间内能生产多少产品）。

8）**发运和分销产品（第16章）**。根据运输方式（海运、空运或者卡车陆运）的不同，运输时间可能处于关键路径上。如果是空运，则需要数天；如果是海运，则需要数月。

你可能已经注意到，以上所列并没有全面总结所有按计划将产品推向市场需要完成的任务。其他为关键路径提供信息的任务也会延误进度，因为它们会延误关键路径，例如：

1）一次工程验证测试（EVT）试产采用了使用原型工艺生产的零件，并且与模具设计和制造同步进行。在 EVT 完成之前，以及 EVT 产生的设计变更完成之前，DVT 无法开始。如果 EVT 延误，那么 DVT 也会延误。

2）DVT 通常必须要等模具制作完成，才能生产第一批零件。然而，即使模具制作按进度完成了，如果材料没有及时采购或者后期有设计变更，那么 DVT 试产时间也会延误到远超出模具的制作时间。

3）包装设计和包装试产过程与产品试产过程同步进行。即使其他一切都准备就绪，任何包装方面的延误都会延误产品的生产或发运。

4）发运产品都需要经过法律法规要求的认证，认证方面的任何延误都会导致产品发运延误。

4.2.1 关键路径需要多长时间

当计划产品实现过程需要多长时间时，团队需要评估关键路径上所有活动的时间并且设置一个目标时间表。虽然有些活动的时间不可能被压缩，但其他活动可能会受到目标发货日期的影响。例如，一个紧凑的时间表可能会限制团队所能开展的最大试产次数。团队可以使用类似检查清单 4-1 中的问题来设定时间表。

检查清单 4-1：拟定一个产品实现过程时间表需要考虑的因素

产品设计包和技术规范问题

❏ 多长时间能拿到一个成熟的设计包？

❏ 规范文件全部完成了吗？如果没有，任何修改需要多长时间？

❏ 如果部分或者所有设计都是外包，需要多长时间能得到一个完整的设计？

制造关系问题

❏ 如果团队使用的是合约制造商，双方关系是否已经正式确定？

❏ 如果你还不知道产品将会在哪里制造，需要多长时间才能最终确定生产的合作伙伴？

❏ 你的生产合作伙伴需要多长时间来评审你的设计文件包？

工艺装备设计和生产问题

❏ 零件的制造可行性如何？有多少需要重新设计？

❏ 设计工艺装备需要多长时间？

❏ 制作工艺装备需要多长时间？

❏ 需要哪些夹具？每次试产都什么时候需要它们？

❏ 每次试产的什么时候需要工艺装备？

材料准备问题

❏ 需要哪些材料？来自于哪些供应商？从每个供应商处获取这些材料需要多长时间？

❏ 你是否有任何由外部供应商设计且需要测试和迭代的定制件吗？

> **试产过程问题**
>
> ❑ 产品和制造工艺的成熟度如何？
>
> ❑ 试产有产能限制吗（例如，进度和预算限制了可以运行的试产次数）？
>
> ❑ 每次试产后预期有多少地方需要重新设计？只是对现有产品做轻微的外观修改吗？或者需要一个完全新的且未测试过的产品类型？
>
> ❑ 你试产是为了测试新制造工艺吗？这些可以并行进行吗？还是它们需要按顺序进行？
>
> ❑ 你正在使用的是一条现有生产线还是你正在等待新生产线的建成？
>
> ❑ 是否有专门的试产车间？
>
> **认证问题**
>
> ❑ 需要进行哪些认证？获得认证需要多长时间？
>
> ❑ 认证过程最早可以从什么阶段开始？在 EVT 或者 DVT 阶段能开始认证吗？还是需要等到 PVT 阶段？
>
> **订单履行问题**
>
> ❑ 你将使用什么样的运输方式把产品从制造商处运到零售商和消费者手中？需要多长时间？
>
> ❑ 你如何交付订单？是直接从工厂发货给消费者？还是从分销中心发货？

4.2.2 哪些事会使进度偏离计划

哪些事会使进度偏离计划？这个问题的答案可能并不会让你感到惊讶，就是"很多，很多事情"。正如经常被引用的墨菲定律所表述的："任何可能出错的事情都会出错。"

据笔者所知，还从来没有哪款刚进入市场的单一产品没有遇到过进度上的麻烦，而这些麻烦会影响所承诺的交付日期。可以说，提前预测这些失败类型并且确保在进度上有足够多的缓冲将有助于降低一些未知因素所带来的影响。

在产品实现期间所有可能出错的事情可以写满一整本书，下面仅列出一份导致延误的几个常见原因的简短清单。

1) **产品未能通过耐久性测试**。在一个案例中，一个插入汽车 USB 接口中的产品的设计者没有考虑到产品有时会脱落。在标准的跌落测试中，产品很容易就摔碎了。不幸的是，产品的设计并没有留出空间来增加加强的卡扣或者螺钉柱，壳体不得不完全重新开模制作。重新开模使该产品延期了好几个月。

2）**PVT 阶段缺少有能力的工人**。在一个高端音响产品的例子中，公司试图在没有对制造工厂的工人进行培训的情况下快速爬升到量产。这些工人在装配过程中不是很小心，导致数千件产品的外表沾上了胶水。因为该产品非常高端，客户是不会为一个被胶水弄脏的劣质产品付钱的。最初发运的几千件产品不得不重新制造，导致延期了近一个月的时间。

3）**没能检测出瑕疵产品**。一款互联网通信设备的合约制造商声称他们可以在现场进行蜂窝检测，但他们却没有发现工厂提供的天线组件焊接不牢，很容易断裂。很多缺陷件从海外的合约制造商发运到了美国，直到分销机构在美国测试产品时才发现了故障。几千件产品不得不召回，此外又花了一个月的时间才将产品送到客户手中。

4）**当你准备投入全面生产时，才发现关键零部件无法获得**。当一家通信设备公司已快要推出新产品时，对设备设计极为重要的存储芯片突然断供，因为一个大型国际消费电子公司买下了该元件的全部库存。然后不得不重新设计印制电路板组件以适应不同的存储芯片，所有的测试和认证不得不重新进行，这使得产品的推出时间晚了好几个月。

5）**大宗订单的交付时间可能比你想象的要长**。团队会因为他们已经从不同的分销商处小批量购买了原型零部件，从而假设所需要的零部件都可以买到。有一家制造商在过程中很晚才发现，大宗采购的交付时间大约是 180 天。因此，团队不得不艰难地在现货市场寻找材料，而且不得不为此付出高昂的代价。

6）**搞定合适的包装可能要花数月的时间**。团队往往是在过程后期才开始设计包装，其实应该要更早些。在一个案例中，礼盒中的纸板包装未能足够牢固地固定产品，导致产品因碰撞而损坏。一直到 PVT 阶段之前的振动测试，该问题才被发现。重新设计导致产品的发布延期了两个星期。

7）**即使正确选择、订购和测试的配件也仍有可能导致问题**。一家家电产品的制造商在设计他们的电子设备时，认为有足够多价格便宜且能满足他们外观要求的交流适配器（用于 USB 线与电源插座的连接）现货，因此他们并没有考虑交流适配器会出问题。但他们选择的供应商却临时通知大批量供应该配件比较困难。尽管最终并没有延期，但也消耗了团队大量的精力和时间。

4.3　风险管理

　　韦氏词典把风险定义为"损失或伤害的可能性"。在产品实现的语境里，风险是指对成本、质量或进度有影响的某件事可能出错的概率。大多数团队的计划都是先假设不会出错。然而，团队也需要通过预判潜在的问题从而主动管理事情出错的风险。最终，产品实现过程中的许多时间和资源被用于降低组织识别出来的风险上，许多风险需要跨职能部门的努力与合作来共同克服。

　　困难的、不确定的问题经常因为被认为"那应该很容易"或者"亚马逊做到了，所以我们也应该能做到"而被忽略。会议上提出的问题没有后续跟进。提出那些潜在问题的人会认为既然已经强调了那个问题就意味着会有某人去解决它。在产品召回情形中的这一幕很常见，经常有人

会在事后分析会上说："在项目刚开始的时候，我就提出了这个问题。"团队可以选择把自己的头埋进沙子里假装没听到，或者他们也可以选择主动管理风险。通过积极地提前识别出风险，团队可以把跨职能的计划放在一起以解决这些风险。

故事 4-1：如何保持进度

　　Bryanne Leeming，Unruly Studios 创始人和首席执行官

　　Unruly Studios 在 2015 年开始开发今天为人所知的 Unruly Splats。2017 年，为了了解哪些特征和能力对孩子、老师和父母很重要，在经过 23 轮原型设计并与超过 3000 名客户的多次测试后，我们知道产品已经准备好了，因为当人们看到他

们的孩子和学生正在玩 Splats 而且也知道它如何运转时，人们已经准备好为它付钱了。然而，我们并没有一个准备好的产品设计。我们的工业工程师制作了 14 种不同设计的实物模型并且我们也在一场本地 STEM 展销会上对 75 对父母与孩子进行了调研。当我们统计投票结果时，大家的共识都是一致的，我们也就有了最终的设计。现在我们必须将它投入生产。我们想要承诺一个可以实现的日期，所以我们开始与工厂洽谈。

　　Unruly 对生产并不熟悉，但是我们确保我们的团队和顾问拥有我们需要的经验和人脉。我的联合创始人，David Kunitz，有在 Hasbro 和 Mattel 公司超过 25 年的玩具制造经验。我们的其他团队成员和顾问来自 Mattel、iRobot 和 MIT 媒体实验室。

　　在我们发起该项目之前，我们就对制造 Splats 的成本和时间表有一个了解，这个对我们来说很重要，因为我们决定了要有充足的现金流以按时把产品交付给消费者。我们通过 David 的一位来自 Hasbro 公司的前同事认识了我们的制造商。David 的朋友与我们在国外的合约制造商有 30 年的关系。这种介绍从一开始就为我们建立了很多信任：我们因为私人介绍而信任他们，而他们因为长期存在的关系也信任我们。这种信任在很多方面帮助了我们，包括拿到非常有利的付款条件（这对我们的现金流有很大帮助）以及来自工厂的很多关注和帮助。作为他们的首个蓝牙产品，他们对制造 Splats 也非常感兴趣；双方都投入其中以发现一些未知的问题并合力解决细节问题。

　　我们已经碰过面并且拿到了他们的非正式报价，因而我们就能够确定产品的零售价和交付时间。工厂代表在我们拜访之后不久来到了美国，我们有机会在自己的办公室接待他们整个团队。我们向他们展示了所有的功能近似原型样品并且共享了测试版 App 以便他们能玩一些游戏。事实上，当他们来到波士顿时，我们请他们整个团队在产品上玩了一个打地鼠的游戏，所以我们能确信他们知道自己正在制造什么。他们很喜欢这款产品！

　　2017 年 10 月，我们发起了 Kickstarter 项目，2018 年 11 月，我们向客户交付了第一批产品。最初的启动是成功的，因为我们的产品按时送达客户手中（对于众筹的硬件产品，这很罕见）并且几乎没有产  品缺陷。我们把我们的成功归功于两件事：第一件，通过在启动生产前进行迭代，我们降低了成本并提高了可靠性；第二件，也许更重要，我们的顾问团队有很强大的供应商关系。

　　为了遵守我们的时间表，我们与工厂进行了大量的沟通，每次他们做好了新原型样品都是连夜发货。为使生产顺利进行，Dave 去到工厂一线并直接批准第一批 Unruly Splats 下线。

　　有时，我们确实注意到一些延期。我们的合约制造商同时有很多项目，而我们的项目并没有被优先安排。因为双方都曾会过面，所以我们能够给工厂发一个说明，使进度重回正轨。

向合约制造商的私人介绍对我们的帮助不可估量，因为我们立即就可以开启一段受信任的关系。如果我们的顾问团队没有与我们分享他们的联系人，我们也许不会找到一个如此愿意与一个小客户合作的供应商。我们的供应商过去一直与大品牌合作，但他们接受了我们，因为他们信任我们的顾问，因为他们相信我们的产品。他们甚至给了我们优惠的价格，这对任何一家初创公司来说都是一个恩惠。现在我们又有一批 5 倍于最初生产时的订单，我们的产品预测还在增长而且我们也期待着与他们有一个更长期的合作关系。

文字来源：转载已获得 Bryanne Leeming 许可。

照片来源：转载已获得 Unruly Studios 许可。

商标来源：转载已获得 Unruly Studios 许可。

以下是在产品实现过程中识别出来的两个典型的风险案例，以及团队能做什么来解决它们：

1）**案例 1**：一个生产一种新的物联网运动产品的团队担心其新供应商会错过一个重要的电子子系统的交付日期，因为虽然该供应商承诺的交付日期比较靠前，但却回电话不积极，而且迟迟未提交规格说明和样品。团队担心不能为下次试产及时做好准备。为了降低零件交付延期对进度造成影响的风险，每个职能小组都要努力降低风险：

——供应商管理小组持续与供应商就时间保持沟通并定期更新给团队。

——工程团队做了一个备份计划，这样就可以有个用来制备试产样品的备用零件以测试产品的余下部分。

——质量团队开发了一个简化的流程来评估进货单位和零件，以确保进货质量控制不会耽误交付。

2）**案例 2**：工业设计团队在一款新厨房用品上详细定义了一个电镀表面。该电镀零件处于用户的视线范围内，所以表面处理有任何缺陷都会非常明显。低成本的供应商并没有向团队展示他们的一些表面质量的案例。另外，虽然供应商宣称他们会挑选出任何不良品，但他们并没有严格的质量检验标准。所以该团队就很担心他们将会产生很多报废件，继而造成材料短缺。为了确保供应商交付合格质量的产品，团队采取了以下措施：

——质量团队与供应商一起制定更精确的质量规范，以确保不会发出不良件。

——考虑到额外的报废，采购团队订购了更多材料。

——表面处理工程团队评估了其他可选方案以降低任何缺陷所造成的外观影响。

要注意到在这两个案例中，团队是在问题变得严重之前就采取行动。团队只是简单地对可能导致延期的一些信号保持警惕，并围绕这些风险积极地设计解决方案。不幸的是，在很多组织中，当团队成员提出担忧时，这些担忧并没有人跟进直到最后它们真的变成了延期。好的项目管理要求积极主动地策划与解决问题。风险管理过程的最终目标就是不要让这些风险溜走，避免让它们变成影响进度的关键因素。

风险管理过程要求项目经理和团队跟踪有哪些风险被提出，减轻风险的措施所处的状态以及风险何时被清除。理想的情况是，风险清单及其状态以一种整个团队都能看得见的方式进行维护，并及时进行更新。对于中小型公司来说，风险管理清单通常以通过云共享的电子表格进行维护。一些公司已经尝试将用于缺陷跟踪的软件用于风险管理，但这些工具的结构并不容易转换用于硬件相关问题上。表 4-3 列出了一份风险管理文件中的信息，表 4-4 给出了一个例子。

表 4-3 风险跟踪记录和描述

列	描述
唯一的项目编号	方便跟踪而且确保即使名字变了，风险仍能在多个文件间被跟踪
简称	一个描述性且清楚的名称会帮助团队理解他们正在讨论的是哪个问题
分类	把各项目分类成相关问题。例如，一个硬件项目可能包括供应、工艺、外观、机械结构和电子几个类别
描述	对问题的描述应足够详细，以便其他团队可以理解
创建日期	识别出迟迟未关闭的风险项目。团队倾向于在项目开始时添加很多风险项目，然后留在清单上慢慢拖着不解决。如果有些项目一直未被处理，团队需要决定是否应删除这些项目；或者团队是否一直在拖延解决这些棘手的问题
到期日	确保团队在跟踪那些对时间敏感的问题
状态	跟踪状态：关闭、待处理、开启。一些风险项目也许不活跃但需要在项目后期重新审查。关闭掉的风险项目提供了对于所做决定的历史记录，也保持了重新开启这些项目的可能性。历史记录对下一代产品也很有用

（续）

列	描述
所有者	确保有人负责。单个人或角色需要对各个风险项目的跟进和状态更新负责
风险等级	使团队能对风险进行优先级排序：低、中、高
状态	跟踪每周为解决风险而采取的行动。每次更新要标记日期并且要归到具体责任人上
下一步行动	强调下一步行动是什么以及谁对该行动负责

表 4-4　风险跟踪文件的例子

项目编号	简称	分类	描述	创建日期	到期日	状态	所有者	风险等级	状态	下个行动和时间点
1	供应商交付进度	供应链	不确定供应商 × 是否会准时交付。具有错过 EVT 的风险	1 月 15 日	2 月 28 日	开启	供应链	高	供应商在向我们重新保证他们会准时，但他们经常延期。没有明确的解决方案	工程团队：对 EVT 可能的替换零件进行汇报（日期）；供应链管理小组：与供应商核对更新（日期），拜访供应商（日期）以评估实际时间

　　项目经理应该对项目风险进行定期审查和更新。这可以通过与团队成员单独谈话或在定期的项目更新中完成。在项目例会中，团队需要审查每一个行动项目并且关注那些高风险、已经放了一段时间，或者没有任何行动的项目。在每个风险项目的新信息被报告后，团队就可以讨论并计划后续的行动。跟踪文件更新后就可用作下次会议的日程。通过将审查风险的常规纪律正规化，小组不太可能让关键问题变成成本高昂的延期。

4.4　管理你的企业数据

　　热力学第二定律适用于从流体动力学到青少年的卧室，再到文件管理：一切都会趋向于混乱，需要能量才能使事物重归有序。团队很容易失去一些关键文件的跟踪，发布了错误的版本，或者

两人在没有协调的情况下编辑同一份 CAD 文件。

为了支持产品的实现过程和批量生产，团队会创建大量信息，包括制造工艺、质量测试、认证、包装设计、预测、时间表、材料订购和生产计划（见检查清单 4-2）。所有这些信息都是必要的，用来把产品转交给工厂，并且确保合规性及可靠地制造产品。这些数据被泛称为企业数据。

一些文件是"受控的"状态，这意味着任何对该文件所做的更改都要被跟踪，要有一个正式的发布过程，并有一个批准变更的方式（插文 4-1）。由不同职能小组产生的文件是高度耦合的，数据和文件管理也因此变得更加复杂。例如，一个零部件的设计变更需要对模具设计进行更新，以及对当前的 BOM 和成本进行更新。销售预测上的变化会涉及材料订购、生产计划和库存。所有这些变更都需要认真地记录下来，所有受影响的文件也都要更新。老版本的文件只有出于查询历史记录的目的才可以访问。

随着团队从早期的设计阶段进入细化设计和产品实现阶段，对于大部分组织而言，最重要的改变就是对文件和数据密集型交付物的关注度增加。产品、工艺、材料、计划和订购的每一方面都要正式地记录下来，并通过试产或测试过程验证。要想该过程成功，跨部门和角色间的所有信息都应该一致而且保持最新。例如，为了回答"将会制造什么"，团队需要创建一份规范文件、一份物料清单、图包和 CMF 文件。以上这些文件中的所有信息都必须是一致的。

文件和数据管理是产品实现过程中关键的一方面，因为它会支持：

1）**单一的信息来源**。如果文件版本不受控，不同人就很容易使用不同的或过期的数据进行工作。

2）**综合全面的信息**。完整且准确的文件可以防止部门之间的误解或者不同的解读。

3）**快速访问**。整个产品实现过程是非常具有时效性的。关键的文件需要能快速访问。对文件进行云存储，并对谁可以访问文件以及谁能修改文件进行管控非常重要。

4）**在文件被需要前就创建好**。项目经理应该预判需要哪些文件，并确保它们可以按时完成。如果团队在需要时才反过来匆忙地创建文件，那么过程就会变得非常混乱。

检查清单 4-2：文件和数据清单

这里列出的文件和数据在全书中均以文件图标标出。

文件 / 数据	位置	文件 / 数据	位置
背对背（A2A）分析	14.5.4 节	试产计划清单	检查清单 3-1
审核计划 / 结果	19.4 节	试产质量测试报告	7.2.3 节
物料清单（BOM）	6.2 节	试产报告	3.3.1 节
现金流模型	8.5 节	预防性维护计划	19.5 节
认证文件	17.1 节	工艺流程	11.1 节
颜色、材料和表面处理	6.3 节	工艺规划	11.4 节
持续改善计划	19.2 节	生产预测和计划	15.1.3 节
控制计划	13.4 节	采购订单（PO）	14.5.6 节
成本模型，COGS	8.3 节	采购和生产活动控制（PAC）	15.1.1 节
降本计划	19.3 节	质量测试计划（试产）	7.3 节
客户投诉数据	18.4 节	质量测试计划（生产）	13.3 节
图包（电子零件）	6.5 节	负责、批准、支持、咨询和通知（RASCI）	4.1.2 节
图包（机械零件）	6.4 节	请求信息（RFI）	14.5.1 节
企业数据计划	4.4 节	报价请求（RFQ）	14.5.3 节
失效模式和影响分析	5.3.4 节	退货材料授权（RMA）	14.5.9 节
账单	14.5.8 节	风险管理系统	4.3 节
贴标计划	17.2 节	销售和运营计划（S&OP）	15.1.1 节
主生产计划（MPS）	15.1.1 节	销售预测	15.1.2 节
主服务协议（MSA）	14.5.5 节	样品计划	插文 3-2
材料授权（MA）	14.5.7 节	进度 / 关键路径	4.2 节
材料需求计划（MRP）	15.1.1 节	标准作业程序，质量测试，过程	7.2.3 节和 11.5 节
保密协议（NDA）	14.5.2 节	规范文件	第 5 章
包装设计	6.6.3 节	战略性制造规划	15.1.1 节
		工艺装备规划	12.4 节

企业数据管理（enterprise data management，EDM）系统是一个组织用以创建、跟踪、维护和使用其企业数据的工具和流程的集合。组织应该在创建数据本身之前先创建一个 EDM 系统。从零开始创建一个有条理的新系统要比去清理一个已经创建好但一团糟的系统要容易得多。

在最简单的形式下，EDM 系统可以是一个共享硬盘，当一个文件被修改时，团队成员都会以邮件的形式被通知到。然而这个也许创建起来简单，使用却不容易：文件的可追溯性会比较差，而且系统也将会很快变得混乱。

一些小公司或者新公司会自己开发稍微稳健的 EDM 系统，也许会开发自己的软件并要求员工接受某些程序。尽管短期内开发自己的软件比购买软件要便宜，但从长远来看它可能会存在耗时的问题，因为它需要依靠每个团队成员的纪律来保持系统的有序性。

当公司变得足够大时，他们通常会采用购买的 EDM 系统。此时，文件管理太过复杂以及涉及的人太多，从而难以依靠每个人遵守流程来维持系统正常运转。从一个纯手工系统转换到全面集成的 EDM 系统通常是充满挑战性、耗时且痛苦的。公司应根据当前的软件套件、数据需求和预算（包括钱和资源），选择最能平衡成本和性能的合适规模的系统。EDM 系统包括从手工系统到 SaaS（插文 4-2）和云端系统，从安装在个人电脑上的软件，到大的企业级别的系统，范围很广。

EDM 一词涵盖了范围广泛的工具和软件，用于跟踪和管理企业各方面的数据。EDM 系统大致可分为三类：专用的工作流程和文件管理系统、材料和生产管理系统、用来管理与客户交互的工具系统，不包括用来跟踪和预测组织内部财务流的各种工具（我们把财务控制留给该领域内的专业人员）。

插文 4-1：什么是受控文件？

对于设计及制造你的产品很关键的最新信息需要及时提供给正确的团队成员。它也需要做版本受控和保护以防止未经授权的访问和更改。你并不希望所有的 CAD 模型都存放在一个人的本地硬盘上，而团队无法访问。同时，你也不希望公司的任何人能够一不小心地删除或修改关键文件。

早在 2001 年，通用汽车的工程师就知道了点火开关存在问题，该缺陷最终导致了 124 人死亡和超过 3000 万辆车被召回。这次召回工作非常困难，因为在 2007 年的某个时间点，为了降低失效风险，对点火开关零件进行了一次变更，但进行该变更时并没有任何通知或变更控制。因此，后来的各车型在维修时可能安装了有缺陷的开关，并且很难追溯变更是何时实施的。此外，该变更也不符合通用汽车的初始规范。

较大的公司经常采用基于软件的文件管理方式，但较小的公司可以手动去管理。不论如何，所有的文件管控程序都有以下特征：

1）**文件命名惯例和文件编号**使搜索查询更容易，而且可确保团队成员知道哪个文件是最新版本。

2）**文件的存储位置**需要一致，这样当某个人去寻找一个文件时，他们可以保证找到最新的版本。

3）**批准和变更政策**定义了领导层如何批准文件，以及如何将变更传达给正确的职能小组。CAD 和其他文件会以草图形式开始，而且经常会由不同的团队成员频繁地更新。在生产开始前，图样需要被"锁定"，然后再发给工厂或供应商。在工程团队正式发送图样之后，变更都要由设计团队正式批准后才能发给生产单位。

4）**访问权限政策**可确保文件可以且只被正确的人访问。你的知识产权很宝贵，不应该被有意或无意地公开。不幸的是，Google 或 Grabcad 等在线服务很容易意外地将文件公之于众，或者把文件转发给没有签署保密协议（non-disclosure agreement，NDA）的人。因此，销售信息或者合同条款可能会被限制在一个小团队里，以降低竞争对手了解到关键竞争信息的风险。

5）**保留和版本控制**可以确保所有版本的文件都得到维护，但不会意外地使用错误版本的文件。例如，生产期间保留多种版本的图样也许是必要的，因为它们代表了生产过程中的工程变更。如果出现了质量问题，团队仍需要访问旧版本的图样。然而，你只希望向工厂发送最新版本的图样。

6）**跨文档的一致性**可确保文件的更新会反映在所有相关的材料中。

7）**企业数据规则的执行**可确保组织内的每个人都会遵循这个至关重要的流程。热力学第二定律也支配着数据：一切都会趋向于熵增和混乱。仅仅拥有一个文件管理流程是不够的，该流程必须被持续和认真地执行。这个可以通过产品生命周期管理系统来完成，通过该系统可以规范对流程的遵守，也可以通过人工审核和执行来完成。

第一类工具——工作流和文件管理——一般可以分为以下两类：

1）**产品数据 / 文件管理（product data management，PDM）** 系统用于管理关键的文件、版本及它们的更新过程。它们本质上是一种美化了的文件系统。

2）**产品生命周期管理（product lifecycle management，PLM）** 系统同时管理文件和围绕它们的过程。PLM 系统通常有嵌入式的 PDM 系统。例如，PLM 定义并控制将一个新的存货单元（stock-keeping unit，SKU）引入销售渠道所要遵守的程序。该软件可确保正确的人有被通知，并且确保文件有被正确地批准。

第二类工具——材料和生产管理——主要侧重于与材料、生产计划、制造和供应商管理相关的文件。它们被用来确保正确的材料被订购，生产系统可以满足客户需求，以及可以跟踪当前的生产状态。同时，这些系统还可以提供跨职能小组的一致信息访问。例如，销售预测的变化将同时更新库存要求、订购计划和产品发布时间表。这些软件系统也通常会有内嵌的 PDM 和 PLM 模块，可以分成下面几类：

1）**物料资源计划（material resource planning，MRP）** 主要侧重于物料的控制、订购和消耗速度，以支持生产。MRP 系统控制何时需要释放订单给工厂以确保能按时交付。系统在控制库存量的同时，允许物料有足够的交付周期进行订购。

2）**制造执行系统（manufacturing execution system，MES）** 用于实时跟踪零部件在工厂车间内的位置。MES 通常用于那些较为精细而又复杂的过程，因为在这些过程中跟踪生产现场的实时状态很关键（例如，当生产汽车时会用到成千上万个零部件）。

3）**企业资源管理（enterprise resource planning，ERP）** 用于管理公司内的所有资源（不仅仅是物料）。许多 ERP 系统会将 MRP 系统作为其中的一个模块。例如，SAP——最大的 ERP 系统之一，拥有管理运营、财务核算、人力资源、企业服务和固定资产管理等模块。

插文 4-2：软件即服务（Software as a Service，SaaS）

    21 世纪初，SaaS 和基于云的软件发展之前，各公司一直被迫使用令人痛苦的自制系统或者花费数千（甚至数百万）美元购买企业软件。购买的系统往往需要在使用前进行大量的定制，并在公司内部建立一个庞大的团队来管理它。SaaS 软件能够使公司以比较低的价格得到他们所需要的有限功能，而不需要信息技术（information technology，IT）的开销。

过去的数十年里，SaaS 供应商的规模不断扩大。云服务的使用使低成本工具的开发和使用成为可能，这些工具使企业能够以较低的成本在不需要额外培训如何使用的情况下，得到软件的简化版本。

比较为人所知的例子是 Google Docs：这项在线服务以很低的成本复制了昂贵的文字处理、电子表格和演示文稿软件中最常用的 10% 的功能，并增加了一些无缝在线协作的功能。

第三类工具支持与客户的互动，包括：

1）**客户关系管理**（customer relationship management，CRM）系统用于跟踪和分析与客户的互动情况。最简单的 CRM 系统能确保你在整个销售周期内跟进客户情况，更复杂的系统则能在整个产品开发和现场支持过程中管理客户关系。

2）**保修管理系统**用于产品购买后的客户支持。这些系统可跟踪客户的互动情况和结果，以及与发送备件、更换零部件、调派服务人员到客户现场维修产品等活动相关的成本。保修管理系统通常与财务系统和 CRM 系统高度集成（第 18 章）。

小结和要点

❑ 产品实现过程需要大量人员与外部公司在严苛的成本、进度和质量压力之下，执行高度相关的任务。需要积极主动地进行项目管理以确保产品的成功推出。

❑ 项目管理的目标就是平衡质量、成本和进度之间的要求。

❑ 理解和管理关键路径能降低可预防的延期风险。

❑ 团队需要明确地定义角色和职责，在资源被需要之前必须识别出关键资源（包括内部资源和外部资源）。

❑ 在产品实现过程中团队需要识别并降低风险。对风险的主动跟踪有助于确保团队设法解决所有风险。

❑ 需要建立一些系统以确保团队成员能够快速找到最新数据，任何人都不能在没有通知主要利益相关方的情况下改变数据，并且所有的改变都需要得到批准。

第 5 章

规范文件

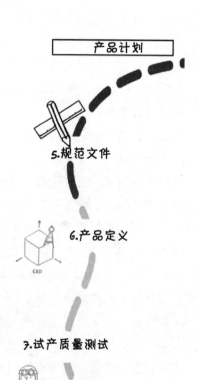

产品计划

5.规范文件

6.产品定义

7.试产质量测试

8.成本和现金流

　　一份规范文件概述了产品的所有要求。该文件不仅为产品设计提供了一个指导性框架，而且也推动了试产阶段的许多质量和测试过程。理想情况下，一份综合全面的规范文件应早在产品实现过程开始前就已经完成，以降低过程后期出现严重性能和质量问题的可能性。本章描述了规范文件是如何随时间演变的，文件中应包括哪些内容，以及确保文件完整的几种方法。

　　每款成功的产品都必须解决客户的需求。如果你的团队没有认真地了解客户的需求并为此而设计，产品则不可能获得商业上的成功。如果你的团队通过使用如设计思维、克里斯坦森的"用户目标达成（Jobs to be done）"理论或者精益产品开发过程（第2章）等框架工具，进行了彻底的客户需求调查，那么你就需要确保你所设计的产品能满足你所发现的所有客户需求。此外，你还需要把许多客户还没想到的问题记录下来，例如"如果产品跌落了会怎么样？"或者"客户是否会关心按钮在一万次按压后发生损坏？"

　　当追踪需求调研过程中学到的所有成果时，为了忠于启发产品的客户需求，团队必须开发并维护一份规范文件。如果没有把团队对于产品目标的共识记录下来，那么团队成员就很容易对他们正在设计的东西产生不同的观点。

　　团队应该在过程中尽早开始记录客户的需求。这不仅可以使客户的需求始终处于首位，而且它还有助于调和关于客户想要什么的不同观点。很多时候，团队都没有意识到在产品实现过程开始前写下所有东西的重要性；或者是团队在开发过程早期确实起草了规范文件，但往往在归档后就忽视了在整个产品开发过程中定期更新它。当这些情况发生时，规范文件就不会包含在产品实现过程刚开始时推动质量保证、零部件选择和供应商选择任务所需的最新信息。在最糟糕的情况下，团队从来就没有定义过规范，当采购、工厂或质量团队要求时，才不得不从头开始创建这些文件。

　　在不同的行业，这个我们称作"规范"的文件可能会有不同的名字：产品概要、需求文档、产品需求文档（product requirements document，PRD）、产品规范文件（product specifications document，PSD）或者需求规范文档。规范文件通常从一般的需求清单（voice of customer，VOC）开始，随着团队对产品定义的完善，该文件也逐渐演变为包含量化要求的产品规范。该文件使组织对产品有一个共同的愿景，并对成功有一个量化的描述。它可以用来与供应商和合作伙伴交流愿景，并为在试产期间验证和确认设计提供了一个框架。该文件通常包含关于产品的定性（要求）和定量（规格）信息。尽管这两个词经常互换使用，但其实每个词都有其特定的含义：

　　1) **要求**是关于产品目标的非解决方案性的陈述，它反映了客户的需求和产品的广泛目标。它们通常是一种开放式的陈述，如"用户希望产品轻一些"或者"该装置要在没有充电的情况下维持一整天"。要求是一般性的，不限制设计空间，而是用于指导设计过程。

　　2) **规格**通常与设计方案相关联，并且清楚地定义了详细的和量化的要求。

例如："这个产品的重量不应超过 100g，最好是小于 80g"。

让事情更混乱的是，典型的机电产品往往有多个规范文件，包括：

1）**固件规范**定义了编写进只读存储器中的固定软件程序，它是硬件和软件之间的桥梁。

2）**软件规范**定义了软件功能和用户界面。

3）**App 规范**描述了移动应用程序的工作方式。

4）**零部件规范**定义了每个零件的功能、界面、性能和操作条件。对于所采购的零件，其规范通常可以在供应商网站上查询到。

在定义一份规范文件应该是什么之前，我们需要先定义它不是什么：

1）**一份关键零件清单**。规范文件不是一份带有最昂贵部件清单的谷歌文档。一些团队创建了一份包含电池、Wi-Fi 接口、蓝牙芯片和功能列表的文件，并称其为规范文件。这个简单的清单充其量只是一份初步的物料清单或者电子市场的购物清单。

2）**一份颜色、材料、表面处理（CMF）规范**。CMF 文件定义了产品的外观，几乎不包含任何工程性要求或规格。CMF 对于品牌沟通、最终表面处理和美观至关重要，但它并不全面，不足以指导设计的余下部分或者产品实现过程。

3）**一本小册子或市场营销材料**。市场营销文件用于把产品传达给潜在的客户，它不够全面或量化，无法支持工程决策。

4）**由单独一个人创建的文件**。一个人可能花费了数周的时间来编写一份规范文件，然后它可能会被放到团队的某个文件夹里，之后就再也无人问津了。

5）**一步到位**。一些团队在产品早期阶段花了大量时间来创建一份规范文件，但随着过程的推进却再也没有更新过该文件。结果是，当设计进入生产阶段时，规范文件已经过时或不再相关了。

拥有一份综合全面的规范文件对于产品实现过程很关键，因为：

1）**规范可以指导产品实现过程**。EVT、DVT、PVT 过程的很大一部分是对目标产品性能进行验证。为了验证产品的性能，工程和产品团队需要量化并记录产品的预期表现。

2）**产品实现过程会对规范文件做出反馈**。很多设计变更发生在试产期间。开放式的用户测试会发现新的需求，耐久性和可靠性测试会发现产品的缺点。设计变更需要与任何已经定义好的规范相一致。如果需要对规范进行修改，那么工程、产品和质量团队需要理解该修改的其他影响。例如，如果在新的烤面包机的设计中增加一个额外的按钮，那么它会改变包装的形状吗？它会如何影响整个目标销售成本？如何测试新按钮的耐久性和可靠性？

5.1 与产品开发过程相结合

正如前文所指出的，规范文件会随着产品开发过程的推进而逐渐完善与修正。在产品设计之前，先需要了解客户的需求。团队可能会先从一些模糊的客户需求开始，例如"我想要轻松地沟通"和"我想带着产品旅行"。在整个客户需求挖掘阶段，工程和产品团队要把客户的声音转化为对产品的要求，然后团队再把要求转化为量化的规格。例如，"我想带着产品旅行"变成"产品需要有较长的电池寿命"，再转化为"产品必须在不充电的情况下至少工作 6 个小时，理想情况下要多于 8 个小时"。

产品团队不会一步到位地写出规范文件。理想情况下，随着团队对产品概念和用户画像的完善，他们开始记录客户的声音。随着产品的进一步细化，团队会持续用更多的信息来更新它。例如，在概念生成阶段早期，团队可能有一个产品简介和对利益相关方的了解，但是工业设计团队可能直到细化设计阶段的后期才最终确定外观标准的细节。

当规范文件完成后，它就成为产品实现过程中的一个核心文件（见图 5-1）。工程团队有责任确保设计始终与规范文件相一致。制造工程团队会选择工艺并做好管控以确保一致性。质量团队在整个试产过程和生产过程中验证并确认规格。最后，客户支持团队会对客户提供帮助。

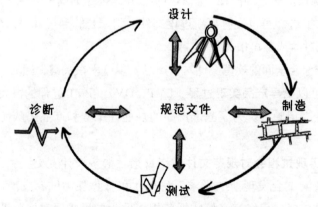

图 5-1 规范文件支持了产品开发的所有阶段

5.2 规范文件的组成

各行业中的软件、固件、应用程序和规范文件的格式及内容相对来说都是标准化的。关于这个主题，你可以快速搜索到近百本书籍。另一方面，关于如何为基于硬件的产品编写规范文件的标准相对较少。尽管一些行业有独特的要求，但大多数规范文件都有一系列标准要素。所有文件都会有量化的产品规格、产品简介和耐久性要求。不幸的是，许多规范文件并没有那么全面，它们只关注定性的规格或者只描述产品在使用中应该如何运行。图 5-2 所示是一份规范文件中应该包含的各类型信息清单，以确保规范可以综合全面地描述产品。下面的三个小节将会描述在产品开发的三个阶段（产品计划、概念设计和系统层设计）应记录的信息。

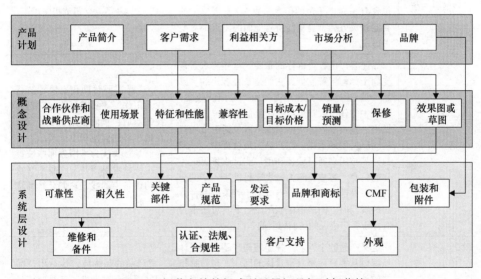

图 5-2　规范文件的组成以及最初是何时起草的

5.2.1 在产品计划阶段定义的规范

在产品计划阶段早期，团队仍在制定整体产品战略和早期概念：产品经理和销售人员正在与客户交谈，研发团队正在开发技术，产品团队正在与客户一起测试最初的最简可行产品（minimum viable product，MVP）原型。初始销售预测和市场规模已完成评估。表 5-1 概述了通常在这个阶段定义的信息。

表 5-1　在产品计划阶段定义的规范

分类	描述	案例
产品简介	对产品目标、受众和客户的文字性描述，也可以包含视频、照片和草图。这部分通常由产品管理团队中的高级成员负责	"我们正在交付市场上最小的物品追踪器。该产品易于安装和使用，在产品的预期寿命内应有足够的电池寿命来给产品供电。产品本身作为一个配件也足够具有吸引力"
市场分析	市场规模和目标客户类型。包括一级市场、二级市场和三级市场都会被描述	"我们正在以单一办公点有 100 名以上员工的中等规模科技公司为目标。收入需要达到至少每人 150000 美元。我们相信在美国至少有 10000 家这样的公司"
利益相关方	所有参与购买和使用该产品的人员 / 组织，以及他们的需求。产品的消费者并不一定非得是购买或发起购买产品的那个人。这部分也可包含有关客户角色的信息。表 5-2 有个典型的利益相关方类型清单，所有他们的需求都需要考虑进去	"产品的使用者是 9~10 岁的儿童"，"购买方是父母或祖父母"
客户需求	抓住客户已经告诉你的东西。这些需求通常受制于如何解释它们，它们是来自客户的"原始"信息。大多数客户需求由产品团队收集，团队中的任何人都可以基于他们与客户的互动做出一些贡献。客户需求也可以包括由市场营销团队所做的承诺。在产品实现过程中，早期的样品被用来通过验证和用户测试收集更进一步的信息。客户需求为做决定提供了一个试金石。在设计过程中，每当有关于要采取哪种方法的疑问时，团队都应该测试一下其想法是否有悖于客户所说的他们想要的东西	"产品需要帮助我更快地执行我的工作"，"我需要能把它扔进我的双肩包里而不用担心"，"我在教祖母如何使用电子产品上有些麻烦。我认为是因为那些按键太小，她看不清楚"，"我不喜欢当前设备上的线，它们总是缠绕在一起"
品牌	定义产品的个性。品牌经理和产品主管设计品牌以从客户那里获得具体的回应。与品牌相关的外观和性能方面也应列出来。产品可能是一个现有品牌的一部分，也可能是创造了一个新品牌	"产品的品牌应该传达出产品的坚固性和功能性。产品应该显得可靠且能在多种环境下使用"

表 5-2　利益相关方类型

利益相关方	角色
发起人	认识到一个产品的价值
把关人	把信息给到做决定的人
做决定的人	做购买决定

（续）

利益相关方	角色
有影响力的人	会影响用户购买
购买者	为产品付钱
用户	使用产品

5.2.2　在概念设计阶段定义的规范

在概念设计阶段，工程团队会产生很多需要整个团队评估的创意。此时在产品概念上获得多种观点是很重要的。例如，品牌推广团队也许发现产品没有给商标留有空间，客户支持团队可能会发现维护产品时的一些问题。

此时规范通常还是定性的，但它们包含了更多有关产品功能的细节。随着产品团队了解到更多的客户需求信息（如产品将如何使用，目标成本是多少），他们会进一步完善概念（或者放弃并重新开始）。表 5-3 给出了这个阶段所定义的规范清单。想象一下，如果 Juicero 工程团队曾经评估了本可以更好地满足成本目标和功能目标的多种设计概念，也许他们的失败本可以避免。

表 5-3　在概念阶段定义的规范

分类	描述	案例
特征和性能	列出产品应该能执行的所有动作。通常，这些由产品负责人定义，但整个团队也可以做出贡献。避免在最后一刻对产品特征和性能清单做出改动，这非常关键。最简可行产品所具有的特征应该突显出来	"当某人进入房间时，产品将能自动开启"
兼容性	定义你的产品如何与其他产品或系统交互（或不交互）。兼容性基于如市场、市场战略、供应链和竞争等因素	"自行车水壶必须与 90% 的标准自行车水壶架匹配，且不会与车架上管干涉"
使用场景	定义了产品会如预期运行并完好无损的所有使用条件。场景通常是文字描述。它们是下一节和第 7 章中所描述的耐久性和可靠性规范的输入	"产品需要能在车中放置几天而不能出现电池、功能或者外观上的退化"
保修	定义了保修期和保修范围。另外，还将会描述产品预期的总寿命以及目标退货率（第 7 章和第 18 章）	"产品将有 1 年的保修期，预期使用 3~5 年"，"总的退货率小于 5%，其中，因质量、可靠性和耐久性问题造成的退货率小于 3%"

（续）

分类	描述	案例
合作伙伴和战略供应商	列出那些对产品开发不可或缺的人或组织，尽管是在你的公司之外	"Acme Batteries 将会给我们供应电池，并且我们将合作开发一款定制外形的电池以满足性能和几何结构上的要求"
效果图或草图	展示产品的外观和感觉。品牌用文字描述产品个性，草图用图片展示	图 5-3 展示了一个智能手机的无源扬声放大器的 CAD 效果图
目标成本 / 目标价格	提供产品的目标成本和目标价格，以确保商业计划是可行的。应记录已商定的 BOM、一次性工程成本（NRE）、销售成本（COGS）和分销成本的目标成本（第 8 章）	"产品发布时的销售成本将低于 15 美元"，"量产 6 个月后的销售成本将低于 10 美元"
销量 / 预测	定义每个时期将销售多少 SKU	"对于前 6 个月，每月 10000 个单位，此后每月增长 10%"

图 5-3　一个无源扬声放大器的 CAD 效果图（来源：转载已获得 Lemeng Shao 许可）

5.2.3　在系统层设计阶段定义的规范

当团队完成系统层设计时，大部分规范应该已经完成了。在这个阶段，整体概念已经完成。对技术方案有足够的了解，可以定义量化的产品性能目标。随着团队对客户、技术限制和制造可行性了解得越来越多，这些目标会相应更新和变更。表 5-4 提供了一份在这个阶段定义的规范清单。

表 5-4　在系统层设计阶段定义的规范

分类	描述	案例
产品规范	定义了量化可测量的目标。规范可以包括尺寸、重量和性能要求等指标。这些通常由工程团队定义，但由产品负责人验证。规范应该包括一个目标值，以及一个最小和最大的可接受值。它也应该指明团队是否应该以额定值（范围的中间值）为目标，还是以下极限值（越低越好，lower the better，LTB）或上极限值（越高越好，higher the better，HTB）为目标	"产品将不重于 30g，目标重量为 25g。理想情况下，产品应尽可能轻（LTB）"
关键零部件	列出了预先选择的关键零部件和平台。这些通常由工程团队详细说明。列出关键零部件对于跨职能团队的协调至关重要；例如，固件设计需要知道将采用什么平台，以及采购需要了解关键零部件是否有很长的交付时间。注意，这并不是整个 BOM，而只是所有团队需要了解的关键零部件	"将基于骁龙 835 移动平台"
认证、法规、合规性	定义了合法售卖产品所要求的所有测试和认证。这些包括产品的售卖地区和一份初步的认证清单（第 17 章）	"这些件会在美国、加拿大、欧洲出售"，"产品将需要蓝牙认证"
耐久性	量化了在每种使用场景下产品会暴露到哪些压力源。压力源可能包括温度、振动、灰尘、水、负载、使用和不当使用（第 7.3.3 节）。耐久性要求来源于使用场景，并且通常由质量团队在咨询工程团队和产品负责人后定义	"产品从 30cm 高处掉落至木质地板上，只能有最小的外观损伤且没有功能性损坏"
可靠性	定义了每个特征在保修期内需要无故障工作的平均次数。可靠性要求通常由质量团队在咨询工程团队和产品负责人后定义（第 7.3.4 节）	"保修期内，按钮 A 将在 5N 力的驱动下进行 10000 次循环"
包装和附件	定义了客户所购买的最终产品和包装。它将包含一份所有包装的清单，如礼盒、内包装、标准纸箱，也包括所有附件、使用说明书、内衬和礼盒中的其他部分（第 6.6 节）	"包装将包含一个带有封套的礼盒，里面包括一把螺丝刀和安装说明"
品牌和商标位置	定义了任何商标或者品牌的位置信息。商标或品牌的位置通常通过工业设计的效果图进行描述。团队经常会忘记考虑将商标和品牌特征放在哪里，然后就没有空间了。品牌建设是在品牌管理团队、产品负责人、工业设计和表面处理工程团队之间进行协调。例如，SRAM 的产品设计使他们的品牌可以在 SRAM XX1 曲柄上（见图 5-4）突出显示。相比之下，一个竞争对手的产品设计空间有限，商标也不那么突出	"商标应该被放置在产品的正面，而且顶部和底部由装饰物围绕"

（续）

分类	描述	案例
CMF	定义了每个可视面将使用什么颜色、材料和表面处理。CMF通常被保存在一个单独的文件中（第6.3节）。它由工业工程小组随同产品负责人一起定义	"把手将有一个较软触感的喷漆表面，其颜色参照潘通色卡2478 CP"，"产品将有三种颜色方案：白色、黑色和玫瑰金"
外观	定义了每个可视面和关键外观面的可接受质量。外观要求包括颜色匹配度和对缺陷的限制，如飞边或杂质（第7.3.2节）	"所有外露的表面需要高光，且每平方英寸上最多有一个灰尘"
发运要求	定义了产品如何通过各种销售渠道进行分销的细节。此外，它也将确认在运输过程中产品预期会经受哪些压力源（第16章）	"产品将会以标准纸箱包装并堆叠在托盘上的形式通过海运发货。可能是零担发运（less than truckload，LTL）""发运要遵守 ISAT-2A 的所有规定，但不包括堆叠试验"
维修和备件	定义了产品将会如何维修以及易损件如何更换。这些要求是在有来自客户支持团队的重要输入（第18章）下，由整个团队进行定义	"产品将会有一个可拆卸的定制化可充电电池"，"礼盒将包含一个单独的替换电池"，"额外的替换电池将通过公司网站进行售卖"
客户支持	定义了客户将如何从公司获得有关其产品的帮助和信息。规范将包括关于存在哪些沟通途径（如免费电话或门户网站），会使用哪些服务供应商，以及退货如何处理之类的信息（第18章）	"客户支持将通过分销商进行管理，他们会把缺陷品退回给我们以获得补偿"

图 5-4　SRAM XX1 曲柄上的品牌与商标（来源：转载已获得 SRAM 许可）

5.3　收集信息

规范文件的范围相当大，它并不仅仅只包括性能规范。看一下需要包括在规范文件中的内容清单会让人不知所措。那么你如何能确定你的团队已经涵盖了所有内容呢？你很容易爱上自己的想法和解决方案，

而不会去问"别人是否曾经尝试过这个?""客户对其他类似产品有何反应?""我是否正在像客户而不是工程师那样思考?"和"它会如何失效?"尽管每个产品都是独特的,团队将利用不同的资源来填充规范文件,但以下内容能帮助团队引出客户需求、定义规范并确保文件的全面性:

1)**模板和检查清单**。可以使用一个规范模板来确保你在规范文件中涵盖了基本的内容。模板可以来自本书内容,也可以基于其他产品进行创建,或者在互联网上寻找。

2)**其他内部规范文件**。来自你公司内部其他产品的规范文件可以用作创建一份新规范的起点。来自同家公司的产品通常具有相似的性能、认证和外观要求,它们能节省你的时间。

3)**用故事板来记录产品生命中的每个方面**。记录并就利益相关方将如何使用产品达成一致,有助于团队识别出隐含的规范,即那些可能存在于人们的头脑中但需要被写下来的规范。场景可能包括购买、拆箱、设置、使用、存储、运输、重新充电、回收利用、维修。

4)**审查向客户做出的承诺**。市场营销资料(用于支持产品销售的媒体材料集合)会有些明确和隐含的承诺。例如,营销视频或其他材料可能显示产品在户外使用或由儿童使用。这些对客户的承诺对质量测试和认证有广泛影响,而这些在规范文件中可能并不明确。

5)**研究其他相似/类比产品**。其他现有产品将有助于设定客户对你产品的期望。理解了向客户做出的明确和隐含的承诺能帮助你定义客户可能期望的东西。

6)**失效模式和影响分析**(FMEA)是一种可以预测在使用中或制造中可能导致失效情况的有效方式。规范文件应该定义为避免这些失效(尤其是安全相关的)所需的要求。

5.3.1 故事板

客户对一个产品的体验远远不止将其用于主要用途:例如,对于一部智能手机,打电话或者拍照。在创建规范时,大多数团队会犯的最大错误就是仅仅关注产品的主要用途,却忽略了产品生命周期内的所有其他阶段。想想你的手机会经受多少次不当使用。它不得不躺在你的后裤兜或手提包里,或者被落在车上,或者会掉进水坑里。

　　例如，如果你正在设计一款保温咖啡壶，那么这个产品需要做什么呢？当然，它需要能制作咖啡。但是如果这是你要设计的唯一事情，那也许你最终会设计出一款使用起来令人沮丧的咖啡壶，就像笔者最近买到的一样：它能很好地煮咖啡，但是设计团队没有考虑过当咖啡壶被放进洗碗机或者浸泡在水槽中会发生什么（在任何好用的咖啡壶寿命周期内，这都是个非常明显的步骤）。咖啡壶外面的包塑壳体并不是密封不漏水的，所以水会聚集在包塑壳体和咖啡壶主体之间。因此当把咖啡壶侧放在碗柜内时，水就流得到处都是。也许该产品附了警告不要把它放进洗碗机里，但使用说明书早就没了，而且用户通常从来就不会读它（尤其是如果你是位工程师，你会自认为更了解它）。

　　故事板演示是一个过程，团队可以用它来记录利益相关方在产品的实际功能中，以及在产品的整个生命周期中（如购买、运输、设置、连接、维修和处置）如何与产品互动。通过把产品生命中的每一步展示出来，产品不明显的需求也就变得很明显了。故事板可以简单到用一组方框和箭头来定义每个步骤，也可以复杂到用充分渲染过的漫画来描绘用户体验。

　　环顾你的房子，你会很容易发现哪些产品在设计时考虑了整个用户体验，哪些没有。笔者最近一个月内购买了两件产品：一套无线扬声器和一款自动真空吸尘器。扬声器系统的生产商在优化用户体验上做得很好。从包装和使设置变得轻而易举的说明书，到能自动更新又使用简单的 App，它是一个顺畅的无摩擦系统。

　　而另一方面，自动真空吸尘器的设计显然没有考虑到用户的整体体验（或者至少是笔者的）。在该吸尘器的清扫中，它有个艰难任务就是要对付从两只多毛猎犬身上脱落下来的所有狗毛。这台吸尘器被设计成自动运行，并在需要维护时会以响亮的语音提示它的人类主人。因为要吸除所有狗毛的工作量很大，该吸尘器就需要相当多的维护。它被设定在晚上运行，所以听到语音提示的只有狗，它们会对吸尘器吠叫。第二天早上，吸尘器经常会停工在地板中央。语音提示经常模糊不清而且按键也没有做好标记，所以经常很难说清楚它需要维修什么或者如何维修。当实际产品型号没有清楚地标记在产品上时，想在网站上找到使用说明是非常有挑战性的。最后，找到塞在一个杂物抽屉里的替换零件也费了很多时间。该产品能有效地保持地板干净，但维护过程却令人沮丧。在这个案例中，做一次这个体验的故事板演示就可以把几点需求突显出来：需要更加明显且一致的标签，需要更好的网页/App 支持来解决设备问题。在设备上储存备件，并提醒用户即将到来的维护需求（就像在打印机墨盒上所做的那样），可以使它的使用维护更加容易。

这里有一个例子，在这个例子里，缜密的故事板演示创造了一种无缝客户体验：一家公司正在生产一种壁挂式设备，而且他们知道客户很关心这款产品要完美地保持水平。通过对产品的安装进行故事板演示，设计团队决定在板上加入一个小的水平仪和留出安装位置。另外，孔和槽的位置也被标记了出来，这使人非常清楚哪些孔是用来把设备固定在墙上的。关于是否在套件中加入螺丝刀，以及不得不到处寻找螺丝刀的痛苦是否超过了加入螺丝刀的成本，大家进行了讨论。通过与客户交谈，团队确定了增加螺丝刀的重要性并没有超过其本身的成本及额外的包装和增加的发运重量。

故事板应该针对产品生命周期中的每一方面进行设计。表 5-5 列出了消费类产品常见的典型使用场景。当然，根据行业或产品的不同，所列出的使用场景也会有所不同。

表 5-5　使用场景

使用场景	描述
发运、搬运和分销	产品是如何发运的？它会重新包装吗？在发给客户前它必须要测试或更新吗？例如，如果一个产品在被发运到分销中心后需要更新固件，那么产品包装的设计应可以容许该操作
购买	在购买过程中什么对于客户是重要的？在哪里可以购买到：实体店还是网店？产品如何被送到客户所在地？例如，对于衣服或穿戴类产品，消费者也许想亲眼看到并感觉实际的产品（或者一个商店样品），而不仅仅是盒子外面的照片
拆箱、设置和安装	拆箱体验如何？为了安装产品客户需要做什么？产品应该很容易取出来而且设置起来应尽可能简单。印刷材料在颜色和感觉上应该匹配，并和产品品牌相匹配
每一个主要功能	用户将如何使用产品的每个方面？所有功能都很直观且易于使用吗？如果用户犯了错会发生什么？有哪些潜在的不正确用法
每一个初级功能的失效	如果产品的某些方面失效了会发生什么？例如，如果设备的电子元件出现了失效，它要如何告诉用户怎么去应对？用户是否需要从他们的杂物抽屉里翻出使用说明？或者用户需要做什么是显而易见的？产品能自我修复或自我诊断吗
维修	产品需要由用户维修吗？它能被清理吗，用什么东西清理？例如，很多家用清洁产品会对某些材料和表面处理造成损伤
户外 / 室内使用	产品可能会在哪里使用？每个使用地方环境状况怎样？例如，如果用户在户外操作产品，灰尘或者杂草会对设备产生什么影响
交通运输	产品是如何运输或携带的？用户多长时间移动或运输一次产品？设计师应该评估各种因素的风险，例如意外跌落和温度波动的影响

（续）

使用场景	描述
不使用时的存放	产品存放在哪里？如何存放？例如，存放在地下室或车库的物品要比存放在厨房或卧室的物品更可能经受较高的湿度和温度波动
重复利用	产品能被重复利用吗？用户能把它发回给你吗？对产品的回收有哪些认证要求？你能改换用途重新利用它吗

5.3.2 客户承诺

在创建规范文档过程中的下一步就是要清晰地记录市场营销、销售、产品团队和公司网站对客户做出的承诺。凭借市场宣传资料、对话和展会，市场营销和销售团队也许已经明确或隐含地向客户承诺了一些功能和特征。对于这些承诺的错误传达在那些市场营销团队和工程团队沟通不畅的组织中尤其普遍。这些情况会造成成本高昂的重新设计。如果仅在产品即将投入生产之前，市场营销团队突然提到"但是我们向客户承诺过它只有目前的一半大小！"那产品的发布也许就要推迟了，或者市场营销团队不得不向客户解释为什么他们没能信守诺言。

网站、视频或其他市场宣传资料可能提供了些隐含的承诺，那这些承诺必须要尽可能早地纳入产品的设计中。例如，如果市场营销视频展示了产品可在户外使用，那团队必须明确地定义产品的抗紫外线性能和最高工作温度。否则，产品可能会发黄或者过热并导致保修索赔。在另一个案例中，营销视频展示了一个儿童正在使用该产品。如果规范没有明确定义用户的年龄范围，包装上也没有标明对儿童不安全，或者产品也没有遵循适当的 ASTM 玩具标准，那公司可能会面临潜在的召回，并对伤害负有责任。

工程团队和产品团队可以通过以下方式更好地使隐含的承诺与明确的规范要求相匹配：

1）与每一个公司之外讨论产品的人仔细检查规范文档。每个相关人员都应该在过程早期签署规范文件，以确认所有的隐含和明确的承诺都已悉数囊括。

2）关于谁可以与公司之外的谁讨论新产品，应设置严格的沟通管控。

3）在对外分享之前，重新检查所有的市场宣传资料、视频和网站，以验证所有的工作条件、特征和用户画像是否与规范文件相符。

4）在发布之后再次检查所有的市场宣传资料，以确保没有任何遗漏。

5.3.3 从其他产品 / 竞品分析中学习

当创建规范文件时，团队不需要从零开始去了解关于他们客户的一切信息，他们可以而且应该从市场上已经存在的类似产品中学习。你的客户会根据他们对其他产品的经验而产生期望。正如 IBM 全球服务的高级副总裁 Bridget van Kralingen 所说："任何人在任何地方所拥有的最后一次最佳体验会成为他们在每个地方想要的体验的最低期待。"

竞争对手的产品会包含一些客户喜欢的设计特征，也会犯一些导致不满意的错误（最坏的情况是召回）。回顾相关产品的现场表现和客户反馈，可以让你深入了解客户对你的产品或明确或隐含的价值期望。

如果你没有一个直接的竞争对手，可以看看有相似用户、用户画像或者使用位置的产品。例如，对于一个插在墙壁插座上的智能设备，团队也许可以看一看其他插座硬件和对讲系统，以及其他智能家居设备。一个带有生物传感器的头戴式耳机可能会受益于你对耳机以及如 Fitbit 等生物数据产品的研究。在这一节中，我们会使用这样的场景：你正在开发一款电池供电的便携式奶昔搅拌机。客户的期望，包括从材料的抗紫外线性能到耐久性期望和噪声要求，可以通过研究一些类比产品，如有线（非便携式）奶昔制造机和电池供电的便携式家用电器来衡量。

一旦你有了一组要调查的产品，你就可以利用许多公共资源来发现其他产品设定的一些隐含期望，这些资源包括：

1）**行业期刊或网站上的专家们对产品的评论和消费者报告**可以让你了解评论家们最看重哪些衡量指标。这些指标对团队来说可能并不惊讶，但随着新的竞品登陆市场，对它们进行长期跟踪是很有帮助的。

2）**社交媒体或互联网商业网站上的产品评价**可以让你了解什么能使客户满意（5 星评价），或者什么使他们非常不满意（1 星评价）。

3）**联邦召回数据库**，如消费品安全委员会（Consumer Product Safety Commission，CPSC）列出了在美国所有召回的产品和召回原因。仔细研究这个数据库可以了解其他公司所犯的一些导致重大失败的错误。

对于那个假想的搅拌机的例子，其信息来源和所确定的客户需求见表 5-6 和

表 5-7。这些需求应该被加到规范文件中。设计团队应该特别注意任何与安全相关的问题。

表 5-6 专业人员和消费者评价

来源		客户需求
对奶昔搅拌机的正式评价		高端的表面光洁度
		功率
		容积
		附件
		小尺寸
		不含双酚 A
电子商务网站上的客户评价	客户喜欢的特征	搅拌质量
		搅拌时间
		易于清洗
		脉冲模式
		材料质量
	客户不喜欢的特征	电动机故障（有气味而且烧着了）
		破裂的套管
		盖子配合不好且渗漏
		与底座配合不好
		难以清洗
		有噪声

表 5-7 仔细研究 CPSC 的召回数据能帮助识别出关键的安全规范

CPSC 召回	根本原因	建议规范
当刀片组还在壶内时，拿掉盖子后，如果用户要把里面的东西倒出或者把壶翻转过来，搅拌机就会有割伤人的危险	装配松动	刀片必须被锁死在底部
在使用中搅拌机的其中一个刀片可能会折断，导致受伤危险	金属疲劳	刀片在产品的生命周期内不能出现疲劳
可充电电池组会过热，引发火灾和烧伤危险	电池危害	在最高温度、负载和充电状态下，电池不能过热
当把杯子放在搅拌机的底座上或拿开时，搅拌机可能会无意间打开并激活刀片。这可能会对消费者造成严重的割伤危险	开关会偶然打开	开关必须有一个锁定功能，以防止系统在未装好状态下接通电源

注：以上内容源自 CPSC 召回清单。

5.3.4 失效模式和影响分析

为了验证你有一份综合全面的规范文件，你的团队还应该确认任何潜在的失效以及它们可能对客户产生的影响。FMEA是一个标准化的系统过程，团队可用它对产品可能的失效、每种失效的根本原因和对客户最终的影响进行登记分类。FMEA的责任人，通常是质量工程师或者项目经理，根据失效的可能性、失效的严重性和检测出失效的能力对失效进行排序。该方法已被广泛采用，而且在设计医疗设备、汽车和航空产品时通常是一项要求。有很多在线文章和书籍对 FMEA 进行了更深入的讨论，要远深于本书所涵盖的内容。表 5-8 展示了一个非常简单的 FMEA 案例。

表 5-8　一个 FMEA 案例

过程/特征	潜在失效模式	潜在失效影响	严重程度（1 表示轻，10 表示严重）	潜在原因	发生频率（1 表示最少，10 表示经常）	当前控制方法	探测难易程度（1 表示容易，10 表示困难）	风险系数	采取的措施
电池充电	过热	烧毁或着火	10	化学电池有缺陷	2	用传感器对过高的温度进行探测，以切断充电线圈的电源	1	20	对电池增加质量检查以确保装配没有问题
电池充电	电池无法充满	运行时间不够	2	错误的断电阈值	1	电池充满后要在一个样品上进行检查	5	10	要对电池充电的测量工位进行 SPC 监控以长期追踪变化
搅拌	太多冰把刀片卡住了	搅拌不充分	5	客户不正确的用法	3	使用说明书和培训	5	75	检查电动机电源和刀片是否能正确应对不同的使用场景

5.4 管理规范文件

根据公司规模、产品复杂性或者监管要求的不同，一份规范
文件会有各种不同的形式和格式。一些公司使用软件管理信息，
有些公司则会使用文本文件，还有一些公司使用 Excel 表格。一
些组织会把信息分成捕捉客户需求的一般性需求文件，以及捕捉
具体设计概念细节的规格文件。其他一些组织会把这些信息整合到一份文件中。

通常情况下，小公司或者生产简单产品的公司会使用基于文本的文件或电
子表格。生产高度复杂产品（如飞机）的大公司通常会使用专门的软件工具。例
如，军工、航空和汽车行业使用企业需求管理工具来管理复杂的分层要求，并
确保整个供应链和生产系统的可追溯性和问责制。基于软件的规范管理工具有
本地安装的软件产品和（最近）基于云端的 SaaS 产品两种形式。许多价格低廉
的 SaaS 模型工具是为支持软件开发而设计的，但是在写作本书的时候，对于硬
件开发则选择有限。

如果你的团队要从零开始建立一份规范文件，有两种典型形式：基于文本
和基于表格，但这两种方案都不是普遍推荐的。文本和表格的选择通常是基于
团队成员的偏好和先前的经验。

不管格式如何，你的规范文件必须包含：

1）**一页带有文件信息的封面**。封页上的信息可以避免不同版本文件之间，
或者本文件与其他文件之间的混淆。信息应包括：

——产品名称。

——版本日期和版本号。

——作者。

——批准人。

——唯一的文件编号。

2）**版本历史**用于表明文件曾经做了哪些更改以及何时进行的更改（否则很
难发现这些改动）。首页通常会有一个叫作修订栏的表格。修订栏会逐项列出从
文件最初批准的版本以来的任何重大变更。每次修订都记录有日期，对修订内
容的摘要和任何的审批内容及审批人签字。

3）**文件的每一页都应有产品名称、修订日期和版本。**

4）**一种把规范进行分类汇总以便于回顾的方式。**

5）**每份规范的唯一编号**。如果规范有新增或删除，不应该再次使用已经存在的编号。

为了管理规范文件，EDM 系统（第 4.4 节）应该要确保规范文件和相关更新：

1）可供所有经批准的团队成员使用。

2）做了访问控制，以避免知识产权泄露到组织之外。

3）已被相关的职能部门评审和批准。

4）已传达给整个团队而没有留在某个人的本地文件夹里。

在创建和维护一份规范文件时，应该遵循以下指导原则：

1）**如果可能的话，要进行量化**。一个可测量的规范总是要比一个模糊的规范更好些。

2）**由一个团队去创建并对它负责**。规范文件是一个合同（由整个团队同意的），它定义了什么是成功。如果只有一个人负责生成规范文件，也许团队在产品的目标上就没能够达成一致（而且很可能的是他们不会去读一份 20 页的文件）。

3）**保持规范有条理且做了编号**。给每个规范分配一个唯一的编号将有助于追溯性和变更管理。唯一的索引可以用于链接到其他文件（如质量测试文件）。

4）**文件变更要受控**。在文件第一次完成并发布后，如果未经适当的人批准，就不得对文件进行任何改动。

5）**把文件链接到其他产品实现文件**。试产质量计划、生产质量计划和发运审核计划应该来源于规范文件并且要与它保持一致。

小结和要点

❑ 规范文件是极其重要的，因为它们会迫使团队去定义成功的结果，向内部和外部团队清楚地传达设计目标，并作为质量测试计划的基础。

❑ 规范文件包含一系列信息，而不仅仅是性能规范。

❑ 规范文件是一份动态文件，它应该被持续地更新和维护，同时也要认真地做好受控管理。

❑ 有几种工具可供团队用于充实一份规范文件，包括故事板演示、FMEA 和竞品评估。

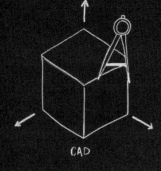

第6章

产品定义

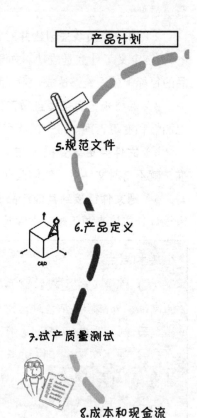

完整全面的产品定义对于设计生产系统、选择供应商、确保产品质量及避免延期很有必要。产品定义不仅仅是产品的CAD模型，它还包括完整的图包、对于成品的定义（包括包装和附件）、物料清单（BOM）及颜色、材料和表面处理（CMF）文件。

在第 5 章中，我们讨论了对产品规范进行细化，并在产品设计过程中完善和更新这些规格的重要性。然而，工厂无法仅基于规范文件来制造产品。工程和设计团队需要创建一个完整的产品定义，包括零件图样、BOM、装配信息、包装和CMF 定义。规范文件定义了设计团队想要设计什么，而产品设计包则完全定义了设计团队创建出了什么。后面的章节会描述团队要如何确定设计将如何被制造。

产品设计包不只是产品几何结构的 CAD 模型。年轻的工程师们被教导如果创建出了一个 CAD 模型，他们就设计了一个产品。然而，渲染过的漂亮 CAD模型会给人一种错误的安全感，认为这些零件确实可以被制造出来并装配成最终的成品。此外，合约制造商需要了解更多有关表面处理和公差的信息，而这些通常不会在 CAD 模型中显示出来。

工厂、合约制造商和供应商不仅需要清晰明确地定义制造可销售产品所需的零件和材料，而且还需要定义 CMF 和包装。当同一产品有多个版本可供客户选择时，对产品的定义就更加复杂了。不同 SKU（插文 6-1）之间的差异可能包括颜色、级别（低端、中端和高端型号）、单位数量（以单个卖，还是两个或四个）或者销售的国家（不同的电源适配器和使用说明书）。

产品设计包越清晰、全面，产品实现过程就会越顺畅。BOM 上缺失的零部件会延误生产，不准确的 CMF 规范会导致意想不到的外观结果。供应商将会基于他们对图样的理解来制造零件，如果你遗漏了一个关键尺寸，零部件可能就无法适配。如果指定了通用材料，那么用替代材料就会改变性能。

产品定义用于：

1）在过程的早期和整个产品实现过程中评估并跟踪销售成本和一次性工程成本（第 8 章）。零件的几何结构和 BOM 可以通过软件进行评估，或者发送给供应商以得到更准确的报价（第 14 章）。

2）评估零件的制造可行性（第 10 章）。

3）设计和制造用于制造零件的工艺装备（第 12 章）。

4）定义制造和装配产品的工艺（第 11 章）。

5）定义将如何评估质量（第 13 章）。

6）在生产期间订购和管理材料（第 15 章）。

插文 6-1：存货单位

存货单位（stock-keeping unit，SKU）描述了一个可以销售的特定产品。有时 SKU 是指分配给每种特定的可销售产品版本的字母数字代码。仔细而详尽的产品定义能确保产品线上不同的SKU得到正确的处理。单个产品实现过程可以推出多种带有相同核心技术的SKU：

1）每种颜色的产品都被分配一个唯一的SKU编码。

2）不同地区的产品可能由于包装、附件（如电源插头）或者使用说明的不同，而被赋予唯一的SKU编码。

3）产品可能会以倍数形式售卖。单个产品会有一个SKU编码，10个产品作为一包销售也会有不同的SKU编码。

4）为了以不同的零售价销售，产品会有略微不同（如高端车型有更昂贵的音响系统和座椅）。

5）预装了不同软件的产品可能有不同的SKU（如特斯拉的一些车型包含增程软件）。

在单条生产线上管理多种SKU是资源密集型工作，而且会导致一些差错，包括贴错标签、包装错误、弄混零件或颜色等。

尽管大部分机械和电子零件的图样对于所有SKU都是共享的，但每个SKU可能有唯一的图样。每个SKU通常有一个唯一的CMF、BOM和标签。此外，质量测试计划可能对不同的SKU有不同的测试项。例如，不同的表面处理将会有不同的外观要求。

产品定义体现在几个相互关联的文件中：

1）**BOM**是一份全面的清单，列出了制造产品所需的所有零件、系统和材料（第6.2节）。

2）**CMF**是一份定义了每个SKU产品外观要求的文件（第6.3节）。

3）**机械零件图包**。零件的三维CAD模型对于制造商制造零件来说还不够，工厂需要一份正式的图包。一份正式的图包包括一套完全标注了尺寸的图样，带有公差、基准、材料规格和表面处理要求。图包由单个零件图样和总装配图构成（第6.4节）。

4）**电子零件设计定义**包括描述PCBA、线束、连接器和布线路径的所有文件（第6.5节）。

5）**包装设计文件**定义了需要用来运输产品并向客户传达他们正在购买什么产品的包装盒、附件和内衬。

6.1 零件类型

在描述用于产品定义的信息之前，我们必须先列举并解释构建产品的零件和要素：加工件、定制零件、商用现货零件、电子零件、耗材和原材料。每种零件类型都有独特的定义方式、供应链和典型的交付时间。例如，如果你的产品使用商用现货零件，你可以通过列出它们的供应商、制造商和制造商的零件编号来指定这些零件。大部分商用现货零件都可以在短时间内拿到货。另一方面，如果你的产品需要特别制造的零件，这些零件就需要用正式的工程图样来定义，并且通常其工艺装备和零件制造有较长的交付时间。表 6-1 总结了我们将会在本书余下部分所使用的零件类别。

表 6-1 物料清单上通常的零件类别

零件类别	描述
加工件	加工件是定制化制造的，包括注塑成型、压铸和锻压。这些通常需要制作或采购定制化模具
定制零件	定制零件基于常规技术但要根据一个产品确切的规格进行定制（如电动机、齿轮箱、电池和 LCD 面板）
商用现货零件	商用现货零件包括螺钉、弹簧和标准电池等。它们可以是通用类的（来自于任何制造商），或者来自于一个要求的（如指定的）制造商的具体零件号
电子零件	电子零件包括 PCBA、PCB、柔性电路、线束、连接器和传感器
耗材	耗材通常是散装购买的材料，每个产品上只用一小部分。它们通常不会在 CAD 模型或者装配图上体现出来，包括胶水和胶带
原材料	原材料指用于生产加工件的散装材料，如用于车削加工的不锈钢棒材和用于热成型的塑料粒子，通常以较大数量进行采购；所采购的数量和用在最终零件上的实际材料数量并不匹配，因为你不得不考虑生产过程中产生的报废

6.1.1 加工件

加工件通常是为单个产品或产品系列定制的。通常情况下，工程团队有责任详细说明所制造零件的设计和制造工艺。在硬件产品中，最常采用的两种制造加工件的工艺是注塑成型和机械加工；然而，可以用来生产加工件的潜在制造技术范围很广，包括锻压、铸造、冲压、板料折弯、刻蚀、激光

切割和热成型。

加工件有以下特点：

1）要进行**工程设计**以满足功能、装配、力学性能和外观要求。

2）为正在制造的产品或产品系列所**独有**，不与其他公司共用。

3）需要**工艺装备**或 CNC 程序。

4）可能需要**二次处理**，如喷漆、电镀或者热处理。

5）每次生产运行通常需要重要的**调试过程**，且会以批量制造来分摊调试的时间成本。

6）工艺装备和零件的生产通常外包给**第三方**进行。加工件通常需要专用的设备，这些设备内部持有及维护成本非常昂贵。

7）需要 **DFM** 来确保零件能高质量、低成本有效且高效地制造出来。

加工件的定义通常采用 CAD 模型和图样的形式，它应该包括：

1）充分定义的成品零件图样，包括公差、表面处理和材料规格。

2）对后处理要求的详细描述。

3）制造过程中每一步的图样。例如，对于锻件，既有锻压的图样也有机械加工的图样。每份图样都有该工艺步骤的尺寸和特征。

每个加工件必须经过一个多阶段的设计和生产过程：

1）**初始设计**定义了设计师所预想的零件的基本几何结构。零件几何结构的初稿形成于产品开发过程中的细化设计阶段。

2）对基础设计进行 **DFM 评审**以确保当整个零件设计好后，它可以被制造出来。例如，你是否指定了用不锈钢制造大型非对称空心件？通常来说大型空心件是由深拉深工艺制成，但这样的话你会被限制在大致对称的零件上（第 10 章）。设计出难以制造的零件很容易，而设计出容易制造的零件却很难。如果工程师们不了解工艺是如何运行的，他们最终就可能需要复杂的复合动作模具、重新装夹和大量的后处理工作，所有这些都会推高成本。

3）对**模具的 DFM 评审**会推动第二组小的设计变更，以使模具可以被设计出来。例如，如果一个团队正在使用注塑成型工艺来制造一个壳体，模具设计师可能会设计用来避免翘曲的筋，或增加一个脱模斜度以使零件可以很容易地脱模（第 12 章）。

4）**模具设计**定义了用于制造最终零件的模具的几何结构。模具工程师从零件的几何结构、装配要求和外观要求开始，并增加制造特征，如分模线和浇口位置（模具分开的地方和熔融塑料被注射进型腔内的位置）。模具工程师也会对模具进行针对性设计，以优化模具加热和冷却时的热传导，优化液体流动以确保模具被完全填充，以及优化模具的机械动作。例如，模具设计师会设计胶口、直浇道、冷却通道和顶杆，这些都是为了用最小的周期时间来运行注塑机。

5）**模具制作**可能是产品实现过程中交付时间最长的项目。模具通常由硬质钢切割而成，而且加工型腔可能非常耗时。一般模具会先以留铁（例如，模具型腔比需要的要小一些，所以改模时只需要去除材料而不是更困难地增加材料）方式制作，先不做最终的表面处理和细节处理。

6）**首次试模**是从模具中制造出来的第一批零件，用于检查功能、尺寸精度和制造可行性。

7）**试产运行**。工厂会与工程和产品团队配合对每个加工件进行几次试产。每次试产都会带来一些微小的模具修改，这是为了确保更精密的尺寸、使用性能和正确的外观。

8）**最终的模具修改**。最终，为了使制作出的零件的表面光洁度符合要求并且使模具为批量生产做好准备，模具制造商会对模具进行表面处理、热处理和抛光。

9）**首件检验**由零件制造商执行以验证零件符合所有的尺寸、功能和表面处理规范。

10）**批量生产**。零件批量生产以便分摊昂贵的调试成本。

尽管每个人为了使零件设计和模具第一次试产时不会出问题而尽了最大努力，但试产总是能发现一些加工件问题，包括：

1）**尺寸精度**。所有加工件都会有固有的件与件之间的差异。零件在 CAD 模型中看起来配合的间隙很合适，但实际中却并不一定合适。

2）在加工完成后随着载荷的施加或者内应力的释放，**零件形状可能会发生改变**。这些都会带来尺寸的变化。另外，材料在零件制造过程中也会收缩和翘曲。

3）**材料和力学性能**。制造过程可能会造成局部材料的不均匀性及缺陷。例如，某个聚碳酸酯（PC）材料的零件是通过注塑成型的，工厂并没有使用加热刀去除直浇道（用于把材料带入型腔的通道）。人工掰断去除会引入微裂纹，随着经常性的使用，微裂纹会扩展生长并最终导致零件断裂。不幸的是，如果换成其他材料，会对模具和设计进行大量的更改。取而代之的是，团队不得不严格控制直浇道的去除工序以防止问题再次发生。

4）**外观**。一个加工件的外观通常与设计师的预想不同。凹痕、色差、电镀中灰尘造成的表面缺陷，或者机械加工产生的车削纹，都可能会比预期更有外观问题。遗憾的是，往往当第一批零件下线时，这些问题才会被发现。

加工件及模具的质量和成本，与设计团队对制造可行性原则的理解和采纳程度密切相关。尽管很多问题可以在试产期间得到解决，但最好是在一开始就把零件设计正确，从而尽可能多地避免问题。

6.1.2 商用现货零件

商用现货零件是那些可以直接从供应商或分销商目录中买到的零件，如螺钉、O形圈和螺纹嵌件。它们按照原样采购而且通常附有定义性能参数的规格表。商用现货零件在 BOM 中由制造商和零件编号，或者由对零件的一般性描述来指定说明。

当选用商用现货零件时要尽可能具体，这很重要。例如，即使使用的螺钉型号有一个很小的变化，也会对短期和长期的性能产生巨大影响（插文6-2）。在一个例子中，一家公司一直在为一款户外产品采购螺钉，但是并没有指明这些螺钉必须是不锈钢的。当供应商做了一次降本后，他们采用了非不锈钢的螺钉，当产品暴露在雨水和海风中时就造成了生锈问题。任何时候你都应该假设，如果可能的话，工厂会用一个成本更低的零件替换商用现货零件。如果规格太过宽泛，买方就有一定的灵活性来购买那些也许不会按你预期工作的材料。

设计工程师可以要求使用一个指定件或者一个通用的商用现货零件。例如，你可以指明一款通用型的3A电池，或者你可以要求一个特定供应商的具体零件编号（一个指定件）。当需要更好的性能时，经常会指明用指定件，当然它们几乎总是更贵。在没有更换供应商的情况下，指定件很难获得显著的降本。对于性能不是那么关键的情况，团队可以通过选用通用的商用现货零件来节约成本。

指定的商用现货零件也会带来供应短缺的风险，或者在最坏的情况下，被淘汰，也称为寿命终止。在一个例子中，一个电动机工厂发生了罢工，无法再生产他们的电动机；另一个例子中，一家大型消费电子产品公司把一款存储芯片全世界的库存都购买了；还有一个例子，一个工程团队不得不因无法再买到某款特定的电池而重新设计产品的壳体，因为壳体被设计成只适配那款特定电池的几何结构，其他供应商没有相同外形的现货方案。对于商用现货指定件，不能从第二渠道获得货源的风险，通常要比团队的预料高得多。几乎所有与作者合作过的公司都不得不在试产或者生产过程中的某个节点，针对寿命终止零件或者商用现货指定件的短缺进行管理。

6.1.3 定制零件

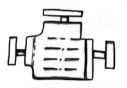

当商用现货零件版本不能充分满足你的设计需求，而且你的公司也没有相应技能或足够的精力来设计或制造时，也许就需要指明定制零件了。当现有商用现货零件物理上无法适配你的设计（如电池外形），无法满足功能要求（如精确的功率和速度），或需要一个特有的连接（如一个独特的键槽）时，你就需要定制零件了。

定制零件通常从那些专于某种技术或系列产品（如电池或轴承）的供应商那里采购，他们可以利用专业知识为你的产品定制唯一的装配件或零件。定制的范围包括从专门为你的产品进行完全定制的零件，到对供应商现有产品线做部分定制和改动。

在定制范围的一端，产品团队可能要与其他公司合作以生产独特、完全定制化的子系统。外部的合作伙伴通常在技术方面拥有深厚的专业知识，能为产品团队创建特有的解决方案。尤其为了合作关系，合作伙伴可以专门开发新的设计或制造技术。这些零件很难提前计算其成本，因为双方都在产品上进行了投资，而且共担了利益和风险。由于知识产权和合同问题，几乎不可能对这些零件进行重新招标或者引入第二家供应商。因为你最终产品的设计高度依赖于定制化子系统的设计，更换供应商通常意味着对整个子系统进行大量重新设计。你最终的产品甚至可以将两家公司之间的合作关系作为卖点进行宣传，这会进一步强化双方的合作关系。

在定制范围的另一端，团队可能会指定与供应商现有产品略有不同的零件（例如，更改电池上的连接器或者 LCD 屏的外形尺寸）。供应商也许会从一组预先设定好的选项里提供定制化服务。例如，如果你正在生产一个机器人产品，需要一个具有独特内径和外径的定制轴承，那么供应商不必制造定制的工艺装备就能为你的公司生产这些零件。用在机电产品上的定制零件的典型例子包括：

1）具有定制尺寸、颜色和边框的 LCD 屏。

2）不同几何结构的相机。

3）具有定制容量、几何形状和连接器的电池。

4）为你产品独特的几何形状而定制的密封件和垫圈。

5）带有多种配置、传动装置和连接器的电动机。

6）通常为你的应用进行独家配置的变速器。

取决于所需要改动的复杂度，定制零件的成本可能会高于商用现货零件，或者会太过昂贵。如果需要定制零件，你应尽早与供应商沟通以确定重要的成本驱动因素，以及尺寸、形状、功率或者性能上的增量变化会如何显著地增加成本（第 8 章）。

供应商通常会公布他们产品的综合规范说明，这些规范使你能够确定他们是否具备必要的能力。规范包括零件外形（他们一般不会提供所有子零件详细的 CAD 模型）、连接器（如几何形状、功率）、性能和运行环境（如最高运行温度）。此外，供应商可能还会提供耐久性、质量和可靠性规范，这些可用来计算你产品的可靠性（第 7 章）。

定制零件可能有较长的交付时间以及比较大的最小订货量。公司经常会对他们需要采购的库存数量感到惊讶。此外，供应商可能会要求你为定制的工艺装备、认证或者验证测试支付一定的费用，所以除了定制零件本身的成本之外，可能还会有大量费用。所有这些支出都会影响现金流。最后，如果有问题，要更换供应商或者寻找第二个货源是一项挑战。

6.1.4 电子零件

大多数产品不是由纯粹的机械零件组成，而是一些机械零件和电子零件的组合。为了完整定义一个产品，电子工程师需要详细说明定制的控制板、布线和传感器。PCBA 的设计复杂且耗时。由于让一个单片机功能运行起来相对容易，所以公司经常会陷入一种对安全感的错觉 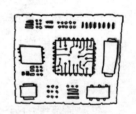 中。然而，设计电路板，可能包含复杂的天线配置、电源管理和充电线圈，要求有精深的专业技术知识。

面向生产的 PCBA 设计和制造通常是在机械零部件最终版准备好之前的 EVT 阶段完成。届时，团队可以使用原型机械零件来测试 PCBA、固件和软件的集成运行情况。例如，团队可以测试按钮是否可以触发正确的软件响应，但按钮可以是 3D 打印制造的。

在 PCBA 和电子系统的设计过程中，团队往往没有考虑到以下问题：

1）**测试点**。电路内测试（ICT）需要在电路板上预留测试探针与 PCBA 接触的位置（第 13 章）。如果在发运前你必须要对微型计算机进行编程，则可能还需要测试点和连接器。在发生问题后再在电路板上增加测试点很困难。团队应该仔细思考电路板应如何测试和编程，并确保为测试点预留了足够空间。如果在装配后你需要能接触到测试点，那么可能你需要提供一个可以穿过箱体或壳体的通道。

2）**结构支撑**。团队必须设计一些支撑结构来防止电路板经受那些短期（像跌落）或长期（像振动或疲劳）可能造成损坏的应力源。设计师也经常会忘记为螺钉或者把电路板连接到机械结构上的热熔预留空间。

3）**连接器和布线**。设计工程师经常考虑不到连接器和电线所占用的空间。许多团队太晚才发现这些连接器或者布线不合适，工人无法装配产品。例如，在便携式电子设备中，柔性电路的最小弯曲半径比预期大得多，无法装进由工业设计师所定义的壳体中。整个壳体不得不扩展以适应最小的弯曲半径，这造成生产延误了好几周。

4）**基于可靠性来选择零件**。一些电子元件对热或者湿度非常敏感。应该选择能在预期运行条件范围内工作的零件。例如，一些元件可能对湿度敏感，需要保形涂层。然而，需要注意的是，一些更具稳健性的元件的交付时间可能更长，而且通常更贵。

5）**封装和额定温度**。对于温度和封装规范，你需要尽可能具体地说明。如果零件订购错误，零件是无法互换的，这可能对装配和可靠性产生巨大影响。例如，晶体管 MMBT2907A 在 SOT-23-3、SC-70-3 和 SOT-223 封装中可用。尽管功能是相同的，但占用空间是不同的。如果你订购了错误的封装形式，零件就无法安装在电路板上。

6）**对于任何后处理工序的规范**。电路板可能通过绝缘材料封装起来（如用固体或凝胶填充电子元件）以降低对湿度和振动的敏感性，也可以用保形涂层（如喷或涂一层聚合物薄膜）以避免盐水和湿度的损伤效应。如果你的产品要求防水，请务必全面定义保形涂层的使用方法和材料。例如，如果没有明确要求喷涂还是浸涂，工厂也许会采用人工手刷的方式，这可能会导致更高的不良率且会造成防水效果不佳。

7）**编程**。一些微型计算机可能需要用软件刷机。

6.1.5 耗材

耗材是从供应商或者分销商那里以散装形式所购买的材料。耗材的例子包括焊料、电线、胶水、防刮伤膜和胶带等。产品装配需要耗材，但耗材又经常被认为没那么重要以至于不用显示在装配图或者工程 BOM 上。和商用现货零件一样，明确说明耗材的材料和性能很关键，这样就不会发生不想要的变更。黏结剂的微小变更可能会对质量产生巨大的影响。一些通用版本的黏结剂之间可能有非常不同的黏性和对特定材料的附着性。

耗材通常不会出现在工程 BOM 上，但是会出现在制造 BOM 上。此外，耗材通常是为一处生产场地而成批购买的，并保存在库存中，然后再从中进行配发使用。最终，这些材料通常被用于某个采购的单元上。耗材的定义方式和商用现货零件相同，由制造商加材料编号，或者用一般性描述来指定。

6.1.6 原材料

在一个制造 BOM 中（第 6.2 节），有必要详细说明用于制造零件的原材料。例如，用于制造车削零件的铝合金棒料，或者用于生产小批量聚氨酯硅胶复模零件的未混合的聚氨酯。原材料可以是通用材料，也可以是某个制造商独有的材料。当你在 BOM 中定义原材料的用量时，记住你需要考虑不会出现在最终产品中的边角料或废料（如来自车削件的切屑）。要确保你不仅订购了产品所需的用量，还包括任何边角料或者废料的量。

故事 6-1：不要假设你能准确地找到你想要的东西

Jonathan Frankel，Nucleus 创始人和首席执行官

Nucleus 成立于 2013 年底，当时，我想在自己的房子内安装一套内部对讲系统，然而得到报价的只有昂贵的模拟系统，而不是我期待的现代化无线系统。该无线系统被宣传为"任何地方的对讲系统"，系统能

即时通过 Wi-Fi 呼叫世界上任何接入系统的人，无论是在楼上还是在另外一个不同的国家。

我的团队聘请了一家行业领先的工业设计公司，为该设备设计时尚而又现代的外观。不仅如此，团队还要求：①设备要足够薄，能挂在墙上；②要配有一个具有足够大视野角度的摄像头，以便它能悬挂在房间里的大部分地方；③摄像头要有一个内置的物理隐私快门。该工业设计公司创建了一个可以满足所有这三条要求的产品概念，即包括一个可以在铰链上旋转的摄像头：把它往下或往上旋转能显示房间更多的空间，而旋转 180° 就能有效地变成一个物理隐私快门。

摄像头成为主要特征，其余的外形设计都围绕着它。然而，当团队把设计拿给合约制造商（世界最大最先进的制造商之一，他们也投资了 Nucleus 的 A 轮融资）时，他们却告诉我们现在还没有足够薄的摄像头能装进该工业设计公司所设计的旋转面板中。我们团队然后花了数月时间来研究两个替代方案：一是找到或设计一个比较薄的摄像头来适应原来的设计；二是创建一个更厚的旋转面板，反过来它会使整个设备主体增加 20% 的厚度。在确定这两个方案都不可行或不讨人喜欢后，我们团队需要重新进行整个工业设计以适应一个现实的摄像头。

这个延误使我们倒退了几个月。我们学到了一个惨痛的教训：不要假设对于任何外形我们都能找到相应的技术。如果我们自己对摄像头供应商做过初期调查，或者要求我们的工业设计团队确定一个实际零件，那么我们本可以在工业设计上节省几次迭代，在项目上节省几个月时间。

文本来源：转载已获得 Jonathan Frankel 许可。

照片来源：转载已获得 Nucleus Life 许可。

商标来源：转载已获得 Nucleus Life 许可。

6.2　物料清单

工厂需要一份用于装配、测试和发运最终产品所需的所
有零件和材料的完整且准确的清单。这个清单被称作物料清单
（BOM）。它应该包含从注塑成型零件到用来封箱的胶带，再到
把零件粘在一起的乐泰胶水等一切东西。要记住，如果不首先
订购所有东西，你就无法制造出一个产品！你可不希望因为忘记订购合适的胶
带而使你价值数百万的项目停滞下来。

有两种类型的 BOM：

1）**工程 BOM** 包含了出现在最终产品和包装中的所有零件，但不包含在制
造过程中使用却并不是产品本身一部分的材料。

2）**制造 BOM** 包含了制造产品所需要的所有材料，但不包含已经在工程
BOM 中所列出的材料。例如，装配线在装配过程中经常会使用一些临时塑料
保护，以防止刮伤或者来自灰尘或油污的污染。这个塑料薄膜在生产早期阶段
贴上去，在包装前被去除，因此，它是制造 BOM 的一部分但不会出现在工程
BOM 上。

出于以下原因，有一份综合全面且最新的制造 BOM 至关重要：

1）**材料成本估算**。BOM 使团队能够估算材料成本。小零件、连接器和电
线加起来后的成本，会令许多人感到惊讶。

2）**定义你的供应链**。每个零件都应该有一个确定的供应商或分销商。任何
时候只要可能，你的团队都应该尽力整合，对多种零件采用相同的供应商或分
销商来降低管理开支和成本。快速数一下独家供应商的数量可以较早地突出材
料订购的复杂性。另外，BOM 中的空白部分会推动采购团队去完成待办的事项。

3）**材料计划和订购**。BOM 说明了每个零件的交付时间，指出了采购团队
需要提前多长时间订购材料。BOM 迫使团队识别出那些长交付时间的零件，有
助于避免代价高昂的延误。

4）**跟踪变更单**。BOM 应该维持最新状态，而且要与任何生产变更单保持
一致。这可以确保工厂制造的是最新版本的产品。

5）**质量控制**。BOM 中的每个零件应该有一个关联到一份图样或制造规范
的链接。这使得来料质量控制能够确保零件在入库时是合格的（第 13 章）。

6）**降低成本/二次寻源活动**。BOM 给你提供了产品中所有材料成本的准确

情况，以及产品是如何采购的。当你尝试要从产品中去掉一些成本时，这个数据就很关键。例如，团队可能把一个指定件换成通用件，或者找一个能以更低成本提供零件的供应商。

7）**法律和监管要求**。在高度管制的行业中，政府机构，如美国食品和药品管理局（FDA）和联邦航空管理局（FAA）要求对装配在每个产品中的材料有追溯性。特别是对于航空业，追踪每个产品 BOM 的准确版本，追踪每个零件的来源和设计控制能力对于取得飞机的适航证书很关键。无法确定早期波音 787 生产件的精确 BOM 造成了一些初期的延误。

8）**追踪工厂成本**。随着做出设计变更，零件和成本也会改变。发给工厂的采购订单应该要指明参照哪个 BOM 版本，这样在相应的订单上，你才能知道被收取的金额是否正确。例如，如果你做了大量努力通过替换零件来降低成本，那么你就希望以新版的 BOM 成本来支付，而不是旧版的。

插文 6-2：通用件、指定件和委托件

BOM 中的零件通常会被定为三种名称中的一种：通用件、指定件或委托件。它们之间的差异驱动了如何订购零件，而且对成本、交付时间、质量和现金流有重大影响。

通用件使工厂可以从任何供应商那里采购零件。如果指明了具体的制造商零件编号，这个通用编号就是在告诉工厂不需要经过批准，可以使用同等零件。例如，一个 BOM 上可能显示为"#8×1in SS Phillips Drive 木螺丝"，这就使工厂可以从任何供应商处购买该规格的螺钉。

指定件是要求从特定制造商，有时会通过特定经销商采购的特定零件。零件之所以要指定是为了确保质量，通常这些指定件比通用件更贵，因为你没什么降本的机会。当公司与一个特定供应商协商了一个价格时，零件也可能会被标记为"指定"。例如，你也许就某个零件协商出了一个较低的价格，但也承诺从供应商那里以稍微略高的价格购买其他四款零件。一个指定件的 BOM 数据将包含表 6-2 中的数据。把串行静态随机储存器定成指定件将能防止零件被一个来自于 Microchip 或者其他通用类存储芯片制造商的同等产品替换。

委托件通常只限于 BOM 中的少数几行（如果有的话）。委托件不是由合约制造商采购，而是由产品开发组织采购。对于委托件，你要负责订购、支

付零件货款并确保零件准时送到工厂。由于有两个订购系统为同一条生产线供货，委托件使预测和材料搬运的管理变得具有挑战性。订购错误和零件短缺的风险非常高。零件可能因为以下原因而被委托：

1）零件供应商可能不想和合约制造商分享低价格。

2）委托件上的加价空间非常低或者没有加价空间。委托件可以节省昂贵零件在材料上的加价（第 8 章）。

可以通过预编程固件的形式提供专有零件，以保护知识产权不被合约制造商或他们的其他客户为己所用。

表 6-2　一个指定件在 BOM 中的数据

零件描述	制造商	制造商零件编号	供应商
串行静态随机储存器，256kb，3.0V	安森美半导体	N25S830HAT22I	安富利

6.2.1　BOM 中要涵盖什么信息

BOM 的内容会依据产品和公司类型的不同而变化，但涵盖的基本数据是相同的。波音公司会在 BOM 中描述一款通用型螺钉，这与一家初创公司的做法相同。BOM 应该至少包括以下内容：

1）**零件编号**。对于零件的每个版本，其零件编号都应该是唯一的。例如，如果你改变了一个注塑件的材料或者如果你用了第二家货源的零件，那么就应该分配一个新的且唯一的零件编号（插文 6-3）。

2）**名称**。这个简短文字可以对零件进行特有的描述，例如，前框架 1。

3）**描述**。一个较长的描述可以帮助区分相似的零件，例如带有 PCBA 安装特征的左侧前框架。

4）**数量**。数量表示每个零件在上级装配或 SKU（也可能是一个小数）中的数量。例如，如果你是按瓶购买乐泰胶水，它也许是一瓶 5g 中的 0.01g（即一瓶可用来制造 500 件产品）。

5）**每件成本**。这可能只是列出采购零件的成本，也可能会被拆分成人工、材料和固定资产设备成本。成本的细分取决于零件类型和公司偏好。每件成本通常是最小订货量的一个函数（如下所述）。

6）**总成本**。总成本为每件成本乘以数量（所有总成本加起来就是材料的总成本）。

插文 6-3：零件编号

你公司的每个零件都必须有个唯一的编号。如果编号不经意间被重新使用了，就可能订购错误的零件。此外，零件编号有助于通过版本号或者分配新的编号进行变更管理。

在你的产品中如何对零件进行编号取决于你公司所设定的标准、产品的复杂性和你所正在使用的软件。通常，如果你正在设计一个编号系统，那么你希望设计的架构是可扩展和可读的，而且系统能在你的第一个产品之后继续存在。编号的方式分为非智能和智能两种：

非智能的零件编号是按顺序分配，从编号中不可能了解到关于该零件的任何情况。然而，该方式很简单，很容易避免把相同的编号分配给不同的零件。例如 EP101286、EP101287、EP101288 等。

智能的零件编号仅从编号中就能确定零件的类型。当定义智能编号规则时，必须考虑到未来，因为变更编号系统是非常困难的。例如 INJ-00043-01（INJ 指注塑成型）、OTS-00571-06（OTS 指采购件）、ELE-06154-11（ELE 指电子零件）等。每个标识符由一个分类、一个唯一的编号和一个版本号组成。一般而言，使工作更容易的规则是：①不要以 0 开头给一个零件编号（Excel 无法很好地识别数字和文本）；②保持编号有相同的长度和模式。

你的零件编号可能会随着设计的修改而改变。公司一般使用"3F"原则，即配合（fit）、外形（form）和功能（function）来确定更改什么时候需要一个新的零件编号或者可以用版本号来更新。如果配合、外形和功能有任何重大变更，那么零件就需要一个新的编号。而且，当单个零件有了一个新编号时，上级装配件也需要重新编号来反映那个变更。

最后，关于如何把零件编号与图样编号进行匹配有许多争论，二者通常不会采用相同的规则但会互相参考（例如，BOM 可能把图样编号连同零件编号一起列出来，零件编号也可能会包含在图样上）。

制造 BOM 也通常包含以下信息：

1）**交付时间**。零件需要提前多久订购以确保及时交付。

2）**最小订货量（MOQ）**。一次需要订购多少才能拿到报价的价格。

3）**制造商 / 供应商**。谁提供零件或部件。

4）**制造商零件编号**。制造商可能有一个唯一的零件编号，它使你能够下订单，因为他们不知道你的零件编号规则。

5）**订购方式**。指定、委托或者通用件（插文 6-2）。

6）**备注**。数据背后的假设和任何附加信息应该予以保留。通常，该信息只供内部使用，不会提供给工厂。

此外，BOM 也可以包含以下内容：

1）一张方便识别的零件图片。

2）参考的商用现货零件和半定制零件规格。

3）参考的 CAD 模型和图样。

4）成本模型数据和假设。

5）产品信息的网页链接。

6）材料和表面处理。

7）定义整个零件尺寸的边界框。

8）每个零件的总重量。

9）导线宽度和安装方式（例如，对于电子元器件是采用通孔插装技术还是表面安装技术）。

6.2.2 缩进式 BOM

在有很多零件的产品中，BOM 中的不同行可以被分成部件或子系统。这些子系统和它们的零件采用缩进式 BOM 来管理，这使 BOM 更容易看懂和维护。在软件中维护的 BOM 有已经嵌入数据结构中的层级。当使用电子表格时，缩进式 BOM 并不是字面上缩进的意思；而是说在表格最左边一列中的序号表示 BOM 的层级。例如，在第一列中的数字 "2" 下面会有好几行数字 "3"，它表明所有标有数字 "3" 的零件组合起来构成了标有数字 "2" 的零件。例如，在表 6-3 中，产品有两个重要部件，即支架总成和包装，被标记成层级 "1"。层级 "2" 的零件（杆子、支架和黏结剂）是支架总成的零件。因为这是一个制造 BOM，虽然支架完全由聚氨酯硅胶复模制成，但它使用了几种一次性用品（混合杯和搅拌棒）来制造这个零件，因此这些零件都被标记为层级 "3"。

用 Excel 缩进式 BOM 表有几个挑战，包括进行成本分析、排序和整理。相对来说，文件很容易排序错误并弄乱缩进，计算成本也不像把所有列相加那么简单。对于复杂的缩进 BOM 表，团队也许需要购买 BOM 管理软件，因为维护 Excel 电子表格的成本会很快超过购买一套专用软件系统的成本。

表 6-3 缩进式制造 BOM 表例子

层级	零件编号	名称	描述	类型	数量	每件成本/美元	总成本/美元	指定/通用	供应商	制造商零件编号	交付时间/天	最小订货量
1	A01-ASY-0001	支架总成	杆子和支架装配而成	装配件	1	33.52	33.52					
2	A01-MAT-0001	杆子	硬质阳极氧化 6061 铝棒 -3ft	原材料	0.17	26.00	4.42	通用	McMaster Carr	6750K13-3ft		6
2	A01-CON-0001	黏结剂	乐泰速干胶 495	耗材	0.01 瓶	28.00	0.28	通用	Home Depot	XXX-111-ZZZ	3	5oz
2	A01-FAB-0002	支架	单件	加工件	4	6.70	26.82					
3	A01-MAT-0002	聚氨酯	Smooth Cast 300	原材料	0.15lb	5.96	0.83	指定	Reynolds	Smooth Cast 300-Gallon	2	5.4lb
3	A01-MFG-0001	混合杯	8oz 塑料杯	商用现货零件	2	0.05	0.10	通用			2	500
3	A01-MFG-0002	搅拌棒	木棒	商用现货零件	2	0.01	0.02	通用			2	500
1	A01-PGK-001	包装	盒子和内衬	半定制零件	1	1.50	1.50	指定	TBD		10	500

6.2.3　用于管理 BOM 的软件

公司可以基于自己的需要，在几种 BOM 管理方式中进行选择。

1）**云电子表格**。对于初创公司和其他小型组织，云电子表格（如 Google 表格）通常作为最初工具用来开发一个 BOM。Google 已经有第三方插件来提供 BOM 模板。尽管基于云的文件用于早期协作很方便，但它会使管理共享、版本控制和变更控制变得困难。工程团队和运营团队将需要决定 BOM 格式。想要确保 BOM 的完整且正确也许是困难的，因为没有来自软件所强加的规则。

2）**Excel 电子表格**。在 Excel 电子表格中控制访问权限比在云电子表格中要容易，但难以确保每个人都有正确的版本，也很难确保变更被正确地传达下去。Excel 文件和上面所述的云电子表格有相同的格式和一致性问题。

3）**SaaS 工具**。有几种 SaaS BOM 工具可以管理 BOM、存储分级 BOM，并能管理额外的分析任务。许多 SaaS 工具能自动地录入成本、最小订货量和来自于供应商的交付时间。组织也能够通过系统分析现金流，识别出成本较高的地方，并收集其他固定成本数据。

4）**企业软件**。大型企业会在他们现有的企业软件，即企业资源计划 / 物料需求计划（ERP/MRP）中管理 BOM，以确保在正确的时间订购正确的材料，并管理和自动地传达任何变更。然而，嵌入式 BOM 工具昂贵且对资源敏感，通常只有当这种工具带来了人力和时间上的节省，以及错误的减少并证明了投资它的合理性时，公司才会采用。此外，主要的 CAD 系统通常有嵌入式的 BOM 工具，它们可以连接到 CAD 模型和其他生产信息。

对 BOM 系统的选择取决于公司的成熟度和规模，以及产品的成熟度和复杂度。大一些的公司通常选用企业 BOM 系统，而较小的公司或团队（或那些制造不太复杂产品的团队）可能会选择使用免费的云电子表格。表 6-4 概述了每种类型工具的优缺点。当选择要采用哪种方式时，应该考虑以下因素：

表 6-4　BOM 管理工具的优点与缺点

决定因素	云电子表格	Excel 电子表格	SaaS	ERP/MRP
学习曲线	●	●	●	○
易用性和灵活性	●	●	●	○
协作	●	○	●	●

（续）

决定因素	云电子表格	Excel 电子表格	SaaS	ERP/MRP
变更管理	●	○	○	●
复杂性管理	○	○	●	●
分析能力	○	○	●	●
变更 BOM 的成本	●	●	●	○
与供应链的整合	○	○	●	●
采购和安装的成本	●	●		○

注：●表示好，○表示差。

1）**采购和安装的成本**。综合全面的企业软件比较昂贵，团队需要在成本及所需的现金流与软件所能提供的功能间进行平衡。

2）**学习曲线**。产品开发团队可能没有精力接受关于复杂 BOM 系统的培训，但几乎每个人都熟悉 Google 表格或 Excel 电子表格。

3）**共享的访问权限**。在设计阶段早期，团队会希望对 BOM 有共享的访问权限，能够同时更新文件，并且不需要冗繁的批准和变更程序就能做出更改。他们可能想要云系统的灵活性，它没那么多控制。然而，对于一个庞大的团队来说，企业系统就能使变更以一种受控的方式进行。

4）**监管**。高度管制的产品（如飞机和医疗设备）要求 BOM 具有可追溯性和版本控制。生产这些产品的团队可能更倾向于使用内置版本控制的企业软件。

5）**变更管理**。在某些时候，BOM 需要被锁定，以确保在没有工厂和设计工程的批准下，无法做出变更。对文件进行变更管控之后，在企业系统中对 BOM 的更新就可能非常耗时；不过此时很大概率上，变更管理就会很顺利而没有什么小麻烦。

6）**复杂性管理**。复杂而又深度缩进式的 BOM 很难在一个平面表格中进行管理。

7）**分析能力**。团队可能想要做些关于交付时间和成本，或者最小订货量和现金流的场景假设分析，以识别出成本和现金流的关键驱动因素。企业 BOM 软件通常内置了这个能力，电子表格则没有。

8）**与供应链的整合**。把 BOM 转交给工厂可能需要把 BOM 输入工厂的系统中。确保 BOM 与其他数据管理系统（ERP、MRP）一致很耗时，所以团队可能要考虑工厂已经在使用的所有 BOM 系统的好处。在同一个软件套装中同时带有 BOM 和 ERP 系统能降低传输文件的管理成本，以及确保版本受控并减少出错的日常成本。

6.2.4　BOM 何时要成为受控文件

在设计过程早期，BOM 会被频繁地修订和更新。此时，对于许多团队成员而言，更新文件但又不需要在一个正式又繁琐的变更管理框架下进行就是必要的。然而，一旦产品准备进入试产阶段，就有必要锁定 BOM 并实施正式的变更管理。当 BOM 变成一个受控文件时，就会采取一系列限制以要求变更必须得到批准和沟通。在一个大公司里，这些程序通常都已经在施行了，可能是通过企业软件强制施行的。在小一些的初创公司中，有必要人工施加这个原则（第4.4 节）。

通常仅仅在为试产第一次订购材料前，BOM 才成为受控文件。使 BOM 受控可以避免团队在最后一刻做出没有反映在试产中的变更。BOM 的变更控制是多层次的：

1）**变更批准**。任何对 BOM 的变更都需要经过一个正式的变更批准，以确保相关职能部门能批准并实施这些变更，并且这些变更不会产生任何意外的后果。

2）**变更传达**。当运营团队开始为试产做计划时，任何对 BOM 的变更必须被传达到整个团队以确保供应链得到通知，材料准时订购而且旧的订单被取消。

3）**版本控制**。BOM 的旧版本需要被保留且可追溯，以备将来用作根本原因分析。在试产期间，BOM 的变更可能会对之前质量测试的有效性产生影响。当试产暴露出一些质量问题时，了解零件是否符合当前的 BOM 版本（并将会影响后续的试产）或者是否使用了旧的零件是很有帮助的，而这也许就是导致问题发生的原因所在。

6.2.5　谁拥有你的 BOM

许多团队成员会错误地认为当他们与一个合约制造商合作时，团队自然将拥有产品的 BOM 并且能准确地知道其中的内容和所有东西的价格。取决于你与供应商、合同制造商、设计合作伙伴或者代理人的合约关系，你可能没有合法权利去查看详细的 BOM。在某些情况下，你可能获得一份没有供应商、零件编号或成本（为了防止信息泄露给另外一个合约制造商）的简化 BOM。如果你雇用了一个原始设备制造商或合约制造商（第 14.3.1 节）来依照你的规范设计并生产你的产品，他们可能就拥有产品的 CAD 模型或 BOM。取决于你的合同，他们可能没有义务向你分享 CAD 模型或者成本明细。他们可能想锁定设计信息以降低你把产品转给另外一个供应商的风险。

当起草合同时，确保你有权限获得完整且详细的 BOM，以及你的产品和主要子系统的每个单独零件的成本（称为全成本 BOM）非常关键，主要有以下几个原因：

1）**变更批准**。保证团队批准了对 BOM 的所有变更是非常重要的。从一个高端轴承供应商切换到一个低成本供应商，也许降低了成本但可能会影响质量。工厂或合约制造商可能没有意识到轴承的选择对于耐久性和噪声性能很关键。

2）**成本监管**。了解你的产品成本是如何计算的有助于降低成本。透明度可以确保准确性。笔者最近被邀请审查一家医疗设备公司的 BOM，以寻找潜在的成本节约。她发现合约制造商（极力阻止访问完整的全成本 BOM）"不经意地"将乐泰胶水的小数点位置移了几位，而且基于最小订货量设置零件中螺钉和螺栓的成本（即使他们是批量购买），这些只是许多小错误中的几个。这些小错误导致超过 10000 件零件的单件销售成本增加了 50 美元，最终导致了每年多付500000 美元。一旦了解到这些情况，客户就能降低未来的销售成本并针对过高的要价索要补偿。

3）**把所学转移给另外一个工厂**。你可能在某些时候想要有第二家供货源或者把生产转移到另外一家工厂。对 CAD 模型或者 BOM 没有访问权限就会使这个改变变得昂贵许多。

4）**根本原因分析（root cause analysis，RCA）**。如果你的产品出现了故障，知道使用了哪些零件，以及这些零件的来源，对于开展有效的根本原因分析非常关键。例如，一些晶体对温度很敏感，如果你不能获得 BOM，就很难帮助工厂识别出可能最初指定的是一个不合适的零件。工厂可能不知道产品是如何使用的，你可能不了解产品中有哪些零件，这都会使发现并解决问题变得非常困难。

6.3 颜色、材料和表面处理

CMF 文件全面地定义了产品的颜色、材料和表面处理。与所有的规范一样，信息越详细，产品就越有可能达到预期的标准。如果团队在过程早期与工厂分享了 CMF 文件，工厂就能在设计锁定之前识别出潜在的质量问题。例如：

1）尽管软触漆（经常用在会被手握的产品上）有漂亮的外观和触感，但它容易沾上油污，如果它应用不当，也会分层并脱落。

2）一些金属漆会影响天线性能，不适合那些具有 Wi-Fi 功能或蜂窝通信的设备。

3）镜面或亮面的表面要求会造成较高的废品率，因为很容易看到表面的缺陷。例如，一个家用设备上的电镀部分有严格的光洁度要求，这造成了其中一个零件的废品率高达 80%，导致工厂不得不订购额外的零件并耽误了生产。

4）来自不同工艺或者不同供应商的油漆颜色（插文 6-4）可能无法按预期匹配（如前所述，一个基本原则是"你不能用白色塑料与白色油漆进行匹配"）。

通常针对每个 SKU，CMF 文件都有一份充分渲染过的图样，并带有一个定义了每个零件颜色、材料和表面处理的表格。图 6-1 所示为一个来自 Nucleus 的例子，这是一个家用视频对讲系统。CMF 规范中的数据包括：

1）**颜色**通常由潘通色号详细说明。在图 6-1 的例子中，颜色是一个简单的潘通黑色。潘通是一家私人公司，但实际上已经成为颜色行业的标准。

2）**材料**定义了表面是由什么制造而成的。有关配方和供应商的更多详细信息会包含在图样和 BOM 中。

3）**表面处理**定义了表面的质量和纹理。取决于制造工艺，有不同的标准用于识别表面处理。例如，图 6-1 中相机盖的表面处理要求为 MT11010，这是一个表示具有 0.001 英寸深度的较轻纹理的模具技术标准。聚碳酸酯（PC）的表面处理是一种用于光学清晰度的"抛光"表面处理。

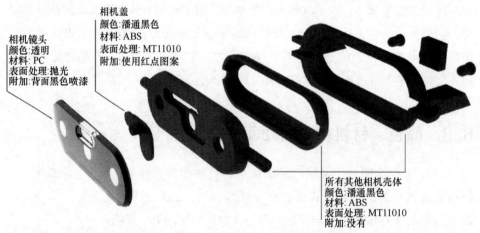

图 6-1　一个 CMF 文件的例子（来源：转载已获得 Nucleus 许可）

4）附加的规范，如装饰 / 品牌，定义了任何额外的表面处理。例如，盖上增加了一个红色贴纸，而且包含相机镜头的零件选择性地喷了黑色背漆，以只让光线通过镜头。

工程师很少会接受二次加工、表面处理或者装饰方法方面的培训。因此，在产品实现期间，CMF 经常是一个主要障碍。工程师会倾向于过度定义表面要求，并为每个表面设置较严苛的公差，但要记住，你的客户只能看见外表面。当笔者刚开始制作家具时，花了大量时间把桌子的底面加工成和桌面相同的质量。在浪费了相当长的时间后，笔者意识到只需要仔细地完成表面，而对底面只要进行快速处理即可。

插文 6-4：颜色匹配上的小技巧

颜色总是难以匹配。即使你的产品采用了潘通系统，消费者的眼睛还是会发现非常细微的差异。如果你必须要在产品中匹配颜色，以下是一些小技巧：

1）由一家工厂生产产品的所有部分或者所有要做颜色匹配的零件。工厂能对每批次产品进行颜色匹配。

2）使用不同纹理。观察者的眼睛会针对不同色调进行调整，并会假设它是纹理而不是颜色。

3）用对比强烈的色带将两个零件分开。

4）使用倒角边或者其他几何特征来创建一条阴影线。用户会认为那个差异是由阴影而不是油漆造成的。

如果你必须匹配颜色，你需要一种方法来衡量它们是否完全相同。一个经常使用的颜色匹配标准是由国际照明委员会（International Commission Illumination）与 ISO 一起制定的。颜色通常是由一组特定的数值 XYZ、RGB、CYMK 或者 L*a*b* 来定义。L*a*b* 系统已在 ISO/CIE 11664-4：2019（E）中标准化了，它会把由颜色测试仪器所测量的每种颜色，标记在一个假想的 3D 空间中。各颜色点之间的色差用 Delta-E 表示，用于衡量颜色之间的差异。眼睛只能发现数值大于 3 的色差。

在制造的产品上，零件将会有 A、B、C、D 四种表面处理标记：

1）A，表示表面是看得到的。

2）B，表示用户通过刻意的努力才能看到的表面。

3）C，表示表面看不到，并且在功能上也不关键。

4）D，表示表面在功能上是关键的。

零件规范将会定义这些面中每个面的外观标准。为了规范表面处理，存在许多标准。指定表面处理要求的人（通常是工业设计团队）需要熟悉表面处理规范以及它们会如何推动成本。例如，注塑件通常采用由塑料行业协会（Plastics Industry Association，SPI）制定的模具表面处理标准。三种常用的注塑成型的表面处理效果包括：

1）**可见的模具痕迹**。这个表面处理效果针对的是产品的底面或者看不到的面。如果你换遥控器中的电池，在盖子底面，你会看到一些没有被机械加工去除或者抛光掉的线和槽。

2）**光泽度**。对于没有纹理的零件，光泽度说明了零件出模时的光泽如何。光泽度由用来抛光模具的工艺定义。所使用的典型标准是 SPI，它包含了一些表面规范，例如：

——SPI-C1：600 油石，低抛光。

——SPI-B1：600 砂纸，中抛光。

——SPI-A2：#6 级钻石抛光，高抛光。

3）**纹理**。可以通过喷砂或者机械加工来获得粗糙的表面，也可以通过抛光来获得光亮的表面。模具供应商会向你提供不同质地的表面处理样件以供你选择。例如，图 6-1 中，相机盖就有 MT11010 纹理。

大部分其他工艺，如电镀和阳极氧化，也有表面处理标准。尽可能详细并使用正确的行业术语和标准，这会增加产品达到预期效果的机会。

6.4　机械图包

机械图包定义了所有零件的几何结构、公差、表面处理和材料，以及它们的制造方式（例如，一个锻件图样和一个锻压后零件的机械加工图样）。工程图样虽然是以 CAD 模型为基础的，但它们并不完全是同一个事情。CAD 模型定义了物理几何结构的表面和边缘。然而，只靠零件本身的几何模型并不足以向工厂或供应商传达设计和制造意图，因此需要更详细的机械图样。

图样遵循一套规则，可以明确地定义零件的几何结构以及许多其他特征，如表面处理、公差、材料和特征的重要性（插文 6-5）。尽管当前的 CAD 模型可以很容易地从三维几何图形转换为二维几何图形，但要确保图样足够完整，使制造商可以准确地生产零件仍需要做大量的工作。通常，设计者必须手动增加一些信息并且在图样上布置好尺寸。图样是受控文件，而且通常有包含了批准和版本控制的正式发布过程。

插文 6-5：图样的简短历史

　　关于三维几何结构如何用二维几何图形进行表示的标准始于 1765 年，画法几何学之父 Gaspard Monge。英国是第一个采用技术制图标准的国家，因为工业革命需要由不同的工匠制造多个相同的零件。1840 年，随着蓝图工艺的出现，图样可以快速和准确地进行复制，所以车间里的每个人都可以有一个相同的副本。1901 年，制图标准的定义开始应用于各行业。

　　从那时起，标准组织不断地对制图标准进行更新和发布，以反映新技术。今天，有好几类机械制图标准，包括美国机械工程师学会（American Society of Mechanical Engineering，ASME）标准和 GD&T 标准，可以参考专门介绍如何创建工程图样的书籍。

一份详细的机械图样包含：

1）**几何结构图**。按比例绘制的零件正视图和轴侧图占据了图纸的大部分空间。

——几何结构的多个视图。通常，相同比例的零件的三个正视图（俯视图、左 / 右视图、后视图）会通过正投影法一起包含在图样上。

——尺寸。图样应该充分地详细说明每个关键尺寸。尺寸应该是可以采用标准仪器在真实零件上进行测量的。例如，相比于测量两个平行表面之间的距离，测量一个孔与弯曲表面之间的距离可能非常困难且昂贵。

——基准。基准通常是指定义了测量尺寸基准的参考平面。通常，基准与关键表面、关键特征或装配定位特征对齐。

——公差。公差表示一个特征可以接受的允许尺寸变动范围。因为装配或性能要求，同一个零件上的特征和尺寸可能有不同的公差。图样底部的方框通常会针对没有指定公差的尺寸说明所应采用的未注公差值。公差主要有两种方式：

坐标和 GD&T。当装配公差对一个产品的功能或者安全性非常关键时，GD&T 非常重要。GD&T 增加了产品的功能目标与零件的制造和测量方式相一致的机会。

——装配图。显示了零件在装配中是如何组合在一起的。

2）**图样信息**。图样信息包括零件编号、图号、谁创建了图样、发布日期和版本。此外，还有关于图样比例的信息（如 1∶1 或 1∶4）。图样比例允许未详细说明的尺寸可以直接从图样上进行测量，虽然现在大部分人会到 CAD 文件中去查看。

3）**装配 BOM**。如果图样是一个装配图，它将包含一个带有零件编号的物料清单，以及子装配图及零件图的参考资料。

4）**备注**。关于后处理和其他数据的额外信息会添加在图样空白处。

5）**表面处理**。可以针对外观和功能性要求对表面处理和表面粗糙度进行详细说明。

6）**材料**。定义了应该使用的原材料（插文 6-6）。

通常，工程团队不得不通过手动将 CAD 模型转译成工程图样（也叫作打印或蓝图）。即使有先进的 CAD 系统，通常也不是按个按钮就能创建一份几何结构的二维图那么简单。大部分 CAD 软件公司正在开发技术，以使工程师能充分定义一个数字模型而跳过二维图样，但基于模型的定义并没有被广泛采用，大多数制造组织仍希望看到正式的图样。表 6-5 描述了三种表示几何结构的方法及其优缺点。

表 6-5　CAD 模型、二维图样和基于模型的定义各自的优缺点

	CAD 模型	二维图样	基于模型的定义
定义	几何结构通过数字化三维几何模型来表示。几何结构可能并没有被完全详细说明产品要求，也没有指定公差、材料或者表面处理要求	二维图样是零件几何结构的呈现，它包括尺寸、公差、材料和表面处理要求	尺寸和公差有在三维模型中详细说明，还附有一些关于材料、表面处理和其他生产方面的备注
优点	三维模型可以快速地创建好。CAD 模型可用于数字化制造技术，如 3D 打印	二维图样人人都能理解。零件或装配已完全详细定义	基于模型的定义包含了二维图样中的所有细节，而且不丢失三维信息。基于模型的定义方式可避免 CAD 模型和二维图样之间的冲突

（续）

	CAD 模型	二维图样	基于模型的定义
缺点	CAD 模型不包括公差、材料或者其他需要用来详细说明零件要求的备注	二维图样会遗漏一些信息和/或造成某些特征含糊不清。它很难精确定义复杂的表面。从 CAD 三维模型到二维图样的转换可能会丢失数据	基于模型的定义还没有在工业中广泛使用。确保零件有完整的尺寸和规格是很困难的

插文 6-6：材料规范

尽可能具体地说明材料（尽管这给了制造商通过使用通用材料替换来降低成本的可能），对于保证持续的质量和随着时间驱动成本降低的能力都很重要。

例如，当一个团队为了确保其产品有好的抗拉强度、抗蠕变性和韧性时，他们可能会决定在轴承表面使用缩醛树脂（Delrin）以减少摩擦。当定义材料时，工程师可以采取两种方法中的一种：

1）**要更通用且说明具体的缩醛类型**。一种缩醛共聚物可能是杜邦公司 Delrin 材料的一个可接受的替代品。取决于制造商，可能它没有大名鼎鼎的 Delrin 那么贵。如果设计不依赖于非常特定的材料性能，也许通用材料是可以接受的。

2）**要具体说明产品所需要的准确 Delrin 型号**。如果你的设计对任何材料性能的改变都很敏感，那么你就需要确定具体的制造商、材料配方和处理方式。Delrin 有超过 30 多种不同的配方以让你选择特定的材料性能（如制造方式、黏性、韧性、填充物和抗紫外线性能）。

在产品实现过程中，采购、模具、制造工程、工厂作业人员和质量工程团队都会出于各种原因而需要使用图样：

1）**采购**。如果零件将由一个外部供应商制造，图样越详细和完整，就越容易得到一个准确的报价。

2）**设计模具**。例如，基准被用来设定零件的装夹面和分模线；表面处理要求定义了模具的抛光；A、B、C 表面的指定指明了浇口和顶杆可以设置的位置。

3）**定义工艺选择**。公差、特征尺寸和特征位置会推动对制造工艺的选择

（例如，3 轴或 5 轴数控加工）、工艺规划（更严格的公差要求需要更多的精加工）和指定夹具的选择（如果零件在加工过程中需要被夹持住）。

4）确定一个零件是否可接受。 图样被用于验证生产的零件是否可以接受。质量控制将根据图样上定义的尺寸来测量零件。如果特征尺寸都在公差范围内，则零件被认为是好的。另外，尺寸和公差将会决定零件的测量方式。用传统方法难以测量的尺寸可能需要昂贵的三坐标测量仪。这些问题将在第 13.1 节进一步讨论。

很关键的一点是，图包要充分定义设计团队所关心的每个细节，无论细节有多么微小。笔者曾见过大量的产品召回，它们的设计是正确的，但却没能详细说明所有关键的设计细节，从而导致了质量故障。在一个液压产品的图样上，一个倒角没有标注尺寸导致了召回，主要供应商自行添加了一个尺寸正确的倒角。然而当团队切换到第二供应商时，尽管第二供应商使用了相同的图样，但并没有对零件进行倒角。因为倒角并没有直接体现在图样上，在首件检验中它被漏掉了，而带有锋利边缘的零件就直接进入了生产。尖角导致了磨损和失效，继而导致了召回。

6.5 电子零件设计图包

除了机械图包外，你的团队通常还要创建一份电子零件设计图包，以详细说明电路板、柔性电路、传感器和布线。机械图样上通常会为定义了物理尺寸的电子零件留下位置，以便在壳体内留出足够的空间。不管怎样，真实的电子零件是使用电子产品特有的标准来定义的。PCB、元件及其位置布局，还有连接器都有它们本身特有的设计定义。充分定义 PCBA 的数据包括：

（1）PCB 定义

1）Gerber 或 ODB++ 文件定义了顶部、底部和内部铜层，顶部和底部阻焊层、顶部和底部丝网印刷。最终它会包含一份制造图，显示了电路板尺寸、孔尺寸、厚度、镀层、布线特征等信息。文件要么定义了单个电路板，要么定义了包含若干个单独电路板的控制板（这些单独的电路板后续会通过布线分开或者通过机械方式将控制板分开）。

2）布线文件。定义了孔的位置和内部布线。

（2）PCBA 定义

1）顶部和底部装配图显示了每个零部件的位置。

2）测试点位置清单显示了测试点的位置，通常以 Excel 文件的形式提供。

3）元件 BOM 逐条列出了填满电路板的各种元件，包括各种集成电路、电阻、二极管、电容和晶体谐振器。元件清单可以保存在一个单独的文件中，或者作为产品 BOM 的一部分进行维护。

4）零部件布置清单详细说明了电路板上每个元件的位置。它也可以称为零件清单、中心点文件、XY 文件、位置文件或者贴片坐标文件。

除了这些文件，电子零件定义还可能包括了描述以下内容的文件：

1）**柔性电路**。柔性电路是组装在柔性薄膜上的定制电路。柔性电路比传统的刚性 PCB 板占据的空间要小，并且可以在机械结构周围布线。

2）**线束**。线束是预装好的线束和连接器。任何时候只要包含了这些，就应该使用单独的线束图样具体说明。

3）**布线**。布线图样定义了如何在机械元素周围布线：位置、旋转角度等。布线占据了大量空间，错误的布线会导致电线磨损和断裂。

6.6　包装

当客户购买你的新产品时，包装是他们第一件会体验到的事（插文 6-7），但有时却是团队最后考虑的事情，这往往会有损产品形象和交付进度。包装可以保护产品，它可以容纳所有的附加材料（附件和使用说明书），它也可以传达你的品牌形象。有时候包装会像带有贴纸的硬纸盒那么简单，而有时候，包装本身几乎就是个产品。甚至你的汽车在运输过程中也会用塑料保护来防止刮伤和损坏。

插文 6-7：开箱体验

"开箱"作为一种设计体验，相对来说是个新现象。我们都记得小时候过生日时打开礼物的感觉。拆开包装取出玩具的兴奋感往往要比玩真正的玩具更令人高兴。研究表明，寻求奖励的大脑中心会受到包装和开箱预期的刺激，这种刺激可以引发冲动消费。在 YouTube 和其他社交媒体网站上越来越多的开箱视频进一步增强了开箱体验的重要性。

尽管总的趋势是朝更加精心制作的开箱体验去发展，但它在购买决策中的作用一直是在变化的。DotCom 的电子商务报告指出了一个变化："精心设计的开箱体验和品牌化的包装，尽管在过去的三四年中还大行其道，但对于今天的电商消费者来说，它的重要性似乎正在下降。"你总是想保持领先于趋势。如果消费者不看重包装，你自然也不想在它上面多花成本。

设计团队经常会低估设计和生产产品包装的时间和复杂性。早在你的产品进入批量生产前，包装设计就必须要详细说明并进行测试，即使你只是使用一个现成的硬纸盒。团队往往在流程的后期才开始设计包装，然后导致匆忙地采购包装而且也会延误产品的交付。

另外，企业往往不了解包装的实际成本。品牌推广团队会迷恋于 Apple 那样质量的包装和复杂的开箱体验。在这个过程中，包装设计的成本估算得太晚了，公司会陷于高成本，没有时间迭代和降低成本。一家生产一套 300 美元耳机的音响公司因为一个过度热情的设计师指定了一个最终成本超过 15 美元的包装，从而损失了所有的利润空间。他们直到太晚才意识到他们的决定所带来的成本，而那时他们已经无法重新设计包装以满足一个更低的成本目标。为了确保包装的设计可以正确地满足产品的需求，尽早地了解包装的成本和复杂性的主要驱动因素（插文 6-8）至关重要。

包装的每个部分都是由包装和造纸行业所制定的独特标准来定义的。确保你已经设计了包装的所有部分也很重要。以下内容描述了包装设计中的基本要素和如何设计和定义这些要素。

包装方面的行话和术语非常多，它们本身就可以写满一整本书。在本节中，我们将简要介绍一些最常使用的术语，以使你能更好地与你的包装供应商进行沟通。

插文 6-8：包装经验教训

当设计包装时，团队经常会遇到很多常见的问题。这里的这份清单远没那么综合全面，但应该能帮助你避免其他公司已经遭遇过的一些问题。

1）**越简单越好。** 零件越少，越不太容易出问题。应保持包装简单。

2）**包装成本总要比你预期的要高。** 应该从包装预算和它必须要满足的

关键规范开始，然后在此基础上制作包装。如果你从最高端的包装开始，很可能会延误而且会预算超支。

3）**避免那些环绕在盒子上的复杂图案。**当你在包装生日礼物时曾尝试让包装纸的图案对齐，你就会理解这个问题。很难把如波浪形或直线状的图案在接缝处完美匹配。

4）**东西会在包装里晃动。**材料会在它们的腔体中滑动或滑出来。要尽力确保零件要么深深地嵌在托盘内，要么用胶带粘好。

5）**早点想清楚你的附件。**在设计过程后期再增加一袋螺钉需要重新设计并增加大量成本。

6）**要仔细考虑开箱的过程。**确保在没有损伤到产品或者伤到客户的情况下，产品能从包装里取出来。

7）**确定包装的尺寸，使其适合放在一个托盘上。**如果你能确保纸箱适合放在一个标准托盘上，没有伸出或浪费空间，就能提高包装效率而且能降低发运成本。

6.6.1 箱子类型和术语

最基本的包装通常会涉及一个箱子。箱子可以由各种材料制成，有一系列配置，可以便宜到几美分，也可以贵到几十美元。箱子可以预先组装好，也可以以平板的形式发到工厂。预先组装好的优势就是箱子通常具有更高的质量，损坏的可能性较低，它们不需要组装的人力。然而，因为它们体积大，将它们运到包装地点的成本非常高，而且存储那些库存会用掉你仓库中宝贵的空间。

由于箱子有无数的类型和配置，包装行业制定了国际纤维板箱代码，标明了 5 个等级的包装，并为平板和内衬建立了代码。这个标准定义了 300 多种不同类型和配置的箱子，你的团队在选择包装时应该参考这个指南。包装供应商可以通过多种方式为你定制这些箱子，从单色印花到四色印刷，再到折好边的箱子。在折好边的箱子中，高质量的图案被印刷在纸面上，并包裹在被黏合在一起的硬纸板上。这些箱子没有接缝，看起来不像组装的。它们通常用于高端的产品。

6.6.2 包装元素

包装涉及的当然不仅仅是客户能看到的箱子（见图 6-2）。为了把产品安全地送到客户手中，通常需要五种类型的包装：

1）**购物点**（point-of-purchase，POP）**展示包装**用于在一个零售场所来展示产品。

2）**礼盒**是用来描述客户在货架上看到的盒子的术语。它里面装有一个产品，它是开箱体验的一个主要元素。

3）**内包装（也叫内纸箱）**是指在礼盒内装有一个或有限数量的相同 SKU 的盒子。它们能直接发运给客户，或者被组合在一个标准纸箱中。

4）**标准纸箱**是包含多个内包装的箱子，用于从工厂到分销中心，以及从分销中心到零售商店或购物中心的运输。

5）**托盘**用于将许多标准纸箱分类到一起，它能被叉车举起并堆叠在集装箱内。

（1）购物点展示包装　如果你的产品将在零售环境下售卖，也许有必要设计一个购物点展示包装。购物点展示包装可以像放在收银台处贴有定制标签的托盘那样简单（一盒盒的糖果放在货架上，刚好在你 5 岁孩子的视线高度处）。所有购物点展示包装需要与礼盒设计和产品整体的品牌推广及市场营销在风格和外形上保持一致。

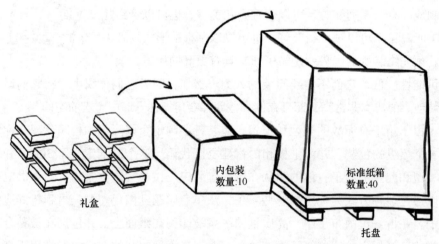

图 6-2　礼盒、内包装或内纸箱、标准纸箱和托盘之间的关系

（2）礼盒　礼盒是客户看得见并能带回家的包装。它可以像带有吊牌的薄

膜袋那样简单（五金店里装螺钉的袋子），也可以是包含附件并提供精致开箱体验的复杂而又昂贵的包装（如 Apple 公司对于 iPhone 的包装）。对于那些客户购买的小到可以拿在手里的产品，包装通常会采用易于包装和堆放的盒子的形式，而定制的包装形状往往更昂贵些。从外向里，礼盒的组成部分包括：

1）**防尘封罩**。为了防止损坏和减少丢失，礼盒的外面可以用收缩塑料膜包裹。

2）**包装封套**。有些产品有一个可以沿着盒子外表面滑动的封套。尽管增加了成本，但它省去了在盒子外部印刷图案。包装封套会包含一些 SKU 详细信息（配色）、国别信息和其他可能需要频繁更新的信息。一般来说，相比外包装盒，包装封套重新设计更容易也更便宜，如果需要更新品牌和标签，包装封套就可以帮公司节省资金。包装封套还可以减少库存中支持多种 SKU 所需的盒子类型。

3）**外包装盒**。它提供了结构支撑。它可以是简单的带有单色印刷的标准硬纸板盒，也可以是带有透明窗口的定制切割硬纸板盒（通常用于玩具），还可以是带有丝带、盖子、压纹和其他外观细节的精心制作的盒子。

4）**内包装盒 / 内部包装**。外包装盒里面可能有一个盒子来固定产品的零件或者创造一个独特的开箱体验。

5）**内衬**。大多数情况下，产品需要一些支撑性的内衬（塑料盘、隔板等）以避免损坏和移动。内衬可由多种材料（如硬纸板、泡棉、塑料和模塑纸浆）制成。

除了产品之外，礼盒还有几项需要具体说明和设计的物品。记住要考虑生产这些材料的成本和它们在包装内所占据的空间。

1）**美观和客户体验材料**。那些强调开箱体验的产品将会有提升体验的外形、开口和其他额外元素。

2）**附件**。很多消耗品会带有备件、线束、安装材料或其他附件。这些附件需要被固定，以便它们不会移动和损坏产品。

3）**使用说明书**。几乎所有产品都会带有使用说明书、保修文件和快速启动指南。这些文件需要编写和排版，并对纸张类型、颜色、尺寸和装订方法进行规范。这些越早编写越好。

4）**吊牌和标签**。包装需要有标签以支持库存管理和保修退货，并满足认证要求（第 17.2 节）。射频识别（RFID）或者其他防盗标签可能会被集成到包装中，以实现库存管理的自动化并防止被盗。

5）**防刮伤**。如果产品有玻璃或其他脆弱的表面，可以采用一种可移除的薄膜来降低刮伤，或者运输和拆包过程中被灰尘或油污染的概率。

6）**损坏防护**。可能会在包装里增加泡棉内衬来固定关键零件，以防止它们在发运途中振动或到处移动。

7）**盒子/箱子**。如果产品在客户的运输过程中需要保护，那就需要提供一个盒子/箱子。例如，昂贵的降噪罩耳式耳机通常会有一个硬盒子。有时，盒子/箱子对包装来说是不可或缺的。例如，当购买电动工具时，产品通常有一个硬箱子（通常有一个带有产品信息的封套或贴纸），它可用于在工作现场安全运输并存放所有的附件。

（3）内包装 为了发运，通常会将一定数量的礼盒装入内包装中。内包装既可以保护礼盒，又可以向客户或分销商分发小批量的产品。此外，这些内包装也可以使一个标准纸箱中的各种 SKU 可以很容易地分隔开并做好唯一的标记。内包装通常由带有标签的瓦楞纸板制成。在被装入内包装之前，礼盒可以用额外的袋子包裹起来以避免刮伤和损坏。

（4）标准纸箱 标准纸箱是用于从工厂发运批量产品的箱子。标准纸箱所采用的材料（通常为瓦楞纸板）应确保产品在发运期间不被损坏（第7.3.7节讨论了针对这些工况要对包装进行的测试）。这些箱子可以是特别定制或者现货箱子（标准尺寸）。如果产品特别脆弱，标准纸箱可能需要有内部支撑结构或者泡棉块。标准纸箱通常印有发运信息和任何必要的危险警告（如电池），以及 SKU 和其他产品信息。

（5）托盘 大部分产品都是用标准尺寸的托盘进行发运的。标准托盘尺寸是 48in×40in。当团队设计包装时，详细说明托盘尺寸很重要，原因有以下几点：

1）当由卡车或集装箱发运时，运输公司将根据载重收费。如果包装的设计没有充分利用托盘的空间，或者箱子的高度不能完全和集装箱适配，那么你的每个产品的有效运输成本就会增加。

2）如果产品足够轻到可以堆叠起来，但是托盘没有全部装满，就不可能将托盘双层堆放，这就会浪费宝贵的仓储空间。

3）标准纸箱会用收缩膜缠绕到托盘上。如果你没有完全放满托盘，纸箱就很容易在运输中滑动并有可能造成损坏。

6.6.3　包装设计文档

包装设计文档通常由包装设计师创建，而且会直接传达给包装制造商。大多数时候，核心工程团队并不需要访问包装文件，也没有查看这些文件的软件。详细说明包装设计的方法包括以下几种：

1）有一系列包装设计师可以使用的软件，可用来具体说明包装的几何结构、折叠样式和图案。

2）附件和所购买的零件通常会采用与现货零件相同的方式来详细说明。

3）使用说明书和内衬将由图形文件以及对纸张与印刷质量的规范来定义。

4）收缩包装由所使用的工艺类型、使用的材料和材料规格来定义。

大多数情况下，包装设计的批准和审查将首先使用效果图，然后是手工制作的包装样品。

小结和要点

❑ 产品定义不仅仅只包括 CAD 文件，也包括图包、BOM、CMF 和包装规范。

❑ 一份详细和准确的 BOM 对于产品实现过程中的所有步骤都很重要。

❑ 有几种形式和软件系统可用来管理 BOM。每个组织在选择 BOM 系统时必须要考虑自身的需求。

❑ 工厂需要一个图包以把设计转化为产品。图包越准确和完整，错误就越不可能发生。

❑ CMF 定义了一个产品的颜色、材料和表面处理规范。

❑ 产品系列的每个 SKU 都有自己的 CMF 和 BOM。

❑ 电子零件需要采用行业的标准方式以综合完整地定义。

❑ 包装成本可能会很高。了解包装的目标，以及它与市场营销、利润和总成本的关系很重要。尽早做出这些权衡将使你获得适合你的品牌和零售价的包装。

第7章

试产质量测试

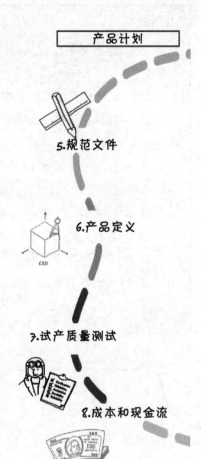

产品计划

5.规范文件

6.产品定义

CAD

7.试产质量测试

8.成本和现金流

100

　　产品质量事关生产出来的产品能否满足客户的期望，并且是否能在产品生命周期中的所有预期条件下正常工作。虽然团队会尽他们最大努力把质量设计到产品中，但只有当他们拿到了面向生产的产品后，才能测试质量的大部分方面。本章将聚焦识别质量要求，并将其记录在质量测试计划中，然后在整个原型设计和试产阶段系统地测试产品。第 13 章描述了如何在产品实现和全面生产过程中测试和控制质量。

术语"质量"适用于产品的各种特性，以及制造产品的过程。因为质量这个词在不同的领域有不同的定义，所以要注意在产品实现和试产领域内如何使用这个术语（插文 7-1 介绍了质量的历史定义）。当你听到"产品质量"时，你可能会想象一个设计精美、轻巧、造型优美的笔记本电脑和一个非品牌的笨重的电脑之间的不同；你也可能会想象一辆可以经受住碰撞的 SUV 和一辆有轻微碰撞就会皱巴巴的老式汽车之间的不同；你还可能会想象一个寿命超过保修期的产品和一个在使用早期就出现故障的产品之间的不同。

试产阶段的主要活动之一就是确保产品满足客户的质量期望。在试产之前，团队应该花大量的时间来定义客户的期望，并记录在规范文件中（第 5 章）。然而，大多数问题只有到产品制造出来并经过试运行才会显现出来。贯穿整个产品实现过程，团队需要测试其产品是否达到了产品开发团队设置的质量目标。

然而，重要的是，不要认为质量测试只是发生在试产期间的一次性工作，质量测试应该在实物原型制造完成后尽快开始。在过程早期使用工程和功能近似原型样品来测试技术能否达到目标，然后使用外观近似原型样品测试客户反应，最后使用功能 / 外观近似原型样品和客户一起测试功能。

插文 7-1：质量的历史定义

牛津英语词典指出"质量"这个词语可能来源于法语、希腊语和拉丁语的组合，只在相对较近的时间才有了卓越和优越的意思。

随着现代工业实践的增长，人们才开始把该术语应用到产品开发和制造中。在 19 世纪末期，出现了很多新术语，如质量标志、质量检测和优质生产商。在第二次世界大战后期，大规模生产的增长以及戴明、朱兰和田口的质量实践进一步强化了该原则。在词典中，工业界增加了大量与质量相关的术语，如质量保证、质量管理系统、质量圈、全面质量管理、质量屋、质量控制、质量控制员和质量管理方法。

大多数早期试产测试并不正式，而且是开放式的，其聚焦在产品的验证过程以回答类似这样的问题：客户是否需要我们正在制造的东西？除了高度管制的产品，初始测试更像是疯狂科学家的实验，而不是严谨的正式实验。早期测试被用于指导产品的开发，而不是一项可以暂停或取消一个项目的艰难测试。失效被看作是学习点，而不是紧急事故（正如它在后期出现那样）。

一旦产品转至产品实现阶段，测试会变得更加正式和结构化，一般会分为三个阶段：试产测试、生产测试和现场测试。这些阶段将共享一些测试协议，但每个阶段都有唯一的目标。

1）**试产测试**。在每个试产阶段——EVT、DVT 和 PVT（工程、设计和生产验证测试）——质量、工程和测试小组及产品负责人会评估试产样品（第 3 章）。测试确保设计、来料零件、制造的零件和生产系统能持续稳定地交付令人满意的产品。本章将主要关注试产阶段的测试。

2）**生产测试**。一旦产品批量生产，你就要做一些质量测试以筛选出质量低劣的产品，并推动持续改善。第 13 章将会介绍生产质量测试的方法和途径。

3）**现场测试**。如果产品有在线监控，你就能持续地检查性能，或者就能运行定期的诊断测试并将数据发送回公司。退货产品应该针对失效模式、客户满意度和性能降级进行分析（第 18 章）。

本章的第一节将详细说明我们会如何使用质量这个词，然后本章其余部分将描述在整个产品实现过程中所采用的质量实践。

7.1 质量的定义

当人们谈论质量时，他们通常指的是两类产品质量中的一种。

1）**设计出来的质量**。设计质量是对产品的愿景和目标。一旦产品进入生产，这些决定相对来说就固定了。当思考设计质量时，团队要回答一些问题，例如：

——产品如何满足客户的需求？

——产品外观如何才能吸引人？

——应该包含什么特征并选用什么材料？

——产品预期的性能如何？

2）**生产出来的质量**。生产质量是指生产系统能够多好地交付由设计团队所定义的性能规格。制造过程中的小波动会导致产品的性能差强人意。例如，不稳定的焊接质量会导致一些设备失效。理想情况下，针对制造过程中的偏差，产品会被设计成具有足够的稳健性（稳健设计），但现实情况是只有在产品采用量产方法生产后，你才能发现一些问题。关于制造质量需要回答一些问题，包括：

——制造过程在多大程度上确保了产品满足所罗列的要求？

——产品和产品之间有多大偏差？

——哪些缺陷是由制造过程中的偏差引起的？

图 7-1 所示两台冰箱（也叫白色家电）之间的差异（一台成本非常高、一台成本很低）说明了每种质量分类的特点，也说明了设计出来的质量和生产出来的质量之间的不同。

a)　　　　　　　　　　　　　　　　b)

图 7-1　两台冰箱
a）贵（转载已获得 Todd Taulman 许可，dreamstime.com）
b）便宜（转载已获得 Georgsv 许可，dreamstime.com）

7.1.1　设计出来的质量

品牌、价格、材料、特征、尺寸、成本、噪声、外形和表面处理是消费者用来区分高质量和低质量产品的一些特征。开发新产品的团队一般会在设计过程早期对这些因素做出决定，而且当然也会把它们记录在规范文件中（第 5 章）。随着设计逐渐优化，这些有关设计质量的决定会体现在零部件规范、BOM、图包和 CMF 文件中。

尽管设计质量有很多方面，但它们可以粗略地分成四大类：工业设计（包括用户界面和外观）、特征、性能、耐久性和可靠性（插文 7-2 描述了耐久性和可靠性之间的差异）。表 7-1 用冰箱的例子描述了质量在每个分类中的含义。

表 7-1　设计质量的各方面和冰箱的例子

质量类型	定义	冰箱的例子
工业设计	对于用户，产品外观和感觉怎么样	・不锈钢和塑料外表面 ・冷冻抽屉在顶部和在底部 ・人体工程学
特征	产品包括哪些特征和功能	・多个抽屉 ・制冰机 ・湿度控制 ・净水器 ・带有监控 App 的智能冰箱 ・耐用的抽屉轨道
性能	对于每个特征，产品表现得有多好	・电量消耗 ・容积 / 可使用的存储空间 ・噪声水平 ・温度控制 ・箱体深度
耐久性和可靠性	产品在耐久性和可靠性方面的设计如何	・针对湿度和温度的波动，电子元件要绝缘良好 ・用高质量轴承以降低磨损和噪声 ・对塑料添加紫外线防护剂以避免发黄

　　其中一些质量衡量指标并不需要在试产阶段正式验证。例如，很容易检查冰箱的高度和深度是否符合规范，而不需要必须做出一台原型样机来验证。但是其他一些规范只有在采用量产零件制造出来后才能验证。例如，对于所有引起噪声的因素（如互相刮擦的抽屉或者哐当作响的方块制冰机），只有到首次试产测试完成后，才会变得明显。

插文 7-2：耐久性和可靠性

　　这些术语（见表 7-2）通常可以互换使用，但它们各有不同的含义。

　　具有耐久性的产品可以经受住一些偶然的较大的压力源并仍能如预期般运行，只是外观会有轻微损伤。一个具有耐久性的产品在跌落、撞击后，或在热天的汽车内被炙烤及不小心被咖啡浸入后仍能正常运行。例如，我们期待一辆耐久的汽车能经受住波士顿冬天的考验，期待它的悬架系统能经受住那些冰坑（只要它们不比汽车车轮还要深），它的保险杠能经受住轻微的碰撞，还有它的刮水器能够对付 1in 厚的冰。耐久性测试评估的是产品承受偶然应力的能力。

一个可靠的产品在最后一天和第一天使用时的表现是一样的。当谈论汽车时我们经常使用"可靠性"这个术语。如果一辆汽车被描述为可靠，我们就能期待它所有的特征即使在 10 年后还能正常工作，包括电动车窗、点火开关、空调等。可靠的产品可以经受住日常使用的正常磨损而不至于性能下降很多。可靠性测试要使系统经历重复性动作 / 运动，以识别性能是否会下降到无法接受的程度。

也许不可能模拟所有的耐久性和可靠性条件。然而我们都知道，产品在热应力和振动压力下容易发生故障。加速测试可以检查产品承受高于正常压力的能力，用于发现产品的固有缺陷。

表 7-2　测试类型

耐久性测试	可靠性测试	加速测试
产品应该能经受住一次较大但合理的压力	预期会导致正常磨损的重复性动作	可以突出产品弱点的极端压力

7.1.2　生产出来的质量

一旦设计定义好了，制造过程和供应链就需要交付出预期的质量。供应链、制造过程、装配和运输将会引入可能影响客户对产品质量认知的各种偏差。例如，工业设计团队可能特别说明了使用拉丝不锈钢门。为了达到表面处理的质量目标，你就必须选择抛光工序且要做好管控，装配工序必须确保门不会被折弯或者损坏，而且包装团队必须详细说明在运输中为了防止门损伤所用的保护膜。

其他可能会影响质量的制造偏差的例子包括：

1）轴承加工时的微小尺寸变化会导致振动，从而导致使用它的产品会发出噪声。

2）焊接缺陷会造成电子零件连接不牢靠，从而导致控制器不工作。

3）锁紧螺钉时的不一致性会导致发出异响。

4）注塑成型中的偏差会造成肉眼可见的表面缺陷。

生产出来的质量问题可以与设计出来的质量那样做相同的分类（见表 7-3）。制造中所引入的偏差对产品外观、特征、系统性能和耐久性 / 可靠性都有影响。

表 7-3　生产质量的各方面和冰箱的例子

质量类型	定义	冰箱的例子
工业设计	每个产品都能始终满足外观标准吗	·是否因为工艺不能始终一致而造成了表面缺陷 ·是否由于冰箱门装配过程中的偏差导致了不均匀的间隙
特征	所有特征都能按预期工作吗	·智能系统第一次就能正确连接上吗？天线能正常起作用吗 ·抽屉轨道安装好了能准确对齐吗？抽屉能顺畅地打开吗
性能	每个产品都满足规范吗	·由于压缩机的差异，一台冰箱是否比另外一台噪声更大 ·因为一些机械结构润滑不良，一些冰箱运行起来会比其他的更热吗
耐久性和可靠性	团队是否将可能导致客户投诉的制造偏差最小化	·螺钉的扭矩正确吗？那样它们才不会随着时间发出声响和松动 ·所有的电线接头能确保避免由压缩机振动造成的间歇性失效吗

　　确保生产质量是一个多阶段且反复迭代的过程。拥有一份包含了一系列可接受性能范围的全面的规范文件，可以帮助设计团队在选择材料和工艺时考虑到生产质量。例如，如果一个轴承的质量对噪声性能非常关键，那么就有必要选择一个知名但比较昂贵的供应商，而不是去买最便宜的轴承。如果一个产品要求在其塑料件上有高光泽度的表面，那么制造工程师可能就会选择昂贵的注塑机和耗时的模具抛光。

　　一旦选定了制造工艺和材料，那就需要对工艺进行调试和标准化，以确保长期保持合格的质量。例如，可能需要对注塑成型的成型周期和温度进行优化，以保证一致稳定的尺寸（第 12 章）。

　　最后，不可能在设计上规避掉所有潜在的偏差来源。很多生产造成的问题，只有当产品采用量产的材料和量产过程实际制造出来后才会变得明显。在产品投放到市场之前，需要一个质量测试计划来验证和确认产品是否满足了设计目标。

7.2　质量测试

　　大部分关于产品设计的书籍都聚焦在如何选择和定义产品的特征、外观、触感和性能以满足客户的要求。本书假设你自己的产品已经有了出色的设计和原型，所以我们会重点关注第二部分，即你如何确保你的生产系统交付的产品可以满足所有的规范。

产品实现过程的很大一部分是验证和确认（见表 7-4）设计和生产系统是否会如预期运作。试产阶段的名称——EVT、DVT、PVT——反映了试产阶段测试的重要性。

表 7-4　验证和确认

验证	确认
你是否设计了正确的产品	你是否制造了正确的产品
规范正确吗	产品符合规范吗
客户喜欢你制造的东西吗	所有件都表现一致吗
工业设计正确吗	零件都具有高质量吗（没有飞边或缩痕）
用户界面够直观吗	它耐用吗？可靠吗
"感觉"对吗	它是否没有失效或出错
它能快速设置吗	
用户会以预期的方式使用它吗	

质量测试的起点是规范文件。规范文件概述了产品的目标，而质量测试用于确保产品达到了这些目标。我们通常把质量测试说成有两个部分：验证和确认。验证回答了"你是否设计了正确的产品"的问题；另一方面，确认用于评估你的产品是否满足了你所定义的规范和产品设计。

这两种测试都是需要的，用来确保产品满足或超出客户期望。例如，如果客户说："产品充电时间太长"，那么设计和生产团队需要知道他们是否正确地定义了目标充电时间（验证），或者他们从供应商那里拿到的电池单元是否有缺陷（确认）。

常见的是团队经常会一直等到过程后期才开始计划质量测试。正如你能想象到的，那些推迟质量测试计划的团队也通常是那些没有建立一份综合全面规范文件的团队。不幸的是，没有早点为质量测试做计划会在进度和成本上造成很大风险。例如，一个团队可能为了节省空间和成本，在设计冰箱时采用了低成本的叉式线连接而不是锁紧头，后来发现振动会导致连接器松脱，但为时已晚。通过在设计过程早期制定规范文件以及相关质量测试计划，团队可以避免在试产过程后期遭遇产品在耐久性和可靠性测试中失效的"惊喜"。

7.2.1 验证：你是否设计了正确的产品

设计的产品符合规范并不一定能确保产品会使客户满意。你必须确保客户真正喜欢你所设计的东西，这个过程叫作设计验证。在产品实现期间的验证，通常是通过给用户提供产品并获得他们喜欢或不喜欢的反馈来完成。

验证测试可以正式或非正式地进行。非正式的验证测试可以简单到给用户一个产品并询问"你觉得怎么样"；而正式测试会涉及结构化的实验，例如，你可以对用户安装产品的过程进行录像，并进行时间和动作研究以识别出设计中使安装困难的各个方面。验证用于回答有关产品的问题，例如：

1）**产品性能是否符合客户的期望**？例如，规范文件也许要求电池寿命为 2 小时。当在一系列环境条件下测试电池寿命时，它满足该要求。然而，当产品经过开放式的用户测试时，它并没有满足客户的期望：客户说他们想要 3~4 小时的电池寿命。

2）**产品有正确和合适的感觉吗**？很难量化一个产品的正确感觉，总会有些问题，只有当产品实物到了客户手中时才会显现出来。例如，某个物联网产品没有重量要求，因为该产品在使用中很少会被拿起来。所以它就被假设成越轻越好。然而，当 EVT 样品交给新用户时，他们说相较于自己被收取的费用，产品感觉太轻太劣质了。即使重量对产品的性能没有影响，客户仍认为重量的不足让人感觉产品很便宜，这与零售价形成了鲜明对比。最终产品团队增加了内部结构，增加了重量以使产品不会感觉那么空。其他关于合适和感觉的例子包括按钮的启动、不均匀的间隙 / 缝隙和纹路问题。

3）**产品是否以一种直观的方式运行**？用户界面对于与产品相处了好几年的设计者而言可能是显而易见的。用户测试可以检查软件、硬件和用户界面的其他方面是否直观和易于使用。

7.2.2 确认：你是否制造了正确的产品

确认被用于评估你的产品是否符合产品的定义。确认通常由那些比验证测试或台架测试更正式和结构化的测试构成。确认测试系统地评估了每个单独的要求，采用了校准过的设备并为每个测试都定义了一个标准作业程序。确认测试计划回答了以下问题，例如：

1）**产品是否符合功能规范**？实际制造的真实产品是否符合目标性能要求？例如，电池寿命与所承诺的是否一致？

2）**产品是否有正确的外观**？客户不喜欢产品上有刮痕、凹痕或缩痕。

3）**产品是否足够耐用以经受住那些预期的搬运和磨损**？我们都有过手机掉落到地上的经历，并在惊慌失措中特别想知道它是否能幸免于难。我们知道，这些设备不可能在不影响大小或外观的情况下做到防碎，但是我们仍然期望它们能经受住轻微的跌落和日常磨损，而不会变得不能使用。

4）**开箱后产品是否能正确启动**？没有什么比收到一个不能开机或者使用几次就坏掉的产品更令人沮丧了。团队必须确保制造工艺能可靠地生产产品，而且包装能很好地保护产品，以便在客户购买时，每个产品都能如预期工作。

5）**产品是否能从失效中恢复**？失效不应该使产品变成砖头一样。如果产品出现失效，是否有办法使其恢复正常？

6）**产品在预期使用寿命内是否能可靠地工作**？客户期望产品可以工作到超过保修期，但是从经济角度讲，产品不可能被设计得可以永远正常运转下去。磨损会导致性能降低，或者导致产品停止工作。客户预料得到某些零件会随着时间退化得更厉害（如可充电电池和汽车上的制动片），但是他们期望其他零件可以在整个系统的预期寿命内可靠地工作（如汽车的正时皮带必须能工作至少 100000 英里）。

7）**产品是否符合法规要求**？产品必须符合每个销售地国家或地方的法规，如电磁防护（EMF）、安全性和环境要求（第 17 章）。

7.2.3　开发和执行质量测试计划

质量测试并不是拿起一个原型样品然后随机地进行实验。与产品实现过程中的其他事情一样，质量工程团队需要先开发一份周密的质量测试策略和记录结果的方法。虽然这是不言而喻的，但是许多团队在这个过程中都会犯错，所以我们还是要说：质量测试过程的每一步都应该计划并且正式记录下来。临时和无组织的测试会导致忽略关键的产品差错。

表 7-5 描述了质量测试过程中的每一步：发生了

什么和为什么发生，需要创建哪些文件，以及由谁负责。为了帮助说明该过程，我们将采用一个标准跌落测试（大多数消费品都会采用的一种测试）作为例子。

表 7-5　与质量测试计划相关联的文件

文件	目标	团队	时间点	跌落测试案例
规范文件 （第 5 章）	含有所有要求的主清单。概述了产品的要求和目标。规范中的每个要求都应该有一个和其关联的验证和 / 或确认测试	工程和产品团队	理想情况下，它应该早于设计概念阶段。它将在整个开发和产品实现过程中被更新	规范可能包括了产品在携带过程中的使用需求，以及预期能承受的跌落的种类："从 30 英寸高处跌落到铺有地毯的地板上时，它要能不发生损坏"
团队识别出的风险（第 4.3 节）	在整个设计和产品实现阶段，可能会出现需要评估的新风险 / 新问题。理想情况下，这些需要记录在规范文件中，但通常它们被保存在由项目经理所维护的风险清单中	工程和产品团队。项目经理维护并更新风险清单	清单在整个产品实现过程中会被持续更新	团队可能担忧跌落测试对于正常使用是否已足够充分，而且客户的期望可能与规范不同。该测试可以用加速测试进行强化，也就是给产品更多压力来了解产品能跌落的最大高度和可能的失效模式
质量测试计划	在一个文件中要执行的所有测试的清单。该计划通常只包含对每个测试及其关键参数的高层级描述。此外，它还给出了测试的时间点和样本量大小要求	质量工程团队与产品开发团队	理想情况下，该计划应该与规范文件同步准备好。完整的版本应该在 EVT 阶段开始前定稿	"产品将从 32 英寸高度处掉落到铺有地毯的地板上，只能有最小的外观损伤而且在测试之后功能要完全正常" "在加速测试中，产品每次从越来越高的高度跌落，并在每次落下后测试其功能"
测试 SOP	这些是细化的测试程序，准确地定义了如何进行测试以及采用什么仪器设备。明确规定了通过 / 未通过的标准 质量测试计划中所列的每项测试都要有一份 SOP 文件	测试工程团队	测试组织也许已经有一些已经写好的 SOP。SOP 需要在试产阶段开始前完成，并且需要给所有团队以充分的时间进行审核	SOP 是对装夹、设置程序、跌落高度、跌落到哪个面、哪个边缘 / 表面 / 角将会撞击表面，以及跌落的次数的详细描述。SOP 详细说明了何时要对外观损伤用清晰的标准（包括最大允许的损伤照片）进行检验。此外，还说明了每次跌落或一组跌落后需要进行的功能测试

（续）

文件	目标	团队	时间点	跌落测试案例
测试报告	这些报告详细说明了测试的结果。它们通常包括测试结果，任何与测试协议的偏差或任何对于未通过测试的产品的照片或测量结果	测试技术员或者测试工程师	在测试完成后，应尽快提交报告并存档	报告包括损坏的产品照片、功能测试报告和一份通过/未通过的标识
质量测试总结报告	对于每个阶段，所有的测试都要被总结进一份文件中。该文件包括测试、偏差、通过/未通过的判定和根本原因分析，以及对每个失效的行动计划。该文件被用于识别哪些质量测试需要重新进行，并应该用来推动风险分析、规范文件和试产阶段报告的更新	质量工程、工程和产品团队	报告应该在测试结束后，但是要在下个试产阶段开始前完成	所有带有通过/未通过测试结果的总结，以及为了解决问题所推荐的设计变更。然后风险文件会用所需要的设计变更来更新，而且需要注意额外的进度风险

通常，质量工程团队与工程团队一起合作开发质量测试计划的初版，该计划概述了在试产阶段要进行的所有测试。质量测试计划（第 7.3 节）基于规范文件（第 5 章）和在风险管理过程（第 4.3 节）中识别出来的额外风险共同生成。

在测试计划创建之后，测试工程团队将会为质量测试计划中的每项测试生成一份标准作业程序（SOP）。SOP 会细化每个步骤：所需要的设备、测试流程和评估流程，以确定产品是否通过了测试。为一个新产品开发一套完整的测试 SOP 是艰巨的；然而，你的质量团队（无论是在内部还是在你的合约制造商）经常会有许多已经详细说明的测试 SOP，很多 SOP 在后续的产品发布中可以再次使用。

在测试工程团队完成了一项测试后，他们会生成一份附有照片和其他支持性材料的结果报告。例如，一份跌落测试报告将会包含由跌落导致的任何损坏的照片，以及在跌落测试前后所有完成的功能测试的总结。

即使一个简单的产品也会有一摞的测试报告，每份报告都有很多页。期望设计团队的所有成员都读一遍以及解释所有单独的报告是不太可行的。在每次试产结束时，质量工程团队通常会创建一份测试总结报告，它会强调哪些测试通过了，哪些失败了以及对任何失败的一个根本原因分析和行动计划。完整的试产测试报告包含所有单独的测试报告、测试总结和其他来自于试验时的相关结果。例如，如果一个产品在跌落测试中有轻微的外观损伤，报告可能会包含一些图片以方便团队决定该失效是否关键。

本章的其余部分将会关注质量测试计划的生成。如果你有兴趣了解更多关于测试 SOP、测试报告或者总结文档的内容，你可以在互联网上找到大量的例子和模板。

7.3 试产质量测试计划

试产质量测试的起点是创建质量测试计划。质量测试计划概述了需要完成的测试、时间点、所需要的样品数量及相关文件的链接。理想情况下，质量测试计划会在产品实现之前就创建好，因为公司中的很多团队将会使用它来为产品实现做准备；财务团队在确定样品的预算，以及计算测试和设备的一次性工程成本（第 8 章）时会使用它；供应商管理团队将在合约制造商的选择过程中使用它来了解需要哪些能力，并要求合约制造商对测试成本进行报价。最重要的是，设计工程师会参考质量测试计划，以帮助确保他们设计的产品能够通过所有要求的测试。

质量测试计划评估了质量的很多方面，包括：

1）**规范和功能性**。产品是否符合规范，并如预期运行？

2）**外观**。产品的外观和感觉是否符合预期？

3）**耐久性**。产品是否能经受一次压力而完好无损？

4）**可靠性**。产品在其生命周期内，是否会如预期没有失效地运行？

5）**对加速测试的反应**。产品结构上的固有缺陷是什么？

6）**用户**。产品是否满足了客户的期望？

7）**包装**。产品能否经受住运输和搬运？

表 7-6 提供了一个质量测试计划的例子。表 7-7 提供了对于 7.3.1~7.3.8 节关键信息的一个总结。

表 7-6　一个质量测试计划的例子

序号	分类	规范	描述	试产阶段	严重程度	样品量	样品共享	SOP 链接
1	耐久性	4.34	跌落测试：从一个 30 英寸高度跌落在一个木制品表面上。每次撞击一个面，测试后检查所有零件的功能和外观	DVT	依据损伤程度，从轻微到严重	2	跌落测试必须在崭新的原始样品上进行，这些样品之后仅可用于表面化学分析	Droptest_SOP_V1
2	功能性	2.1	在插入电源插座 3 秒内，电池要切换到充电模式，并且 LED 灯改变颜色	EVT、DVT、PVT	严重	100%	所有功能性测试件都可用于其他质量测试，该测试不会造成损坏	Battery_test_SOP_V1
3	可靠性	7.57	按钮按压测试。5 个按钮中的每一个都要用 5 牛的力按压 5000 次	PVT	轻微	5	样品可用于其他可靠性测试，包括电池充电和相机功能测试	Button_test_SOP_V3
4	外观	1.01~1.50	检查所有外观要求	DVT、PVT	见外观要求	100%	所有外观样品都可用于其他测试	Aesthetic_inspection_V4

表 7-7　在试产阶段运行的测试类型

章节部分和测试类型	描述	在每个试产阶段要如何测试以及做哪些测试		
		EVT	DVT	PVT
7.3.1 功能性	确保产品满足功能规范。通常，每次试产所生产的产品 100% 都要进行功能性性测试	100% 产品都要测试全部功能		
7.3.2 外观	检查产品外观是否符合所有的外观标准，包括颜色匹配、表面缺陷和外来异物。外观检查在试产周期会对所有产品执行。此外，在批量生产时，通常也是对所有产品 100% 进行检查	会进行粗略的外观检查，但产品外观通常不具有代表性	所有产品会针对大部分外观标准进行评估（除了那些需要最终模具抛光的标准）	100% 产品都要用所有外观标准进行测试
7.3.3 耐久性	确保产品能经受住单个事件的破坏。这些测试包括在预期的极限环境条件下的测试。在消费产品中，大多数耐久性测试 SOP 对于大部分产品都是共用的。例如，大多数消费类电子产品要经历静电放电测试以确认产品是否能经受住静电电冲击	只需要运行那些不依赖于量产零件的耐久性测试	有限数量的样品要经受大部分的耐久性测试。大多数测试只需要一或两个样品，除非它是一个与安全相关的问题	要进行后续测试以验证在 DVT 阶段发现的失效是否已被纠正，或者设计变更是否引入了新问题
7.3.4 可靠性	确保日常使用不会造成功能丧失或过度的外观损坏。这些测试取决于产品的关键零部件的使用场景，用户画像和保修期	对需要长期可靠测试的关键零部件进行早期测试	大部分的可靠性测试是在该阶段或许也要等到 PVT 阶段才能得到。可靠性测试需要在一定数量的样品上进行，以在统计学上得到足够多的结果	要进行后续测试以验证在 DVT 阶段发现的失效是否已被纠正，或者设计变更是否引入了新问题

（续）

章节部分和测试类型	描述	在每个试产阶段要如何测试以及做哪些测试		
		EVT	DVT	PVT
7.3.5 加速压力测试	为了识别出产品弱点，要对产品进行测试直到它失效（如提高温度）。这些测试无法对产品寿命做出一个准确的估算，但是能识别出它固有的弱点	不适用	大多数加速压力测试都是在该阶段进行，可能在 PVT 阶段之前无法得到结果。出于成本考量，通常只测试几件样品	要进行后续测试以验证在 DVT 阶段发现的失效是否已被纠正，或者设计变更是否引入了新问题
7.3.6 用户测试	测试所设计/制造的产品是否满足客户的要求。例如，一个按钮的产品也许要在几个客户进行评价以了解他们的接受程度	要测试几件样品的整体功能和外观		
17.1 认证	检查产品是否满足了发运或销售的法规要求。一些认证测试由外部实验室完成，其他的可以内部完成	不适用	来自 DVT 阶段的样品可以用来验证认证。认证通常只需要一或两个样品	一些认证可能要求使用 PVT 件
7.3.7 包装	测试包装在发运、存储和销售期间保护产品的能力	不适用	当包装完成时，用 DVT 样件测试	要进行后续测试以验证在 DVT 阶段发现的失效是否已被纠正，或者设计变更是否引入了新问题
7.3.8 其他认证测试	测试那些需要被验证的非功能性规格参数（如重量、颜色）。这些测试基于以上质量测试中任何没有测试过的规范	没有被其他分类所涵盖的大部分规格参数都要检查。通常在单件上进行验证	要完成这些测试以确认未解决的规格和任何设计变更的效果	要完成这些测试以确认设计和任何设计变更的效果

　　质量测试计划要包括足够多的信息，以便供测试工程团队开发测试SOP，供制造团队计划在每个试产阶段需要制作多少件样品，以及供质量工程团队验证和确认规范文件中的所有规格参数（第5章）。除了计划测试，质量工程团队还需要确定在试产过程中应该何时进行测试。应该要回答以下问题：

　　1）哪些测试要在何时完成？团队应该进行那些能提供有用结果和推动改善的测试。为了测试而测试只会推动成本，而不是质量。例如，早期样品往往不能代表最终的外观效果，因为模具还没有进行最终的抛光。所以对早期样品进行外观检验或者耐久性测试是无益的。适时运行测试计划的一小部分是可以的，例如，可以针对带有面向生产的电子元件的功能近似原型样品进行电池寿命测试。

　　2）测试多早可以开始？团队越早了解问题（或者消除风险）越好。此外，一些可靠性测试可能需要很长时间，需要尽早开始，以便在量产开始前完成测试。例如，安全相关的疲劳测试需要在有统计意义的大量样品上进行数年的模拟寿命测试。如果这些测试在试产期间开始得比较晚，那么可能在产品发布前都得不到测试结果。

　　3）哪些测试可能会失败，因此需要重新再来？并不是所有的测试都是敷衍了事的，一些测试会使你感到惊讶并发现一些没有预料到的问题。会发现产品没能满足规范并且需要重新设计和测试。例如，如果产品设计团队要在耐久性和产品重量之间权衡，他们可能知道产品有可能无法通过跌落测试。在各试产期间，如果需要，产品会增加额外的加强筋，但是团队在了解较轻重量的设计能否奏效之前，他们并不想增加加强筋。在设计变更后，需要额外的样品来重新进行测试。

　　质量测试计划通常包括以下信息：

　　1）**唯一的测试编号**用于在整个试产过程中跟踪测试。

　　2）**分类**（如耐用性、功能性、外观、可靠性）使测试清单有条理，并且能帮助团队识别测试不够全面的地方。

　　3）**相关规范**把每个测试链接到唯一的规范编号上，确保测试与规范文件相一致。

　　4）**测试总结**允许团队在不必阅读各种SOP的情况下就能快速回顾测试的范围。它也能使测试机构在开发综合全面的SOP之前，就能对每个测试的时间和成本进行评估。

5）**试产阶段**指明了测试是何时进行的。一些测试要到验证过程后期才能进行，因为它们要求使用量产的零件。其他测试可以在过程早期进行，而且一旦产品通过了测试，除非有设计变更，否则就不需要再次测试。

6）按**关键程度**对测试进行排序，以便团队能聚焦于最关键的测试。一些测试比其他的更重要。任何与安全性相关的失效都需要重点关注，而轻微的外观缺陷在优先级清单里则能放在较低的位置（插文 7-3）。

7）**样品数量**指明每个测试要用到多少件产品。总的样品数有助于团队计划在每个阶段要制作多少件样品。质量测试计划的初稿所需要的样品数量往往要比能经济生产的数量多。计划通常会被更新迭代，以确认如何共用样品或者减少测试。

8）**样品共用**使同一件样品可用来进行多项测试（如果该测试本身不会造成破坏）。在测试期间能共用的样品越多，成本就越低。然而，共用样品会增加总的测试时间，因为测试不得不按顺序进行。

9）**SOP** 会链接到准确定义了要如何进行测试的文件上。

插文 7-3：致命、严重和轻微失效

　　并非所有的测试都有相同的重要性，表面上小的划伤远没有一次触电或过热的危害严重。通常，失效被分成三类：

　　1）致命。这些是无法被接受的关键性安全问题，如割伤或者着火风险。

　　2）严重。这些失效会妨碍产品运行但并不会给消费者造成安全风险。包括产品第一次使用时无法启动，即"见光死"（dead on arrival）失效问题。

　　3）轻微。这是些外观和让人略微不满意的失效。可能包括刮伤、轻微的颜色不匹配，以及产品在包装中没有很好的固定等。

　　在草拟了质量测试计划之后，团队可能会发现他们没有足够的时间、样品或资源来执行理想的测试计划。在这种情况下，项目经理也许要决定把某些测试合并到一起以降低测试时间或成本。下面的内容描述了不同类型的测试。

7.3.1　功能性

　　功能测试会检查产品的每个方面是否满足功能要求。例如，机械臂能否达到规定的距离？相机是否处于对焦状态？或者，当启动按钮时，是否触发了正确的蓝牙通信协议？

功能测试通常是对试产阶段生产的所有产品进行测试，以保证设计和制造质量。以下将讨论两种类型的功能测试以及相应的例子。

1）**综合全面的功能测试（也叫作台架测试）**。产品试产期间要完成的一些功能测试需要一些专用设备进行测试和数据收集，这在生产线上是不可行的；例如，用示波器对电路进行故障排除。如果有失效出现，台架测试为失效根本原因分析提供了丰富的数据源，而且也深化了团队对产品性能的理解。

一个例子是电池放电测试。这些测试可以回答电池的电量和容量是否与供应商的规格相一致的问题。可以对充电电池进行反复的充放电测试以确保产品的运行时间可以接受。当然这些测试可能需要大量的时间，但它们能对电源控制电路给出一些建议，而且它们在生产期间也是无法进行的。

2）**面向生产的测试**（第 13 章）是可以被合并到生产线中的快速测试。通常，这些测试都是在 PVT 试产阶段实施和检查的。它们包括内置的自我测试和定制的测试夹具测试。这些测试被设计成稳定一致且可靠的，以拥有较短的测试周期，所以它们并不会拖慢生产流程，而且也不需要作业人员进行一些复杂的测量并对测量进行说明。

例如，图像质量需要快速测试以检查对焦精度和任何镜头缺陷。在试产阶段早期，相机专家会系统性地评估相机质量的所有方面。而在生产期间，这样做并不可行。所以通常会制作一个定制的测试夹具，它可以自动记录和分析图像，并通过一个红色或绿色指示灯以告诉作业人员产品是否通过测试。

7.3.2 外观

正如第 5 章所述，产品的外观要求通常会在规范文件中进行定义，尽管一些团队会选择在一个单独的文档中进行维护。外观规范可以包括积极的接收标准（零件间的颜色和表面匹配要求），也有消极的限制标准（不可接受的刮伤）。在试产阶段，对外观要求进行微调，并明确定义可接受和不可接受的标准很重要。有一个综合全面的外观测试协议可以降低供应商发运的零件根据纸面上的规格被认为是"可接受"的，但其实它并不满足你的标准的风险。对期望值的不一致会造成无法预料的零件短缺、质量不合格、价格上涨以及与供应商的冲突。

外观检查通常会在试产阶段对所有生产出来的件进行 100% 检查。外观要求一般包含：

1）A、B、C、D 表面的定义（见表 7-8）。产品的不同表面会有不同的标准。

2）指明 A、B、C、D 表面的零件图样。

3）所允许的缺陷类型（如飞边或者缩痕），以及测量缺陷的量化方式和缺陷的允许尺寸（通常基于产品的表面尺寸来衡量）。表 7-9 给出了一份典型的外观缺陷清单。

4）缺陷的严重程度（致命、严重、轻微）。

5）允许的缺陷数量。

6）每个表面的测试条件，包括光的亮度和类型以及用作对比件的任何标准样品。

表 7-8　A、B、C、D 表面和例子

表面	描述	在笔记本电脑上的位置	一个飞边规范的例子	对于每个等级严重程度的规范要求
A	客户能看见并会接触的主要表面	电脑顶面和键盘框架	看不见飞边	轻微：与规范偏差较小 严重：与规范偏差较大 致命：会造成割伤危险的任何飞边
B	用户勉强能看见的表面	电脑铰链的下表面	飞边不超过 0.1mm	轻微：与规范偏差较小 严重：与规范偏差较大 致命：会造成割伤危险的任何飞边
C	用户看不见的表面	电脑内表面	飞边不超过 1mm	轻微：与规范偏差较小 严重：妨碍到功能的任何偏差
D	在工程图样上反映出来的结构性或功能性表面	铰链的安装面	飞边不能与功能面干涉	轻微：与规范偏差较小 严重：妨碍到功能的任何偏差

表 7-9 提供了一份通常用于产品的外观标准清单。一些标准适用于产品的所有方面和所有工艺；而其他的标准则是专门针对加工件（如注塑成型件或铸件）、表面处理（如喷漆和涂层）或者包装（如礼盒）。

表 7-9　外观标准清单

外观要求	加工件	表面处理	包装	外观要求	加工件	表面处理	包装
卷边		●		团块		●	●
过渡线		●		不匹配	●		
渗色		●		裂纹	●	●	●
起泡／剥落		●	●	橘皮	●	●	
烧伤	●			针孔	●		
毛刺	●			凹坑／空洞	●		
切屑	●	●		孔隙	●		
冷隔	●			凸起	●		
颜色匹配		●	●	彩虹效应		●	●
色差		●	●	可除去的无机异物	●		
玷污／污物	●	●	●	可除去的有机异物	●		
锈蚀	●			粗糙	●		
破裂	●			下垂		●	
分层		●	●	滴水		●	
凹痕	●	●		锈迹	●	●	
凹坑	●	●		刮伤	●	●	●
模具压印	●			磨损／疤痕	●	●	
变色	●	●	●	锋利边缘	●		
顶杆痕	●			填充不足	●		
指印	●	●	●	缩痕	●		
鱼眼		●	●	污点		●	●
飞边	●			停止线		●	
断裂	●			条纹		●	
浇口残痕	●			表面光洁度	●	●	●
光泽差异	●	●	●	刀痕	●		
熔合线	●			不规则颜色	●	●	●

7.3.3 耐久性

所有产品经过一系列不当使用和使用环境考验后都要能完好无损。产品必须能经受住摇晃、跌落、加热和冷冻的考验。试想一下，一个智能手机在一位职场母亲的手包里一天要经受多少考验。有一些损伤是可以接受的（小刮伤），而有一些则不可以（致命的安全失效）。虽然凹痕或者性能失效的相对严重程度仍有争论，但如果失效可能会造成对用户的伤害，则严重程度会变得毫无疑问。耐久性测试回答了产品是否能安全地度过其整个生命周期的问题。

耐久性是指承受那些在正常使用之外的偶然压力的能力，如跌落、振动和冲击。耐久性测试应该反映用户场景，以及在规范文档中所列出的耐久性要求。理想情况下，首先要定义规范文档；然而，当质量测试计划制定好时，额外的一些耐久性要求可能会变得明显，然后规范文档需要被更新以反映增加的耐久性测试。耐久性要求的设定可能是一项挑战。团队应该在不过度设计产品的情况下，设定能满足客户期望的标准（插文 7-4）。

在生成一份耐久性测试清单时，质量工程团队需要考虑到产品在正常使用过程中可能会经受的所有压力源。图 7-2 显示了团队可以提出的一些问题，以生成一份综合全面的耐久性测试组合。首先，产品必须要能经受住所有正常使用场景，包括运输、仓库存储、在家中存储和日常维护（第 5 章）。对于每个场景，应该描绘出产品的运行状态。例如，当一个产品被从桌子上撞下来时，此时它是否插在电源上很重要，因为它会使连接器受到外力。在每个场景和运行状态中，产品可能会遭受一系列压力：热的、电的、机械的和化学的。最终，团队需要确定在每个阶段什么样的损伤是可以接受的。如果损伤造成了安全风险，就必须加以解决。在其他情况下，小的外观损伤可能是客户可以接受的。

插文 7-4：耐久性和可靠性测试应该要多么极端？

团队经常容易过度测试产品，而且为产品应该要经受住哪些场景设置极端条件。"它可能会发生"变成了质量测试计划期间的口头禅，继而导致对产品几乎肯定不会经历的极端环境进行测试。测试应该被限制在被认为是合理使用的情况下，并且要与客户期望一致。客户会期望一个手机从厨房餐桌上掉下来而安然无恙，但不指望它被一辆汽车碾过还能完好无损。

当采用极端条件时，你就可能会错过关键的失效。如果一个测试在极端条件下失败了，你就会有压力再做下次试验，而且结果可能会被排除，因为"那种情况当然不会发生"。这不仅会浪费测试的费用，而且也损失了一个有价值的样品，并可能会错过产品从一个合理高度跌落时反映的信息。

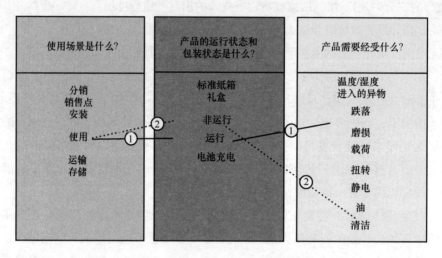

图 7-2　耐久性测试要回答的问题

① ：完全充电，产品运行，从36英寸高度跌落到混凝土地面上的跌落测试。产品所有功能测试都应该保持正常，只有些轻微的外观损伤。

② ：在非运行的状态下，产品应该可以用一系列清洁液进行清洁，包括用氨水或者漂白剂喷洒和用软布擦拭。它应该通过所有功能测试，而且表面或涂层没有轻微损伤。

以下清单给出了用于消费电子产品的典型耐久性测试。不管怎样，你的产品可能有一些比较独特的耐久性期望。例如，一个有轮子并且要被拖拽到沙滩上使用的产品，可能需要针对沙子对轮子和轴承的损伤进行测试。常放在厨房柜台上的产品，需要针对在咖啡溢出物中放置一段时间的影响进行测试。

1）**温度／湿度范围**。产品需要在多种环境中运行，包括热和冷、干燥和潮湿（插文7-5）。温度和湿度会对表面处理、电子元件和电池产生不利影响。图7-3所示是一个典型的热测试室的图片。

插文 7-5：温度和湿度耐久性

温度和湿度的结合可以对一些产品产生灾难性的影响。例如，引发了日本高田公司安全气囊召回的化学降解就是由高温、高湿所加剧的。温度和湿度的极端范围要进行测试并被用来设定模拟不同环境下的典型范围。通常测试的三种情形是：

1）高温、高湿——把产品放在夏天佛罗里达州的一辆车内。

2）高温、低湿——把产品放在夏天亚利桑那州的一辆车内。

3）低温、低湿——把产品放在一月份北达科他州的室外。

2）**振动**。在运输或使用过程中，大多数带有电子元件的产品都会经历一些振动，这可能会导致机械零件或电子元件出现失效。

3）**水和碎屑**。在正常使用过程中，产品会暴露在水、灰尘和一些碎屑中。然而，每个产品全部设计成完全防尘、防水（如果不是不可能的话）会非常昂贵。产品需要在可能的使用条件下以及在目标零售价格内遵守规范，即 IP 侵入防护要求（插文 7-7）。

4）**油和其他污染物的转移**。一些塑料件对汗水、油、食物或者其他化学物质反应强烈，它们会留下污渍、脱层以及降解。那些要频繁搬运或者暴露在化学物质下的产品，需要对这些污染物进行测试。典型的测试协议包括汗水（是的，你可以购买人造汗水）、护手霜、喷雾杀虫剂、香水、发胶、油和芥末。

5）**清洁材料**。清洁产品会与一些材料发生反应，并对电子元件产生不利影响，还会降低产品表面质量。产品应该针对一系列常见的家用清洁剂进行测试。曾有一台医疗设备表面不断出现看似随机的电子元件和机械失效，最终却发现是因为该医院会打开设备箱子喷一些抗菌剂，正是这种喷剂损坏了材料和电子元件。

插文 7-6：你无法总是知道你在为什么而设计

有关产品耐用性，笔者最喜欢的传闻是一个关于飞机前舱里电话的故事。维修人员一直接到关于电话听筒损坏的投诉。这是一个谜，为什么它会一直坏呢？直到维修人员观察到一名空乘人员把电话当作一个临时破冰器来打碎袋装冰块。当维修人员给厨房增加了一把木槌后，电话就没再坏过了。

图 7-3 热测试室（来源：转载已获得深圳长城开发科技股份有限公司的许可）

6）**静电放电**（electrostatic discharge，ESD）。小的冲击可能会损坏电子元件。例如，笔者最近在给电工打着电话时，复位了房间内电路的保险丝，结果手机出现了故障。该故障可能是由于一个低水平的 ESD 造成的，它暂时使手机失灵了。ESD 应该在不同等级下测试以检查设备是否受到影响，而且如果设备失灵了，它是否能重新启动。笔者的手机通过重启重新恢复了正常。然而，一些 ESD 冲击会使产品变得像个砖头一样。ESD 测试在国际电工委员会（International Electrotechnical Commission，IEC）标准 IEC 61000-4-2 ESD 抗干扰和瞬态电流测试中已经得到了标准化。

7）**紫外线照射**。紫外线照射会造成塑料件的力学性能和外观性能降级。任何见过自己的白色塑料器具随着时间变黄和变脆的人其实就已经见过紫外线的降解了。紫外线通常采用加速测试模式来做测试，其中产品会被暴露在极限紫外线下几个小时以模拟几个星期的正常户外太阳照射。

8）**腐蚀性环境**。含盐的空气和水会有不利影响：生锈、阻塞和电子元件短路。笔者不得不为自己在海边附近的房子购买防锈锁，因为普通的锁在一段时间后只能用断线钳剪断拆除。

9）**磨损**。人们期望产品在正常使用时不会出现刮伤。磨损测试通常使用不同硬度的铅笔来检查产品在被手指、布料、清洁剂或其他可以预想到的磨损源摩擦时是否会被刮伤。

插文 7-7：侵入防护（ingress protection，IP）

侵入防护定义了产品能够防止碎屑、异物或者液体侵入的标准。它基于由 IEC 制定的 IEC 60529 标准。IP 等级由

图 7-4 中描述的三个数字来定义。第一位数字表示对固体异物的防护，第二位数字表示对液体的防护，第三位为其他防护代码。例如，IP31C 表示只对小的金属线和工具以及一些滴水有阻挡作用，但是无法轻易打开；IP68X 是表示完全防尘和防浸水的。每个等级都有一个相关的测试协议以确保它会通过所使用的等级。一些产品要求 IP 测试作为认证的一部分，而其他一些产品则使用 IP 等级向消费者清楚地传达产品的承诺。

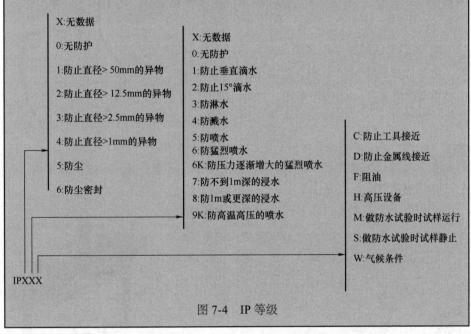

图 7-4 IP 等级

10）**跌落**。几乎所有的产品某一时刻都会经历跌落。标准测试通常概述了产品从什么高度落下，落到什么表面上（混凝土、木头或者地毯）以及哪些面、角和边缘会撞到表面上。

11）**撞击**。产品在使用期间会受到撞击和振动。例如，一个用于监测消防栓的设备被安装在道路边缘，那么它就必须经得起汽车或者除草机的撞击。没有标准的除草机测试设备，所以公司就不得不制作他们自己的测试夹具。

12）**扭力和拉力**。人们通过显示器把电脑拿起来时可以合理地假设电脑铰链不会断裂。当人们将平板电脑从他们包里的两本书之间拽出来时，他们期望电脑的塑料框会和显示屏完好地连接在一起。

13）**挤压**。产品会被堆放和存储。例如，一个电脑会放在背包里，然后上面会放很多书。

7.3.4 可靠性

相比于耐久性测试，可靠性测试可以确保产品在预期寿命内会以一个可接受的失效率经受住日常的使用。如果产品不像预期那么可靠，保修成本就会激增并且侵蚀利润。可靠性取决于三个因素：原因、失效率和衡量可靠性的时间区间。

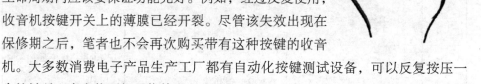

例如，LCD触摸平板在被反复触摸时不应该出现失效，电脑的铰链不应该断裂，键盘上的所有按键在产品生命周期内应该要保证功能完好。例如，经过反复使用，收音机按键开关上的薄膜已经开裂。尽管该失效出现在保修期之后，笔者也不会再次购买带有这种按键的收音机。大多数消费电子产品生产工厂都有自动化按键测试设备，可以反复按压一个按键以观察它能否经受住使用。

公司也会为他们的产品专门开发自己的测试设备。例如，图7-5所示为一个SRAM公司用来测试自行车底部支架可靠性的测试夹具。底部支架用于将自行车上的曲柄/踏板与前链轮组连接起来，包括一根轴和轴承。有必要了解底部支架在一系列负载条件下的预期寿命。

最早公布的可靠性测试的例子之一发生在1954年左右的哈维兰彗星客机上，这是第一架带有增压座舱的商用喷气式飞机。三架彗星客机在失去了结构完整性并在空中解体后坠毁，导致超过120人丧生。为了了解失效原因，哈维兰公司的团队使用一个大水箱来反复快速地对机舱进行加压和

图7-5 测量自行车底部支架可靠性的设备（来源：转载已获得SRAM公司的许可）

减压循环。在大约9000次循环后，窗角的一处疲劳导致了机身破裂。尽管哈维兰公司从未获得商业上的成功，但其他航空公司从中吸取了教训，而且后续很大程度上依赖可靠性测试来保证他们产品的安全性。

没人会指望你所有的产品在其生命周期中都能完美运行而不必维修（插文7-8）。对此唯一的例外就是那些会导致人员伤亡的失效。对每个非安全相关的产品都

要求安全级别的可靠性成本将会非常昂贵，更不用说为了建立该级别的冗余水平所要求的重量和体积了。总会有一小部分的产品失效，需要维修或者更换。可接受的失效率和保修期的长度取决于产品类型、产品期望和客户需求。例如，大部分电子产品有一年的保修期，但是大部分汽车至少有 7 年的保修期。在保修期内的任何可靠性失效都会给公司带来一定的成本。再强调一遍，对于安全相关的失效是没有可接受的失效率的。

插文 7-8：Cuisinart 食品加工机召回

当涉及安全问题时，对与安全相关的失效就没有任何容忍空间了。此外，产品安全运行的时间要远超过其保修期，要持续几十年。例如，在 2016 年 12 月，Cuisinart 公司就针对从 1996 年到 2015 年所生产的食品加工机刀片发起了一次召回。被召回的 800 万个刀片中有一些已经是 20 年前购买的了。刀片会在一个铆钉附近断裂，然后变成会割破口腔的小碎片。即使产品已经在保修期外了，Cuisinart 公司仍不得不花费大量成本来更换所有受影响的刀片，并处理人们受伤的情况。

为了验证可靠性，测试需要以较高的统计置信度证明：实际的失效率在保修期内会低于目标失效率。设置目标失效率是为了确保你不会因产品退货而导致公司破产，也不会过度设计产品而使其太过昂贵。

证明你的产品满足该比率涉及为每种失效模式的允许失效率做预算，并用足够的样品和时间来测试每种失效模式以证明可靠性。在可靠性预算、测试和样品数量的统计上有大量工作要做。大多数大公司都有统计专家，在应用这些技术时他们会进行协助。然而，对于小公司来说，这些资源可能无法使用。小公司有三种选择：成为专家、雇用某人或者过度测试。为了设计一个可行的可靠性测试计划，本节给出了一些基本介绍。下文中的数字是基于笔者和其他专家的经验（100 多年中的数百款产品上的综合经验）。这些数字可以作为一个起点，但它们不是硬性固定不变的规则。

可靠性测试计划通过回答以下问题来确定，下面是详细内容：

1）在多长时间内，你的最大退货率目标是多少？

2）产品的可靠性预算是多少？

3）产品特征可能出现的可靠性失效模式是什么？对于每种失效的预算是

多少？

4）在保修期内，一个给定的产品特征可能会经历多少次循环？

5）需要多少件样品和循环来证明可靠性？

6）可靠性测试将会花多长时间和多少钱？

7）你何时可以开始进行可靠性测试，并且它必须要多快完成？

1. 你的退货率目标是多少？

对于非安全相关的失效，制定可靠性测试计划的第一步就是确定产品在保修期内的目标退货率。目标退货率包括所有的潜在失效模式的组合，包括那些由制造偏差引入的失效和那些由非质量相关原因造成的失效。在财务计划阶段，应该选择一个可接受的保修率以平衡产品成本、利润率和现金流。例如，许多消费品在保修期内的退货率目标是 5%。对此唯一的例外是安全相关的失效，它所期望的失效率在产品预期寿命内基本上需要是零。

2. 产品的可靠性预算是多少？

产品的可靠性预算要小于目标退货率。如上所述，目标退货率既包括可靠性失效也包括其他因素。首先，除了"我就是不喜欢它"之外，产品也可能会被无理由退货。第二，一个你未测试过的使用场景或者在制造过程期间发生的无法预料的变更，会导致出现你预料不到的失效。第三，你的工厂会被允许生产一小部分不良品（叫作可接受质量水平，AQL）而不会受到处罚。为了达到产品可靠性目标，退货率不得不通过预期不满意的客户数量、由工厂引入的可接受缺陷数和可能的意外失效进行调整。表 7-10 展示了针对低、中、高质量产品的三种失效预算计算的例子。这些数字是一些典型产品的代表，在整个产品开发过程中这些产品在质量设计上已经做得非常好，在产品实现过程中也已经做了足够的测试来筛出任何问题。如果你在质量上没有做前期工作，失效率可能会高得多。以下内容描述了用于计算可靠性预算例子的步骤。

表 7-10　失效预算

产品质量	低（%）	中（%）	高（%）
目标退货率（1）	8.0	6.0	4.0
不满意的客户（2a）	3.0	2.0	1.0
AQL 水平（2b）	1.0	0.6	0.25
无法预料的问题（2c）	1.0	1.5	2.0
产品可靠性预算	**3.0**	**1.9**	**0.75**

1）用目标退货率减去不满意客户率。一个好的估算起点是大约总退货数的三分之一可能来自不满意的客户。除去那些非质量相关的失效，就可以得到因质量失效退货而要做预算的产品数量。

2）用调整后的退货率（来自于步骤 1）减去与你的工厂已经协商好的 AQL（对于消费电子设备通常约为 0.6%）。如果失效率低于这个数字，你就要负责退货的成本。对于任何超过这个比率的部分，如果失效是由工厂的错误造成的，那么工厂就要补偿你。除去 AQL 比例，你就可以得到因非工厂原因导致的产品质量问题而允许的退货数量。

3）用调整后的退货率（来自于步骤 2）减去一些无法预料的问题导致的退货率。大多数产品会由于制造差错、未预见的质量问题和未预见的使用情况而经历一个暂时的保修索赔高峰。这些通常都是短暂的，因为公司会迅速采取行动来控制失效。按年计算时，这些问题会把保修期内的平均退货率推高 0.25%~4%。根据复杂程度、技术成熟度和客户对质量问题的敏感性，组织需要尝试预测一些未知因素。不幸的是，没有科学能预测你不知道的事情，而大量的失效（尤其是那些发生在产品生命晚期的失效）会导致公司破产。

这个可靠性目标可被用于设定后续的测试参数。可靠性测试将评估产品的预期失效率是高于还是低于这个目标值。

3. 可能的可靠性失效模式是什么？以及每种模式的预算是多少？

可靠性规划的第三步是确定包含在可靠性预算内的可靠性失效的潜在原因清单。理论上，这些应该罗列在规范文件中。可靠性失效的原因可分为两种：

1）**安全攸关的失效**是指在产品正常使用时可能导致伤害的失效。这种类型的失效率在产品预期的使用寿命内应该为零。

2）**非安全攸关的失效**。团队需要列出所有可能导致产品退货的失效模式。这些模式通常不包括通过定期维护进行更换的零部件，如过滤器或者电池。关键零部件和功能的可靠性包括：

——会随着时间的推移而出现失效的电动机和驱动器。

——会磨损或断裂的机械连接和接头（如滑块、铰链）。

——会损坏或者停止运行的输入设备（如屏幕、键盘和触摸板）。

——在使用、设置和存储过程中会磨损的滑动机械零部件。

——多次充放电会导致降级的电池容量。

——会因摩擦和振动而磨损的电缆。

——暴露在温度和湿度变化中而降级的传感器。

——由于周期性疲劳（振动、驱动、重复加载）或者正常撞击而断裂的零件。

一个简单的开始方法就是把先前步骤中允许的预算分拆开来，并给每个潜在的可靠性问题分配一个比例。所允许的失效率应该与产品的可靠性预算相加起来。

鉴于可能的失效模式的数量，创建一个可靠性预算似乎是一个令人望而却步的过程。然而，你的供应商可以提供帮助，既有商用现货零件又有定制零件的供应商都应该提供一份包含每个零部件预期寿命数据的规格表。如果零部件的使用寿命短于保修期，可能需要重新审视该零部件的规格或者采取一些减轻该问题的措施（例如，如果一个零部件的失效率取决于温度，那么可能就需要给产品增加风扇）。一个好的经验法则就是选择那些明显超过产品预期寿命的零部件或者与定期维修周期相匹配的零部件。如果这样做了，那么这些失效模式就可以从保修的可靠性预算中移除。

一些失效会触发一个已知的维修和更换过程；例如，更换你汽车的制动器。这些通常会从可靠性预算中单独分出来进行测试，并且测试要达到维修期间客户所期望的循环次数和时间量（插文 7-9）。

插文 7-9：维修期望

并不是所有的可靠性失效都会造成产品退货。客户可能预料得到产品需要进行定期维修。例如，客户预计必须定期更换制动器。其中一些期望会产生重大影响。例如，一些汽车上的正时皮带通常会在 10 年或者 10 万英里时进行预防性更换。更换虽然很昂贵，但是一次失效就会毁掉一台发动机。确保正时皮带在 10 万英里之前不会出现失效，对客户的期望非常重要。当为维修项目设定可靠性预算时，应将生命周期设定为维修前的预期寿命值。

4. 在保修期内失效模式可能会经历多少次循环？

保修期内发生失效的可能性通常与该功能的使用次数成正比。例如，电视遥控器上的频道按钮总是比底部很少使用的按钮先磨损。为了证明可靠性，频道按钮需要比那些较少使用的按钮进行更多次循环的测试。

对于每个失效点，质量团队需要评估产品功能在利益期限内（通常是保修期）将会经历多少次循环。例如，一个智能手机的主页按键一天中也许会经历50 次点击（如果是青少年使用的话则会更多）。如果保修期是 365 天，那么保修期内总的循环次数大约是 2 万次按压。

当然，一个产品实际会经历的循环次数将高度取决于个人用户。一个人可能只有在一年中的圣诞节才使用他们的食品加工机，而其他人可能每天都会用它。对于非安全相关的失效，通常会选择普通用户。例如，根据客户调查，制造遥控器的公司可能确定了他们的普通用户一天中会按压按钮 20 次，然后设定了相应的可靠性测试。对于一些更致命的失效，可能需要更严格的测试。公司希望确保即使一个人每天使用遥控器几个小时也不会出现严重失效。

5. 需要多少件样品和循环来证明可靠性？

一旦知道了每个子系统的目标可靠率，团队就需要设定测试要求：每项功能需要对多少件样品进行多少次测试。一些团队采取了天真而不正确的测试方式，仅仅只针对一件样品在一次生命周期内进行测试，就认为他们已经证明了可靠性。然而，当验证可靠性时，你是正在 1 万件产品中寻找可能仅仅只发生一次的失效模式（0.01%）。

因为你正在寻找小概率事件，所以需要一个相当大的样品量和循环来证明产品满足了目标的可靠率。团队可以选择，一个样品进行很多次循环或者很多件样品进行较少的循环。循环的次数和样品数取决于以下几个因素：

1）**目标可靠率是多少**？对于一个给定的失效模式，可接受的失效率越低，你就需要更多次循环和样品来测试以证明产品不会失效。

2）**目标置信度是多少**？如果失效只是一件令人烦恼的事，那么你可以以一个较低的置信度进行测试；如果它安全攸关，那么你会想要更多的确定性。你要求的置信度越高，你就越需要测试更多的样品和更多的循环次数。

3）**失效类型是什么**？所需要的样品数量和循环次数取决于可靠性曲线的形状（通常是一个韦布尔分布）。如果失效是一个早期失效，如没有焊接到位的天线，那么所需要的循环次数就较少；如果失效发生在产品生命晚期，则需要更多次循环来模拟产品的晚期失效。

你可以使用几种软件，基于目标可靠率、所需要的置信度、韦布尔分布和样品数量来估算测试一个给定的失效模式所需要的循环次数。例如，一个基于双参数可靠率论证测试（韦布尔分布）的在线计算器可用来创建图 7-6。该计算器用于计算一个失效率低于 0.1% 的失效所需要的循环次数。假设在保修期内产品会经历 2000 次循环，注意，该数据仅供说明之用。它针对一个具体的使用情况、韦布尔分布和置信水平。每个产品将有唯一的可靠性、置信水平和失效曲线。

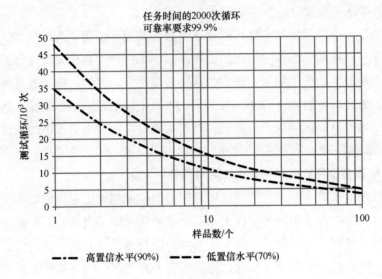

图 7-6 样品数和测试循环

在这个例子中，为了用两个样品得到高置信水平，产品将需要经受 35000 次循环而不失效（或者等同于使用 17 年）。为了用 10 个样品得到低置信水平，样品需要经受住 12000 次循环（或者使用 6 年）。

6. 可靠性测试将需要多少时间和多少成本?

在把样品数和测试时间加起来后，很明显团队无法在要求的时间内用团队能拿到的样品数量来测试所有的零部件和子系统。团队需要平衡哪些是理想的，哪些是实际可行的。

可以采用几种策略来降低测试资源的负担：

1）**合并测试**。多种系统可以合并成单个测试来降低样品的使用量和总的测试时间。例如，团队可以在测量电池充放电循环时，同步测试扬声器的寿命。

2）**重新制定可靠性预算**。测试成本昂贵的失效模式可以被给予更高的预算（以减少测试时间和样品数），而那些成本低、耗时少的失效模式则可以减少预算（以增加测试时间和样品数）。

3）**创建性能曲线**。例如，电池随着时间的推移在性能上会出现降级。早期的性能降级可被用来预测生命晚期潜在的失效，而不需要等待数月或数年时间来观察电池的实际性能。

4）**使用代用数据**，例如来自其他类似产品的可靠性数据或者来自供应商规格表的数据。轴承制造商已经对他们的产品测试了上千次循环，延长了测试时间，并且是在一系列环境和负载条件下进行了测试，所以他们可以对你的产品提供合理的寿命估算。

5）**增加一些测试的强度**来减少测试时间。例如，有方法可以通过提高振动的振幅准确地模拟振动的长期影响。然后，团队可以使用计算方法来近似计算较低强度下的可靠率。

6）**降低会导致维修或令人厌烦的错误的失效所需要的置信水平**（尽管对安全攸关的失效从来不会降低）。

7）**购买更可靠的零件**可以提升产品的可靠性。这样做在短期内可能比较昂贵，但在产品生命晚期，当对实际的可靠性有更好的理解后，团队便可以测试更便宜的零件并进行替换。

8）**模拟**。有许多软件可以用于模拟产品在不同条件下的性能。这些模拟可用来针对失效可能发生在哪里给出一些建议，但是需要在真实的硬件上进行验证。

7. 开始可靠性测试

在产品实现过程中尽早开始可靠性测试的计划和执行非常重要，以便在产品发布之前就能得到测试结果。当可靠性失效被识别出来时，团队应该做彻底的根本原因分析以及采取纠正措施。

在某些情况下，可靠性测试可能需要持续到初期生产和量产爬坡阶段。如果要在推迟产品的发布和冒着非安全失效的风险之间进行权衡，团队可能会选择承担风险。然而，这并不意味着你不需要进行测试。只要失效不是安全攸关的，生产就可以开始，并且只有在发现问题时，才会实施设计变更。

7.3.5 加速压力测试

有时候，不太可能测试足够的循环周期和样品以得到所需要的可信度，或者预测所有的失效模式。在这两种情况下，团队可以使用一类叫作加速压力测试（accelerated stress testing，AST）的技术。加速压力测试通过把产品放到持续增加的压力条件下来识别出缺陷。这些压力通常包括增加的温度、湿度和振动应力。加速压力测试是

个范围很广的测试策略，包括高度加速寿命测试（highly accelerated life testing，HALT）、失效模式验证测试（failure mode validation test，FMVT）、多重环境过载压力测试（multiple environment overload stress test，MEOST）和多步骤压力测试（multi-step stress testing，MSST）。

产品先在标准条件下运行一小段时间以建立一个性能基准，然后会承受越来越大的压力。在一个温度压力测试情形中，随着产品继续运转，温度会逐渐地增加。当产品出现失效时，失效会被记录下来，接着绕过该失效让产品继续运转（除非该测试构成了一个安全风险）。温度上升重新开始，并且重复该过程直到产品无法修复，或者压力条件远超过预期的最大值（如壳体开始变形）。

加速压力测试的目的不是为了证明保修期内产品的可靠性，而是为了识别出设计中存在哪些本质缺陷。通过提高温度、振动、充电速度和其他压力因素，产品将出现失效，而这些失效在可预料的使用条件下通常需要花更长的时间或更多次的测试才能出现。加速压力测试的挑战在于，你可能要解决现实生活中永远不会发生的问题，而且相对来说它的成本也比较昂贵。

7.3.6　用户测试

7.3.1~7.3.5 节所述的测试主要用于评估产品是否达到了规范要求。也应该要做一些测试以找出规范可能会遗漏的问题，也就是确认测试。

一般而言，在设计用户测试时花的心思越多，团队的收获就越多。仅仅把产品交给用户而不考虑具体的问题，这将只能识别出最明显的问题。特别是朋友和家人不想伤害你的感情，而且也不会自然而然地在心中有个框架来批判性地评价你的产品。出于这个原因，对于团队来说，利用那些与团队没有私人关系的用户来测试产品，而且要有一种方式来记录用户的非结构化反馈很重要。用户测试应该与规范文件和任何识别出的风险项联系起来。

1）**给用户一个具体的任务，让他们对产品进行操作**。例如，你可能要求他们设置产品，或者运行一些功能。

2）**定义一些你想要用户回答的具体问题**。例如，它容易安装吗？重量是否合适？界面够直观吗？用户会误操作吗？

3）**问用户一些开放性的问题**，例如，你最喜欢产品的哪一部分？或者这个产品有任何你没有预料到的地方吗？你要允许用户提供一些你预料不到的反馈。

4）**问一些不同寻常的问题**。除了那些指定用途之外，用户还可以尝试用产

品做些什么其他事呢？假如某人用一个奶昔搅拌机来磨坚果会怎样？是否需要
警告这种用法？或者这种用法可能是可行的？

5）**定义你将要询问的人员数量**。你将要测试哪些类型的用户？确保你要询
问的人员的年龄、性别和职业能够代表你潜在的客户范围。

7.3.7　包装

在搬运和发运过程中，产品需要承受一系
列的垂直载荷（堆叠）、温度、湿度、跌落和振
动。国际安全运输协会（International Safe Transit
Association，ISTA）定义了标准的测试参数，以保
证产品在发运过程中能完好无损。大多数消费品的
包装测试基于 ISTA-2A 标准。通常，测试适用于装有内包装和礼盒的标准纸箱
（如果该配置用于发运的话）。标准纸箱的测试包括：

1）**跌落测试**。标准纸箱的每个角和边都要进行跌落测试。

2）**挤压测试**。标准纸箱堆叠起来并被挤压。

3）**旋转和随机振动测试**。标准纸箱在不同的方向和振动模式下进行振动。

4）**热力测试**。包装要通过不同的温度和湿度循环测试，以模拟跨洋和陆路
运输。

在测试结束后，要检查产品的损伤情况（包装或产品），并且所有的产品都
要再次测试功能和任何外观损伤。发运测试会比其他许多测试更昂贵，因为在
一个标准纸箱中的所有件（有时好几百件）不得不被报废或者用作样品，尤其是
如果有损伤的话。

7.3.8　其他认证测试

在规范文件中列出的每项规格都需要进行验证，以确保产品满足了性能和
外观目标。一些规格并没有被归类到上述测试方法中的任何一类，所以团队必
须根据具体情况决定如何对它们进行测试。通常情况下，这些规格可以在早期
的试运行中进行检查，而且除非有设计变更，否则不会再次进行检查。有些是
简单的，如称量产品以确保其满足重量限制；其他的可能需要做更广泛的测试，
如生物相容性（插文 7-10）。

插文 7-10：生物相容性

　　生物相容性和过敏试验不仅只限于生物医药产品。Fitbit Force 公司在收到近万份投诉后不得不召回大约一百万件产品。消费品安全委员会（Consumer Product Safety Commission, CPSC）表示，用户可能会对不锈钢外壳、腕带使用的材料或者用于装配产品的黏结剂产生过敏反应，造成皮肤与追踪器接触的地方产生红肿、皮疹或者水泡。Fitbit 公司首席执行官写给消费者的信中表示，过敏是由用于制造 Force 腕带的黏结剂中非常少量的甲基丙烯酸酯引起，或者在较小程度上由不锈钢外壳中的镍引起。甲基丙烯酸酯很常见，而且它可以很安全地用于许多消费产品中。麦当劳公司两年以后也出现了相同的问题，被迫召回近 3300 万件赠品玩具。

　　有几种做生物相容性皮肤刺激测试的方法。例如，标准 ISO 10993-10 用于测试皮肤刺激和皮肤敏感性。尽管一些单种材料的生物相容性可能是合格的，但额外的胶水、污染和表面处理与特殊的用途和设计相结合，可能会对一些用户的皮肤造成刺激，即使其组成部分被认为是安全的。

小结和要点

　　❑ 质量这个术语范围非常广，既可以用于设计的质量，也可用于生产的质量。

　　❑ 质量的所有方面都需要在试产阶段进行验证和确认。验证测试确保你设计的产品是正确的，而确认测试可确保你正确地制造了产品。

　　❑ 质量测试覆盖了广泛的产品特性，包括功能性、外观、耐久性、可靠性和包装质量。

　　❑ 质量测试计划需要与规范文件保持一致。

　　❑ 质量测试必须仔细地计划，以为试产做好准备。

　　❑ 试产期间的质量测试是个文档密集型的过程。

　　❑ 测试参数需要与实际的使用场景相一致。

　　❑ 安全永远是最重要的，安全攸关的失效是无法容忍的。

第8章

成本和现金流

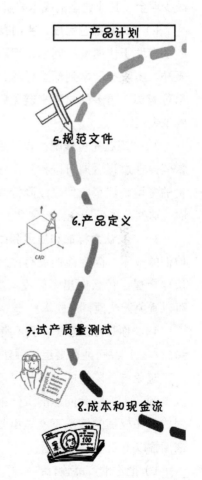

产品计划

5.规范文件

6.产品定义

CAD

7.试产质量测试

8.成本和现金流

　　整个产品开发和实现过程中的成本管理对于拥有经济上可行的产品非常关键。首先，团队需要能够预测将产品推向市场所需要的一次性工程成本；其次，团队需要评估最终产品的销售成本和分销成本，以确保有足够的利润率；然后，团队需要了解不同的收入模式将会如何影响他们的收入时间；最后，团队需要能够对现金流进行建模，以确保他们能够筹集到足够的资金，并且在关键时刻不会出现现金短缺。

你可以设计出最具吸引力的、高质量的和技术先进的产品；但是除非你有资金进行试验并生产，而且你能以一个对客户有吸引力并且能覆盖成本的价格出售它，否则你就不会有生意。

满足成本目标对于确保良好的利润率和管理现金流至关重要。如果生产和交付产品的成本过于接近或高于消费者愿意支付的价格，那么该产品在经济上就是不可行的。不幸的是，工程师们常常认为成本是设计过程的一个产出而不是指导设计决策的一个目标。许多团队免不了会严重低估制造、发运和支持产品的实际成本。例如，许多组织低估了测试和认证产品的成本，包括所需的样品成本。此外，团队还会经常错误估计付款时间并因此发现在一些关键时刻缺少现金。其他典型的成本陷阱包括：

1）"**抓紧把它完成，我们有足够的钱**。"把钱花在一些特定问题上有助于快速解决问题，但不加选择地花钱会造成后期的现金短缺。团队急于拿到原型样品，加快零件过程，雇用额外员工并尽可能买下更多的材料来避免后续问题。他们在短期内花销过度只会导致后期的现金短缺。

2）"**现在先付钱吧，我们后面会降低成本的**。"当制作原型样品时，团队经常假设在过程后期可以找到便宜的零件或者供应商。例如，团队可能会购买昂贵的多型腔注塑成型模以降低零件注塑时间和单件成本。然而，当现金流紧张时，这些花销可能会耗光现金。

3）"**我认为样品和质量测试会由合约制造商提供**。"团队经常会错误地估计他们的成本，因为他们没有仔细阅读合同中的条款，或者他们对供应商和合作伙伴会提供什么做出了假设。清楚地了解每份合同中包括什么和不包括什么，可以避免无法预料的成本。

4）"**你是什么意思，我不得不再做一次**？"后期的设计变更会带来巨大的质量成本。产品可能需要追加额外的试运行，最坏的情况是可能需要重新认证。

避免这些陷阱的关键是尽可能早地开始成本估算和现金流分析。工程技术人员倾向于把资金问题的责任推给财务人员，而财务人员则在不了解实际的工程成本和权衡的情况下就做出假设。每个公司都需要用所有团队的技能和知识来回答以下四个关键问题：

1）把你的产品设计准备好，以及设计和建造你的生产系统，并进行多次试产将要花多少钱？

2）一旦产品为批量生产做好了准备，那么生产你的产品并把它们送到客户手中需要花多少钱?

3)收入什么时候能达到与现金的流出相平衡?

4)你欠供应商和合约制造商多少钱?什么时候欠的?你手上是否有足够的现金来完成整个过程?

本章将会介绍把一个产品设计出来、制造好并发运给客户所需要的成本。此外,还将讲述如何在过程早期评估成本并在整个产品生命周期中维护成本模型。最后,将描述如何基于成本和付款时间来预测现金流。

8.1 术语

在深入探讨如何估算成本之前,需要先定义几个术语和概念。

1)价格和成本。

2)财务指标和现金流。

3)一次性工程成本和重复性产品成本。

4)现金流计算中使用的术语。

8.1.1 价格和成本

引用自《音乐之声》:"让我们在最初的地方开始,它是一个非常好的开始;当你阅读时,你要从 A、B、C 开始。"当你开发产品时,你需要从理解价格和成本之间的区别开始。尽管它对一些人来说非常明显,但很多学生不知道其中的区别。

1)**价格**是由你能为你的客户创造什么价值以及他们愿意为这种价值支付多少钱来设定的。

2)**成本**是你为了购买某些东西而不得不要花的钱。

团队经常会通过在生产产品的总成本上增加一个固定数额来设定价格,或者选择一个刚好低于竞争

价格　　　成本

对手的数字。然而,这些策略都可能造成定价过高,或者没有获得最大的利益。对于初创公司而言,众筹活动有助于确定一个具体的零售价是否足够具有说服力;变化的零售价可用于观察人们会在哪个价格停止签约众筹活动。无论是通过市场分析还是大数据分析,都有专门的研究领域致力于确定合适的价格,所以

本章将不会涉及这个话题。不过，大多数关于价格制定的市场分析都假设团队对其将产品推向市场的成本有准确的了解，但实际往往不是这样。

8.1.2 财务指标和现金流

公司会用几个指标来衡量一个产品在经济上的成功或失败，包括：

总利润：指推出一款新产品所能获得的总利润。价格（P）是客户支付的金额；到岸成本（C_L）是制造产品并发运给客户的成本；保修成本是保修索赔的平均成本（C_w）；退货率（r）是客户退货的比率；销量（V）是售出产品的总数。最后，产品开发成本（NRE）是包括一次性工程成本、市场营销成本和销售成本的总成本。

$$总利润 = V(P-C_L-rC_w)-NRE \tag{8-1}$$

利润率：指价格超出到岸成本的部分与价格的百分比。如果一个竞争者能压低你的价格，那么低利润率的产品就有失败的风险。高利润率的产品给了团队更多潜在的降价空间，如果需要的话。

$$利润率 = (P-C_L)/P \tag{8-2}$$

投资回报率（ROI）：这个指标可以让投资者了解他们的投资回报与产品开发成本的占比。

$$ROI = 总利润/NRE \tag{8-3}$$

一项业务最终将会以盈利能力、利润率、利润和投资回报率来评判（这些指标可以让投资者了解产品是否值得投资）；但是在任何利润产生前，团队需要有足够的现金将产品推向市场。

现金流对初创公司和小公司尤其重要，因为这些公司的资金并不那么容易获得。即使对于比较大的公司，了解和跟踪现金流也至关重要，因为对于新产品开发，资源总是有限的。

8.1.3 一次性工程成本和重复性产品成本

在财务会计的世界里，对于成本和收入如何进行记录和报告有精确的准则。这些准则对如何对公司进行估价，会计机构如何向股东报告公司业绩，既有法规也有经济上的影响。在本书中，我们把成本分成两大类：一次性和重复性成本，并把其他一些会计细节留给注册会计师吧。

1）**一次性工程（NRE）成本**是指为了生产出第一个可销售产品所需的所有成本。在开始产品实现之前，NRE 成本包括所有的设计和开发成本。与产品实现有关的 NRE 成本包括所有的试产、测试和工艺装备成本。大多数情况下，总的 NRE 成本比新工程师们所预料的要多很多。团队需要评估产品的 NRE 成本来确保他们有足够的现金和资源以完成生产。无论产品预计在将来的利润有多可观，如果公司在得到一个可销售的产品之前就耗尽了现金，产品就会失败。

2）**重复性产品成本**是指用来制造和支持所生产的单件产品的成本。例如，出现在一份 BOM 中的一个机械加工零件的成本就是重复性成本，而创建 CNC 路径的成本则是一次性成本。量化重复性成本对于了解产品是否能以足够的利润率销售并实现盈利非常关键。

用于描述成本的术语有时在各行业中并没有完全标准化，但基本概念是标准化的。以下是接下来我们会用在文中的不同成本术语：

1）**到岸成本**是将产品送到客户手中的总的重复性成本（销售成本＋分销成本）。

2）**销售成本**是指刚从工厂生产线上下来的产品成本，包括包装成本。销售成本包括材料、人力和工厂的任何日常管理费用。

3）**分销成本**是指将最终产品送到消费者手中的成本。分销成本取决于产品的运输方式，如海运或者空运，会有很大差异。

4）**关税**是指从海外进口时由国家强制征收的费用。

5）**支持费用／保修**。你的一些客户购买的产品需要服务、维修或者退货。用于支付保修成本的钱在收入确认后会被留存以备后用。

6）**日常管理费用**。除了每生产一件产品所需要的成本，还有管理运营的基本成本，以维持办公和支付人们的工资。这些费用可以单独核算，也可以合并到销售成本中的管理费用。

8.1.4 现金流计算中使用的术语

除了知道你需要花多少钱之外，也还需要知道你什么时候必须花，以及在每天结束的时候你手上是否有足够的现金支付账单。每项重复性成本和一次性成本都要根据你与供应商签订的合同支付。这些概念中有几个会在有关供应商的章节中详细讨论，但为了本章内容，以下有几个关键概念你需要先了解一下。

1）**交付时间**会极大地影响现金流，因为你必须在材料被制成可销售品前，提前很长时间购买材料。

2）**采购订单（PO）**是你签发的文件，用于告诉你的供应商和合约制造商你想要采购的东西。通常情况下，采购订单需要预付定金，剩余部分会在零件交付之前或之后的一段时间内支付。采购订单的交付时间（表示你需要提前下订单的时间，以确保你能按时拿到零件）和你必须预付的比例对你的现金流会有重大影响。

3）**主服务协议（MSA）**是在法律上定义你与你的供应商或者合约制造商之间关系的文件。该协议会规定所有的成本和付款时间。

4）**最小订货量（MOQ）**是你可以给你的供应商下的最小订货量。你从供应商处采购的大多数物品都会有一个最小订货量。你订购的数量越多，每件的价格就越低，但是你也不得不要为所有的材料预付更多的费用，而且要持有过多库存一直到它被需要时。

8.2　一次性工程（NRE）成本

本章开始提出的四个问题中的第一个："把你的产品设计准备好，以及设计和建造你的生产系统，并进行多次试产将要花多少钱？"可以通过估算和管理一次性工程成本来回答。下面的几节列出了大部分技术开发完成后，在产品实现过程中会产生的典型一次性工程成本。本书中使用的总的 NRE 成本包括一直到产品实现的所有的开发成本。NRE 成本包括所有那些用于开发的成本，包括固定资产设备、市场营销和品牌推广、质量和运营成本。财务机构通常会在财务模型和财务报表中维护这些信息。另外，有几种可用的 SaaS 产品可以帮助模拟进入生产所需要的 NRE 成本。

8.2.1　开发成本

开发成本是设计产品、建造生产系统以及使产品通过试产过程的成本，但不包括用于采购固定资产设备或工艺装备的成本。大部分开发成本是服务（非物质）成本。

1）**服务成本**。如果聘请其他公司来提供设计、工程、市场营销或者工业设计服务，那这些成本也要计入其中。你的公司可以将 4.1 节中所描述的任何角色外包出去。如果你的公司内部有这种服务能力，你也仍然需要支付薪水或股权。对于外包服务的供应商来说，你通常需要交付定金才能开始工作，并且在约定的时间内每月要支付聘金。合同通常会这样签订：只有在支付了最后一笔款项后，服务供应商才会移交最终的可交付成果。了解这些条款很重要。例如，在一个例子中，一家公司只有当 App 推出时才能有收入，但是开发该 App 的公司只有拿到了钱才会发布这款 App。因为 App 和相应的产品始终未能发布，两家公司都损失了相应的投资。

在没有拿到供应商报价的情况下，很难估算服务的成本，因为成本取决于太多的因素。已有类似服务外包经验的人可以给你一个大概的数字，但是可能的成本范围会很广。产品设计服务成本会从几万到几十万美元不等。App 的开发成本差别也很大。

2）**用于开发的样品和原型样品的成本**。样品和原型样品通常是采用昂贵的手工方式制作的。每件的成本通常非常高，往往比最终产品的成本高一个数量级。成本也高度取决于加工的精度和质量。样品和原型样品用于获得用户测试的反馈，以便进行制造分析，并为固件和软件测试提供一个平台，以及用于市场营销（插文 3-2）。

3）**试产 / 调整准备成本**。你的工厂可能会向你收取一次性试产的费用，以支付他们的人力和设备使用成本。这些费用取决于工厂以及你与他们之间的主服务协议。

故事 8-1：术语在成本建模中的重要性

Amanda Bligh，博士，首席咨询工程师

Anthoy Giuffrida，aPriori 公司经理

aPriori 公司

因为有来自产品开发、市场营销和制造的背景，我们痛苦地意识到了要尽可能早地理解成本的复杂性。作为 aPriori 团队的一部分，我们正致力于帮助我们的客户更好地了解他们的产品成本，并在产品开发过程早期推动制造的可行性。通过在概念设计和细节设计期间保持成本的透明，工程师们能够在设计空间还很大的时候做出一些变更和修改，相比于在过程后期，由于产品其他方面的限制，可能做出的改变非常少。

当使用一个制造成本模型来做早期估算时，团队所面临的困难往往不在于学习软件或者理解成本规则的设计，而是在于对成本术语的理解是否一致。本质上，每位参与制作和使用成本模型的人都需要使用相同的语言。模型假定成本建模人员对术语有精确的定义。模型用户可能会基于他们的制造环境或背景，对相同的术语有不同的解释。尽管这些词汇差异可能看起来很小，但事实上，即使是假定上的微小差异也会造成制造分析和估算的巨大差异。例如，如果客户认为调整准备时间的意思是零件的调整准备时间，但是模型把它解读为一批次的调整准备时间，那么输出结果就无法匹配它们的假定。在最好的情况下，这会造成顾问对模型进行几个小时的返工，但在最坏的情况下，它会导致模型出错以及让人对模型丧失信心。

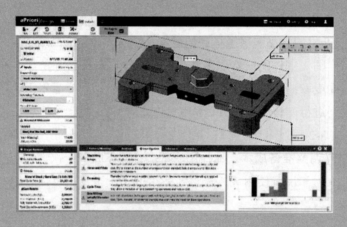

下面的表格显示了由负责建模的成本建模师和使用模型以推动工程决策的人员对相同术语的解释会有多么不同。

制造术语	嵌入成本模型中的假定	用户或者中小企业的常见假定
机械加工的生产周期	零件装夹、刀具移动、切削、零件重新定位、零件卸载	只包括切削
调整准备时间	批次调整准备时间（每一批零件算一次）	零件调整准备时间（要求针对每个零件）
零件成本 / 价格	仅指零件成本，不包括利润、物流或者战略业务因素	来自供应商的价格，包括利润、包装、物流、加急费用
完全负担的零件成本	零件成本＋摊销后的固定资产投资（编程、夹具、硬模）	仅指单件零件成本。摊销的固定资产投资要分开单独计算

（续）

制造术语	嵌入成本模型中的假定	用户或者中小企业的常见假定
工艺	一个单一的工艺，如 3 轴铣削	所有要用来制造一个零件的工艺，如锯削、3 轴铣削、CMM 检验
机械加工操作	由一类型刀具所制造的特征，如端面铣削、钻削、镗削	用一台机器创造的所有特征，如 3 轴铣削
3 轴铣床	CNC 铣削中心	手动 Bridgeport 铣床
每小时机器费率	用来供电和维护机器的年度成本，包括折旧的机器成本／机器一年计划运行的小时数	用来供电和维护机器的年度成本，包括折旧的机器成本／机器一年计划运行的小时数 + 运行机器的每小时人工费率
利用率	用于制造一个零件的毛坯重量的比例	一台机器一年中用于制造零件的时间比例

我们已经深刻地认识到，词汇差异对后续的影响可能会非常大。因此，我们的团队在为客户进行模型定制时也会很慎重，并使用一系列技术以确保双方使用相同的语言。我们经常花大量时间来定义术语并描绘出模型的需求和客户的数据。在大多数情况下，我们发现成本要素和术语并不直接一致，需要对模型中或者客户方面的定义做出调整。

如果让我们给那些建立成本模型的人提一条建议的话，那就是要清楚地定义你的术语。这会增强用户对你模型的信心，这是衡量模型成功与否的关键。

文本来源：转载已获得 Amanda Bligh、Anthony Giuffirda 和 aPriori 公司的许可。

照片来源：转载已获得 aPriori 公司的许可。

商标来源：转载已获得 aPriori 公司的许可。

8.2.2 设备和工艺装备成本

你不太可能在不需要制造至少一件工具或夹具的情况下购买到制造和装配你的产品所需的所有现成的零件。加工件需要定制的模具，自动化需要定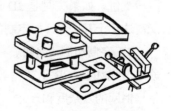

制的夹持器，装配则需要夹具（第 12 章）。设备和工艺装备成本可能占硬件产品现金支出的很大一部分，而且可能有较长的交付时间。设备和工艺装备的 NRE 成本由以下部分构成。

1）**专用设备**。许多产品可能需要采购专用的制造设备。例如，对于一条特定的生产线可能需要采购机器人系统。取决于与工厂或者合约制造商的合同，合约制造商可能会也可能不会向你收取专用设备的费用。你可以通过在网上搜索设备的制造成本来了解常用设备的成本，但你需要直接从制造商那里获得报价以准确评估设备成本、软件成本和你所需要的配件成本。不同产品之间共用的固定资产设备支出并不包含在 NRE 成本中。例如，如果采购了一台新的 CNC 设备来支持一个新产品，但这台机器也将用于其他产品系列，那么它就不会包含在 NRE 成本中。

2）**模具**。模具包含用于生产定制零件的设计和制造的物品。例如，用于你汽车发动机盖的一个冲压金属件会有一副唯一的模具来成型。用来生产简单零件的注塑成型模具可能只需要几千美元，而用于制造医疗设备复杂零件的复杂模具可能需要几万甚至几十万美元。团队可以通过两种方式中的一种来支付模具费用：一些合约制造商会将模具成本计入零件成本中，并拥有该套模具的所有权；在其他情况下，你的公司会支付模具费用（通常在模具制造开始时先支付定金，在批量生产开始时全额支付）。

3）**模具修改**。在试产阶段，团队可能会发现一些失效或者想要做设计变更，这些变更需要对模具做出修改：给零件增加筋、改变半径或者调整配合和表面处理。模具供应商通常会对改模收费，因为在模具本身费用之外需要额外的时间和材料，除非你在最初合同中已经涵盖了这些修改。模具修改成本在很大程度上取决于修改的范围、供应商的地点和你们之间的协议。当与模具厂商协商时，获得模具和修改费用的报价非常重要。

4）**夹具**。夹具用于夹持零件，为装配工人提供导向，以及用于零件之间的定位。这些费用通常由合约制造商作为单独细列的项目在采购单上收取，包括材料和人力成本。支付日期取决于主服务协议，但通常在生产线安装时的试产阶段支付。如果夹具是 3D 打印件，价格可能非常便宜；如果是定制的，价格可能高达几十万美元（如定制的航空夹具）。

5）**定制印版/钢网**。有些制造工艺可能需要使用定制零部件，这也会推高成本。例如，PCB 工艺需要一个定制的钢网，而且移印需要定制化的刻蚀板。依据钢网的复杂度和尺寸，它的成本通常在 100~1000 美元不等。

6）**材料搬运**。为了确保产品在工厂内装配或运输过程中不会损坏，制造商可能需要制造定制的搬运箱、夹具或者小车。当然，根据尺寸、复杂度、容量和制造工艺的不同，这些产品的价格也不尽相同。

8.2.3 质量成本

质量成本通常比工艺装备成本低一个数量级，但它们仍然是一笔很大的现金支出。受监管产品（如医疗产品）的质量测试是个例外，要使产品获准销售可能会花费数百万美元。产品越复杂，质量测试的成本通常就越高。质量成本包括：

1）**测试夹具和设备**。在工厂制造过程中，将对部件和成品进行测试，以确保产品能正确工作。如果工厂必须检查不止一个部件和最终成品，就有必要制造测试设备，以便在最小的作业人员干预下稳定快速地进行质量测试。与夹具一样，测试设备的款项通常是在工厂开始使用时支付。测试设备的成本可能从几千到几万美元不等。

2）**认证费用**。认证费用包括测试和申报费用（第 17 章），取决于技术和产品所销售的国家，认证成本从几千美元到几万美元不等。认证费用通常在 DVT 阶段和 PVT 阶段支付。

3）**测试成本**。机电产品的耐久性和可靠性测试可能需要数万美元的设备租赁、分析、人力和样品费用（第 7 章）。

8.2.4 商业运营成本

除了设计和生产产品零件的直接成本之外，还需要支付团队的薪水和保持设施运转的费用。商业运营成本取决于团队的架构，多少钱是自己出的（如不支付创始人），以及你有多么节俭（在公司有一个可以运行的产品前，难以置信的是人们会花多少时间和钱在设计带有很酷商标的定制 T 恤上）。

1）**维持办公的成本和其他管理费用**包括租用场地、租赁设备、IT 和软件费用。这些通常从项目开始就是已知的每个月的成本。在大公司，这些成本含在日常的薪资开支中；在小公司，管理费用会作为每个月的固定费用计算。

2）**差旅成本**可能是昂贵的，尤其当工厂在海外时。在试产阶段，你可能为了每次试产要派很多团队成员到工厂。最后一分钟的机票价格和酒店费用可能要比提前几个月计划好的情况贵好几倍。通常情况下，工程和生产团队会围绕试产和生产爬坡安排出差。

3）**薪资**不仅包括要支付给每名员工的工资，还有税、福利以及管理费用。在一家公司发展壮大的过程中，团队需要在获得收入之前，根据所需要的技能而进行招聘。团队规模通常会在批量生产开始时大幅增加，此时的现金储备处于最低水平。

4）**展会**是宣传新产品非常好的方法，它可以促进销售；但是差旅费、展台租金和活动赠品成本可能非常高。

5）**团队 / 人力资源费用**可能包括猎头费用、招聘费用和团队活动费用。

6）**供应商和设计团队之间的产品、零件和材料的运输成本**应该计入业务运营成本中。加急的国际运输成本可能会非常昂贵，应尽可能避免。

8.3 重复性产品成本

在本章开始提出的三个问题中的第二个问题是："一旦产品为批量生产做好了准备，那么生产你的产品并把它们送到客户手中需要花多少钱？"要回答这个问题，就必须准确估算和管理重复性产品成本。

重复性产品成本是指每生产一个产品都会发生的费用。成本估算应该在产品开发周期的早期开始，并在整个产品实现过程中持续更新和优化。如果直到产品实现过程后期才去了解产品成本和分销成本，可能会导致产品无法以足够高的利润率出售。通过立即告知团队一个给定的设计决策会如何影响成本，团队就能在决策变得非常难以改变之前重新评估重复性产品成本。

需要提醒的是：估算重复性产品成本通常与其说是一门科学，不如说是一门艺术。一旦你有了供应商和零件图，就很容易得到准确的报价。然而，在此之前，估算具有很大的不确定性。

估算产品成本的方法有很多种，而且每种都有自己的术语。对于本文，我们会使用 NASA 的术语和框架。NASA 把估算工具分为两类。

1）**制造成本估算（也叫基础估算）**（第 8.3.1 节）。这包括获得准确的零件报价，并根据这些报价进行成本估算。当无法获得报价时，可使用参数估算来预测材料成本，即将零件成本作为零件性能的函数，采用数学模型进行估算。

2）**类比估算**（第 8.3.2 节）。该方法利用现有产品的成本结构来估算新产品的成本。类比估算可以确定现有产品和新产品之间的差异，并估算这些差异的成本。

BOM 是一个保存成本估算的好地方。此外，一些软件系统也提供了收集和维护成本数据的方法。成本估算并不是一次性完成的，而是会贯穿整个产品开发和产品实现过程。由于估算会随着时间的推移而改变，因此有必要对估算及其背后的逻辑依据进行跟踪。人们很容易在估算中记录一个占位数后就不再去更新它，但在过程的后期，成本的大幅提高会让人大吃一惊。随着拿到更新、更准确的估算和报价，BOM 和销售成本上的数字也需要被更新。除了成本数据之外，保持对下列信息的跟踪也至关重要：

1）报价的来源和预测的准确度，附带支持性文件。

2）估算的最后一次更新日期。

3）报价所基于的假设条件，包括 MOQ 和工艺选择。

4）哪些 BOM、图样和规范文件版本用作估算的基础。

5）计算中是否有信息缺失。

设计变更或者假设中的错误往往会导致过程后期成本的意外增加。如果设计变更对你有利，那就是一个罕见的例外情况了。

8.3.1 制造成本估算

图 8-1 展示了需要估算的成本明细。进行制造成本估算时，首先要找到或者估算 BOM 中每个零件的成本。计算出 BOM 成本后，需要估算人力、废料、利润和管理费用。接下来，会把分销成本加进去以得到总的到岸成本。保修和客户支持成本会涵盖进去以确定产品的净利润。这些中的每一项都会在下面进行描述。在设计过程早期估算这些成本似乎是一项艰巨的任务；然而，可以理解的是早期的估算比较粗略。随着供应商的确定，成本模型将会变得更加精确。

图 8-1　计入整个销售成本、到岸成本和价格中的因素

注：工艺装备成本有时包含在一次性工程成本中，有时包含在销售成本中。

1. 销售成本：BOM 成本估算

通常情况下，对销售成本贡献最大的是 BOM 成本中的材料成本。销售成本中的其他成本：报废、装配人力、管理费用和工厂利润，所有这些通常与材料成本成比例。例如，零件越多，装配这些零件所需的人力就越多。合理估算材料成本为了解产品的总体成本奠定了坚实的基础。

不同类型的零件（加工件、采购零件和定制零件）采用不同的估算方法。以下部分概述了如何开始估算每种类型零件的成本。

2. 加工件

大部分机电产品会至少包含一些加工件。例如，一个典型的电子阅读器有三个重要的注塑成型零件，它们构成了壳体和几个小按键。另一方面，一辆汽车则有数千个加工件。加工件的成本取决于以下因素。

1）**原材料成本**。零件的成本永远不会低于产品的原材料成本（C_R）。原材料成本是单位重量的材料成本（C_m）、零件体积（V）和材料密度（ρ）的函数。

$$C_R = C_m V \rho \tag{8-4}$$

2）**损耗/边角料**。加工件通常需要去除并废弃多余的材料。当采购零件时，你不得不要为所有使用的材料付钱，而不只是最终构成产品的那一部分。有些材料可以回收利用，但回收价值总是低于原始材料成本。制造过程及其产生的废料举例如下：

——注塑成型。直浇道、浇口和冒口可使材料总成本增加 3%~5%。

——数控加工。取决于加工过程中去除材料的量，损耗可能会非常大。例如，Apple 公司用一整块铝制造 MacBook Air 机身，大部分材料都要被机械加工去除。

——激光切割。所废弃材料的量取决于零件轮廓在板材上的紧密程度，以及坯料被废弃的百分比。

3）**固定资产设备成本**。固定资产设备是用于特定制造工艺的基础设施，如 CNC 铣床和注塑成型机。一些人将摊销的固定资产设备和模具成本计入了零件成本中，而有些人则不计入（插文 8-1）。专用生产设施通常会对使用固定资产设备按小时费率收钱。每个零件在设备上的运营成本是每小时设备成本和成型时间的函数。

——小时费率取决于多个因素，包括地点、设备能力和产量。一些行业联盟每年会根据地区和机器吨位发布平均小时费率。耗材（如切削液、钻头和刀具）和人力通常会包含在每小时设备成本中。

——每个零件的加工时间由零件尺寸、材料、工艺装备、精度要求和设备来决定。

4）**人力成本**。通常情况下，设备的小时费率包括运行设备的人工费用，而在其他情况下，人工费用会作为一个单独项来收取。

5）**调整准备和故障成本**。除非设备生产线全天候运行只生产一种零件，否则零件都是分批次生产的。在每个批次之间，操作员必须要更换材料、工艺装备和设置。除此之外，机器通常会有一段预热时间，这会产生废料。调整准备和故障成本通常会被计入最小订货量的价格中，随着订单数量的上升，价格会下降。有时，调整准备和故障成本会分开收取。

6）**良品率**。生产总会有一定数量的零件无法通过检验。良品率由零件和模具设计的稳健性、过程控制和质量目标共同决定。拒收率（理想情况下为零）取决于设计、质量要求和制造工艺，它的范围从百分之几到 50%~80% 不等。

7）**后处理**。零件可能需要后处理步骤，以得到符合标准的表面、耐久性和外观。例如，供应商通常会执行后处理步骤，并按时间和材料进行收费。

插文 8-1：模具成本是否摊销

除非你的供应商对每个零件都向你收取额外的费用以支付模具成本，否则摊销后的模具成本不应该包含在销售成本中。模具对销售成本的贡献很大程度上取决于产量预测。例如，如果模具成本为10000美元，估计产量为100件，那么每件成本将是100美元；另一方面，如果产量为100万件，则每件分摊的模具成本只有0.01美元。此外，模具成本摊销对预测现金流并没有帮助，因为模具成本不得不提前支付，而销售成本通常是在零件生产时才支付。

有几种方式来估算加工件成本：

1）**专家估算**。与了解这些工艺并能根据经验给出粗略估算的制造专家交流。有时你会很幸运地在公司内部拥有这些资源，但也可以从外部聘请成本估算顾问。

2）根据零件的复杂程度，将**材料成本乘以一个 1.2~3 之间的系数**。第一次的系数通常只是一个猜测，随着团队了解得越多，系数也会不断调整。

3）**在线估算工具**会对零件成本给出一个粗略估算（基于美国的价格）。如果你的产品是在海外制造，成本可能会降低 15%~33%。

4）**小批量制造供应商**。一些供应商正开始提供在线自动报价服务。这些报价基于小批量和美国制造。这些服务的优势在于，他们通常会免费快速向你反馈零件的制造可行性。然而，如果没有经过正式的报价请求流程，他们不会对复杂或有难度的零件进行报价。

5）**估算软件**。一些软件能基于 CAD 模型给出详细的成本估算。软件采用专有模型预测机器用时和人力成本。成本估算软件一般都比较贵，通常只用于大型企业。然而，很多软件公司开始以 SaaS 模式提供服务。

6）**从供应商处获得报价**。最准确的估算是真实的报价。然而，供应商对于向他们不熟悉的公司或者他们怀疑可能不是认真的客户发送报价会犹豫不决。报价需要花时间，而且他们也得不到报酬。当团队准备好开始采购并对产品进行招标时，就应该开始与供应商洽谈了。如果你的合约制造商与供应商有合作关系，你也许能利用这种关系提前获得报价。

3. 定制零件

定制零件是你的产品独有的、基于供应商在某项特定技术方面专业知识的零件或者子系统，包括定制 LCD 面板、电动机、定制轴承和定制连接器。这些设计往往是供应商为其他客户所生产零部件的变体。当指定一个定制零件时，以下几个因素会影响成本。

1）**需要多大程度的定制化**？如果供应商能很容易地在现有产品的基础上进行重新配置，那么你的成本自然会比较低；如果系统需要大量的定制化设计，价格就会比较高；如果定制化包括生产超出供应商典型业务范围的产品（例如，供应商通常生产 500~3000mA·h 的电池，而你需要的是 5000mA·h 的电池），那么成本也会显著增加。

如果需要增加专用连接器、电线、安装支架和壳体，那么设计定制化也会增加成本。

如果需要有定制工艺装备，价格会更高。工艺装备费用可以作为预付费用收取，也可以计入每件产品的成本。通常，工艺装备归供应商所有。最后，对于定制化产品，验证测试也会导致成本上升。例如，如果轴承供应商需要单独为你进行加速寿命（可靠性）测试，他们可能会向你收取费用。

2）**你想要什么**？很显然，一个 300mA·h 的电池要比一个 50A·h 的电池便宜很多。尺寸、容量和性能都会影响一个特定零部件的成本。然而，定制零件的成本很少会与性能或尺寸呈线性关系。相反，由于技术、包装和商品化方面的差异，成本曲线上会有几个转折点。例如，在电池市场，在某些电压和容量范围内，额外容量的额外成本明显高于其他范围。例如，图 8-2 所示为阿里巴巴平台上不同容量的 3.7V 锂离子聚合物电池的平均报价和报价范围。由于最小订货量、容量、连接器和供应商质量的不同，相同电池的报价范围相差很大。即使有来自这些因素的干扰，仍有几个趋势是显而易见的。例如，所有低于 500mA·h 的电池成本（左下图）大致相同。它们之间的材料成本差异很小，所以成本中的大部分可能由装配和搬运成本造成。在 0.5~10A·h 之间（右下图），成本大约每安时增加 0.8 美元，而对于 100~300A·h 范围（右上图）的大型电

池，每额外增加 1A·h，成本大约增加 1.4 美元。对于这些因素的洞察使团队能
够利用市场数据对成本进行参数估算。

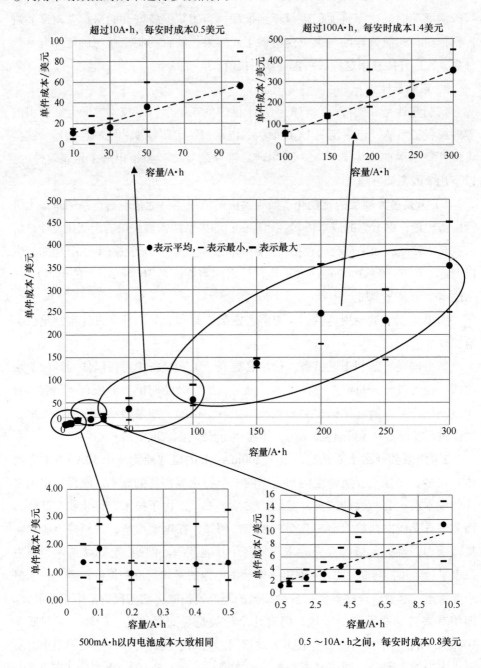

图 8-2　电池的成本

3）**你要买多少**？价格和固定成本取决于可能的订货量、总采购量、预期增长和产品寿命。如果你只需要少量定制零件，价格就会高于大批量订购的价格。向供应商推销你的公司很重要。如果供应商认为他们可以赢得一份大的长期合同，他们就更有可能给你一个有竞争力的报价。如果他们认为你将只能卖出少量产品，或者你可能会耗尽资金，他们就会相应地给产品进行定价。

4）**你将采用哪种技术**？成本并不是性能的线性函数。随着零件所要求的性能（如尺寸、功率、精度）提高，供应商可能需要改变技术或者制造工艺以达到你所需要的边际性能提升。如果你能把你的性能要求保持在这些转换点之下，那么成本将会大幅降低。

通过以下几种方法可以获得定制零件的估价。

1）在线查找相似零件。

2）当你准备好要获得实际报价时，请从几个供应商处获取。

3）建立如图 8-2 所示的参数模型，以识别出每个性能等级内的转折点、成本及范围。

完全定制化的子系统的成本通常难以提前量化。成本通常作为与供应商长期合作关系的一部分来协商确定。

4. 商用现货零件

几乎所有产品都或多或少包含一些商用现货零件。大多数机械产品都会含有商用现货零件，如紧固件、机械连接件（铰链）、O 形圈和弹簧。尽管商用现货零件本质上是商品，但不同供应商对于名义上相同零件的报价却会有所不同，因为：

1）**零件质量**。表面处理质量较差的便宜紧固件比高质量件成本更低。

2）**供应商地点**。如果你从一个大的美国供应商处采购，那么成本将比你能从海外找到的名义上相同零件的成本要高。请记住，与海外供应商合作可能意味着要在交付时间、质量或者订货的灵活性方面做一些妥协。

3）**订货量**。订货量是商用现货零件成本的最大决定因素。如果你能以非常大的数量订购零件，那么你可以将成本降低高达 50%。

4）**成批采购**。如果你正从一个供应商或者分销商处采购几种类型的零件，那么可以通过购买更多种类的产品来降低总成本。

5）**谁在采购**。你的合约制造商或者工厂可能与某些供应商签订了协议，他们能在多种产品间共享用量（如螺钉的成批采购）。

图 8-3 显示了美国供应商网站上相同的 AA-1.5V 碱性电池的成本在不同

制造商和不同用量情况下的变化。采购量超过最小订货量后，电池价格会下降30%~50%。在同等采购量下，最低成本的电池比最高成本的电池便宜60%。

有时，零部件的选择涉及在销售成本与认证和开发成本之间做出权衡。例如，在电路板上设计蓝牙收发器可以节省一些费用。然而，你也可以通过购买一个已提前认证过的蓝牙模块来节省认证成本和开发成本，尽管材料成本可能会高一些。

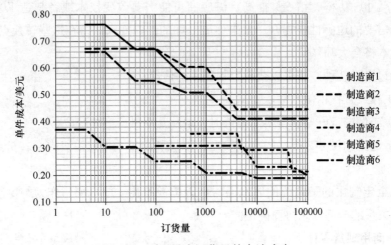

图 8-3　不同最小订货量的电池成本

你可以从几个地方获得商用现货零件的报价：

1）如果你从亚马逊获得报价，那你将大大高估成本。你几乎不可能通过该分销渠道进行批量采购。

2）来自阿里巴巴或者其他市场的报价会给你提供潜在成本区间的底线。

3）一些分销商会提供应用程序接口（application programming interfaces，API），使你能够上传 BOM 并且自动获取报价。

5. 印制电路板组件（PCBA）

PCBA 的大部分成本来自 PCB 和主要的电子元器件，如微处理器、蓝牙模块和 Wi-Fi 模块。通过将电路板成本、BOM 中最贵的元器件（如 Wi-Fi 或蓝牙芯片）成本，以及少量的装配、测试和包装成本相加，可以得到初步的成本基本估算。一些小批量 PCBA 供应商可以提供自动报价，通常会高于最终大批量时的海外成本。PCBA 成本由装配设计决定，包括以下成本：

1）**印制电路板（PCB）**。PCB 是承载固定各种元器件的基板。层数、线宽、切割方法、尺寸、孔径和其他因素都会对电路板的成本产生巨大影响。有些在线报价系统可以为你提供大致的价格，但是如果你需要的是特殊的 PCB，那你就需要从供应商处获得报价。图 8-4 所示为在线 PCB 报价根据最小订货量和层数的变化。

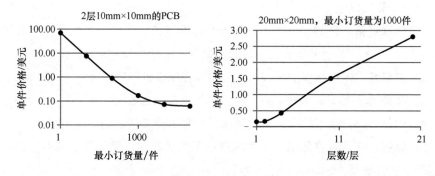

图 8-4　基于最小订货量和层数的 PCB 报价

2）**元器件**。元器件包括安装在 PCB 上的单个芯片、模块、连接器和机械零件。这些可以轻易从一个分销商网站上取得报价。通过上传你的 BOM，许多分销商会自动地为单独的零件成本进行报价。价格很大程度上取决于用量。

3）**再流焊成本**。这是"租用"设备在 PCB 上安装和固定各种元器件的每小时成本，以及支付操作人员的每小时人工成本。

4）**二次处理工序**。一些 IC 芯片（也叫模组）可能需要使用再流焊以外的方法安装在 PCB 上，这些方法包括引线接合、手动插入和手工焊接。

5）**二次 PCB 工序**。例如，如果你需要将 PCB 从一个更大的电路板上切割下来，或者你需要对产品做保形涂装，那么你将需要支付额外费用。

6）**装配测试成本**。每块电路板在发运前都需要进行检查和测试。测试成本取决于测试周期，要做哪些测试，以及它们要花多少时间。

7）**包装材料**。通常需要填充包装或防静电封套来保护每件产品，以防止物理和静电放电损坏。填充包装和防静电封套通常不能重复使用。

8）**供应商**。美国供应商和海外供应商的价格可能有很大差异。

9）**批量大小**。PCBA 制造商通常会对每次生产收取调整准备费用。每批次的最小订货量越大，单件的调整准备成本就越低。

6. 附件和包装

附件和包装的成本范围很大，从 0.1 美元的硬纸板箱到价值 15 美元精心制作的礼盒包装。附件和包装成本取决于所选材料的质量和定制数量。管理包装成本的最好方式就是设定一个预算，然后与你的包装供应商一起合作在预算范围内设计出一个解决方案。你可以通过浏览美国主要包装供应商的网站了解包装成本，网站上列出了许多箱子的价格。要获得包括附件和包装材料在内的完整估价，你需要与供应商交谈以获得直接报价。

包装预算应该包含 6.6 节所描述的所有包装元素，包括：

1）**标准纸箱**。你的包装外面需要一个标准纸箱。采用一个标准尺寸可能会比较便宜，但这可能要求你的内包装和礼盒也采用标准尺寸。

2）**内包装**。内包装要质量好才能直接装在标准纸箱内发运。

3）**礼盒**。根据质量和细节的不同，礼盒成本变化很大。

4）**内衬**。内衬成本根据材料、印刷质量和运输安全性而有所不同。

5）**标签、胶带或者贴纸**。像贴纸这些东西的成本，尽管单个微不足道，但加起来可能会很高。

6）**防尘和防刮伤保护**。为了防止损坏和丢失，一些产品会采用收缩膜包装。

7）**使用说明书和快速启动指南**。这些要印刷出来并装订好，其成本取决于尺寸、纸张、印刷质量和用量。

8）**与产品一起发运的零件**。此外，包装中还会包含一些附件，如线束、适配器、备件、充电器和使用说明书等。这些附件成本通常可以采用在商用现货零件和定制零件估算部分所描述的方法进行估算。

7. 销售成本：固定利润和管理费用

除了材料成本之外，合约制造商还会针对他们的时间、设备和人力进行收费，并增加一个固定值作为利润。当与合约制造商合作时，你要在主服务协议里（第 14.5 节）将该固定利润作为条款的一部分进行协商。这些费用通常是累计收取的，并以销售成本为基础。如果你的企业通过内部工厂生产产品，固定利润将取决于你公司的内部财务结构。固定利润和管理费用包括：

1）**人力成本**。人力成本包括生产和销售产品所需的装配、发运和其他人力成本。硬件人力成本的一个好的起点是材料成本的 10%~15%。

2）**良品率 / 报废率**。有一部分产品会因为无法满足质量目标，或者在装配过程中损坏而报废。工厂并不会跟踪每个报废的零件，而是会按照一个固定的比例来收取费用以弥补这些损失。这个比例在 0.5%~3% 之间，它取决于面向制造的设计质量和产品要求。

3）**测试损失**。为了确保持续稳定的质量（第 13 章），有一部分产品需要进行破坏性测试。就像你已经把它们发走销售一样，你可能需要为这部分产品支付费用。

4）**材料手续费**。你的工厂会在所采购的材料成本上增加一个比例。这部分费用用于支付订购和对所有来料检测的成本。如果零件是委托件，则不收取此费用。一些工厂可能会对特别昂贵的零件的手续费给予一定的折扣。例如，对于 10 美元以下的零件，可能收取 9% 的费用，而对于 25 美元以上的零件，则只收取 3% 的费用。这些手续费根据合同条款和你所选择的供应商会有所不同，它在 5%~20% 之间变动。

5）**返工**。即使未能通过某些测试，有些产品仍可返工并出售。如果问题是由工厂造成的，他们会免费返工；如果故障是由设计错误造成的，你可能需要支付额外的人力成本。

6）**质量控制 / 发运审核**。产品会在生产线末端接受检查。该检查有时由工厂的 QA 小组完成，有时则由第三方完成。在发展中国家，每批产品的发运审核成本取决于批次检查所需要的时间，通常在 1000~5000 美元之间。由于人力成本较高，该成本在美国要高得多。

7）**利润**。工厂会在销售成本上增加一个固定的比例以保证利润。通常情况下，如果材料手续费较低，那么该利润加成就会高些。

8. 分销成本

毋庸置疑，将产品从工厂送到客户手中是需要成本的（第 16 章）。取决于发运和分销方式的不同，相同产品的到岸成本变化也会非常大（例如，如果产品是直接空运给客户，那么成本就会比装在集装箱里通过海运或陆运要高。）当估算分销成本时，你需要考虑以下要素：

1）从工厂到主承运人（海运或空运）的陆路运输。

2）主承运人通过海运或空运运送产品的最远距离。

3）从主承运人到分销点的陆路运输。

4）订单执行（即从分销点到客户的运输）。

在成本和速度之间总要进行权衡。海运一般需要 12~45 天，而空运通常只需要 3~7 天。发运一个完整的集装箱要比发运单个包装便宜很多。

从货运代理公司（即协调把货物从工厂发运到目的地的中间商）处获得有关成本和交货时间的报价相对容易。请记住，运输有季节性趋势，在一年中的某些时候（如在圣诞节购物季前夕），运输费用会更加昂贵，而且速度也慢一些。

9. 保修和客户支持

即使当产品已经到达客户手中，你的支出可能还未结束。如今销售的几乎所有消费品都会为客户提供一个可供拨打的客服电话；这些客户服务中心必须要配备培训过的接线员。客户支持成本包括接听客户来电，将更有挑战性的技术问题转给合适的工程师，以及维修或者更换故障产品的成本。此外，用户可能需要退回产品进行维修、更换或者退款。计算利润时要包含所有这些成本。第 18 章将更详细地讨论保修和客户支持。客户支持可以被分为以下几类：

1）**安装或服务成本**。公司可能已经承诺将安装和售后支持作为销售合约的一部分。

2）**客户服务支持**。很少有产品到达客户手中后，其使用者不需要帮助，也不需要拨打免费服务电话。客户支持成本可按需要呼叫的产品比例和每次呼叫的平均成本进行计算，也可计入管理成本中。呼叫的费率通常估计在每分钟 1 美元左右，但如果需要具有更多专业知识的呼叫服务人员，那么费率就会更高，如果呼叫中心外包给海外公司，费率可能会低一些。

3）**保修和维修成本**。在 7.3.4 节我们讨论了测试产品是否足够可靠以符合目标退货率。退货率将是影响保修和维修成本的决定性因素。有一些产品不可避免地会被客户退回，那么这部分成本就需要估算。保修成本将取决于产品的退货比例和退货的平均成本（包括更换、维修、赔付和所需要的逆向物流）。保修和维修成本通常由保修储备金进行支付（插文 8-2）。

10. 其他持续支持成本

一旦产品进入生产，还需要人员和资源的持续支持。团队成员仍需要继续销售产品，确保能以所需的速度生产产品，确保产品有被改善并降低成本，而且要确保产品质量。这些成本通常会被计入管理成本中。

插文 8-2：保修储备金

　　公司必须有保修储备金，以支付产品在所承诺的生命周期中的任何保修费用。当一个产品卖出时，公司会把收入的一部分存入单独的保修储备金账户，以支付将来的保修费用。为了反映当前的销售额和每个产品的预测退货率，保修储备金需要每个月进行重新计算和调整。如果退货率高于预期，公司则必须增加保修储备金。当实际产生了保修费用时，会从保修储备金中支付。维护好保修储备金有几个原因：首先，它能确保已经确认的收入能准确地反映实际的收入；其次，它确保了企业有足够的现金在产品生命晚期为客户提供服务。

8.3.2　类比估算

上一节关于制造成本估算的重点是获得零件成本、生产成本和交付成本的精确报价，然后再把它们汇总起来得到总成本。对于许多团队，尤其是小型初创企业来说，制造成本的估算很耗费时间，而且由于成本估算人员的技能不同，结果可能会出现很多错误。团队可以使用类比估算对成本进行二次估算。采用这两种估算方法可以帮助企业更好地估算最终产品的成本。类比估算可识别出公司内部或外部的类似产品，并通过识别它们之间的差异来进行估算。通常来讲，类比估算的步骤从现有产品的整体销售价格开始，然后按照以下步骤进行估算：

1）通过从销售价格中去除可能的利润和分销成本，估算类似产品的销售成本。

——估算产品可能的利润以预测到岸成本。消费电子产品的利润率为30%~60%，医疗产品为 8%~200%。这些信息来自于公司财务报表和行业报告。

——通过假设他们的分销方式估算其可能的销售成本。对于规模较大的公司，你可以假设产品可能通过海运来降低成本。

2）通过去除管理费用和人力成本，并根据销量按一定比例估算调整后的材料成本。

——估算产品可能的废品率、工厂管理费用和人力成本，并把它们从以上所估算的销售成本中去除，这样才能得到 BOM 的材料成本。大公司相比小公司经常有较低的管理费用。

——估算规模的可能影响。如果产品由规模较大的企业生产，则可以通过用量和供应商折扣对成本进行相应缩放（如苹果公司和亚马逊公司的最小订货量比一些小公司要大得多）。规模对成本的影响可以达到 5%~20%。

3）把调整后的材料成本分配到类比产品的主要零部件上。你可以估算主要零部件的低产量成本，然后再将其余成本分配给结构件、机械零件和其他零件。通过自下而上的估算，团队可以了解每个主要零部件的相对成本。

4）识别出类比产品和你产品之间的差异，然后把这些差异计入材料成本中。例如，你可以考虑以下问题：

——有多少个额外的 PCBA 或者柔性电路？每个 PCBA 根据成本和连接器类型的不同会增加 2~5 美元。

——增加了哪些高成本的电子元器件（如 Wi-Fi 或蓝牙模块）？

——你是否拥有同一套昂贵的零部件？根据产能、精度和质量的差异调整昂贵零部件（如 LCD 或者相机）的成本。

——你多了多少个加工件？你可以采用成本估算软件来估算你的产品与他们产品的相对差异。

——你是否使用了不同的装配方法？例如，如果他们的产品使用螺钉，而你的产品使用卡扣，那就剔除螺钉的成本。

——你正在使用的材料等级是高还是低？可根据材料成本的增减比例来调整。

——你有更高或更低的表面质量吗？可根据额外的喷漆成本或者更昂贵的模具表面处理成本进行调整。

5）一旦你对材料成本有了估算，你就可以通过增加固定利润、管理成本、人力成本和发运成本来建立总成本。

8.4 收入和订单执行

第三个问题："收入什么时候能达到与现金的流出相平衡？"，这个问题可以通过估算每个客户订单的履行模式的收入流来回答。

公司可以通过几种方式产生收入：生产产品的销售收入或对软件收费。每种收入模式都有不同的时间线和利润率，而且每种模式都会对现金流产生巨大影响。消费品的典型收入模式包括：

1）**单个产品，一次性买卖**。在这种情况下，客户购买产品后，来自该客户的收入流就结束了。一个简单的例子是在办公用品商店购买一个笔记本。客户可以选择不同的颜色、尺寸和特征，但是购买笔记本是一次性的，与其他购买行为没有关系。在这种情况下，价格和成本的匹配非常重要，因为单笔销售是产生收入的唯一机会。

2）**产品系列模式**。在这种情况下，购买第一个产品会鼓励客户购买第二个或者其他相关产品。例如，对于无线扬声器系统，消费者只需要极少的设置就可以很容易地增加额外的扬声器，而且整个系统可以通过一个单独的 App 来驱动。其他公司的扬声器则无法兼容，所以客户会受到激励从你的公司购买第二个产品。

3）**数据收集模式**。基于软件业务的企业将数据收集作为一种收入模式由来已久。Facebook 对用户是"免费"的，但通过向广告商出售用户数据赚钱。在写这本书的时候，关于通过消费类硬件产品收集数据还有巨大的争议（插文 8-3）。

4）**把设备当作一个收费服务通道**。Ring 门铃公司的智能门铃的售价为几百美元，然后又以月租费的形式出售配套的云支持服务。产品本身可能是盈利的，但是云服务提供了一个持续的收入来源。

5）**剃须刀 / 刀片模式**。在这种标准收入模式中，主要设备以接近成本的价格销售，公司从客户为了使用设备而必须购买的耗材中获利，例如用于喷墨打印机的墨盒和用于 Keurig 咖啡机的一次性 Keurig 咖啡杯。只要公司能为它的专利产品维持一个垄断市场，这种模式就非常有用。当 Keurig 的产品失去专利保护时，公司就很难通过该模式继续维持利润。

6）**服务合约模式**。一些产品是以接近成本的价格进行销售，但其服务合约确保了固定的收入来源。医疗设备通常采用这种模式。客户感兴趣的是前期比较低的预付成本，而且要确保产品可以始终运行。他们愿意为这项服务支付较高的重复性费用。在这种情况下，为了方便维护和提高可靠性，公司就会在开发期间投入更多资金来优化设计。

插文 8-3：关于出售用户数据的警示

我们都喜欢"免费"服务。有多少人使用了谷歌的免费电子邮件服务？然而，没有什么是免费的。这些公司中的很多都会把出售你的数据作为他们的商业模式。虽然许多公司成功地创造了一些客户不会因其数据被出售而感到不满的产品，但有些公司却给自己制造了负面新闻。2017年，扫地机器人公司 iRobot 宣布将其来自扫地机器人  的地图数据出售给第三方的打算，结果遭到了公众强烈的反对，他们对绘制他们房子内部的地图感到不满。Strava 是一家训练追踪公司，它无意中通过在海外使用其产品的军事人员的典型跑步模式热图识别出了军事基地，从而暴露了国家安全的潜在漏洞。由于 Ring 门铃公司与警方合作，提供其摄像机所拍的视频，从而引发了监控问题。

根据客户购买产品方式的不同，现金流的时间线差异可能会非常大。当规划现金流时，团队需要了解他们什么时候可以拿到付款。在某些情况下，公司会在销售之前获得收入，而在其他情况下，他们只有很久以后才能获得收入。以下列出了不同的销售模式及其对现金流的影响。

1）**预售**。对于初创企业来说，预售可以提供一个基本的现金流入，以让他们能够订购材料并开始生产。预售可以通过众筹平台或者公司平台进行。这笔收入可用于预付一次性工程成本和生产成本。例如，特斯拉公司就采用了预售收入模式。他们将客户在低端车型上的定金用于工厂建设。之所以能这样做是因为他们的客户为了拿到他们的车，愿意等待数月，甚至数年。

2）**公司自有网站**。直接向消费者销售产品可以获取更大的利润，因为他们不必与其他渠道（如亚马逊）分享利润。然而，这样做公司必须有足够的库存来快速交付订单。

3）**在线（亚马逊）或者大型零售商（百思买）**。零售商要么采购你的库存来销售，要么采用寄售方式并通过它的平台来销售（费用变动范围很大，但平均在13%左右）。取决于所要求的交付时间，你可以按照他们的订单生产并直接从你的工厂发运，或者你可能需要用你仓库中已有的库存来履行订单。根据合同，你可以在交付前就收到货款，也可以在交付后 30 天、60 天或者 90 天内收到货款。

4）**与大公司合作的 B2B 方式**。如果你采用的是 B2B 业务模式，而且你正在向大公司提供服务，那你的客户可能要 120 天（是的，将近四个月）才会向你付款。大公司利用这个模式来改善现金流，而且因为他们太大了，你几乎没有多少谈判能力。

8.5 现金流

最后一个问题："你欠供应商和合约制造商多少钱？什么时候欠的？你手上是否有足够的现金来完成整个过程？"。这个问题可以通过预测产品实现和进入批量生产时的现金流来回答。企业往往低估了产品开发成本、工艺装备和库存所需要的现金。此外，他们往往会高估自己能快速通过试产的能力。因此，他们并不会像预期那样很快看到自己期待的盈利。许多初创企业和小公司失败的原因在于，正在他们认真准备开始生产爬坡前，资金已经耗尽，无法支付采购订单。不幸的是，投资者往往能嗅到绝望的气息，可能会拒绝投入更多资金。

大多数初创企业都是运营于现金流的刀刃上。他们需要不断在支出过多和支出过少之间平衡。如果你的支出超过了你手上的资金，那你要么不得不乞求延长付款期限，要么就无法继续开展业务。对于初创企业来说，在急需资金时很难筹到钱。而另一方面，持有过多现金也有风险。如果你用持有的钱来进行股权交易，而不是将它用于推进产品，你就无法通过它得到任何回报。投资者希望了解他们的资金是否被用于产品上（而不是挥霍浪费）。

最好的财务经理即使不是每天，也会每周检查多次现金流计划，以确保公司充分利用其所有资源而不会陷入亏损。为了在刀刃上运营，你需要有一个精确的现金流模型，它要涵盖所有的现金流入和流出。你还必须要了解每项决策对现金流的影响，并根据任何新信息来不断更新模型。

现金流分析可以预测任何时刻你手上所持有的现金净额。不论预计某款产品的投资回报率有多高，如果你没有足够的资金来支付你的供应商，你就无法生产该产品。团队需要计划资金的进出时间，以防止过度扩张。了解现金流需求对于筹集到合适数量的资金至关重要。

8.5.1 现金流的权衡

在许多情况下，企业必须选择是否要预付更多的前期费用，以节省后续成本，但是这也会占用宝贵的现金。例如，团队需要在以下选择之间做出权衡：

1）**订货量和成本**。订货量越大，成本越低，但是团队需要在库存占用现金与后续的成本节省之间做出权衡。

2）**模具成本和零件成本**。没那么贵的模具（型腔较少，模具较软）短期内成本较低，但由于每个模次生产的零件较少，而且需要频繁地更换模具，所以每个零件的总成本较高。

3）**模具付款和销售成本**。模具费用可以提前支付，或者你可以支付更高的单件零件成本，此时模具归你的供应商所有，而且他们会把模具成本摊销到零件成本中。

4）**采购订单条款和销售成本**。一些合约制造商会给出更好的采购订单条款（更低的预付款），但是会收取更高的利润。

5）**应收账款保理**。你可以通过许多信用机构，对客户欠你的应收账款做一个保理。这样你就不用必须等客户的付款，正如上文提到的对于 B2B 业务付款可能长达 120 天。取而代之的是信用机构会把客户欠你的钱支付给你，当然当客户支付所欠的账款时，信用机构会抽取一定比例作为收益。

8.5.2　建立一个现金流模型

现金流模型记录了支付的时间，以及这些付款如何与销售和生产预测相联系（第 15 章）。为了建立现金流模型，项目经理需要产品实现过程中多个职能部门提供的信息：

1）**一次性工程成本**。每次付款的时间都需要记录好；而且如果发生了变化，需要反映在现金流模型上。例如，模型取决于模具什么时候制造（第 12 章），试产阶段的范围和时间（第 3 章），以及质量测试计划的范围（第 7 章和第 13 章）。

2）**重复性产品成本**。重复性产品成本发生的时间和金额在很大程度上取决于试产进度、生产进度、零件的交付时间和你与供应商已经达成的付款条件。关于付款时间，你有几件事情要记住：

——**对于长交付时间物品的材料授权**。有时，订单所需要的一些零件的采购时间要比采购订单的交付时间还长。例如，你的采购订单交付时间可能是 8 周，但是其中一个关键零件的交付时间可能要 24 周。那么当下采购订单时，因为工厂没有足够的时间来购买材料，所以他们就需要先预订那些关键零件。你必须使用一个叫作材料授权的流程全额支付那些零件的费用。

——**采购订单首付款**。当你下采购订单时，你需要支付总款项的一部分。

——**尾款**。需要在交货前后向工厂支付订单的尾款。

3）**收入**。你需要预测何时会有多少收入。每个销售渠道都会有不同的预测，而且根据你与每个渠道的条款约定，获得收入的时间也有所不同。例如，你可以通过一个在线商城或者直接向客户销售。每个销售渠道都有不同的预测、时间安排和收入。

4）**保修**。预计的保修成本在确认收入时计入保修储备金账户中（第 18 章）。除非后续的保修成本超出了预测，否则它们应从保修储备金账户中支付。

当创建现金流模型时，你需要确定所有的支出、收入和时间点，以及时间点与销售预测和生产进度的关系。

下面是一个简单消费品的现金流模型例子（见图 8-5 上图），其假设如下：

1）每件产品的到岸成本为 25 美元。

2）下采购订单时先支付 75% 的款项给合约制造商，剩余 25% 在产品交付时再支付。

3）每月 30000 美元的办公费用，在 PVT 阶段会增加到 45000 美元。

4）销售价格为每件 40 美元。

5）采购订单上的交付时间为 8 周。

6）从产品发货（离岸价格）到交付到客户手中有 4 周的延迟。

7）客户的付款账期为 30 天（即客户在交付后 30 天付款）。

8）两套模具，每套采购费用 50000 美元，分别在首次试产前 16 周和前 8 周采购。

9）三次试产，每次费用 25000 美元。

如图 8-5 所示，根据累计现金流计算，团队需要在银行中有接近 100 万美元的银行存款才能完成整个过程。产品将在 18 个月时实现收支平衡。然而，做些相对小的变化，即在下采购订单时给合约制造商预付 40% 款项并把销售成本降到 22 美元，就可以使所需要的现金减少 20 万美元，并且会将收支平衡时间提前 4 个月（见图 8-5 下图）。

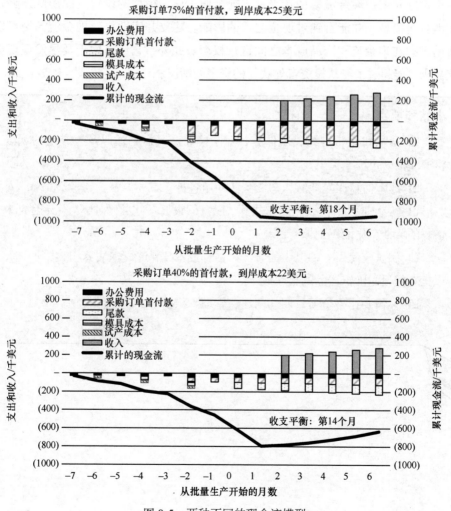

图 8-5　两种不同的现金流模型

8.5.3　如何维护一个现金流模型

有几种软件工具有助于建立现金流分析。其中，许多工具旨在帮助你管理现有的现金流和已知的采购订单，而不是去留心未来的 18~24 个月。其他 SaaS 平台有内置的智能功能，专门用于硬件初创企业，可以帮助识别新手可能意识不到的成本和现金流影响因素。许多企业采用自定义的 Excel 电子表格，但它们难以维护管理，而且通常无法与预测模型和财务管理系统等其他财务工具整合。然而，Excel 表格允许对模型进行大量控制和自定义。

建立和维护现金流模型几乎是一项全职工作。模型的设置应使团队能够轻松地更新模型，并能看到对现金需求的影响。建立并定期更新现金流模型可以帮助企业在现金流和产品成本之间进行权衡。此外，它还有助于及早发现现金流需求可能超过了能从投资者处获得的资金的情况。

小结和要点

❑ 尽早和经常进行成本估算，对于确保产品盈利性以及有充足的现金将产品推向市场至关重要。

❑ 成本估算比较耗时，需要团队使用各种工具和方法。

❑ 持续地更新和维护成本估算（以及假设），可以确保团队不会因成本估算的后期变化而感到惊讶。

❑ 团队应使用一种以上的方法来估算成本（制造成本估算和类比估算），以检查假设和确定产品的最终成本。

❑ 你需要在整个项目期间创建、管理和维护你的现金流模型。

第 9 章

生产系统

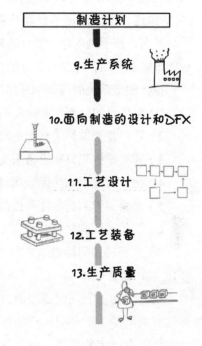

制造计划

9.生产系统

10.面向制造的设计和DFX

11.工艺设计

12.工艺装备

13.生产质量

　　制造不仅仅是制造零件然后将它们装配成产品这么简单，还需要做大量的工作来设计供应链、优化设施、计划生产、管理材料和保证质量。本章会介绍在设计生产系统时涉及的一些基本概念，也为后续有关制造和供应链的章节奠定基础。

将一款产品推向市场既要设计产品，也要设计用来制造产品的生产系统。即使所有的制造过程都外包，对于核心团队来说知道产品是怎么制造出来的也非常重要。对于那些自身拥有生产工厂的公司来说，你可以对生产系统的设计有更多的控制；而对于采用合约制造商的公司来说，控制就会弱一些，不过通常你仍然可以对现场的布局设计、制造步骤，以及为了降低成本而推动改善等方面有很强的影响力。为了确保他们的生产系统满足你的需求，你也经常需要到现场去检查和审核。

了解整个生产系统如何运作可以使团队更好地设计出可以高质量、高可靠性且低成本地制造出来的零件和产品。举个例子，三星 Galaxy Note7 手机电池起火召回事故最终导致三星公司付出了 53 亿美元的代价，在付出大量努力后（包括建造一个大规模的自动检测中心），最终确定这些缺陷是由制造缺陷导致的。然而，该手机电池的设计给缺陷的发生留下了可能：手机没有足够的空间来稳固地装配产品，也没有足够的材料来隔绝和装配电极。

设计制造系统时需要回答以下问题：

1）零件是如何制造和装配的（第 10 章）？

2）产品是否做好了制造的准备（第 11 章）？

3）需要哪些工具和设备来支持生产（第 12 章）？

4）生产过程中如何保证质量（第 13 章）？

5）谁将为你制造零件和提供任何其他所需的服务（第 14 章）？

6）将如何订购材料？什么时候需要相应持有多少成品库存（第 15 章）？

7）产品将如何运输给客户（第 16 章）？如果出现问题，产品将如何退回和修理（第 18 章）？

在开始回答上述问题之前，团队必须要对生产车间是如何组织起来的，存在哪些类型的生产车间，产品和过程的设计决策将会如何影响生产车间的灵活性和效率有一定的了解。本章对不同类型的生产系统和车间是如何组织的进行了概述，也对与制造业密切相关的精益原则进行了基本介绍。此外，插文 9-1 给出了用于衡量车间效率的指标。

插文 9-1：制造术语

周期时间：周期时间被定义为从一个给定制造过程的开始到结束的总时间。了解你生产车间的周期时间很有必要，因为它决定了你的生产速率和交付时间。

一个给定过程的"开始"和"结束"的定义取决于该过程本身是如何定义的。例如，一些人把周期时间作为从工厂收到订单和材料时开始，到工艺/装配/产品可以交付的总时间。周期时间也能被用来描述一个单独子过程完成的时间。例如，一台注塑机的生产周期时间可能为 20~30s。另外，与产品实现过程中的很多其他方面一样，实际的周期时间通常与计划的周期时间会有所差异。最后，团队经常会把周期时间与工作时间混淆。

节拍时间：Takt 在德语中表示指挥家手中的指挥棒。节拍时间指为了满足客户需求而需要向工厂释放产品订单（触发工厂开始生产产品）的频率或时间。它就像工厂的鼓点一样。节拍时间很重要，因为它定义了所需要的固定资产设备数量以及生产线是否可以满足需求。

交付时间：这是指从接到订单开始到产品推出的时间。它可能包括采购和制造所有必需原材料的时间，也可以包括高利用率造成的延误（如等待工厂有足够的产能来完成该订单）。交付时间决定了生产系统在一定时间内有多少库存。交付时间越长，在制品库存就会越多。

通过率：每个工位或工序都会有一定比例的产品失效，它们需要返工或者报废，而通过的合格产品比例就是通过率。对于一组工序来说，一次通过率通常是通过将工序中每个工位的通过率相乘得到的。这个总的数字可以衡量工厂在任何工位上无任何失效地完成一个单件的能力。返工不包括在这个衡量标准中。

在制品库存：是指在某一特定时间段在工厂内的材料数量。在缓冲库存区的等待时间越长，加工时间就会越长；工序数越多，任何给定时间内在加工的材料就会越多。减少在制品库存可以减少库存成本。此外，在生产系统中跟踪库存并不容易，库存越少，越容易管理。

瓶颈：是指在整个生产过程中每小时零件的有效产出最小的那一道工序。整条生产线的速度不能超过瓶颈工序。在其他位置增加产能不会对生产速率产生影响。了解你的瓶颈所在能帮助你把资源和资金集中在那些可以最大化生产速度的问题上。

停机时间：一个过程永远无法达到 100% 的时间利用。生产过程中的小故障、原材料的变异、机器故障都能导致某些步骤甚至整个过程停止一段时间。停机率就是机器无法使用的时间占比。

9.1　生产系统类型

如果你让100位工程师来描述"生产车间"，你可能会得到100种不同的描述。有一些车间充满了嘈杂的大型设备，如锻压厂；有一些车间又安静又小，而且空间保持得很洁净，进出都要求工人或参观人员穿上带有呼吸阀的防护服。有的工厂只专门生产某种单一产品，重复生产相同的东西，如汽车工厂；而有的工厂则会灵活地制造各种小批量的定制产品。哪种类型适用于你的产品在很大程度上取决于产量、生产波动性和产品组合。

尽管有这些差异，但任何参观过不止一个工厂的人也都能看到一些共同之处。例如，每个工厂都会有一个地方用于处理来料，也都有一个区域来评估产品质量。工厂之间的主要差异在于一个工厂是只生产一种单一产品（专用生产），还是可以灵活地生产不同种类产品（单件小批量生产），或者处于两者之间（柔性生产）。

一个单一的生产车间可能同时包含专用和柔性两种生产方式。例如，一条汽车生产线可能有针对金属板冲压的柔性生产，可以在不同的冲压设备上生产汽车车身的不同部分（可能上午冲压发动机舱盖，下午冲压行李舱盖），然后再把零件送到专用的装配线进行装配。

不同生产车间的术语和描述如下：

1）**单件小批量生产（job shop）**：指使用多功能加工设备进行小批量生产。在单件小批量生产车间内，加工步骤及所用设备会根据产品的不同而有很大的不同。出于这个原因，单件小批量生产车间经常被用来制造你只需要一件的东西，如原型样品或者夹具。它可能包含机械加工设备、切割设备（激光切割和转塔压力机）、成型设备（如真空成型），以及柔性装配工位。

单件小批量生产

2）**柔性生产（flexible production）**：指能够以中等批量生产一系列相似的产品。通常情况下，柔性生产车间有专用设备来支持自己专门生产的产品。例如，一些合约制造商专门生产消费电子产品，他们拥有自己的注塑机和印制电路板组件设备。其他公司可能专注于电子医疗设备，他们拥有认证过的质量检测车间。还有一些公司可能专注于单一的

柔性生产

制造工艺，如电镀或锻压。产品通常通过定制的工艺装备批量制造，然后生产下一种产品时再重新配置工艺装备。例如，一个柔性的装配车间能够在不同的配置中设置一定数量的人工工作站，以适应较短和较长的装配工序。柔性的工位有放置电子设备和材料的地方，通常也有静电放电防护措施来保护敏感电子零件免受损坏。

3）**专用生产（dedicated production）**：指只生产某种单一产品或系列产品（如汽车）。专用生产车间的设备是固定的且不能变动。例如，一条汽车生产线就是一个专用的生产系统，每条生产线只能生产一种车型（或系列相关车型）。所有的材料处理设备都是固定的，重新设置需要付出大量工作。

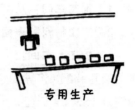

专用生产

表 9-1 列出了以上这些类型生产系统的特点，并给出了例子。

表 9-1　生产系统类型

	单件小批量生产	柔性生产	专用生产
产品种类	各种零件和产品	局限于一部分零件或产品类型的小批量生产	专门用于某个单一产品或者一系列相关的产品
工艺流程	高度可变	会有一些变化但是仍限于一组标准的工序和设备	总是相同的
工艺装备	会根据每个产品而做出调整的柔性工艺装备	对于每个零件、装配件有定制化的工艺装备，在不使用时会存放起来	永久安装好的定制化工艺装备
例子	**机械加工车间：** 这种类型的加工车间用于原型样品制造和小批量生产。它包含各种设备，可以采用不同的加工顺序 **原型样品制造车间：** 样品都是通过技能熟练的制造工人制作的	**注塑成型车间：** 多种产品会共用相同的固定资产设备。为了适应一系列零件，会有不同吨位和精度的机器 **消费电子产品装配车间：** 该车间用于在同一条生产线或可以重新配置的生产线上进行多种型号的中等批量的生产装配	**化学处理车间：** 石油化工产品的生产通常是在专用和连续的设备上完成的。它 7 天 24 小时运行相同的工序 **自动化装配车间：** 生产会在为特定产品优化的大批量专用生产线上进行

9.2 专用制造车间

一家工厂或公司内可能有多个制造中心或者只专门从事某一种类型的生产。以下是几种常见类型的制造中心：

1）**加工车间**：从事某种单一的制造工艺来生产加工件，如锻压。

2）**二次材料和表面处理车间**：专业从事涂层和热处理，如阳极氧化。

3）**PCBA 车间**：专门用于印制电路板组件的装配和测试，包括从低技术含量的通孔装配（将导线穿过电路板上的金属孔，并焊接在背面）到高度复杂的表面安装（SMT）工艺。

4）**装配车间**：将零件装配成一个可工作的产品。有些装配车间高度手工化，有些则严重依赖自动化。

5）**分拣包装和订单执行车间**：用于将成品打包成最终的包装。他们通常也会做订单执行，要么直接发给消费者，要么发给其他分销中心。

以上每种车间在下文都会详细介绍。

9.2.1 加工车间

加工车间采用专用设备来生产某个产品特有的零件，例如注塑成型、铸造、锻压、机械加工和吹塑等。并不是所有的加工车间都是相同的。一些车间相比其他车间，可以以较低的质量和较低的成本生产零件，其他配备更精密和更专业设备的车间则能生产更精密且更复杂的零件，但是要付出额外的成本。所有加工车间通常都具有以下共同点：

1）**专注**于单一或者一组相互关联的制造工艺。例如，一个供应商可能在锻压方面有深厚的专业知识，但也可能有机械加工能力，可以给客户提供一个完整的成品。

2）**固定资产设备非常密集**，这使得加工车间必须满负荷运转以摊销设备的成本。此外，为了适应各种零件尺寸和产品质量要求，这些车间通常会有一系列用于相同工艺的机器。

3）在特定的制造工艺方面配有具备**深厚专业知识的技术人员**，包括评估 DFM 的能力。

4）有**制造工艺装备的能力**，或者至少与工艺装备制造供应商有密切的关系。

5）针对很多客户或者各种产品，可以**成批生产**不同的尺寸。

6）与装配厂商或者合约制造商，以及其他加工车间有密切的**合作关系**，以提供一站式服务。

9.2.2　二次材料和表面处理车间

材料和表面处理车间会执行后续的二次处理，如电镀、热处理、阳极氧化和喷漆。二次处理用于提高力学性能或增加外观细节，或者二者兼具。例如，阳极氧化用于在铝件表面上形成氧化层，而且通常是着色的。铝材被浸在很多不同的槽里面，通过不同的化学和电化学步骤来形成氧化层、着色并做好密封处理。这些车间通常具有以下特点：

1）**固定资产设备非常密集**，因为大多数用于二次处理的设备都很昂贵，也很大。此外，这类设备需要大量的维护和相应的工艺知识才能保持其有效运行。

2）**可以大批量处理**，设备被设计为可以同时给很多零件做喷漆或者处理。仅仅针对一个零件进行处理效率会很低。

3）**面临很多环境法规**，因为这种车间所使用的化学品通常是有毒的，要禁止它污染供水系统。这些工序也通常是能源密集型的。

4）**具有熟悉材料特性的专家**，能够精确地控制并评估他们的工艺和结果。例如，热处理车间有测试设备，使他们能够评估热处理后材料的微观结构以及最终所形成的材料性能。

5）**作为复杂供应链的一部分**，因为大批量的材料在加工后会被送往二次处理车间，处理完成后又会被送回装配车间。

9.2.3　PCBA 车间

PCBA 车间专门用于印制电路板组件和其他与产品的电子元件相关的零件的制造。许多 PCBA 车间中也有工程师，他们可以帮助进行印制电路板组件的设计和固件的开发，使该车间更像一个一站式服务商店。

PCBA 车间通常有许多工作区域。车间的主要区域往往提供给了表面安装技术（SMT）生产线（见图 9-1）。这种自动化设备使用钢网将焊膏涂在 PCB 空板上，自动地将单个电子元件放到 PCB 上，然后通过再流焊将元件永久地固定在 PCB 上。这些车间也会有检验和测试电路板的区域，有采用专用工艺（如引线接合法）来增加其他元件的区域，以及有人工装配工位，将通孔元件（如连接器）手动焊接到电路板上。该车间也会提供如灌注和保形涂层工艺，以减少电路板对环境的敏感性。PCB 车间都有以下特征：

图 9-1　SMT 生产线（来源：转载已获得深圳长城开发科技股份有限公司的许可）

1）**印制电路板**通常采购自另外一个供应商，往往是一个亲密的合作伙伴。

2）**元器件（如集成电路、存储模组和电阻）采购自分销商**。一般来说，工厂会与一组精选后的供应商合作以获得优惠折扣，并简化订购流程。

3）**工厂通常会采用专用的贴片机来装配大部分 SMT 元件**。通常有二次处理，如引线接合、检查和测试区域。今天，几乎所有的电子产品都采用 SMT 技术；即便如此，电路板上有一些通孔元件（如连接器）的情况也并不少见，这些元件一般都是手工焊接。

4）**印制电路板组件是成批生产的，以降低调整准备成本**。安装元件卷轴和钢网非常耗时，所以这个成本必须要通过大的批量来摊销。

5）采用各种技术**评估电路板的质量**，包括自动光学检测（AOI）、X 射线检测和集成电路测试（ICT），以确保电路板制造正确，没有缺陷（第 13.3.3 节）。

9.2.4　装配车间

装配车间用于对产品进行装配、测试和包装。这些车间既有高度自动化的，也有完全手工的。大部分装配车间都具有以下特征：

1）生产**各种产品**（通常针对不同的客户）。不同客户的装配线是被隔离开的，以保护知识产权。

2）手工装配线通常很容易**重新配置**，所以在生产不同的产品时生产线可以快速地切换。该生产线上也可能有些自动化设备来装配和移动产品。

3）产品装配会被分解成几个**工位**，每个工位都有工作区、材料区、一套标准作业程序，以及质量控制检查和测试区。

4）根据工艺不同，所需**人员技能**也从低到高有所变化。例如，如果产品需要一个精密的焊接过程来连接天线，那么就要雇用技术熟练的工人。为了确保工厂工人有执行装配和测试工序的适当技能，工厂会对他们进行培训。例如，一些工人有资质做焊接，而其他人只能负责打包箱子。

5）生产线包括**在线检测**，以及生产线末端的功能测试。

6）有很大的空间专门用于存放供应商**来料**，要做大量工作来跟踪订单以确保能准时收到所有零件来满足客户订单。

7）这些车间也包括**返工生产线**，有缺陷的产品可以在这里被修复。有缺陷的产品可能来自生产线，也可能来自客户的退货。

8）一些装配车间可能会附带有**专门的生产设施**（如注塑成型）。

9.2.5 分拣包装和订单执行车间

分拣包装和订单执行车间用于接收成品后重新包装，或与其他产品一起包装，然后发运给客户（可能是一个消费者、分销商或零售商）。分拣包装和订单执行车间具有以下特点：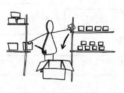

1）**靠近终端客户**，支持最后一公里交付。

2）**对工人技能要求不高**，只需要针对相对简单的手工任务进行培训。

3）**主动管理库存**以确保什么材料将会到达，什么物料正在被发走。

4）除了搬运又大又重的包装和托盘的设备外，没有其他**专用设备**。

5）**提供订单执行**服务以确保正确的产品送达正确的客户手中。此外，许多车间会管理收到的订单，并向工厂提供生产计划以满足这些订单。

6）**做些简单的产品测试**、固件和软件升级，或者在他们服务范围之内的其他最终的产品检查。

7）针对不同分销渠道定制**产品和 SKU**。例如，该车间可能会将产品包装在专门为某个分销渠道而特别设计的礼盒中。

9.2.6 其他制造车间

以上所述涵盖了大部分用于生产消费品的车间类型，但还远不能代表所有产品类型。其他产品类型可能包括：

1）化学品。

2）面料和纺织品。

3）食品。

4）生物技术和药品。

9.3 制造工厂中的区域

根据公司、技术和产品的不同，每个制造工厂会有自己的特点。例如，制造碳纤维复合零件的工厂会有大型的制冷系统，以便在生产前让预浸单向带和织物（含树脂的碳纤维）保持低温，而医疗设备装配会有一个专用的洁净室。然而，大多数工厂都有以下共同的功能区域（见图 9-2）。

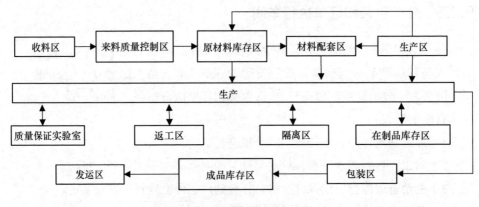

图 9-2 典型的工厂各区域

1）**收料区**。这里是接收来自外部供应商材料的地方。把采购订单录入系统、拆箱、贴标签，然后送到来料质量控制区（IQC）。收料区通常使用条形码扫描来跟踪来料，也有一些公司要求使用射频识别（radio frequency identification，RFID）标签来减少文档工作和差错，并缩短材料从进厂到被送到生产线的时间。如果材料要放在收料区等待三天才被处理，那么即使通过快递把材料寄到工厂也没什么意义。此外，一些材料可能需要对温度和湿度进行控制。众所周知，夏天的装卸码头既炎热又潮湿，产品放在码头上很可能会被损坏。对于搬运任何易腐烂或者对温度敏感的材料，都需要具体的指导说明。

2）**来料质量控制区**。根据工程团队的指示，需要对部分或者所有的来料进行检查。来料质量可能成为一些工厂的瓶颈。大多数产品只是检查材料是否与采购订单相符，但是某些材料（如那些性能对安全至关重要的材料）可能需要在使用前进行专门的测试（第 13.3.1 节）。

3）**原材料库存区**。这是材料在用于制造和装配之前存储的地方。根据材料的敏感性，材料的存储可能是在一个环境受控的区域。该区域也可以经过设置用于隔离或者保护高价值材料（贵金属）或者具有知识产权的材料，例如可能会流向灰市和黑市的定制固件（第 17.2.4 节）。此外，在大型的存储区域很容易丢失材料，有必要采用准确且有效的跟踪方式来确保材料在被需要的时候能及时送到工厂车间。

4）**材料配套区**。一些装配线或者生产线会把来自原材料库存区的一些材料先配套（捆绑或分组），这样所有的材料可以作为一组被送到车间的每个工位。在原材料库存区和装配线之间通常会有一个区域，用于装配和存储成套材料以备使用。配套区应确保所有正确的材料能以简化材料处理的方式被送到生产线。它支持精益生产和使用看板来推动生产计划。

5）**生产区**。一些零件和装配件会在主生产线之外进行生产。这些生产区域就像一个小型工厂一样运作，它们制造那些会在后续生产中使用到的零件或者部件。通常，生产中心成批生产零件并且能用单一工艺（如注塑成型中心）制造多种不同的零件。

6）**装配线和生产线**。生产线的成果自然就是产品。生产线包括制造工艺设备（如超声波焊接设备）、材料搬运设备（如传送带）、装配工位（人工或自动化）、预处理工位（如清洗）和测试工位（如相机质量检查），以及其他工艺设备。关于如何安排生产设备，如何给各工位分配工作，以及如何在各工位之间优化材料流来减少周期时间和在制品库存已有大量文献，可参考阅读。

7）**在制品库存区**。根据工艺的不同，材料可能需要存储起来（通常存于库存缓冲区）以等待下一个步骤。如果生产线上没有足够的空间，库存可能会被移到另一个地方，直到生产线准备好了可以生产。

8）**包装区**。也许有个单独的区域专门用于最终产品的检验和包装。包装的设计（如装箱的复杂程度、标准纸箱堆放的难易程度）会对包装区的布局有巨大影响。

9）**成品库存区**（见图9-3）。在发运之前，成品可能会以库存形式先存储起来，然后按照订单从这里出发。那些能准确预测他们的产品销量并有稳定需求水平的公司往往有较少的成品库存。

图9-3　成品库存区（来源：转载已获得SRAM公司许可）

10）**发运区**。这是采购订单被包装和发出的地方。根据分销计划，订单可能会被送到一个单独的分销点，也可能直接从工厂发出交付。

除了大部分产品都会经过的一系列标准区域外，还有不符合质量要求的产品可能会经过的其他区域包括：

1）**返工区**。在生产工厂内，通常会有一个特别区域专门用来返工有缺陷的产品。这个区域中有用于拆卸的工具、测试设备和备用零件。这个区域和质量保证实验室均为对故障进行根本原因分析的区域。

2）**隔离区**。对于那些没能通过质检以及无法销售或者无法在生产中使用的产品和材料，通常会划出一个单独的隔离区域（有时是一个上锁的区域）来存放。退货材料授权（return material authorization，RMA）流程会将有缺陷的材料退回给供应商，以进行退款。隔离区内的材料要贴上标签并做好跟踪，这对于确保不合格产品或材料不被出售或者重新进入生产系统至关重要。质量管理系统和测试文件会规定应何时将产品转移到隔离区，以及如何管理不合格产品。

3）**质量保证实验室**。质量保证实验室通常是单独的房间，会在这里对产品样件进行测试（经常是破坏性的）。这些实验室中可以有包括用于环境、化学和材料测试的设备。质量保证实验室执行一些在质量测试计划中已定义好的测试项目，这些测试需要特殊的专业知识和无法放置在生产线上的设备（第13章）。

9.4　精益原则

"精益生产"是一套源自丰田生产系统的指导原则，它旨在提高制造质量、响应速度和成本效益。精益实践通过识别对客户有价值的东西，并去除所有其他不支持客户产生价值的活动来减少系统中的浪费。首先，精益生产的重点是减少浪费，包括报废、寻找工具所花费的时间、返工、库存和装配中的多余时间；其次，精益生产致力于提升系统的响应能力，使其能够更快速地满足客户需求；最后，它致力于提高质量，这有助于解决浪费和提升响应能力，同时提升客户满意度。

本书中所描述的所有方法和工具都是与精益原则相符的。例如，在设计早期应用 DFM、DFA 和质量管理实践，将有助于通过确保简单的装配、减少零件数量和报废来减少浪费。此外，拥有完整和最新的文档也是持续改善的基础。最后，一个完整的质量测试计划可以确保产品按照正确的标准生产。以下内容描述了一些著名的精益原则，以及它们与产品实现实践的关系。这些指导原则都是高度相关的，而且所有原则都致力于推动降低成本和减少浪费。尽管每本精益指导书籍上的清单稍微有些不同，但它们都强调以下六个原则是至关重要的。这些将在 9.4.1~9.4.6 节详细讨论。

1）库存最小化（第 9.4.1 节）。

2）缩短交付时间 / 准时生产（第 9.4.2 节）。

3）改善和平衡生产流（第 9.4.3 节）。

4）改善（第 9.4.4 节）。

5）质量（第 9.4.5 节）。

6）尊重人（第 9.4.6 节）。

9.4.1　库存最小化

无论是来料、在制品还是成品，过多的库存都会提高整个系统的成本。你必须购买库存，即使它占用了资金，而且你必须要对其进行跟踪。当它在工厂地板上时，可能会被损坏，可能会挡住道路，也可能会过期，

而且它所占用的空间也是有成本的。理想情况下，工厂应该采用单件流的形式运转，在各个工位之前、之间和之后都没有库存。单件流（远不同于批次生产）有助于平稳整个生产节奏，以及降低库存。然而，你并不总能预测出你产品的准确需求，或者需求是否会保持稳定。你也需要为制造周期中可能出现的中断或质量上的波动做好计划。出于这些原因，你必须在手头持有一些处于不同装配状态的额外产品。在产品和工艺设计中旨在使整个产品实现过程中的库存最小化的策略包括：

1）**选择交付时间更短的零件和部件**。交付时间越长，生产工厂需要持有的库存就越多。因为长交付时间的产品通常要在客户下单之前很早就进行采购，所以通常需要采购些额外的材料（在了解到客户需求之前）以应对订单的增加。

2）**选择最小订货量较低的零件**。最小订货量（MOQ）越低，你就越能够在接近生产日期时频繁地下订单，因此也就降低了生产工厂需要持有的库存数量。

3）**零件通用性**。减少零件数量有助于减少所要求的库存，因为它减少了有效的最小订货量和需求波动带来的影响。举个例子，如果你能把设计变成只需要一种类型的螺钉而不是四种，那么你就可以减少需要订购的数量，如果一种螺钉的最小订货量是 100 个，那么你只需要买 100 个，而不是四种不同的螺钉各买 100 个。

4）**通过采用 DFA 平衡生产线**以降低在制品库存。因为不太可能精确地平衡所有步骤的生产速度，所以在生产线上的一些步骤之间几乎总是会有在制品库存。减少工位的数量（通过减少装配产品所需的人力）和降低周期时间的波动性（由复杂的装配步骤导致）将会减少对在制品库存的需求。

5）**产品的差异化要放在靠后的阶段**。如果产品有多种 SKU，那么越靠近生产线末端去区分各种 SKU 越好。例如，有几种颜色可供选择的产品会在装配线开端或末端加入一些不同颜色的零件，如果是后者，那么就可以采用相同的方式为所有的 SKU 生产通用的核心装配件。没有差异的部件可以放在半成品库存中，当需要交付订单时，再对成品进行差异化区分。例如，如果有 10 种颜色的产品要供应，可以在收到订单的时候再把那些有颜色的零件装配上去。否则，你不得不持有所有 10 种颜色的成品库存，而它们中的一些也许从来不会卖出去。

6）**混合模式生产**。如果正在生产各种 SKU 产品，能够在不改变工位布局的情况下从一个版本切换到另一个版本，可以使装配系统具有灵活性并允许以小批量生产。例如,一家公司可以提供基于基础款咖啡机的不同版本。如果装配顺序是相同的,而且如果共用了一些子系统,那么所有版本都可以在同一条生产线上通过变换材料和增加不同的零件来完成。

7)多种版本作为一个 SKU 发运。例如,一款电子产品可以通过包含一个通用充电器,用同一款 SKU 发运到美国或者欧洲,尽管略微增加了成本,但这意味着团队只需要应对全世界总的需求预测,而不用预测每个国家要发运多少数量的产品。另外,如果具体的需求预测不准确,可以很容易从其他市场调配库存,而不必对产品进行重新包装。

9.4.2　缩短交付时间 / 准时生产

准时生产缩短了从客户需求产生到生产开始的时间。理想的情况是,一家公司在收到一个订单后能在同一天完成生产并发出该产品。可以通过缩短零部件的交付时间,减少周期时间,以及减少系统中的在制品库存来缩短整个交付时间。然而,因为订购材料和生产产品都有交付时间,所有准时生产很少能真正实现。

缩短交付时间支持精益原则中的库存最小化。两者之间的关系由利特尔法则定义

$$L=\lambda W \tag{9-1}$$

式中,L 为系统中在制品库存的平均值;λ 是生产速度;W 是从生产开始到结束的交付时间。因此,系统中的库存与交付时间成正比。

较短的交付时间还有其他好处,包括能快速开展设计变更和更容易进行预测。如果要花 100 天时间采购和制造一个产品,那么你就要做 4 个月的预测计划。如果交付时间为 10 天,你只需要提前一个月进行预测。交付时间和库存还会通过第二种机制联系到一起:你对一个预测的不确定性越大,你就需要储备越多的成品以适应变化的需求。

9.4.3　改善和平衡生产流

创建一条平衡的生产线,即其中每个工位的周期时间几乎相同,可通过减少瓶颈,减少材料在工厂内流转所花的时间,减少人工工作量,显著改善整体的周期时间。平衡的生产线有助于确保各工位之间的单件流,从而降低库存和

缩短交付时间。改善和平衡生产流也可以通过以下方式实现：

1）确保每个零件有一个恒定的加工时间（低波动性），以来帮助稳定制造过程。

2）减少二次处理步骤（如涂层和清洁），以减少整体步骤的数量，减小批次，以及降低周期时间。零件的二次处理通常按批次进行，所以你必须要建立足够多的零件库存，使二次处理具有成本效益。

3）应用自动化能显著改善过程流，因为相比人工装配和材料搬运，设备更可预测。

4）优化工厂布局，以减少材料在不同工位间的移动距离，降低损坏的概率，以及降低对材料搬运设备和库存的需求。

5）平衡生产速度可以使工厂每天按相同的产量运转，而不是断断续续地生产。平衡的生产速度可以降低生产线设置和日常停机的管理成本，稳定所需要的人力，改善物料计划，并有助于提升质量。准确的长期预测和计划可以使每天的生产平衡成为可能。对于工厂而言，没有什么比先被召集起来，然后却被告诉说"不，等一下，停止生产，我们已经有太多库存了"，但五天以后又被召集起来，被慌忙地告知"我们有个大订单，明天要加班生产"更讨厌。

9.4.4 改善

Kaizen 是日语中改善的意思。制造过程总能变得更高效且更可靠（第 19.2 节描述了如何在批量生产期间进行持续改善）。持续改善产品设计和生产系统可以为公司带来巨大的效益，并且所学习到的经验可以被推广到下一代产品，或者你公司开发的下一款产品中。有明确定义的流程是推动持续改善的关键起点，在后续有关流程文档的章节中将详细介绍这些文档。

9.4.5 质量

在所有阶段确保拥有良好的质量将总能改善生产流，因为不需要额外的返工线了，而且产品在最终的测试中出现故障的可能性更小。质量既应该通过 DFM 和稳健设计来进行设计，也要通过生产流程进行管理。Poke-a-yoke（日语中防错的意思）可以减少周期时间的波动，并减少差错。差错可以通过设计更好的夹具和工具来减少，以及以一种能确保装配人员可以拿到正确零件的方式对材料进行布局来减少。精益原则也提倡通过自动化来减少差错。

9.4.6 尊重人

精益原则的核心思想是尊重人，包括尊重工人，尊重你周围的群体和更广阔的世界。尊重人还包括创建多元化的团队，在团队中所有成员都有发言权。参与其中的员工的流动率也会降低，也会对他工作的质量感到自豪，并且更有可能提出一些改善的想法。不尊重人可能会造成可怕的经济后果。关于工作条件恶劣的负面报道会影响你的品牌。另外，许多研究表明，有道德的公司往往会比那些不怎么关注道德的公司表现得更加出色。最后，道德和可持续性正在成为决定客户购买的差异化因素。

小结和要点

❑ 尽管有许多不同类型的加工车间，但它们也有许多共同点，包括管理来料、质量控制和过程控制。

❑ 产品的设计会对生产线是否高效运行并将浪费降到最低产生巨大影响。

❑ 团队应该采用精益原则来推动工厂内的改善。

第 10 章

面向制造的设计和 DFX

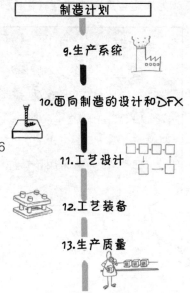

在设计零件和组件时不考虑它们将来如何被制造出来，会使产品实现过程变得漫长和痛苦。团队需要平衡产品的制造、装配、测试和产品的功能及可靠性要求。本章将会介绍如何在设计初期考虑制造、工程、可持续性和测试，并在整个产品实现过程中对它们进行持续评估。

为了制造产品,团队既需要定义好产品设计,也要定义如何在保持低成本的同时可靠地将零件制造出来并装配好。正如本书中重复强调的,试产阶段发现的许多问题和低效可以通过在设计产品时考虑制造可行性、测试可行性和装配可行性而避免。第一次就设计出正确的产品要比后续进行设计修改更便宜,也更容易。前面章节已经描述了多个痛苦和召回的案例。许多问题的根源在于设计者的意图和工厂车间的制造方式不匹配。

在工业革命之前,大多数产品都是由工匠设计和制造的,他们同时负责设计和把产品制造出来。随着专业设计人员与制造产品工人的分工,对工程师们进行有关产品制造工艺的培训就变得很有必要。在过去几十年的大规模生产外包之前,大多数工程师都有机会去到生产车间,能亲眼看到正在运行的制造过程。不幸的是,现在要想接触设备以及操作设备的人员变得比较困难了,因为这些设备和人员往往在地球的另一端,而且那些人讲着不一样的语言。在过去的 50 年中,为了应对这个挑战,面向制造的设计(design for manufacturing,DFM)领域已经发展起来。随着一些公司意识到 DFM 可以对成本、质量和进度产生巨大的影响,其他的面向 X 的设计(design for X,DFX)工具也在不断发展。Boothroyd 和其同事们在 20 世纪 90 年代中期已经出版了教科书《面向制造及装配的产品设计》,其他的工具和框架也正在不断浮现。DFX 工具包括:

- 面向外观的设计
- 面向腐蚀的设计
- 面向拆卸的设计
- 面向环境的设计
- 面向人体工学的设计

- 面向物流的设计
- 面向可维护性的设计
- 面向再循环的设计
- 面向可靠性的设计

- 面向安全性的设计
- 面向可服务性的设计
- 面向测试的设计
- 面向利用率的设计
- 面向多样化的设计

本章将会对 DFX 的六种工具做一个简单介绍,它们对产品实现有直接影响(第 10.2 节 ~ 第 10.7 节)。

1)**面向制造的设计(DFM)**可以确保每个零件能以经济有效(包括工艺装备和零件成本)和稳定的质量制造出来。

2)**面向装配的设计(DFA)**可以评估产品的可装配性,包括工作量和潜在的错误和损坏。

3）**面向可持续性的设计**可以评估各种材料和工艺对环境和健康的影响。

4）**面向可维护性的设计**可以评估用户或者技术人员针对有缺陷的产品进行诊断、拆卸、维修和重新验证的难易程度。

5）**面向测试的设计**可以确保工厂在生产期间经济有效地对产品进行测试。

6）**面向存货单位（SKU）复杂性的设计**可以确保以最小的装配错误风险将产品的不同版本制造出来，并同时降低成本。

本章的最后一节（第 10.8 节）列出了 DFX 的 11 项基本原则，可以作为从未做过 DFX 研究的团队的起点。

10.1　选择制造工艺

许多制造可行性的问题都是由于没有及早考虑制造工艺而造成的。笔者经常与商学院学生和具有新产品创意的创业团队会面。他们会带来一个 CAD 模型和一个 3D 打印的零件，然后说："这是我们想要的产品，我们应该怎样制造出来呢？"通常，他们想要的特征无法制造出来或者造价太贵。在知道可能会使用什么材料和工艺前就定义产品几何结构，可能会导致产品设计不良，无法以合适的零售价满足客户需求。

大多数工程师学会了使用图 10-1 所示框架来开发产品。他们创建产品的几何结构以满足功能规格，然后思考哪些材料可用，最后再决定制造工艺。例如，笔者最近在办公室接待了一个做运动设备的初创团队。他们有一个初步的设计和一个勉强能工作的 3D 打印原型样品，然后他们想知道应如何与合约制造商沟通制造的事情，当被问到准备使用什么材料时，他们说："塑料或者金属。"当被问到想要采用哪种工艺时，他们一脸茫然地说道："我们想合约制造商会解决的。"随着进一步的讨论，很明显，塑料和金属这两种材料（甚至都没有考虑不同类型塑料和不同类型金属之间的差异）的设计细节和制造策略将会非常不同。然后该团队重新回到绘图板前，去理解深拉深（将韧性金属制成较深空心零件的方法）和吹塑成型（通过充气使模具内软化的塑料膨胀并紧贴模具型面来成型塑料瓶的方法）各自的相对局限性和好处。他们必须考虑更广泛的一系列因素，包括重量、复杂性、稳健性和成本。

我要如何解决客户的问题？　　我将用什么材料制造？　　我要如何制造它？

规范　➡　几何结构　➡　材料　➡　制造工艺

图 10-1　将设计锁定于非最优解决方案的线性过程

　　另一家较大的公司使用数控加工来生产他们的原型样品和承重机械零部件的早期产品。他们认为后期可以把零件发给铸造供应商，然后就能以更便宜的价格和更快的速度获得相同的零件，然而最终证明这是错误的。如果不做大量的重新设计，这些零件就无法通过铸造生产，因为有太多的尖角和不均匀的壁厚。此外，那些零件后续还需要进行大量的机械加工，以使它们的功能和早期的零件一样。如果这些零件从一开始就被设计成便于铸造，那么团队本可以节省大量的成本和时间。

　　理想情况下，关于何种几何结构、材料和工艺的组合最能满足产品的所有规范要求（见图 10-2），应尽早开始反复讨论。设计师可能会提出一种几何结构和材料来满足一个需求，然后选择一种工艺来满足大部分要求。但是为了使设计更具有制造可行性，就需要对其做出一些更改。设计师也许会把材料变更成另外一种更适合制造工艺的材料，但随后又需要更改设计来适应新材料的特性，这又会影响到制造工艺。团队要持续迭代，直到选出最能满足规范的几何结构、材料和工艺的最佳组合。只有这些完成了，CAD 模型才能细化，你才能制作零件的原型样品。通过早期了解你的工艺，可以避免加入不具有制造可行性的特征，而且可以利用工艺的

图 10-2　平衡几何结构、材料和工艺的迭代设计过程

特点。例如，如果你早期开始考虑注塑成型，则你可以增加表面纹理和一些特征，以避免昂贵的喷漆工艺和装饰。

　　对于很多团队而言，上述迭代过程中最难的一步就是弄清楚他们在制造过程中有哪些选项。许多团队可能对制造零件最常用的注塑成型和机械加工有初步的了解，然而这两种方法只是可选工艺中的一小部分。有句话是这么说的："如果你有一把锤子，你看什么都像钉子"，这句话用在这儿非常合适。团队能借鉴的工艺越多，设计就会变得越好。然而不幸的是，全球化意味着年轻的工程师们鲜有机会能到生产车间亲眼看看那些正在运行中的工艺过程。为了替代从

车间实际生产获取经验，工程师们就需要加倍努力地去阅读、学习、提问，并抓住每一次提供给他们参观工厂的机会。

当决定采用什么方法时，工程师首先需要让自己知道有哪些工艺可用，哪些是有效的，哪些可能是无效的。可以通过观察竞品来形成最初的想法。竞品的制造工艺可以通过拆解（拆开竞品以了解它们是如何被制造的）、文献以及如何制造的视频来确定。

可用的工艺和材料选择范围非常广泛，以至于让人不知所措。团队可以通过提出图 10-3 中所列的问题来快速地缩小选择范围。

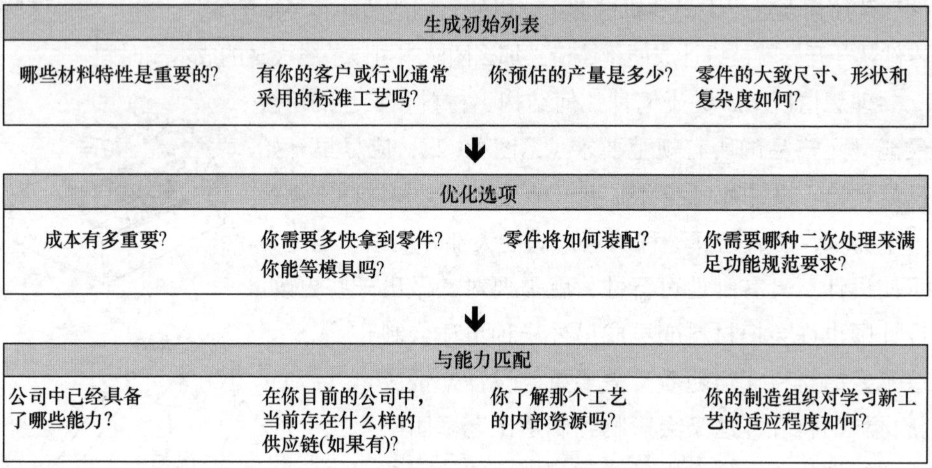

生成初始列表			
哪些材料特性是重要的?	有你的客户或行业通常采用的标准工艺吗?	你预估的产量是多少?	零件的大致尺寸、形状和复杂度如何?

⬇

优化选项			
成本有多重要?	你需要多快拿到零件?你能等模具吗?	零件将如何装配?	你需要哪种二次处理来满足功能规范要求?

⬇

与能力匹配			
公司中已经具备了哪些能力?	在你目前的公司中，当前存在什么样的供应链(如果有)?	你了解那个工艺的内部资源吗?	你的制造组织对学习新工艺的适应程度如何?

图 10-3　用于优化可能的制造和材料选择的问题

通过第一组问题可确定哪些大类的制造工艺是可能的候选项。根据以上问题的回答，你可能会被指向不同的方向。例如：

1）**哪些材料特性是重要的**？因为温度和尺寸的限制，你可能知道你需要的是金属结构件，你可以使用任何一种工艺，包括金属注射成型、压铸、机械加工、深拉深或者板料成形；你也可能知道工艺的最高操作温度，机械加工可以用于任何种类的金属，而压铸只限于熔点温度相对较低的材料，如果产品必须保持在非常高的温度下，那么压铸也许就不合适。

2）**有你的客户或行业通常采用的标准工艺吗**？以前的公司可能已经经历过这些实践了，你可以向他们学习。但这并不意味着他们的选择就一定适合你，你可以问问自己为什么他们这么选择，然后用这些信息来做你自己的决定。

3）**你预估的产量是多少**？如果产量小，那么机械加工可能是正确的选择。如果产量可以满足模具的开支，那么压铸或者金属注射成型可能是正确的选择。例如，激光切割常被用于薄而大的零件的小批量生产，因为它是一种非常灵活的切割板材的方式。然而，如果你要制造数万件，那么设计一个冲模则更具有成本效益。

4）**零件的大致尺寸、形状和复杂度如何**？例如，如果你想要制造金属盒，那么折弯是一种非常经济的方法。然而，你只能被限制在生产盒状的产品上，但不需要准备模具。如果你想要一个没有接缝的薄壁对称且较深的零件（如金属垃圾桶或水壶），那么深拉深工艺是一个选择。然而，这需要大量的时间和成本制作模具。压铸和金属注射成型可以以较低的成本生产那些非常精细的零件，而不适用于批量生产机械加工件。

图 10-4 所示为基于工艺装备的成本和所能实现的几何结构的复杂程度所绘制的各种金属制造工艺的散点图，通过思考每项工艺如何满足成本、复杂度和性能要求，你可以快速选择一些不同的选项。

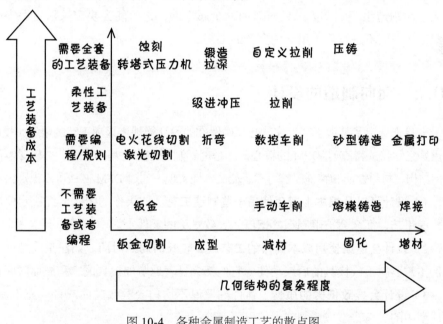

图 10-4　各种金属制造工艺的散点图

一旦选择了一组选项，那么第二组问题将帮你进一步完善你的决定，它们包括以下问题：

1）**成本有多重要**？如果你的利润率较高，而且你的零件成本与整个销售成本相比相对较小，那你也许可以选择一种更贵的工艺，以确保高质量。

2）**你需要多快拿到零件？你能等模具吗**？压铸模具的交付时间可能是几周或几个月，这取决于模具的复杂程度。如果你一周内就要零件，那么也许就需要采用机械加工来满足了。

3）**你需要哪种二次处理来满足功能规范要求**？参考锻造零件的例子：锻压零件乍一看似乎是一项更具成本效益的工艺，因为可以节省材料；然而，由于该产品需要非常精密的加工特征才能发挥作用，因此成本大幅增加。如果零件还需要进行涂装或者热处理，那么零件成本和交付时间还会增加。

4）**零件将如何装配**？金属零件需要紧固或焊接。材料之间的兼容性很关键。一些金属的焊接性可能不是很好，而有些金属则永远不应该被紧固在一起。例如，钢和铝之间的化学作用会导致铝的强度减弱。

最终，你需要考虑"你所知道的魔鬼"因素。尽管一种新工艺，如钛的超塑性成型，可能看起来非常适合创建一个复杂的薄壁几何结构，但你的公司可能并没有这方面的经验。基于你所拥有的能力、你的供应商的能力，以及你的供应链和制造组织的实力，针对弯曲的金属零件，你可能会决定采用更保守的装配工艺，而不是冒险采用一种全新的工艺。

10.2 面向制造的设计

一旦你选定了某项工艺，你就必须确保你的设计能规避该项工艺的限制（并且利用好它独特的特点）。DFM 的核心概念是理解制造方法的基本原理，并确保零件几何结构、材料性能和特征能够可靠、低成本地实现。通过 DFM 方法可以识别出：

1）**设计可以从根本上避免使用一些制造工艺**。如果你的团队已经决定使用深拉深工艺，那么会被限制在等壁厚、大致对称的零件上。

2）**设计会造成使用成本高昂的工艺或者较长的周期时间**。如注塑成型件上的倒扣需要斜顶或模具的后续动作，它们都会显著地增加模具成本和周期时间。

3）**设计会导致低劣的质量**。铸件的壁厚不均匀会导致翘曲或者填充不良。热成型中的尖角会造成撕裂或者使壁厚变薄。

最好的工程师会在整个设计过程中持续地运用 DFM 原则。他们了解一项工艺的能力和局限，并可针对功能和工艺进行优化设计。另外，即使是知识最丰富的工程团队通常也会进行若干次正式的 DFM 评审，由同事、专家和外部资源对规划进行评估并给出建议（插文 10-1）。正式的 DFM 评审应该至少进行两次：在初始设计期间和在工艺装备制作之前。第一次评审旨在找出那些会推高成本和影响质量的基本缺陷。回到那个无法铸造而需要机械加工零件的例子，假如团队起初就把零件设计成可以铸造并想出如何在短期内对其进行机械加工，那么产品的总成本可以大幅降低。在第一次评审时，提出的问题可以包括：

1）**数控加工**。决定一个零件是否需要多次重新装夹（加工、重新定位、然后再次加工）或者是否需要昂贵的五轴设备来加工出关键的功能特征。团队可能会决定改变重要特征的位置，这样就可以使用较便宜的机器在一次装夹的情况下完成所有的加工。

2）**注塑成型**。为了降低出现缺陷的概率，可以用纹理或不同的结构来分解大的无支撑的高光表面。

3）**折弯机**。确保复杂的零件有一个可行的折弯顺序。为了降低总成本，团队可以考虑将壳体制成两部分，然后再把它们装配起来。

插文 10-1：如何进行一次 DFM 评审

大多数零件需要被评审和修改，以确保能够可靠地制造出来。可能需要增加支柱来支撑一些大的表面，将壁厚做均匀以改善流动性，以及改变零件特征以降低模具的复杂性。

可以通过以下方式获得关于可制造性的反馈：

1）**举行一次正式的内部 DFM 评审**。通过这种方法，你可以从团队外部请人来评审设计并给出反馈。通常情况下，评审者之前没见过该产品，可以提供一个新视角。

2）**在线 DFM 工具**。许多模具和零件供应商都有在线工具，可以评估你的设计并识别出风险区域。

3）**DFM 软件**。你可以买到很多软件，它们可以为你提供关于零件可行性和成本的 DFM 反馈。

4）**雇用一家外部公司来做初步的设计评审**。有许多外部工程公司可以评估你的 DFM。尽管这些公司的费用相对贵一些，但可以为下游节省大量时间和费用。

5）**把零件发出去询价**。制造商可能会给你关于生产可行性的反馈，但如果你的设计还处于早期或者很明显你没有做足功课，他们通常不会愿意投入太多时间。

DFM 的第二阶段发生在零件设计已经充分细化并且准备投入生产之后。第二次 DFM 评审所建议的变化希望是较小的，而且不会对相邻零件产生较大的影响。这次评审通常与最终制造供应商共同完成。

第二次 DFM 评审提出的设计变更可能包括：

1）在大的注塑成型面背部增加筋来减少缩痕。

2）在凸台等特征上增加圆角和脱模斜度。

3）保持所有壁厚都一致以改善熔融材料在模具内的流动性。

4）增加定位特征，方便铸件在数控机床上定位，以对关键的装配特征进行后续加工。

5）调整卡扣的几何形状，以减少注塑时对斜顶机构或注塑机更多动作的需求。

6）为了能达到关键表面上的公差要求，在二次加工，如铰孔或研磨时，需要增加额外的材料去除余量。

对于那些没有第一手制造工艺经验的工程师而言，了解所有的制造可行性原则是一项艰巨的任务。团队需要阅读并应用 20~30 本书的内容来优化用来制造典型产品的所有工艺。如果缺乏对工艺的了解，许多团队会严重依赖专家的正式 DFM 评审。一些团队使用 DFM 软件工具来自动评估零件的制造可行性；然而，这些软件一般都比较昂贵而且使用起来很耗时。所以设计者需要向制造工程师咨询，努力地尽早了解相关工艺。

故事 10-1：如何与供应商沟通

Steve Graham，Toner Plastics Group 创始人兼首席执行官

Toner Plastics 制造各种模具成型及挤出产品。我们为各公司制造模具，并且提供挤压件和注塑件。想象一下，我们与想要在一个无尘室内成型用于静脉注射管的零件的客户，和想要呼啦圈的客户的对话是多么的不同。我们不得不与那些只订购 1000 件用于国际空间站水培蔬菜种植的特殊容器的客户，以及每月订购上百万个完全相同瓶盖的客户进行交谈。

当我们决定是否要与一个客户合作时，我们并不会接受所有上门的客户，我们通过许多因素来做决定。首先，我们要快速确定订单的金额、潜在毛利率和重复合作的可能性。为了做到这一点，我们会问客户许多问题。当你与供应商会面时，你准备得越充分，供应商越能确定如何帮助你。在发送任何信息之前，你应该首先要求你的供应商签署一份保密协议。

其次，我们需要一张产品图样、所要求的材料类型、公差和你需要的表面处理。你需要指明产品的哪些表面是重要的，以及模具设计团队可以把浇口和顶杆设置在哪里。此外，我们需要知道标签、包装和所需要的认证。你也需要对你总的年用量、下单频率和数量有一个可信的评估。

你最感兴趣的是"它将花费多少钱"，但它的答案是"依情况而定"。

当生产塑料件时，制造模具的成本是最大的成本。这个成本取决于模具型腔数、模具复杂程度和在模具磨损之前你打算生产的零件数量。如果供应商知道你才刚起步，那么他们可能会提供价格较低的铝制模具而不是钢制模具。他们也可能会把模具成本分摊到零件价格里，而不是提前向你单独收取模具费用。不过你要明白，在这种情况下模具并不属于你，而是属于供应商。如果你需要做模具设计，请询问一下是否需要进行模流分析以及模拟的费用。还要讨论你是否要为多次试模支付费用，以及修模的费用是多少。

你也需要询问关于模具的交付时间、每批产品的交付时间和付款期限（通常为 30 天）的问题。确保你也询问了基于数量的价格折扣，这样你就能知道当你订购更多的时候你的成本会是多少。如果你处在开发阶段（为了试产你需要生产小批量零件），你也可以向他们询问在他们设备上生产你的产品每小时的成本是多少。

大多数供应商会把他们的一些时间投入到市场还没有的好创意上。对你的供应商保持坦率并展示你的愿景。如果你这样做了，你将有更大机会找到一个会努力帮助你的人，而不是只把你当作另外一笔交易，然后针对工程和制造的每一分钟时间向你收取费用。

内容来源：转载已获得 Steve Graham 许可

图片来源：转载已获得 Toner Plastics 许可

10.3　面向装配的设计

大多数产品是通过手工装配或者自动化装配（或者两者相结合）的方式将一系列零件装配起来。优化面向装配的设计（DFA）可以降低人力成本、缩短周期时间并提升质量。和 DFM 一样，工程师们应该在整个设计过程中考虑装配问题，并且定期进行正式的 DFA 评审以纳入来自外部的观点。

有两种思考 DFA 的方式，第一种是产品的整体结构如何帮助或者阻碍了装配；第二种是为了提升质量和降低成本的实际装配方式的设计。和 DFM 一样，应用 DFA 原则的最佳时间是在设计变更变得成本高昂之前的设计早期阶段。DFA 带来的启发包括：

1）**最小化零件数量**。如果两个零件能合并或者简化设计以减少零件数量，那么就这样去做。第一，最小化零件数量可以降低工艺装备的固定成本，虽然合并后的零件可能需要更加复杂的工艺装备，但合并后的工艺装备不太会比两套单独的工艺装备要贵；第二，它可以缩短装配时间；第三，它减少了装配过程中可能引入的偏差和质量失效；第四，较少的零件简化了生产管理和订购过程。

2）**防错（Poke-a-yoke）装配**。应将零件设计成不可能装错的形式。例如，使用对称结构。对称零件还有一个好处，就是更容易使用机器人自动装配。

3）**零件标准化**。使用很多不同的商品化零件（例如，10 种不同的螺钉，但它们只有细微差别）会增加材料的管理成本、库存持有成本和用错零件装配的风险。而且，零件类型的激增会提高设计管理成本。例如，如果设计团队将螺钉类型标准化，那么自攻螺钉孔或者螺纹嵌件也就能设计成完全一样的，这样可以降低设计出错的概率。

4）**自上而下的装配设计**。理想情况下，产品在装配期间不应该再重新定位或者翻转。产品每一次被拿起、重新定位、再放回，不仅会增加工时，也会增加零件发生移位的概率，而且提高了发生破损（结构或外观）的可能性。

有几种方法可以用来进行 DFA 分析。首先，团队可以应用上文所述的启发。其次，更多的公司正依靠虚拟现实或者增强现实模拟来识别问题。例如，早在 20 世纪 90 年代后期，波音公司就已经让作业人员和工程师使用虚拟现实系统来模拟装配过程。第三，DFA 之父 Boothroyd 和 Dewhurst 有几本书和软件工具可用来评估可装配性。最后，团队可以先用 3D 打印件走完整个装配步骤。

一旦装配产品的整体方式确定了，就必须要设计物理上连接零件的方式。装配两个零件的方式有很多种，每种都有优缺点。下面列出了几种常见的方式（排序从永久连接到可拆卸连接）：

1）**把不同零件做成一个零件**，因为一般来说，零件少一些要比多一些更好。如果你能通过将两个零件合并成一个来避免装配过程（例如，将一个外壳做成翻盖式的，而不是用 20 个零件装配而成），则可以降低装配成本。

2）**材料连接**可以采用固态或者熔融焊接的方式，如超声波焊或者电弧焊，在分子层面将零件结合在一起。当零件永远不会拆卸，或者当需要防漏密封时，又或者当零件太小无法添加螺柱或卡扣时，通常就会选择焊接。这些方式通常要有固定资产设备和特定技能才能作业。

3）**胶水和胶带**可用来连接那些对于机械连接来说太小的零件。黏结剂的选择和应用可能更像是一种科学实验而不是一种精确的科学。除了对材料敏感外，涂敷、材料和操作手法的一致性对连接处的长期耐久性也非常重要。胶水会弄得到处都是，如果不控制涂胶量，可能会滴漏到其他零件上，造成干扰或者表面质量问题。在某个产品中，一种用于黏合抛光镍和抛光青铜电镀零件的胶水效果很好，但是当用于深青铜时，胶水连接出现失效的问题。为了能找到一种对所有三种镀层都适用的黏结剂，公司进行了大量研究。与此同时，该公司已经收到好几百例按键从产品上脱落的投诉。

4）**永久的机械紧固件**，如铆钉，在你没有足够的空间放置可拆卸的紧固件，而且你也永远不想拆解该零件时是很有用的。

5）**卡扣**是注塑成型零件上的一种不可或缺的特征，它们可以把两个零件半永久地连接起来。想想你番茄酱瓶子的顶部，以及顶部和底部是如何扣在一起的并保持闭合。卡扣可以使零件的装配变得简单，不需要额外的设备或紧固件。必须要认真地设计卡扣，既要保证在装配过程中卡扣有足够的塑性，也要保证一定的刚性，不至于卡扣在运输或使用过程中脱开。

6）**自攻螺钉**有不需要螺纹嵌件的优点，但是它不能拆卸和重新拧入。此外，它们很容易因为拧紧力矩过大而受损。

7）**螺纹嵌件**可以通过共同成型或者压合与塑料件成为一体。金属螺纹嵌件可以重复使用，而且没有损坏零件的风险。尽管螺纹嵌件允许多次装配，但它们增加了零件成本，并且需要更多的材料来制作螺柱。

8）**其他形式**。其他形式的连接方式多达数百种：从简单的魔术贴和尼龙扎带，到复杂的 Cleco 紧固件。

没有任何一种连接方式本质上比另一种更好，决定采用哪一种连接方式取决于以下几个因素：

1）产品规范：

——使用的是什么材料？例如，硅胶很难用胶水或胶带黏合。

——受到的力和载荷是什么？有些装配方式在零件受压时效果更好；而有些方式在零件受剪切力时效果更好。

——环境条件是什么？例如，如果一个零件要经受大量的振动载荷，那么可能不适合使用螺纹连接。

2）固定成本。有些方式使用的设备和工艺装备的固定成本更高。

3）零件成本。与自攻型紧固件相比，螺纹紧固件会大幅增加零件的成本。

4）人工和自动化。一些工艺更适合于自动化。例如，超声波焊非常适合于自动化装配，而胶带则不适合。

5）需要拆卸。如果零件需要维修，那么相比于使用胶水，使用带有紧固件的螺纹嵌件则是更好的选择。

10.4　面向可持续性的设计

在这个时代，对于投放到市场上的任何产品，你都应该考虑它所带来的社会和环境影响。调查显示，那些对环境和社会更负责任的产品能给公司带来竞争优势。每年，尼尔森公司的企业社会责任年度全球调查都会报告客户对可持续性产品的偏好，客户为可持续性支付额外费用的意愿，以及可持续性产品如何拥有更快的销售增长。正如 DFX 的许多主题一样，有许多关于如何面向可持续性进行设计的书籍和文章值得一读。以下是在产品开发和产品实现过程中可以解决的一些事项清单：

1）**减少在产品实现期间的浪费**。原型样品使用的材料、前往工厂的飞机差旅，以及报废的材料都会对环境产生影响。增材制造的零件和小批量聚氨酯硅胶复模零件通常是不可循环使用的。一次从美国波士顿到中国香港的单程飞行会产生 1.9 吨碳足迹，相当于驾驶一辆 SUV 行驶 5000 英里。团队对资源的利用效率越高，他们对世界有限资源的影响就越小，产品的碳足迹也就越低（他们的花费就越少）。

2）**环境法规**。第 17 章将会介绍在不同国家和地区销售产品所需要的法规认证。这些法规中很多都与环境和安全问题有关。

3）**材料选择**。当面临材料选择时，团队应该寻找在产品生命周期内对环境影响最小的材料。选择那些不需要喷漆（可减少对挥发性有机化合物的需求）的材料，遵守如 RoHS（有害物质限制）等指令，以及减少包装材料，都会对产品的环境足迹产生显著影响。

4）**供应链选择**。首先，选择那些对待工人和环境友好的合作伙伴，这既是正确的做法，又能避免一些负面新闻；其次，一些制造国对其设施的能源使用和废物处理要求更高；第三，材料和劳动的公平交易认证确保了材料的发明人会被支付适当的费用，而且有安全和人性化的工作条件。

5）**预防废弃物**。在制造过程中，减少废弃物的产生量会直接影响你的环境足迹。废弃物的来源包括：

——注塑成型的浇口。

——冲压产生的边角料或者机械加工产生的切屑。

——浪费的能源。

——清洗工序产生的废水。

——产品不合格造成的材料浪费。

6）**重复使用 / 改换用途使用 / 回收利用计划**。你应该把你的产品设计得可以容易地重复使用、改换用途使用或者回收利用。要做到这一点，产品必须容易拆卸，而且不同的材料容易分离。此外，团队需要考虑为产品创造后续用途。例如，在人们愿意使用旧产品的地方，智能手机拥有非常大的二级市场。

7）**有害材料的使用**。一些油漆、溶剂、清洗剂和涂层需要使用有毒材料，这对工人和环境都是有害的。你可以通过减少油漆的使用量，使用模内装饰，以及简化色彩方案来减少使用有害材料的需求。

8）**减少包装**。想要获得苹果手机一样的开箱体验确实很诱人。但是高端包装通常含有不容易被回收的油墨和纸张。此外，包装通常会被扔掉，并且需要能源来制造和运输。你不一定需要用包装昂贵且复杂的开箱来创造一个好的客户体验。例如，一家网络供应商给笔者寄了一款升级版的路由器，它的彩色包装没必要设计成路由器的三倍大，而且所有印刷的材料都是彩色的，网络线缆的外面有漂亮的彩色织物，而且还有印着公司商标的尼龙扎带，这些都没有给安装过程带来任何价值，但确实填满了我的垃圾箱。拥有很棒的开箱体验并不是购买体验的一部分，客户在选择网络供应商时，其实就已经做出了决定。可以合理地假设，大部分客户会对更简单的包装以及能从他们的网络线缆账单上节省 5 美元而感到满意的。

10.5 面向可维护性的设计

对于很多产品，消费者都期望通过维护或修理他们的产品以保持其正常运转。我们会更换汽车上的制动片，更换烤箱上老化的电子线路板，以及每年更换空调和供热系统中的过滤器。维护和修理服务可以通过很多渠道提供，包括：

1）专门的维护（AppleCare）或者服务中心（汽车服务中心）。

2）第三方服务供应商（冰箱零售商会为他们所销售的产品提供支持）。

3）维修供应商（电子产品维修店）。

4）在客户所在地的维护功能小组（飞机维护人员）。

5）可以自己做小型维护的用户。

维护的形式可以是日常护理（如更换热水浴缸的过滤器），对你预计会磨损的零件进行更换（如更换车床上的传动带），或修理（如重新连接台锯上坏掉的开关）。当设计你的产品时，你应该考虑维护和修理的难易和频繁程度，因为：

1）如果修理发生在保修期内，公司就要为此付钱。修理越容易、越便宜，保修费用对你利润的侵蚀就越小。

2）延长保修期（客户购买的不仅是产品，还包括产品能一直运转的承诺）可以成为一个重要的收入来源。通过降低维护或修理的成本，延长保修期的盈利能力可以大幅增加。

3）当似乎只是产品的一个小问题，但却要花费大量修理费用时，客户会变得非常不高兴。最近，由于湿度传感器故障，笔者冰箱的冷冻室抽屉导轨发生了结冰，尽管这个问题并不严重，但最后的修理费用却花了令人沮丧的 700 美元。那些修理起来更容易、更便宜的产品更能使客户满意。

面向可维护性的设计鼓励设计团队认真地思考产品将如何不可避免地出现故障，以及当故障发生时如何能够方便地进行修理或维护。如果你正在设计一款足够复杂且预计需要修理的产品，那么你应该牢记以下这些操作的难易程度：

1）**故障诊断和必要的修理**。你不希望消费者在你知道产品有什么问题之前就把它寄给你。自我诊断（如错误信息）和标准化诊断测试（如运行发动机诊断程序以判断哪些传感器触发了汽车的发动机检修灯）可以减少识别出根本原因所需要的时间和工作量。对于很多产品，客户很重视它们的自我诊断智能系统。笔者每月会收到自己的纯电动汽车发送的关于汽车状态和任何所需维护的电子邮件，它还会提醒何时需要更换轮胎。

2）**拆卸产品以接触到要修理的位置**。产品结构应该既能允许接触到关键零部件（容易进入且有清楚标识），又能防止在拆卸有缺陷的零件时造成损坏。在上面冷冻室抽屉导轨的例子中，维修人员不得不拆卸冰箱的整个下半部分再重新组装起来，修理损坏的导轨只花了几分钟，但把冰箱拆卸开花了一个小时，再把它重新组装起来又花了一个小时。如果设计者曾经考虑过每个零件可能需要什么样的维护，那么这个问题本可以轻松地解决。

3）**更换零件并能正确地重新定位零件**。遵循前文所述 DFA 原则可以帮助加快修理速度，并提升维修的质量。笔者机器人吸尘器上的过滤器没有标明方向或者哪面应该朝上，总是要试好几次才能卡到位，而一个简单的贴纸"此面向上↑"就能为用户创造更为便利的体验。

4）**用备件来支持产品**。产品的寿命往往远超公司停止生产的时间，而公司一般在停止生产产品时就不再生产备件。修复旧车的人经常要在废品收购站里搜寻合适的替换零件。理想情况下，关键的替换零部件应该与之前发布的产品向后兼容。这对于寿命较长的产品尤其重要，它们的零件出现磨损和损坏是可以预料到的，如汽车、自行车和洗衣机。零件的通用性（或者向后兼容性）既能减少库存管理，又能避免产品寿命到期的问题。你也可以考虑把你的产品设计成带有备件的包装（例如，买来时带有替换刀片的搅拌机），或者可以预测什么时候需要备件的产品（例如，喷墨打印机可以在墨盒接近耗尽时通过电子邮件发出警告，邮件会自动调出重新订购适用墨盒的链接）。

5）**把昂贵零件与便宜的需要维护的零件分隔开**。例如，如果一个简单的传感器很可能会出现故障且需要更换，那就不要把它和昂贵的微处理器芯片放在同一块电路板上。

10.6 面向测试的设计

在试产过程中，产品需要进行大量的测试以验证它是否会如预期运行（第 7 章）。在量产时，一些子系统和最终产品也需要进行测试（第 13 章）。测试仪器本身可能比较昂贵，但更重要的是，测试会增加周期时间和交付时间，从而导致总成本的增加。在设计期间考虑测试问题可以减少生产中产品测试的时间和成本。例如，团队可以：

1）**印制电路板上要为足够的测试点留出位置**。测试点是电路板上容易放置探针的位置，以测试电气性能。测试点允许工程师在装配前对电路板进行综合全面评估，以确保它们可以正常工作。

2）**产品的设计应允许可以把子系统连接到测试装置上进行单独测试**。例如，你可能想在将扬声器嵌入产品之前测试它，扬声器组件应该能在模拟产品其他部分的定制装置中进行测试。这可以降低在整个产品装配完成后才发现问题的成本。

3）**包含内置测试（也叫作自我检测和自我诊断）功能以实现产品功能自动检测**。让产品拥有自我检测的能力可以在降低工作量的同时，提高生产中的检测精度。一旦产品投入使用，同样的自我检测功能也可以用于诊断。例如，笔者家房子内的备用发电机每周都会自动打开并且自己进行一次完整的检测，如果有故障，它会呼叫维护中心。污水处理系统可以进行相同的过程。

4）**避免老化测试的需要。**一些产品需要运行一段时间来降低生命早期故障的风险，并对系统进行校准。如果可能，老化测试应在子系统装配之前进行，以降低返工的成本，减少测试单元所需的空间，并减少在制品库存。

10.7　面向存货单位（SKU）复杂性的设计

大多数产品都有不同的颜色、配置、定价、包装容量（2 包装或 10 包装）、内部规格（1TB 或 500GB 硬盘），或者针对不同销售国家的型号（不同的墙壁电源插座）。在混合或批量生产中，在同一条生产线生产多种 SKU 可能会导致差错，造成在制品库存增加和成品库存过多。当生产多种 SKU 时，以下方法和建议有助于降低库存和出错的可能性：

1）**在最初推出产品时，保持最少数量的 SKU。**尽管在第一次生产时推出 10 款颜色的产品很诱人，但刚开始只制造一两种颜色的产品更容易使生产线稳定下来（并评估市场需求）。当亨利·福特宣布要推出世界上第一款大批量生产的汽车时，他说客户可以买到他们想要的任何颜色的 Model T 汽车，但"只要它是黑色的"，从而将复杂性降到了最低。

2）**只在装配过程中的一个点上对产品进行差异化区分。**如果有不同的颜色或选项，它们应该只在一个装配步骤中被添加到产品中，这样可以避免后续再匹配颜色的需要。例如，汽车通常是同时对车门和车身进行喷漆，车门在一条生产线上进行装配，车身在另一条生产线上进行装配，然后，在生产线的末端，它们再被装配起来。

3）**尽可能晚地对产品进行差异化区分。**后期的差异化可以使工厂预先制造单一的基础产品，只在发运前才对产品进行差异化区分。它还能使 SKU 组合的变化更快，降低在制品库存，并降低装配出错的风险。例如，如果产品是为不同的国家和语言制造的，那么应在最后添加带有特定语言的贴纸。

并不是总能把 SKU 数量降到 1 个或 2 个，可能有必要制造很多种。在这种情况下，可以通过设计质量体系来管理 SKU 的复杂性：

1）**为了防止装配错误，在生产期间要清楚地指明产品 SKU 何时被转换。**人们需要视觉提示，可以看到他们正在从产品的低端版本转换到高端版本。

2）**减少差异化材料的备货时间和成本。**因为需求的不确定性，需要为每种

SKU 的变化保留足够的材料。但有一种风险，如果某种颜色或版本不再销售，报废还未使用过的材料成本会非常高昂。较短的交付期意味着你不得不报废库存的风险就较低，因为你是在有确定的订单并在接近需要的时间才去订购材料。

3）**确保装配前的颜色匹配**。如果零件来自不同的供应商，那么即使每种颜色都分别在色差范围内，但是当两个处于颜色色差范围两端的零件装配到一起时，它们之间的颜色匹配可能无法通过检查（第 6.3 节）。应该要在进料时检查材料的颜色匹配或者由同一供应商制造。

4）**可以通过最终的质量检查和发运审核**来确认 SKU 正确地装配、包装和贴标。

10.8　DFX 的 11 项基本原则

大多数产品是由数十种不同制造工艺制造的零件装配而成的。对于任何无论是新人还是有经验的工程师，都很难将所有原则记在心中。然而，纵观多种制造工艺的 DFX 原则，你会发现一些共同的主题。以下清单综合概括了适用于多种工艺的一般原则。尽管它并不够全面，但它能帮助团队避免一些常见的陷阱。

原则 1：如果有机会不用遵从指令，那么就有人会不遵从。

团队必须假设任何制造、使用或者维修产品的人都不会阅读指导书，而是会在没有充分准备的情况下即兴发挥。设计者应该尽自己所能来使装配、使用和维修可以防错。例如，尽量：

1）优化设计以便于制造过程有比较大的作业空间。

2）避免那些不得不以某个特定顺序或方向才能正确装配的零件。

3）避免那些复杂的布线或者要在狭小空间内进行焊接的需求。

4）避免要求作业人员对定性的质量因素进行判断（例如，相机是否聚焦了，颜色是否匹配，声音是否足够好）。

5）避免复杂的螺孔样式，带有它们的零件很难对准而且需要复杂的拧紧顺序。

6）避免那些看起来相同但无法互换的零件（如有长度、头部、表面处理和直径相同但螺距不同的螺钉）。

原则 2：你要管理的零件越少，事情就会越简单。

减少零件数量可以减少潜在的差错和成本。此外，还可以减少与管理运营相关的成本，包括库存控制、订货和跟踪。最后，零件越少，你所需要制造它们的工艺装备就越少。例如，尽量：

1）加强零件通用性（尤其是紧固件，如螺钉、螺栓等），可以降低库存和复杂性（也是对上述原则 1 的支持）。另外，通用零件可以提高净最小订货量并能降低销售成本。

2）尽可能地合并零件，以减少装配时间、装配错误、工艺装备成本和库存成本。

3）把零件制成各组件以降低复杂性。为了满足高峰需求，可以先把子系统制造出来并以库存形式保存。

4）让供应商提供预装配好的组件而不是成箱的零件。

5）在第一代产品中，要坚持最简可行产品的原则。只保留关键功能（及相关零件）可以降低复杂性和产生缺陷的机会。

原则 3：产品被搬运得越多，引入的缺陷就会越多。

每次产品在不同工位之间进行传递，为了便于装配而进行翻转，或者存储在仓库中，都会产生损坏产品的机会。

1）只要有可能，要确保所有的装配步骤都可以在不翻转或者旋转产品的情况下完成。

2）如果你不得不移动它们，要保护好关键的表面和零部件。

3）装配步骤越少，产品被损坏的机会就越少。

4）在生产期间，设计定制夹具以安全地固定产品。

5）要小心地存储和移动材料。令人惊讶的是，有很多产品是被叉车损坏的。

原则 4：螺钉效果不好，但胶水和胶带可能更糟。

最好的紧固方式就是你不需要紧固。如果零件必须要装配，最好的防错方法是使用卡扣或者使用自动化设备进行紧固的自定位连接。这样可以避免安装错误的紧固件或者损坏螺钉的螺纹，也降低了工作量和装配所需要的培训。如果卡扣不可行，那么也许就需要使用螺钉。胶水和胶带也是一个可选项，但它们会成为很多质量问题的来源，两者需要经过适当的选择和试验。另外，胶水和胶带的黏性对于材料的表面预处理和使用方法也比较敏感。如果表面有油污或者没那么粗糙，胶水可能会粘不住。最后，胶水容易粘在产品的其他零件上，继而导致外观问题。

1）为了确保给紧固方式留下足够空间，在设计初期你就要考虑好紧固件装配策略。

2）在任何使用胶水或胶带的连接处增加机械结构以防连接失效。这可以降低结合处的应力，并保持零件的位置。

3）如果你不得不使用胶水，要使用点胶机并仔细控制环境和表面预处理状态。

4）最重要的是要避免装配的需求（原则 2）。把零件合并起来或者去除不必要的零件意味着你根本不必考虑紧固的问题（而且你可以节省工艺装备成本和装配劳动力）。

原则 5：材料不会一直停留在你放置的地方，而是会试图回到初始状态。

当团队创建一个 CAD 模型时，他们经常错误地认为塑料和金属零件是完全刚性的。回弹、内应力和顺应性都会使结构产生移动和变形。即使是金属，当被机械加工时，也会随着材料的去除和内应力的释放而变形。当有人尝试用台锯快速切割一块很大的木材时，会有危险的情况出现。因为当切割把应力释放出来时，木材会弯曲并夹住刀片。这项原则鼓励设计师：

1）避免使用没有加强筋强化的大型软质零件。

2）避免深度弯曲。那些弯曲或成形的零件可能会有回弹。

3）当零件冷却时，把它们固定在夹具上，使其不致于变形。

4）假设每个钣金件都会有轻微的尺寸偏差，那么在装配中也许就需要夹持在固定位置。

5）在应力已经全部消除后，再创建关键尺寸。

原则 6：你需要让刀具能够进入和退出零件。

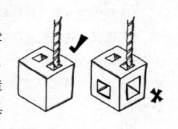

当设计一个零件时，工程团队通常会考虑零件会受到哪些应力，零件需要填充多大的空间，以及如何与其他零件相互作用。当进行面向制造的设计时，工程师需要从刀具的角度去考虑。具体来说，刀具将如何进入零件和退出零件？例如，如果零件有一个很窄的深腔，那么使用小直径的刀具是否会断裂？如果你在加工过的零件的侧面有一个倒扣，那你是否必须要重新固定来加工，或者使用昂贵的五轴数控机床？如果你的注塑零件上有一个倒扣，你是否需要在模具中使用斜顶机构或者侧向动作来成型这些特征？如果你的零件有笔直的边缘，你是否能在不刮伤零件的情况下把它从模具中取出来，还是你需要设置一个脱模斜度？

除非团队计划在量产时使用增材制造的方式，否则零件的几何结构越简单越好。越简单的几何结构越会有利于降低模具的成本、缩短周期时间并减少质量差错。当零件的几何结构看起来像是一个挤出物并且零件上有对称结构时，那么大多数传统的制造工艺都会做得非常好。对于倒扣、零件侧面的特征，如果在使用数控机床的情况下，都需要重新定位，如果在使用模具的情况下，则需要机构能实现多种复合动作。这个原则鼓励设计师：

1）避免倒扣，因为它们使刀具难以进入腔体内，或者需要模具二次动作。

2）设计的特征要和你拥有的刀具匹配。例如，如果你有一个直径 1/4 英寸的铣刀，就不要把圆角半径设计成 3/8 英寸。

3）尽量使所有特征朝向同一个方向，以避免重新定位。

4）从刀具而不是从零件的角度思考。思考刀具将如何进入零件，刀具将如何受力，刀具将如何退出零件，以及当退刀时它是否会撞到什么。

5）当有疑问时，针对由熔融或者塑性变形材料制成的零件可增加脱模斜度。

原则 7：当材料从液体变成固体时，会发生难以预料的事情。

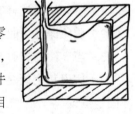

有些制造技术会使用材料的熔融形态来形成所需的零件外形，如注塑成型、铸造和挤压。当熔融材料冷却时，它通常会收缩、翘曲或移位。根据结构的设计不同，零件在创造时可能会翘曲、扭转或变形。团队可以通过设计相同的壁厚，并最小化无支撑的表面来解决这些问题。他们也应该：

1）避免使用大块的材料。

2）确保大的表面有正确的支撑结构。

3）避免薄壁，因为薄壁处的材料会过快地冷却。

4）思考材料会从哪里流到哪里，并且为浇口和冒口留出空间。

原则 8：材料不喜欢尖角。

当零件在成型过程中被折弯、锻压或者注塑时，尖角特征很难形成。制造尖角会使材料变脆，而且为裂纹的扩展提供了位置。这个教训来自在第 7 章中描述的哈维兰彗星客机事故。

1）当加工零件或模具时，尖角很难制造。

2）在对金属进行成型时，很小的折弯半径会提高加工硬化，这可能会导致应力集中或者撕裂。

3）熔融的塑料很难流入尖角并保持尖角的形状。内部的尖角会造成应力集中，导致翘曲和弯曲。外角很难保持尖角，因为随着材料收缩，它将会被从模具上拉开，从而使边缘变圆。

4）尖角通常比圆形表面有更多的缺陷。

原则 9：振动是你的敌人。

振动会导致连接器松脱、螺钉脱落、金属疲劳，以及电线与结构产生摩擦。产品的设计应减少振动的影响，并应进行振动测试，以确保没有长期的可靠性问题存在。这个可以联系到原则 5。

1）如果可能的话，应避免使用螺钉而是使用卡扣装配或者使用更稳固的焊接技术（如超声波焊）。

2）如果可能的话，对零件进行合并，以避免对紧固件的需要（参见原则 4）。

3）不要在电线连接器上吝啬。如果产品要经受振动，应采用锁定式接线器而不是摩擦式，因为锁定式连接器使用机械锁将电线固定在一起，而不是通过磨擦滑入。

4）要确保对产品上的线束进行适当管理，使电线振动时，它们不会把压力施加在连接器上。要合理布线，这样它们就不会被夹住或者与尖锐的边缘发生摩擦。

5）如果你需要使用螺钉，请使用乐泰或者其他黏结剂以降低螺钉脱落的概率。

6）对可能会出现疲劳破坏的零件进行加速和延长的可靠性测试（插文 7-2）。

原则 10：如果工艺不受控，最好的 DFM 也会失效。

如果工艺参数没有得到正确的标准化并进行受控管理，那么即使在产品设计中应用了最好的 DFM 分析，质量仍会出问题。工艺控制应被认真地设计和管理。这些将在第 11 章讨论。

1）为了优化成本和周期时间，应确保所有的关键工艺都已进行调整。工厂应在受控文件中维护好工艺设置文档。

2）工厂应该采用统计过程控制——一种将在第13章详细描述的跟踪质量趋势的统计方法——来跟踪和管理过程质量并识别出任何干扰。

3）标准作业程序和工艺规划应该详细记录所有的制造和装配作业。

4）为了确保遵循标准作业程序和工艺规划，应对其执行情况进行审核。

5）需要对设备进行定期的预防性维护和校验，以保持工艺装备和设备的最佳性能。

原则 11：知道何时打破原则。

如果完全遵循所有的 DFX 原则，那么大部分产品会很大、成块状而且超重。为了实现更多的创新设计目标，也许有必要突破 DFX 的限制。突破限制意味着你在竞争中处于领先，创造新的市场并且为客户提供新的且令人兴奋的产品。你应该咨询制造专家以了解哪些原则可以被打破，如何降低风险，以及哪些地方不能违背 DFX 原则。请记住，将一项技术推向极限是一回事，违反基本的物理规律又是另外一回事。工程师需要回答的问题是：可能与不可能之间的界限在哪里？

1）Apple 公司打破了"没有大而光滑发亮的白色塑料表面"的原则。大而光滑的表面很难实现，但是通过挑战极限，Apple 公司为产品美学的革命创造了条件。

2）处理器制造商，如英特尔公司，持续地提升线宽和时钟频率等能力，他们设计的新芯片经常会违背现有工艺的极限。

3）戴尔公司实现了定制电脑配置的快速转变，改变了电脑制造的模式。

4）宜家公司通过以扁平包装的形式来销售未组装的产品，改变了家具销售的模式。通过把组装工作交到客户手中，宜家使人们能够在走出店门时，在他们汽车的后面放上客厅的家具。此外，宜家也消除了所有可能的损坏、搬运和组装错误，如果他们在销售之前把家具组装好，那么就可能会引入这些错误。

小结和要点

❑ 越早考虑工艺和 DFX 越好。设计早期的变更比后期修改工艺装备要便宜得多。

❑ 团队需要了解他们将要采用的工艺，这样他们就能做出具有制造可行性的设计。

❑ DFX 不仅仅是关于制造产品，而且还要考虑设计决定将会如何影响后续成本。

❑ 经常与现场专家进行交流以听取他们的意见。他们既能够找出问题，也能提出易于解决的建议。

❑ 如果你不知道从哪里开始，那就使用 DFX 的 11 项基本原则：

1）如果有机会不用遵从指令，那么就有人会不遵从。

2）你要管理的零件越少，事情就会越简单。

3）产品被搬运得越多，引入的缺陷就会越多。

4）螺钉效果不好，但胶水和胶带可能更糟。

5）材料不会一直停留在你放置的地方，而是会试图回到初始状态。

6）你需要让刀具能够进入和退出零件。

7）当材料从液体变成固体时，会发生难以预料的事情。

8）材料不喜欢尖角。

9）振动是你的敌人。

10）如果工艺不受控，最好的 DFM 也会失效。

11）知道何时打破原则。

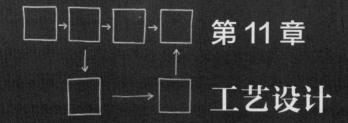

第 11 章

工艺设计

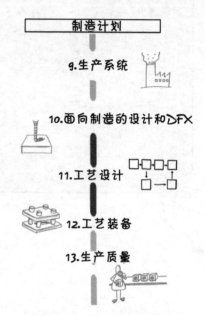

制造计划

9.生产系统

10.面向制造的设计和DFX

11.工艺设计

12.工艺装备

13.生产质量

　　不仅是你的产品需要认真设计，制造产品的工艺也需要认真设计、记录和测试。本章将介绍制造过程中的主要活动，包括工作分配、工艺规划、标准作业程序编写和材料搬运。

许多第一次设计产品的设计师会误以为一旦他们设计好了自己的原型样品，并且也选了基本的制造工艺，只需要简单地把图样发给制造商，然后等待完美的产品送回给他们就可以了。然而现实并不是那么简单。CAD 图样、物料清单（BOM）和其他设计信息只是告诉了工厂要制造什么，但并没有告诉他们如何制造。在为试产和最终量产做准备时，制造工程团队需要定义制造零件以及装配成品的工艺操作。为了确保工艺能满足产品要求，设计团队也要介入其中。

如果一些零件是从外部采购的，这些零件的工艺规划开发将由供应商进行管理。如果装配是由合约制造商完成，那么他们将负责设计将最终产品制造出来所需要的工艺。即使核心的工程和管理团队把所有的制造工艺规划全部外包出去，他们也很有必要知道并理解用于定义制造工艺的文档。例如，一家通信公司认为一个天线上的故障是由于一个零件缺陷造成的，他们花费了大量时间尝试定位那个零件的缺陷。在查看了装配工序后，他们发现装配并没有标准作业程序，而且合约制造商对零件处理不当，造成了破坏。合约制造商本应该有一份标准作业程序；工程团队也本应该在试产时就已经检查过标准作业程序了。

行业中有多种术语用于开发这套程序：过程工程、制造计划、运行规划、工厂规划和工艺规划。本章介绍了定义制造工艺的基本概念，并采用了一些更通用的术语。为了定义生产最终产品的整个流程，制造工程师和设计工程师通常要一起合作：

1）**确定整个工艺流程（第 11.1 节）**。工艺流程列出了所有材料和零件从进料到最终成品经历的所有步骤。

2）**定义每个工位的工作内容**。一旦理解了整个工艺流程，那么每个工位（也叫作工作站或者工作地）要完成的具体操作就必须要定义好。

——**对于每项操作，要决定是人工还是自动化完成（第 11.2 节）**。工艺中的一些方面采用自动化也许是划算的，包括材料搬运、装配和测试。制造工程团队需要定义哪些操作由人工完成，哪些要求开发自动化设备。

——**把工作分配给各工位（第 11.3 节）**。制造零件、装配产品和测试产品所需要的操作必须要分配到一系列工位来完成，有一些是顺序进行的，有一些则可以同步进行。工作分配要做到平衡各工位的生产量，这样才能把整体时间周期、材料搬运和在制品库存都尽可能降到最少。

3）**创建工艺规划（第 11.4 节）**。工艺规划是一份正式文件，它定义了从来料到把零件制造并装配起来的所有操作。它包含了每项操作需要的所有资源，包括时间、人力、空间、设备和材料。规划中的信息会推动资源计划，并且是制造资源计划（MRP）和企业资源计划（ERP）系统（第4.4节）的一个主要信息来源。

4）**创建标准作业程序或者作业指导书（第11.5节）**。对于每个工位，需要创建一份关于每项操作连同所需要的材料和零件应该如何准确执行的文件。

5）**创建材料搬运和运输计划（第11.6节）**。材料需要在供应商、工厂各区域和各工位之间进行搬运和运输。此外，在装配期间，个别工位也需要一些夹具来固定零件。

工艺定义和文档有以下几个目的：

1）**确保产品每次以相同的方式制造**。文档能防止一些人对哪些关键、哪些不关键做出错误假设。此外，工艺规划可以用于审核工艺以确保工厂正在正确地执行一切，也可用来推动持续改善（第19.2节）。

2）**支持认证和法规要求**。例如，质量管理体系（QMS），如 ISO 9001 要求对工艺有综合全面的文档记录。受监管的产品，如医疗器械，则要求文档作为药品生产质量管理规范（CGMPs）的一部分（第17章）。

3）**支持对工厂的设计和布局**。工艺定义被用于估算工艺装备和劳动力需求，也能用于指导工厂的布局和物料流。如果生产流程太过复杂，难以手动设计，那么可以使用工厂模拟和优化软件来改善工艺流程（第9章）。

4）**确保采购了正确的材料**。工艺规划包括了所需材料和零件的清单。如有必要，工厂会更新制造物料清单（M-BOM）以确保材料和零件充足。

5）**支持制造资源计划（MRP）和企业资源计划（ERP）系统**。来自工艺规划的数据会被提供给材料计划过程。工艺规划定义了所有的周期时间、材料和人力。MRP 和 ERP 系统采用来自工艺规划的数据以确保材料的准时订购，以及零件提前向供应商下单以满足需求。

在产品和工艺设计阶段，有关产品架构、测试策略和设计细节的决定有助于使生产系统更顺畅地运行。理想情况下，制造团队会和产品设计本身同步开始设计工艺流程。通过同时开发一个产品和它的工艺步骤，团队能显著地降低成本和周期时间。例如：

1）你的产品架构和装配顺序会对工作如何分配给各工位有很大影响。遵循面向装配的设计（DFA）原则（第10章）将会降低人员数量、材料搬运要求和装配时间上的波动。例如，如果产品要求每个零件必须要按顺序装配（如只有零件 B 被放进去后，零件 A 才能被装配等），那么整个周期时间就是所有装配步骤时间的总和。如果产品能以部件制造出来，那么这些部件就可以先同步制造。周期时间就是这些部件中装配最耗时的那一个的装配时间再加上最终装配的时间。

2）如果自动化装配是一个选项，那么为了使自动化执行机构能够定位并抓取产品，零件应该设计有定位特征和抓取表面。

3）在各工位间搬运材料是造成损坏和脏污的重要原因。设计可以安全搬运的部件，可以减少制造过程中的损坏和降低成本。

4）在装配后期才对产品进行差异化，这有利于减少在制品库存和潜在的差错（第 10.7 节）。

在 DVT（该过程确保产品的性能了吗？）和 PVT（生产系统如计划般地运行了吗？）阶段，以及整个生产爬坡阶段（在批量生产期间，对生产线进行加速直到达到最终的生产速度），你都要对工艺定义进行验证和测试。每一个验证阶段都会发现和解决工艺设计中的问题。

11.1 工艺流程

定义一项工艺的第一步就是创建一个从材料来料到成品的整个流程的多维度画面。工艺流程图为团队提供了一种不必费力去做好多页标准作业程序（SOP）和工艺文档，就可以对整个工艺进行可视化的快速方式。图 11-1 展示了聚氨酯硅胶复模的一个简单工艺流程图。聚氨酯铸造使用一个由模样制造的硅胶模具。双组分的热固性材料混合到一起并被注入模具中，然后制作出零件。工艺流程图可以帮助团队识别出以下内容：

1）**可以并行完成的操作**（例如，对聚氨酯进行称重并同时清理模具）。为了降低整个周期时间和在制品库存，并行过程可以在单独的生产线上完成。对聚氨酯材料进行混合时不必等待模具清理完成，因此整个周期时间仅为两个工序时间中较长的那一个。

2）**过程中的关键检查点和重复性操作**。在图 11-1 中，必须要检查模具是否填充满了。如果型腔没满，就必须要充满。反复的作业会导致周期时间有较高的波动性；在该过程之前和之后通常都有缓冲库存以避免缺料，防止对上下游工序造成影响。

3）**在制品生产所需的物料要有库存**。例如，在一项用到模具的工艺中，工厂需要一个专门的区域来存储干净的模具。

以上这些信息可以用简单的流程图（见图 11-1）、泳道图或价值流图记录下来，这些记录方式都有各自的优缺点。

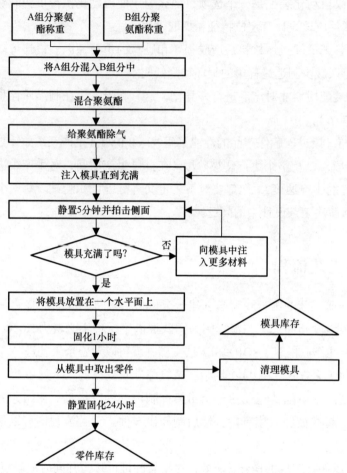

图 11-1　聚氨酯硅胶复模的一个简单工艺流程图

1）**简单的流程图**最容易创建，但所能呈现的信息有限。流程图通过箭头把各方框和其他特定的形状连接起来以展示工作流程或过程。

2）**泳道图**对于当工作在多个职能部门之间流动，而工作分配出现问题时是很有用的。它与流程图相同，但是增加了纵列以区分谁应该对哪个任务负责。

3）**价值流图**是获取一个工厂所有信息的一种非常棒的方式。价值流图是一种带有更多符号，以同时呈现工作流程和信息流的复杂版流程图。然而，价值流图上的数据通常做不到维护，或者与过程中的其他代表性信息保持一致。例如，价值流图通常会记录周期时间和人力要求，但该数据与工艺规划的协调却经常被人忽略。因此，价值流图可能很快就会变得过时而不再准确。

11.2　人工和自动化

对于任何作业，材料搬运和处理要么通过人工，要么通过自动化/机器人完成。正如你能想象到的，自动化有几个明显的好处但也有某些缺点。自动化可以降低劳动力成本，降低由于人工出错造成的质量问题的概率，而且它通常可以提高产能。但自动化成本也很昂贵，相比生产初期的人工装配，它需要更多的调试和优化。2018 年 4 月，埃隆·马斯克在推特上说道："是的，特斯拉过度的自动化是个错误。准确地说，我犯了个错误，人类被低估了。"

如果你想知道在你的生产过程中是采用人工装配还是自动化操作，那么表 11-1 中所列出的内容都是你应该考虑的因素。

表 11-1　人工和自动化装配对比

衡量指标	人工和自动化装配对比
零件尺寸	当零件超出自动化系统能够轻松处理的范围时，人工装配通常就有用了。在处理小型精密零件方面，自动化装配通常比人工装配要更好。当零件对于人来说太大或太重以致无法轻松搬运时（如汽车零部件），这时可能就需要自动化了
精密零件	如果零件不能被触摸且很容易损坏（如细小的电线），那么自动化也许更好
定位	需要对零件进行各种重新定位的操作更适合人工处理。人比机器更容易翻转和旋转工件
生产量	小批量生产可能无法证明自动化的编程和设备成本是合理的。例如，一家生产少量定制产品的公司会选择人工装配
专用和柔性生产线	如果一项工艺设置好了之后，会经常重复性地停机中断（如季节性的节日装饰品的生产），则人工装配线更加灵活
劳动力成本	在劳动力成本较低，设备成本较高的地方，人工装配可能会更好。这取决于你的生产活动所处的国家，以及对于人工装配所要求的技能程度
污染	在人为污染不是问题的地方，人工装配没有问题；而如果零件需要保持无菌状态（如医疗设备），则采取自动化工艺可能更好
误差敏感性	如果工艺需要重复但高精度的过程，则自动化可以消除偏差

术语"自动化"描述了对于装配和材料处理的一系列可能的解决方案。自动化方案最终将属于从完全固定的自动化到柔性自动化之间的某个范围。

1）**固定自动化**是明确为某个产品和工厂设计的，它无法被用于其他活动。例如，在一个铸造工厂中，对于大型铸件会有专门的材料搬运设备。在大多数情况下，固定自动化用于专用生产线，该生产线的产量和速度说明了设计和购买一套定制化设备的合理性。

2）**柔性自动化**是一种通用型设备，它能用于许多不同的产品或工艺。有许多通用型机器人系统，可以通过改变定制的夹持器和修改程序来做出调整。通用型机器人会卖给各行业的公司，包括从消费电子行业到医疗设备行业。在另一个案例中，数控车床可以使零件的车削和材料传送自动化。在机床刀架上装夹不同的刀具以及编制不同的程序，数控车床可以用来制造种类繁多的产品（见图 11-2）。

图 11-2 数控车床（来源：转载已获得 SRAM 许可）

11.3 各工位的工作分配

大多数产品无法仅在一个单独的工位上完成装配。所涉及的操作和设备太多，一个作业员也很难掌握所有的工艺。通常，工作会被分解成工位执行的一系列操作，每个工位会被分配不同的任务。每项操作都有专用的设备，而且正确的材料会被及时送到每个工位以满足需求。每个工位也有自己的一套标准作业程序和质量检查。当确定需要多少个工位以及如何平衡各工位之间的工作时，团队就需要在为每个工位分配大量工作和增加在制品库存数量之间做好平衡（工位越多，系统中的在制品库存就越多）。

每个工位通常都具有：

1）来料（需要用来装配的材料）区域。

2）需要在工位进行操作的设备。

3）标准作业程序。

4）测试设备。

5）工作的空间。

6）记录工作完成的方式。

在电子产品装配案例中，工位可能是一个工作台；在飞机装配案例中，工位将会是一个像飞机尺寸那么大的地方。图 11-3 和 11-4 展示了电子产品装配工位和波音 787 的装配工位。

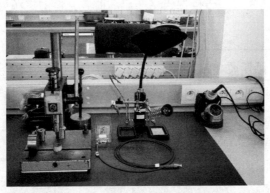

图 11-3　电子产品装配工位（来源：转载已获得 Artushfoto，Dreamstime.com 许可）

图 11-4　波音 787 装配工位（来源：转载已获得波音公司许可）

11.4　工艺规划

在整个工艺流程被理解、自动化程度确定、各工位的工作分配后，就需要定义工艺规划了。虽然前文所述的三个步骤定义了需要做什么，但是并没有足够详细地定义其中的每项操作，而只有详细的定义才能够用于设计生产车间、采购设备并雇用足够的劳动力。

工艺规划，也叫作工艺路线表、工艺操作卡或操作计划步骤，是一种结构化的文件，它通常以表格形式存在。

它们定义了工艺中的操作、所需的设备和材料，以及在工厂中要进行操作的位置。工艺规划用来全面记录所有需要的资源，以及分配给单个工位的工作任务。为了确保每个步骤的所有相关数据都会被收集，该规划表都是正式结构化的。大部分工艺规划用于确保当生产启动时有合适的资源可用，并且可用于了解周期时间。

故事 11-1：要倾听你的工厂

Sam Shames，Embr Labs 首席运营官和联合创始人

Matt、David 和我是 Embr Labs 的创始人，作为麻省理工学院材料科学和工程系学生项目的一部分，我们提出了 Embr Wave 这个想法。在 2013 年 6 月份，当正在一个空调很足的实验室进行头脑风暴时，我们感到有点冷，然后不得不穿上运动衫以保持舒适。当时我们意识到，给一个巨大的实验室空间安装空调使人们感到寒冷是多么的没有意义，尤其是一个一天中大部分时间都是空着的实验室。在 2013 年 10 月的比赛中获胜后，这个想法就迅速传播开来。经过 6 轮以上的原型设计，我们带着筹集到的资金在 2016 年进入了生产。在 15 个月的时间里，我们学习到了很多理论上可行的东西，以及批量制造产品时实际可行的方法。

在制造期间，我们最大的错误就是没有听从合约制造商关于在一块 15mm×35mm 的印制电路板上手工焊接多根导线的可行性建议，这个错误导致我们多花了 5 个月时间和数万美元。在 DFM 阶段，合约制造商告诉我们手动焊接不具有可扩展性，但是我们的美国工业设计公司说他们是错的。我们犯了错，听信了设计师的话。在我们的第一次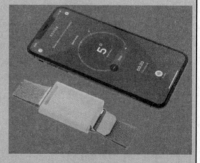

原型样品运行中，10 个原型样品中只有 2 个能工作。更糟糕的是，在这个低合格率之后，我们仍然没有听从合约制造商的建议，只是对壳体做了设计变更而不是改用连接器。直到第二轮 5 个原型样品中只有 2 个能工作时，我们

最终才听取了他们的建议。然后合约制造商找到了一种小的连接器，修改了我们的 PCBA 设计，然后这个问题就被解决了。采用那个连接器后，第一次试产合格率为 96%。现在两年多过去了，我们已经发运了数万件产品，制造过程中的合格率很稳定地维持在 98%~99%。这件事的教训就是关于一项生产工艺是否可行时，你要听取你的合约制造商的建议，并且尽可能早地把他们引入决策过程中来。如果我们曾经那样做了，那么我们会从一开始就设计好连接器，并且可以更快速、更便宜地将产品推向市场。

　　文章来源：转载已获得 Sam Shames 许可。

　　照片来源：转载已获得 Embr Labs 许可。

　　商标来源：转载已获得 Embr Labs 许可。

　　公司通常会根据他们的独特需求来设计工艺规划的结构。但是所有的工艺规划都有相同的基本信息，见表 11-2。表 11-3 给出了一个工艺规划的具体例子。

表 11-2　一项工艺规划的基本信息

名称	描述
操作序号	该唯一的序号只对应识别一个操作。通常情况下，这些序号往往不是连续的，所以很容易增加操作而不需要重新编号
操作	操作描述
区域	工作进行的地方和使用了什么机器
设置	简单描述一下工艺开始前需要进行哪些设置
工艺	对工艺的简单描述
标准作业程序	对每项操作（或者多项操作）的正式标准作业程序
工艺装备	执行工艺所需的夹具和模具等工艺装备
材料	在操作中所使用的材料和零件，预加工的材料也隐含在内
调整准备时间	每批次总的调整准备时间
生产周期	每批次总的周期时间（不包括调整准备时间）
劳动力	每个零件的平均工时

表 11-3 工艺规划举例

生产规划序号	FAB_0101					关键联系人	Jane Doe			
零件/装配序号	FAB_0101					零件名称描述	聚氨酯硅胶复模外壳			
					初始的批准		批准的变更			
					日期（初始）		日期（修订）			
序号	操作	区域	调整准备	工艺	标准作业程序	工艺装备	材料	调整准备时间/min	周期时间/min	工时/min
10	清理模具	工位 1		检查并清理模具，设置溢流盘	SOP_mold_prep_v1	模具	酒精、擦拭布、小刷子	0	5	5
20	称重并混合聚氨酯	工位 2	准备杯子，搅拌棒和清洁用品	注入 A 组分 41.2g，增加 B 组分到 94.6g，完全混合至少 5min	SOP_urethane_v1	克重称	搅拌棒、搅拌杯、聚氨酯	5	6	6
25	给聚氨酯除气	真空除气机	设置好抽真空时间并用塑料袋做做内衬	给聚氨酯除气	SOP_degassing_v3	真空除气机	内衬	1	3	3

（续）

序号	操作	区域	调整准备	工艺	标准作业程序	工艺装备	材料	调整准备时间 / min	周期时间 / min	工时 / min
30	把混合料注入模具	工位 2		将材料慢慢注入模具中	SOP_FAB0101	模具			3	3
40	拍击以去除气泡	工位 2		拍击模具 5min 直到气泡不再冒到上面。也许需要增加更多材料充满型腔	SOP_FAB0101	模具	金属棒		10	10
50	固化	工位 3		放置 60min	SOP_FAB0101	模具	无	1	60	1
60	取出零件	工位 1		从模具中取出零件	SOP_FAB0101	模具	无	0	5	5
70	固化	工位 4		将零件放在工作台 3 上，贴上标签明标固化的开始时间	SOP_FAB0101	无	无	5	24h	5

工艺规划可用于支持以下活动：

1）**周期时间的计算和生产线的平衡**。工作将会被分配给不同的工位，以确保生产线的平衡。

2）**资源需求**。为满足需求和生产速度所需要的工位数量、工艺装备数量可以从这些数据中计算得出。

3）**制造物料清单（M-BOM）**。工艺规划列出了执行每项操作所需的所有材料。制造物料清单和工艺规划应该包含相同的信息。

4）**路线和布局**。工艺操作可以被映射到设施的平面图上，以了解各工位之间所需的运输和库存的存放位置。布局的影响可以通过在纸上绘图或者通过使用模拟软件来评估。

5）**工作流模拟**。流程模拟软件可以使用数据对工厂设施进行复杂的模拟，并识别出瓶颈所在。

6）**制造资源计划（MRP）和企业资源计划（ERP）系统**。工艺规划会被输入 MRP 和 ERP 系统（用于管理企业和制造数据的系统）中，然后用于向车间发送订单和订购材料。

7）**审核**。工艺规划可被质量小组用来检查工艺是否在按照设计执行。

11.5 标准作业程序

工艺流程和工艺规划过于笼统，无法使作业人员准确地知道每项操作需要做什么。标准作业程序应该使任何具有合适技能并接受过培训的作业人员能够执行工艺规划中规定的操作。本书将重点讨论制造和装配标准作业程序。

组织也可以在标准作业程序中记录其任何组织流程（插文 11-1）。详细的标准作业程序可以确保：

1）任何培训过的作业人员都能执行该工艺，而且会产生相同的结果。

2）当组织意识到哪些地方可能会出错时，学习可以推动对标准作业程序做出更改。

3）质量检查和标准的应用是一致的。

4）作业人员将时间花在做工作上，而不是花在去想该做什么上。

5）任何法规、环境和安全方面的预防措施都要记录下来并得到遵守。

6）作业人员在开始工作前就拥有必要的材料和设备。

插文 11-1：标准作业程序

标准作业程序不仅是针对制造工艺的，而是几乎适应于产品实现过程中所有的步骤。标准作业程序包含下列信息：

1）**试产质量测试程序**：针对耐久性、寿命和功能进行的测试（第 7 章）。

2）**来料质量控制（IQC）**：对来自供应商的零件的检验要求（第 13.3.1 节）。

3）**调整准备表**：在执行装配 / 制造操作之前，需要进行调整准备。在制造操作中，调整准备可能包括装载工艺装备、清理设备和启动设备。对于柔性装配线，它可能包括准备耗材（如指套和胶水）和使用材料搬运设备。

4）**校准 / 预防性维护**。为了确保高质量，需要对校准、维护工具和夹具进行说明。

5）**外观检查**：用于外观检查的光源和测量技术。例如，表面处理的标准作业程序可能会展示不可接受和可接受的缺陷照片。

6）**在线质量检查**：哪些是可接受的，哪些是不可接受的，以及不合格的产品应该如何管理。例如，标准作业程序也许详细说明了如何进行在线测试，并说明如果发现不合格，应重新进行测试。

7）**发运审核**：对于成品的测试过程和可接受标准，包括抽样率和测试清单（每项测试都会有其特有的标准作业程序）。

正如工艺规划一样，公司通常会定制标准作业程序以适应其独特需求。然而，大部分标准作业程序都具有相同的基本结构：

1）一个带有标准作业程序名称、发布日期和批准情况的标题页。标准作业程序应该是一份受控文件。

2）对于要制造的零件、组件或产品的描述。

3）一份所需要的材料、零件和组件的清单。

4）该工艺应该使用什么样的设备和环境（如可能需要一个洁净室）。

5）对于如何执行操作的详细描述，包括图片和示意图。

6）对什么是可接受的质量的详细描述。

7）如果工艺检查或质量检查没有通过，对于要如何处理任何异常情况的指导说明。

创建标准作业程序有两个目的。首先，它可以确保制造工程团队在将工艺移交给工厂之前，完全了解这些工艺。例如，在聚氨酯硅胶复模工艺中，一份详细的标准作业程序可以防止组织忘记把搅拌棒列入制造物料清单中；其次，标准作业程序为推动改善提供了一个基准。如果出现质量问题，团队可以确定是工艺有问题（标准作业程序不完善），还是作业人员出错了（没能遵守标准作业程序）。不管是哪种情况，可以通过改进工艺，重新培训作业人员，以及使标准作业程序更加明确来得到改善。

标准作业程序只有当被遵守、更新、用于培训且定期审核的情况下才有用。标准作业程序的最佳实践包括：

1）**设计一个几乎不需要标准作业程序的产品**。你设计的产品越是能最大限度地减少潜在错误（第 10.3 节），标准作业程序就越简单。

2）**要使标准作业程序易于阅读和使用**。多用图片，少用文字（想想宜家的装配说明书）。标准作业程序越直观，越可能被遵守。

3）**文件要受控**。制造工程小组需要维护每份标准作业程序的最新版本，并且将任何变更都要传达给作业人员。每当为减少故障而进行改进时，这些变更都应该反映在最新版本中。

4）**使用标准作业程序进行培训和审核**。应将标准作业程序作为培训的基础，并定期对作业人员进行审核以确保他们遵守标准作业程序。

5）**验证标准作业程序**。应在试产阶段尽可能早地开始使用标准作业程序。理想情况下，应在 DVT 阶段起草标准作业程序，并在 PVT 阶段对其进行全面测试。

到目前为止，为了把差错降到最低，我们已经强调了制定高度细化的标准作业程序的重要性，以尽量减少错误的发生，太过详细总比不够详细要好。然而在有些情况下，标准作业程序会因为过于详细而受到影响。如果文字太长、太复杂，作业人员可能在一段时间后就不会再参考标准作业程序了。如果作业人员开始依赖他们的记忆而不是记录在标准作业程序中的内容来确定需要做什么，那么他们可能会犯错误。

如果你正在寻求帮助以使你的标准作业程序达到刚刚好的详细程度，那么有以下几种技术解决方案：

1）**电子版标准作业程序**。过去的标准作业程序文件装满三孔文件夹，作业人员在使用时不得不去逐页翻阅，但其实大部分时候它们是放着落灰的。现在的标准作业程序文件经常会整合到 ERP 系统和工厂车间管理系统中，以便在正确的时间给作业人员提供正确的信息。当零件到达时，工位上的屏幕会自动调出相应的标准作业程序，而且在工艺中的某个适当时间点会过渡到自动测试屏幕。

2）**内置测试**。如果产品本身可以对每个质量测试发出提示或用亮色突出显示，而且能够提示合格还是不通过，那么也就不再需要去查看纸质标准作业程序或者记住一个复杂的步骤。产品可以有一份自带程序，引导作业人员完成装配和测试过程。

3）**自动光学检测（AOI）**。把相机与自动化图像分析相结合，可以帮助消除测试和结果判定中人为因素引起的偏差。

4）**增强现实（AR）**。这项技术在视觉提示方面具有很大的前景。使用 AR 设备，作业人员可以在一块屏幕上同时看到产品和标准作业程序，并带有突出显示相关部分的指示。

11.6　材料搬运

用于制造你产品的材料需要在整个制造过程中进行跟踪：它们需要在各工位间移动，存放一段时间，或者发回给供应商。零件需要在正确的时间被运至正确的地点，并且在运输过程中不能损坏。

工位间的材料移动可以通过搬运工、看板系统和自动化材料搬运等来推进和控制。在工位间移动材料的一个经常被忽略的方面是材料被搬运的方式。在设计工艺流程时，团队应该规划所有材料应该以什么样的路线如何被搬运，以及如何降低损坏的概率，包括：

1）**静电放电（ESD）敏感性材料**必须要使用特殊设备来搬运，以降低静电放电对敏感电子元件造成损坏的概率。这类材料搬运设备包括 ESD 防护定制搬运箱，或者通用型包装，如一次性静电屏蔽袋和用于在工厂内移动大量材料的接地货架。

2）可以在工位间安全地移动产品的**搬运箱**。容易损坏或对灰尘和碎屑很敏感的产品，可能需要定制的搬运箱，以便产品在工厂内移动时用来固定产品。

3）**薄膜和包装**可用于保护产品脆弱的表面以减少搬运期间的损坏。

4）**货架和支架**可用于在固化、冷却和干燥过程中固定产品。

你也需要对零件和子系统进行保护以免受到人的污染和损坏。通常，标准作业程序会具体规定所需要的各种防护设备。防护设备既要保护工人免于伤害（化学物伤害、割伤、眼睛受伤），也要保护产品免于油渍、碎屑等的污染。防护设备通常包括：

1）**指套**。这是针对单个手指的小套子，用于防止油渍被转移到产品上。很多工厂工人发现它们比全副的手套要舒服。

2）**手套**。如果生物或者其他脏污是一个问题，又或者正在使用有毒材料，也许就需要戴上全副手套。

3）**服装**。可能需要不同的外套 / 衣服来降低污染、灰尘和静电放电风险。

4）**防护帽**。帽子和发网可以降低毛发和皮屑进入产品中的风险。

5）**鞋套**。在穿衣区穿上鞋套可以保护产品不受从外面带入的脏污和灰尘的影响。

6）**ESD 防护**。这可以包括接到地垫上的个人接地条。

小结和要点

❑ 除了设计产品之外，团队还需要设计制造产品的工艺。

❑ 设计决策对质量、成本和生产系统的效率有巨大影响。

❑ 工艺定义被保存在多种文件中，包括工艺流程、工艺规划和标准作业程序。

❑ 材料搬运会影响成本和质量，所以要仔细考虑如何在整个工艺过程中搬运你的产品。

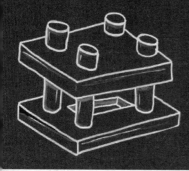

第 12 章

工艺装备

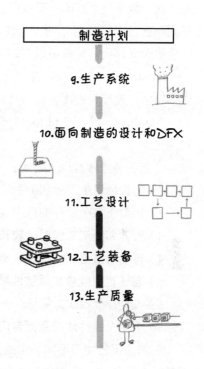

制造计划

9.生产系统

10.面向制造的设计和DFX

11.工艺设计

12.工艺装备

13.生产质量

随着生产从小批量过渡到大批量，你就要使用模具、夹具等工艺装备来降低周期时间，减少对于技能熟练工人的需要并且提升合格率。尽管工艺装备制造成本昂贵，但设计和制造工艺装备的成本很快会被它能更快、更低成本地生产成千上万件零件的能力所抵消掉。然而，工艺装备的设计和制造容错空间很小，交付周期可能很长，而且往往是在产品实现的关键路径上。此外，犯错的成本很高，工艺装备的修改可能需要很长时间。本章回顾了典型生产线上使用的工艺装备类型，如何设计以适合产品实现过程，以及如何为一个新产品创建工艺装备策略。

　　如果你将大批量生产一种产品，那你就需要定制一套工艺装备。3D 打印或者手工制造产品中的每个零件并不划算。在廉价的 3D 打印机上打印一个塑料外壳可能要花 10 美元，但是同样的外壳通过注塑成型只需要 0.3 美元。此外，注塑成型工艺可以在 3D 打印机打印一个零件的相同时间内生产数千件零件。最后，用高度抛光的模具进行注塑成型可以生产出具有高光泽度和有趣表面纹理的零件，而大多数商用 3D 打印机则不能。即使生产零件的模具也许要花 15000美元，但你只需要用模具生产出 1500 个零件就能实现收支平衡；之后每生产一个零件，你就能节省 9.7 美元的材料成本。

　　术语 "tooling" 和 "tool" 适用于用来制造零件和部件的一系列活动和设备。在一般情况下，tool 表示用于特定目的的物品或工具，包括从定制的注塑模具到一把锤子等任何东西。当建立一个生产系统时，术语 "tooling" 就有了更精确的含义。我们将使用以下定义：

　　"tooling" 或 "tool" 作为一个名词：指专用的硬件工艺装备，如模具、夹具、铸型、模样和钢网，是为特定产品而设计和制造的。

　　"tooling" 或者 "to tool" 作为一个动词：指具体说明、设计和制造工艺装备的过程。

　　工艺装备通常有以下特点：

　　1）为**大批量**生产（100 件以上）而制造。

　　2）相对于每个零件的可变成本，工艺装备的**固定成本较高**。

　　3）设计和制造**交付时间较长**。

　　4）需要**制造专家**来设计、制造和维护。

　　5）需要**定期检查和预防性维护**以生产高质量的零件和部件。

　　6）改变或修改（尤其是对于硬模）**成本较高**。

　　7）为某个零件或产品而**专门设计**。

　　不同的工艺使用不同类型的工艺装备（见表 12-1）。工艺装备可以用于定义零件的几何结构，在零件装配时夹持零件，或者用于将图案转移到零件上。除了 "tool" 这个词之外，行业内还有很多行话，当你与供应商交谈时，你需要熟悉这些行话（插文 12-1）。

插文 12-1：关键的工艺装备概念

　　当设计模具等工艺装备时，你需要计划好刀具如何进入和退出零件（例如，如果你想加工出一个口袋状的空间，你必须要确保立铣刀的刀柄在加工时不会撞到零件）。此外，在注塑成型时你必须要能使材料可以进出型腔。以下是一些你需要熟悉的关键概念，因为它们会对你产品的成本、质量和交付时间产生影响。

分模线（parting line）。大部分用于压铸或者注射成型的铸型和模具都由两部分构成。分模线就是两部分结合和分离的线。分模线会造成"飞边"、尺寸误差或者轻微的表面缺陷。

脱模线（draw line）。指模具成型零件时的方向，通常垂直于分模线。

脱模斜度（draft angle）。表示零件壁与脱模方向的斜度。如果你有一个完全垂直的内壁，那么零件和模腔内壁之间的摩擦力可能会非常大以至于不可能将零件取出。大多数模具的模腔内壁都有一个微小的角度以便于零件的取出。

浇口（gate）、冒口（riser）、横浇道（runner）和直浇道（sprue）。当把熔融材料浇入或者注入一个型腔内时，你需要有一个能让材料进入的地方（直浇道），有一条能让材料从直浇道到零件位置处的通道（横浇道），有一个填充零件的连接口（浇口），以及有一个储存多余材料的地方（冒口）。

倒扣（undercut）。这是一种会阻碍零件从模具中取出的几何结构。对于带有倒扣的注塑零件，需要侧向动作或者斜顶机构把模具从零件的取出通路上移开以便零件的顶出，从而会增加成本。铣削零件上的倒扣则需要多轴铣床或者进行多次调整准备。

顶杆（ejector pin）。零件常常需要帮助才能从模具中取出。顶杆用于将零件从型腔中推出，以便于模具能为下次循环而关闭。

留铁（steel-safe）。从模具中去除多余的材料以进行改变很容易，但是增加材料却很困难而且昂贵。把材料焊接到模具上会降低模具寿命，并产生表面缺陷。一副模具的第一版应该按照能使零件比正常尺寸小一些的方式来制造。这种留铁方式能够通过去除多余的材料来对模具做出调整。一旦模具调整好后，就会把表面纹理添加上去并且进行抛光。

首件检验（first article inspection）。国际自动机工程师学会（SAE）在航空首件检验要求标准编号为 AS9102B，其将首件检验（FAI 或 FPI）定义为提供"客观证据，证明所有工程设计和规范要求都被正确理解、说明、验证和记录"。FAI 对于模具成型的零件特别重要，因为一旦验证了模具可以正确地生产零件，那么就可以停止模具的修改，开始全面生产。

以下是你的团队应该尽可能早地考虑你的工艺装备策略的一些原因：

1）工艺装备成本在新产品的**一次性预算中可能占很大比例**。工艺装备成本的任何降低都会直接影响产品的整体现金流需求。例如，如果几个注塑成型的零件可以合并为一个零件，整个模具成本就会显著降低。

2）工艺装备的制造和调试位于项目的**关键路径**上，它会影响从产品实现开始到批量生产的总时间。工艺装备制造的延误，或者为了解决设计问题而需要重新制造工艺装备所造成的延误，会大幅增加为批量生产做好准备的时间。

3）工艺装备有助于**零件和装配件最终质量**的提升。验证工艺装备是否能可靠地提供功能和满足表面质量要求非常重要。例如，如果深拉深模具设计不正确，板料在成型时可能会撕裂，或者表面可能被损坏，导致废品。

4）工艺装备设定了你**生产线的产能**。如果你制造的工艺装备跟不上需求，那么你将需要花费额外的费用来创造额外的产能。例如，如果你制造的模具只有一个型腔，而你的需求大幅增长，你也许就无法快速生产零件。然而，如果你又过度地制造了模具，如多个型腔，但实际却不需要这种产能的话，那你就会在模具上成本超支。

12.1　工艺装备类型及其用途

表 12-1 介绍了在生产中所使用的一些工艺装备术语。每种类型的工艺装备对于某一套工艺来说都是独特的，并且有自己的设计准则。本章将描述一些你也许熟悉也许不熟悉的工艺。如果要详细解释每种工艺，将会占用整本书的篇幅。如果你对此处描述的工艺不熟悉，或者对你工厂建议的那些工艺不熟悉的话，强烈建议你要好好研读一下相关资料。Rob Thompson 的 Manufacturing Processes for Design Professionals 是一本学习各种工艺基本知识的好书。

12.1.1　铸造模 / 压铸模 / 塑料模

一个铸造模 / 压铸模 / 塑料模通常有单个或多个型腔，其中充满了液体材料，由于发生化学反应（如热固性塑料）

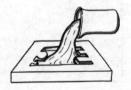

或因为熔融材料冷却（如注塑成型和压铸）而固化（见图 12-1 和图 12-2）。该术语也适用于只有一个型面、用于真空成型的模具，在该工艺中塑料片材被加热后，通过抽真空改变压差使其贴到模具型面上形成一个薄壳。铸造模 / 压铸模 / 塑料模的设计应保证零件能够均匀地冷却（或熟化）和固化。例如，冷却速度过快会使零件产生残余应力，从而导致零件后续出现翘曲。

表 12-1　工艺装备类型和术语

工艺装备类型	术语和定义
定义零件几何结构的工艺装备	1）铸造模 / 压铸模 / 塑料模（mold）。具有型腔的金属块，它能使熔融材料成型为一个复杂的形状（用于铸造压铸、注塑成型）。
	2）锻模 / 冲模 / 挤压模（die）。用于定义一个表面，使材料发生塑性变形以创建一个形状（用于锻模、冲压、挤压）。
	3）模样（pattern）。它是你想生产的零件的副本。用于创建一个熔融材料可以注入的临时铸型（用于砂型铸造、熔模铸造、聚氨酯硅胶复模）。
	4）旋压模（mandrel）。用于定位或者成型回转对称零件（用于复合材料制造、金属旋压）。
装夹零件的工艺装备	1）夹具（fixture）。用于在装配中装夹零件。
	2）治具（jig）。用于在后序工序中装夹零件。
	3）搬运箱（tote）。用于将产品从一个工位安全地运输到另一个工位。
将一个 2D 图案转移到零件上的工艺装备	钢网（stencil）/ 印版（plate）/ 掩膜版（photomask）。用于将 2D 图像转移到另一个表面上。它们被用于将焊料转移到印制电路板空板上的正确位置，以制作印制电路板组件。钢网也可用于在产品上进行印刷或者蚀刻。

图 12-1　注塑成型模具（来源：转载已获得 Modern Mold and Tool 有限公司的许可）

图 12-2　聚氨酯硅胶复模和零件

通常情况下，除了型腔外，铸造模/压铸模/塑料模还有其他一些特征（插文 12-1）。为了确保材料均匀地流入型腔，铸造模/压铸模/塑料模需要设计直浇道、浇口和冒口。铸造模/压铸模/塑料模的设计不是简单地对零件进行反向造型。熔融材料在凝固过程中会收缩，而铸造模/压铸模/塑料模必须要考虑到这种收缩和零件的冷却。最后，铸造模/压铸模/塑料模的设计要能使零件易于取出（例如，有足够的脱模斜度和为顶杆预留位置）。

因为多型腔铸造模/压铸模/塑料模的成本较高和交付时间较长，团队应该尽量减少修改的次数。铸造模/压铸模/塑料模设计师通常会使用模拟软件来模拟模具是否能生产出高质量的零件。此外，铸造模/压铸模/塑料模通常是以留铁方式进行加工的，所以对铸造模/压铸模/塑料模的任何改动只需要去除材料而不是增加材料（插文 12-1）。

团队需要避免的一些与铸造模/压铸模/塑料模相关的典型问题包括：

1）填充不充分。

2）零件取出后发生翘曲。

3）在分模线处产生飞边。

12.1.2　锻模/冲模/挤压模

锻模/冲模/挤压模通常用于使材料塑性变形为所需的形状。锻模/冲模/挤压模会对原材料施加很大的力以使材料贴着锻模/冲模/挤压模表面成型。图 12-3 展示了用于制造自行车链条的冲压级进模具的下模。

冲模被用于描述与冲床一起用于从平板坯料上切出形状的模具。冲压通过对材料施加超过其屈服强度的压力，将零件从坯料上剪切下来。"挤压模用来描述挤压成形中所使用的模具，它通常是一个带有某种形状孔的金属圆盘。当材料被强力挤过挤压模时，材料会呈现出孔的形状。

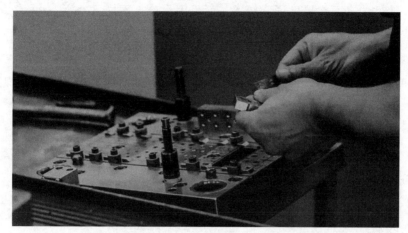

图 12-3　用于制造自行车链条的冲压级进模具的下模

（来源：转载已获得 SRAM 的许可）

团队需要避免的一些与锻模 / 冲模 / 挤压模相关的典型问题包括：

1）如果材料变形太大或者边角太过锋利，金属会被撕裂。

2）在零件边缘会产生毛刺和弯曲（毛刺和锋利的边角是安全问题）。

3）模具磨损。

12.1.3　模样

模样用于包括砂型铸造、熔模铸造和聚氨酯硅胶复模等几种铸造方式。模样用于创建一个熔融或液体材料可以注入的型腔。在砂型铸造的情形中，型砂被填充在模样周围，然后把铸型分开，取出模样。在聚氨酯硅胶复模的情形中，为了制造出型腔，需要将硅胶注入模样周围。模样

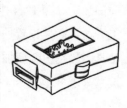

工艺通常用于有很多细节且难以进行机械加工的小批量零件。设计团队需要确保模样的设计考虑了收缩、材料流动和均匀的冷却。为了避免模样的一些常见问题，团队应该考虑以下方面：

1）零件的设计应方便铸造之后对关键特征进行机械加工。铸件的表面粗糙度通常较差，而且因为冷却不均匀，表面永远不会完全平整。如果零件有关键的配合特征（如将轴承装入孔中），那么该特征就必须要在铸造后进行机械加工。模样设计师应保证零件包含足够的加工余量。

2）大多数材料随着冷却都会收缩，所以模样需要比零件实际尺寸大。

3）零件在冷却过程中将会移动，所以通常需要添加一些使零件更坚固的特征（如加强筋），这样才能确保零件不会翘曲。

4）任何时候只要可能，模样的设计应使飞边出现在设计中不太明显或者不重要的区域。

5）模样的表面光洁度会直接传递到最终零件上。如果表面光洁度很关键，那么就要特别注意模样的表面。当采用增材制造方式加工模样时，因为有表面纹路的存在，表面光洁度的传递就特别关键。为了能提供期望的表面光洁度，也许需要对模样进行后处理。

12.1.4　夹具／治具

术语"夹具"和"治具"经常互换使用。然而它们的含义却略有不同。夹具和治具都能装夹零件，以便对其进行操作，但是夹具只用于装夹零件以使装配更容易或者防止损坏，而治具在装夹零件的同时还具有定位额外特征的导向作用。例如，一个钻孔治具在装夹零件的同时，还能将钻头引导到正确的位置。图 12-4 中所示的治具被用于装夹 10 个相同的零件，这样它们就能同时进行相同的加工。图 12-4 中的另一个治具被用于在铣削过程中压紧塑料零件。机械加工人员只需要设置一次治具而不是十次，减少了工时和循环时间。传统的夹具／治具一般是由金属加工而成，但是使用硬质塑料的增材制造如 3D 打印目前正在被越来越多地使用（插文 12-2），因为这种方式的设计变更相对成本较低且速度较快。

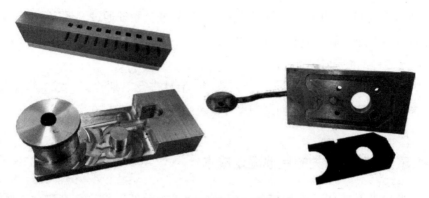

图 12-4　各种机械加工治具

插文 12-2：夹具 / 治具和增材制造

　　尽管增材制造如 3D 打印在大批量生产中还不具有成本效益，但在批量生产中确实有一席之地，即用于制造夹具 / 治具。夹具 / 治具的制造曾经非常昂贵且难以复制，要求专业的设计师和机械加工人员。现在，增材制造正被广泛用于生产各种工艺装备，包括夹具 / 治具。这些夹具 / 治具  打印起来相对便宜（与机械加工零件相比较），如果损坏了可以方便地更换，而且相比传统工艺制造的夹具 / 治具，其交付时间短得多。例如，汽车行业是 3D 打印技术最大的消费行业之一，在该行业，增材制造的很大一部分产能是用于夹具 / 治具等工艺装备的制造。

　　夹具 / 治具通常由制造工程师在内部设计和制造。因为在产品实现过程中，夹具 / 治具经常需要调整和返工，如果要在工厂和供应商之间来回发运，则成本太高也很耗时。

　　当设计夹具 / 治具时，设计师需要思考：

　　1）**如何在夹具中定位零件**。夹具通常会有几个定位特征或者定位面来与零件配合，确保零件只能以正确的方向装夹。

　　2）**如何在夹具中夹紧零件**。零件需要被刚性地固定在夹具中以防止工作时移动。通常会采用如凸轮锁、弹簧压紧、铰链或螺旋夹钳等，具体使用哪种取决于零件形状和夹紧可能造成的表面损伤。

　　3）**如何定位特征**。治具应该有内置的方法来确定将在哪里创建次要特征。例如，一个治具可以有钻头的导向功能，以将孔定位到正确的位置和角度。

夹具 / 治具设计并制造完成后，需要经过验证。验证通过测量定位特征和加工导向，或者通过确保它们在允许的公差范围内，或者通过在其上制造多个零件并测量零件的波动来完成。

为了确保持续的精度，必须要对夹具 / 治具进行定期检查、维护和重新验证，这样才能发现并纠正任何影响尺寸稳定性的磨损或者尺寸变化。

12.1.5　与制造相关的其他固定成本

一些工艺并不需要使用模具，但需要大量的前期工作来生产零件。例如，当设计、装夹和零件公差这些因素不允许使用其他近净成型的制造方式（如金属注射成型、锻造或铸造），那么也许就要用机械加工来批量生产零件了。

在机械加工零件的情况下，团队需要使用计算机辅助制造（computer aided manufacturing，CAM）软件来创建铣削或者车削设备的 CNC 路径。刀具路径需要经过优化，以最大程度地缩短周期时间，同时可以确保实现零件的公差。好的路径规划是无法仅仅通过按下一个按键就能完成的，它需要经验丰富的操作员来规划使用哪些刀具、操作的顺序和刀具路径。几何结构的任何变化都会导致重新设计成本高昂的 CNC 路径规划。

12.2　工艺装备策略

对于一个给定的零件，团队可以采用几种不同的工艺装备策略。团队可以选择软模或硬模，单型腔或多型腔，柔性或专用模具，以及人工手动或自动化加工。对于一个给定产品，其正确答案取决于生产量、成本目标和产品质量目标。团队需要权衡时间和预算以确定在什么时候制造什么样的工艺装备。

12.2.1　小批量生产方式、软模和硬模

制造团队需要做出的第一个决定是使用什么样的模具以及何时使用（插文 12-3）。在 EVT 阶段所使用的生产方式往往不同于 DVT 和 PVT 阶段，因为 EVT 阶段并不使用所有面向生产的零件。随着产品批量的增加，设计逐渐定型，团队就会制造更加昂贵和耐用的工艺装备。例如，对于塑料零件，团队可能首先会使用增材制造或者机械加工的方式来生产零件，这样可以快速获得零件。

在早期阶段，设计可能还处于变化之中，这时就开始制造模具并不合理，因为报废模具的风险会很高。对于 DVT 阶段，随着批量的增加，可能会使用聚氨酯硅胶复模零件，以更有成本效益的方式制造数量为 10~100 的零件。从早期生产一直到最终的量产，在此过程中可能会使用软模（通常由铝或者低碳钢制造）。一旦销量和生产速度上的风险被排除，那么就可以加工制造硬模（通常由硬质钢制造）来最大限度降低销售成本。

插文 12-3：制造方式

团队一般不会在开始时就使用昂贵的硬模，因为硬模的交付时间太长了，而且还有太多未确定的设计变更。在整个产品实现过程中可能采用的不同制造方式如下：

原型样品——增材制造方式。早期的原型样品通常采用增材制造方式来模拟零件。这些零件可以被喷涂并做表面处理以符合最终的外观标准，但与量产件相比，不太可能有相同的力学性能（由于零件的各向异性和材料上的差异）。这些零件无法用于质量测试，因为它们与最终的成品表现并不一致。

原型样品——机械加工。通过用最终材料加工出零件可以实现与最终零件更接近的力学性能。这些样品可以用于评估力学性能，但是对于最终生产来说，它们并不具有成本和时间效益。此时，设计的变更相对容易。

小批量生产——聚氨酯硅胶复模。硅胶模具是根据模样制作的，零件由聚氨酯铸成。这种工艺可用于制造 10~100 个零件的短期生产。力学性能与最终产品很接近，但并不完全相同。此外，如果这些零件需要满足较高的外观标准，可能需要经过大量的后处理工序。聚氨酯硅胶复模有利于早期生产，因为可以快速制造出来。然而不适合长期生产，因为硅胶模具会磨损，而且它们不可循环利用，对环境不友好。

面向生产——软模。由较软的低碳钢或铝制造而成的模具生产成本较低，而且比硬模能更快速地加工成型，但是它的使用时间不会维持很久。此外，用软模很难在零件表面获得高质量的镜面效果。

面向生产——硬模。由硬质钢制造而成的模具可以持续生产几百万个零件，同时还可达到较高的外观标准，这使得它成为大批量生产的选择。然而，它制造起来也是最贵、最耗时的（要花 8~12 周来设计和制造）。

原型样品制造方式，如聚氨酯硅胶复模、机械加工和增材制造，通常用于

小批量生产。这些方式很少用于最终生产（除非产品的数量小于100），因为它们无法提供像硬模成型的产品相同的力学性能和材料表现，而且它们制造出的零件的表面光洁度也会差一些。通过大量人工打磨和表面处理，利用这些原型工艺制造出来的产品可能看起来像最终零件，但是它们的实际表现并不总是像它们看起来的那样。

硬模的制造成本昂贵，需要花数月时间设计和制造，而且调整成本也很高（需要把模具完全拆解开）。如果团队短时间内需要面向生产的零件，或者如果设计可能会有较大的变更，那么采用原型工艺或者制作软模可能是合适的。

正如你所预想的，软模的制造成本比硬模要低，而且可以更容易地重新加工。然而，软模往往磨损更快，而且也无法被硬化和抛光以达到像硬模一样相同的表面光洁度。在大多数情形中，随着生产速度的提升，软模都需要退役并在其后采购硬模。尽管模具设计和制造需要进行两次，这似乎是一种浪费，但在有些情形中它是有意义的：

1）**有太多的设计不确定性**。报废一个软模比一个硬模成本要低，所以如果可能要重新设计，那么软模是最好的选择。

2）**需要尽快拿到零件**。如果有一个大订单，而没有零件就无法完成交付，那么当你在等待制造硬模时，软模可以用来填补眼下的需求。

3）**产量不足以证明硬模的合理性**。硬模很贵，在小批量生产中摊销模具费用可能无法证明购买硬模的合理性。

表12-2总结了塑料零件的制造方式选项及其相关成本和优点。图12-5展示了把一个假想的小塑料件输入几个基于美国的成本估算器中，以展示不同产量下每种策略的相关成本。它给出了不同产量下的总成本（摊销的模具成本＋零件成本）。在非常小的产量下，增材制造零件最具成本效益，而随着产量增加，用硅胶模具来成型聚氨酯零件就会变得更加经济。在大批量生产的情况下采用注塑成型的方式，价格会显著下降。

表 12-2　塑料零件的制造方式选项及其相关成本和优点

零件制造方式	增材制造	CNC 机械加工	聚氨酯硅胶复模	软模	硬模
模具材料	无	无	硅胶	铝或低碳钢	硬质钢
零件材料	线材或树脂	库存材料	热固性聚氨酯	根据实际需求	根据实际需求
设计变更成本	低	低	中等	中等	高

（续）

零件制造方式	增材制造	CNC 机械加工	聚氨酯硅胶复模	软模	硬模
零件总生产量	1~5 个	1~5 个	5~100 个	50~10000 个	10000~1000000 个
设备每小时成本	中等	高	低	高	高
模具成本	0	0	100 美元	2000~5000 美元	>5000 美元
公差精度	低	高	低	中等	高
交付周期	无	2~3 天	2~3 天	2~6 周	6~12 周
每件成型时间	长（5~24 小时）	长（5~24 小时）	长（24 小时）	数秒～数分钟	数秒～数分钟
与面向生产零件的相似性	差	物理上相似	相似，但是对紫外线敏感且具有较差的表面光洁度	物理上相同，但具有较差的表面光洁度	完全相同

注：用来制造模具的技术在持续改变和进步。硬模的交付时间、加工零件的时间、3D 打印零件的成本都在持续降低；在编写本书时，昂贵的、质量差的东西在几年内可能会发生大的改变。

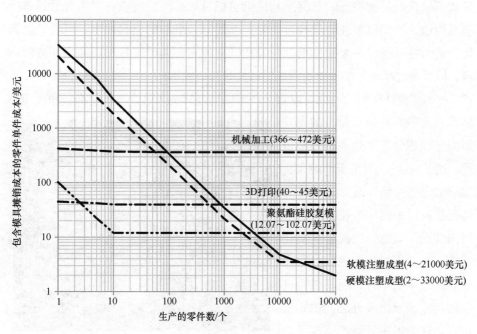

图 12-5　一个小塑料件采用不同制造方式的单件成本举例

12.2.2 产能

在团队决定了使用什么模具后，第二个要做的关键决定是模具的产能，即每小时能制造多少个零件。例如，根据零件尺寸和所需要的生产速度，注塑成型模具可以有一个或多个型腔。型腔少的模具成本较低，而且可以使用成本较低的设备（如吨位较低的压力机），但是如果产量大幅增加，那么可能会受到产能限制。多型腔硬模通常生产零件成本较低且寿命更长，但是也有几个缺点——需要大批量生产而且前期需要较高的一次性工程成本。

在一些情形中，团队可能会选择先制作一个单型腔软模来进行调试和生产爬坡，在设计固定下来而且知道了更具体的销售预测后，再制造多型腔模具。

12.2.3 柔性

有些模具制造时会考虑便于后期的修改和维护。例如，冲模中会设计镶块，这就可以修改关键特征的几何结构或者更换易磨损件。镶块可以实现通过单个模具制造一组相似零件。这种灵活性虽然提高了最初的模具成本，但从长远来看，灵活性可通过最大限度地减少设计变更成本，通过在各种产品之间分摊成本，以及通过减少维修模具所需要的时间来降低成本。

夹具/治具在制造时也可以有一些柔性。直到不久前，飞机装配仍使用定制夹具，这些夹具依赖自身的尺寸来固定和定位零件之间的相对位置。图 12-6 所示为用于制造飞机翼梁的定制夹具。该夹具超过 50 英尺长，用来固定并便于一款翼梁的装配。最近，飞机装配商正在使用柔性夹具。柔性夹具可用来装配一系列零件，而不依赖夹具的尺寸来定位零件之间的相对位置。这既加快了生产速度又降低了成本。波音公司之所以能够

图 12-6　在装配夹具上的波音 767-400ER 翼梁
（来源：转载已获得波音公司许可）

采用柔性夹具是因为他们能够创建精确的特征，这些特征能让零件在不使用专用夹具的情况下相对于其他零件进行定位。

12.3 工艺装备寿命

当你正在设计一款新产品时，你知道设计会经历几个阶段，从初始设计到原型样品，再到最终的产品。此外，你还应该清楚的是，制造这些原型和产品所需要的工艺装备也必将经过几个设计和测试阶段。表 12-3 描绘了一套模具从初始设计到退役的生命周期。

表 12-3 模具从初始设计到退役的生命周期

步骤	描述
零件设计概念的 DFM	对零件应用 DFM 以确保它们能可靠地制造出来（第 10 章）。虽然设计者可以自己加入一些 DFM 原则，但让专家（合约制造商或模具供应商）一起参与审图非常关键。理想的情况是，DFM 评审要在产品设计期间尽早进行，以使设计变更能更容易地整合进去
模具的 DFM	在零件被充分定义后，制造商或者模具供应商会向设计团队提出一些相对较小的修改建议，以提高制造可行性，同时又不会影响零件的功能。这些修改包括增加脱模斜度以便零件可以从模具中取出，改变顶杆位置，或者增加额外的加强筋来强化零件并降低缺陷的风险
模具设计	制造工程团队或者模具供应商将会基于修改过的零件规范来设计模具。根据零件的复杂程度，模具设计可能要花费数周时间。例如，当设计模具时，你不仅要设计型腔以考虑收缩，还要设计直浇道、浇口和冷却通道。DFM 原则越好地应用到零件上，模具设计就会越快。例如，如果团队能够避免注塑成型中的倒扣或者砂型铸造的型芯，那么模具设计会极大简化
模具制造	在模具设计最终确定后，你就可以建造模具了。模具制作时间取决于采用哪种技术。加工一副硬质钢模具可能会花 12 周（见图 12-7），然而打印一个夹具也许只需要几个小时。你应该假设从模具中出来的首批零件也许不会达到预期的工作效果。因为预计模具会修改，所以模具的设计和制造要采用一种留铁的方式（插文 12-1）
首次试模和首件检验	首次试模件是从模具中出来的首批零件，而且要进行首件检验。首次试模件会针对图样上的所有尺寸和公差进行检验。在零件通过首件检验后，就会进行小批量生产来支持试产
试产阶段	在首件检验后，模具生产的零件就可用于试产运行。装配问题、耐久性测试中的失效、外观问题和用户测试会突出零件的一些问题。然后设计团队会对图样和模具进行必要的修改。模具可能会经历 2~10 次的迭代，一直到产品满足性能规范
抛光和表面处理	在几何结构最终确定后，将对模具表面进行抛光并增加表面纹理，并进行最终的试产批次运行（通常是 PVT 样品）

（续）

步骤	描述
质量验收	零件制造商连同质量小组必须确保所设计和制造的模具，能够可靠地生产出最终规范所要求的零件和特征。检验模具是否正确以及识别工艺参数的过程叫作质量验收。模具质量验收还包括采用统计样本来了解零件之间的偏差是否符合设计要求。这些样本可以从单一批次或者多个批次中选取
生产运行	模具会被用于生产大批次零件来支持批量生产。通常，模具并不会 7×24 小时连续运行（除了乐高这样非常大批量的生产商）；与此相反，一个批次的产品被订购后，该订单就会进入生产序列中。模具会从存储区运出，安装在机器上；经过初始的预热循环后，该批次产品就可以生产了。通常，每次生产都会经过一些形式的检验以确保零件符合规范要求。在生产结束后，模具会被清理并放回存储区
预防性维护	经过使用和搬运后，模具会出现磨损和损坏。所有模具都应该有一个定期的维护计划。一个好的预防性维护计划包括： · 定期的检查和维修，以确保模具有良好的性能 · 对模具进行重新认定以确保质量稳定 · 有一套明确的程序来执行预防性维护 · 对于完成情况和结果有很好的维护记录 · 清晰定义的维护责任
更换	在一些节点上，模具会过于磨损而无法修复。制造工程团队和工厂针对每个模具都应该制定一份更换计划，这样才能有足够的时间制造新的模具

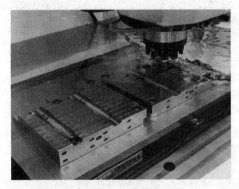

图 12-7　加工模具（来源：转载已获得 Modern Mold and Tool 有限公司许可）

12.4　工艺装备规划

在产品设计早期阶段，运营和设计团队要决定需要什么样的工艺装备以及何时需要。当然希望到了本书的这个位置，早期规划的价值已经深入人心，以下是一些在产品实现过程早期要仔细

思考工艺装备的具体原因：

1）**工艺装备会占到你一次性工程预算中的很大一部分**。每副工艺装备可能会花费数万美元。当为一个项目制定预算时，你可不希望当现金流紧张时才意识到你需要一副昂贵的工艺装备。

2）**工艺装备的交付周期非常长**。你不能在最后一分钟才决定你需要另一副工艺装备，因为这可能会使你的项目延误 3 个月。

3）**工艺装备能设定你整条生产线的产能**。你不想让工艺装备成本超支，建立你不需要的产能，但是你也不想创建一个产能瓶颈。

4）**工艺装备是零件销售成本的一个主要贡献因素**。你总是需要平衡工艺装备成本与零件成本。因为产量对零件总成本（可变成本 + 工艺装备摊销成本）的影响非常大，所以工艺装备的选择将会高度依赖于销量预测。

检查清单 12-1：工艺装备规划检查清单

相对于零件成本和产量，工艺装备将会花多少成本？正如前文所述，在产量非常大时硬模具有最低的单件成本，但在产量小的情况下，CNC 机械加工可能是更好的选择。然而，这些趋势即使在本书写作期间都在发生着变化。软模正变得越来越便宜且容易购买，所以也许不久以后情况就会变成：即使是较小的产量，软模也是可取的选项。

❏ 每个零件采用什么材料和制造工艺（第 10 章）？

❏ 可能的产量是多少（批量大小）？

❏ 可能的数量增长是多少？

❏ 对机械公差和表面质量的要求是什么？

❏ 每个零件可能的工艺装备策略是什么？

❏ 你选择工艺装备的相对成本是多少（第 8 章）？

你需要多快拿到零件？硬模可能是最具成本效益的，但正如我们已经说过的，它的交付周期也最长。

❏ 每次试产和开始批量生产时，何时需要零件？

❏ 有多少现金能用来采购工艺装备以及何时采购？

❏ 在长交付周期的工艺装备准备好之前，是否可以选择在短期内使用不同的方式？

你预期会有多少设计变更以及哪种类型的设计变更？如果设计变更只是

外观方面的，那么开始就使用硬模也许就是正确的选择。如果团队正在对设计进行迭代，但需要性能和最终零件一样，那么 CNC 机械加工也许是正确的开始。最终的产量也许会非常高，但是如果模具有报废风险，可能在设计定型之前就值得制作一副软模。

❑ 在批量生产启动后设计变更的可能性有多大？

❑ 设计变更的成本有多高？

❑ 先做软模再做硬模与直接做硬模然后再修模，两者相应的成本各是多少？

❑ 这些零件是否被设计成可以在几个产品系列中使用？

用什么样的夹具/治具来帮助装配？设计得非常好的产品不需要任何夹具/治具；然而，DFA 无法消除所有有难度的装配步骤。如果团队提前仔细思考过装配夹具/治具，则零件可以设计成不需要夹具/治具，或者可以设计带有使夹具/治具的设计和使用更加便于管理的特征。基于对装配过程的分析，团队应该提出哪些地方需要夹具/治具。装配工厂可以给这些问题提供一些意见。

❑ 零件在装配时需要夹具来装夹吗？

❑ 夹具是否被用来定义最终装配的几何结构？

❑ 哪些特征需要用治具来定位？

❑ 装配工序将是人工还是自动化操作？

❑ 在装配过程中有损坏风险吗？

❑ 零件是否装夹困难？

❑ 装配工序的防错能力如何？

在运输过程中零件和装配件可能会在哪里损坏以及如何被损坏？搬运箱比较贵而且交付周期也长。团队需要考虑如何运输材料。

❑ 零件和装配件如何在工位间、存储区、分销处和供应商之间运输？

❑ 在装配的哪些步骤中，零件和部件会经受来自搬运、振动和污染的损坏？

❑ 哪些损坏可能会增加返工并降低后续产品质量？

❑ 现在已经有哪些材料搬运设备？

创建一份工艺装备规划是一项跨职能的工作，例如，市场营销和销售团队需要提供销售预测，运营团队需要预测产能需求，设计团队需要评估可以降低工艺装备成本的设计变更。

永远不会有一个非常正确或者很明显的解决方案，然而，讨论所有潜在后果以及它们的相对风险可以帮助团队做出一个明智的决定。对于每个过程（制造、装配或测试），团队需要确定工厂需要哪些工艺装备以及每个过程将采取什么样的工艺装备策略。他们需要问问自己检查清单 12-1 中所列的一系列问题。

小结和要点

☐ 工艺装备是产品实现成本、质量和进度的重要驱动因素。

☐ 有几种工艺装备策略，包括从小批量／软模到大批量／硬模。

☐ 在正确的时间选择正确的工艺装备涉及衡量很多互相制约的因素。

☐ DFM 可以降低你的工艺装备成本。

☐ 尽可能早地规划你的工艺装备策略非常关键。

第 13 章

生产质量

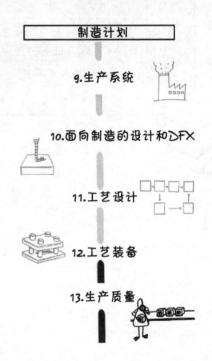

制造计划

9.生产系统

10.面向制造的设计和DFX

11.工艺设计

12.工艺装备

13.生产质量

　　一旦制造产品的工艺定义好了，团队就需要设计如何对该工艺过程进行质量监控。工艺过程会随着时间逐渐退化，供应商会犯错，作业员会不遵守程序，工艺装备会磨损。生产质量是通过质量测试、过程控制和持续改善来维持的。本章介绍了典型的质量控制点以及相应的实施方式。

保持并提升生产质量对于客户的满意度、安全性、产品的声誉和企业的财务状况至关重要。2000 年，美国国家运输安全委员会（National Transportation Safety Board，NTSB）开始对 Firestone 公司轮胎的胎面分层故障进行调查。在美国，这些故障最终导致了 271 人死亡和超过 800 多人受伤。经过大量的调查后，NTSB 确定 Decatur 工厂的质量和工艺控制不佳是造成轮胎层黏结不良的主要原因。Firestone 公司最终不得不召回了超过 650 万条轮胎，也使福特公司等轮胎的主要客户损失超过 30 亿美元。更严格的工艺质量控制可能帮这些公司节省数十亿美元，更重要的是可以挽救生命。

当你正憧憬着把你的梦想产品变为现实时，你也许会认为把大批量生产运行起来就是你设计和工艺规划过程的终点。但是从 Firestone 公司可以得到一个教训：你的团队必须认真设计并规划质量控制过程，就像你设计和规划你的产品和生产线一样。当你的产品和生产系统已经在试产过程（第 7 章）中得到验证和确认后，仍有必要在整个生产过程中继续控制质量。正如工程团队设计产品和制造方式，以及制造工程团队设计生产系统一样，质量工程团队需要设计系统来确保质量。管理质量不仅是在生产线上实施一些测试，它需要定义一个总体的质量管理体系（插文 13-1），来记录质量控制计划并推动持续改善。

插文 13-1：质量管理体系

质量管理体系（Quality Management System，QMS）是一个定义了整个组织质量管理方式的整体质量架构（以政策和程序的形式）。有几个关于 QMS 的行业标准，包括 ISO 9001。

一个精心构思的 QMS 具有以下特点：

1）对于质量计划、程序和测试进行记录与控制。

2）在生产中的关键点测试质量（简单的 AQL 抽样、缺陷率统计或者 SPC）。

3）识别缺陷的原因并推动质量控制的改善。

4）应用持续改善过程以解决质量问题，并确定在材料搬运、工艺标准化和 DFA 方面可以进行改善的领域（第 19.2 节）。

5）对操作人员进行持续培训并对生产车间持续进行审核，以确保质量过程得到维持（第 19.4 节）。

> 如果你的业务是向其他企业提供产品，那么你的客户也许会要求你的公司建立 QMS。QMS 可以是简单的概述你的组织架构和用于质量管理过程的文件，也可以是复杂的全面 ISO 9001 部署。如果你使用合约制造商来制造大部分产品，那么你可以借助他们的体系。QMS 的记录、控制和应用是很多行业的监管要求，尤其是对于医疗设备。

本章将重点讨论生产质量测试计划的设计，首先是用于测试质量的方法（第 13.1 节），然后详细介绍如何使用这些质量测试方法。13.2 节和 13.3 节将会概述整个生产线上可以控制质量的地方。13.4 节会描述如何对生产质量系统进行记录。

13.1 测试质量

当实施质量管制时，如何测试质量和测试什么同样重要。当选择如何测试你认为重要的东西时，团队有很大的选择范围。例如，可以用 0.5 美元的尺子测量一个尺寸，也可以用价值数万美元的三坐标测量仪测量。功能测试可以通过检查产品是否启动来进行，也可以通过复杂的自检算法来进行。有一门关于如何测量的学科，叫作计量学。你如何选择测试你的质量将取决于许多因素：

1）生产系统导致故障的概率是多少？

2）该故障的影响有多大（轻微、严重、致命）？

3）控制质量的成本是多少（包含固定成本和可变成本）？

正如本书中的许多其他主题一样，以下将对本章所需要用到的术语和一些常用的技术进行一个快速介绍。

13.1.1 计量学术语

计量学是关于测量的学科。以下是团队在测试质量时应该了解的几个关键概念。

1）**有效性**表示设备能多么好地测量你所关心的量。你经常无法直接测量你所关心的东西。例如，许多输送液体的医疗设备通过用空气对系统进行加压来检查，因为液体会污染产品，所以无法使用。

空气（一种可压缩流体）与液体（无法压缩的流体）的表现不同。测试可能发现一些黏性流体不会渗透的小孔（Ⅰ型错误或者假阳性），或者测试可能不会发现一些随着系统长期保持压力而形成的缺陷（Ⅱ型错误或者假阴性）。

2）**准确度**表示测量值与实际值的接近程度。如果一个 5.00 千克的重量被测量 10 次，平均测量值为 4.9 千克，那么它所使用的仪器就不如平均测量值为 4.99 千克的仪器准确。

3）**精度**表示测量值彼此之间的接近程度。例如，如果你有以下测量值：4.5、5.5、4.75、5.25、5 和 5.1、5.05、5、4.9、4.95。两组测量值有相同的准确度（平均值相同），但是第二组比第一组精度更高。当某个零件你只想测量一次并得到一个表明零件是否良好的结果时，那么精度是至关重要的。

4）**测量仪器的重复性和再现性**用于确定由仪器设备和使用人员共同影响下的测量系统的精度。测量仪器的重复性和再现性需要由几个人员进行一系列测量，以了解由设备和不同人员所引入的固有偏差。

5）**校准**是使用行业标准，如在美国由国家标准技术研究所（National Institute of Standards and Technology，NIST）定义的行业标准，以确保一台仪器设备准确度的一个过程。仪器设备通常会按照一个定期计划并使用一份受控的 SOP 进行校准。

13.1.2　尺寸测量

如何测量零件的尺寸是计量学领域的一个重要部分。需要检查零件的尺寸以确认是否在可接受的偏差范围（如公差）内。

例如，当两个飞机机身舱段被连接起来形成一个机身时，各部分的几何尺寸就很关键。如果各部分没有对准，装配时就会导致断差或者缝隙，从而增加阻力并增加燃油消耗。飞机制造商会花很多时间和成本来测量机身部分的复杂几何尺寸，以确保在装配之前的形状是正确的。在小尺寸方面，乐高公司在控制积木的特征尺寸方面也做得非常好，笔者在 20 世纪 70 年代拥有的乐高积木可以与 40 年后自己女儿所使用的积木配合起来。然而，乐高积木 1%~2% 的尺寸偏差可能不会对积木的扣合能力产生显著的影响，但这微小的偏差可能会对飞机的飞行性能产生巨大影响。

质量控制团队有很多种工具和方法可以用来检查零件的几何形状。这些工具包括从简单的量规到复杂的三坐标测量仪。哪种工具适合哪些零件取决于所要求的准确度、成本和完成测量的时间。以下是几种可用来测量零件尺寸的工具，包括：

1）**量规**。量规包括定制量规和标准量规，如塞尺。图 13-1 所示为几种量规。量规用于验证一个尺寸是否在允许的公差范围内（有时也叫作通规、止规）。它们通常由高硬度和耐磨损的材料制成。许多量规正在采用增材工艺进行制造以降低成本和制造时间（插文 12-2）。量规使用起来通常都很快速。

图 13-1　量规（包括孔规、针规、螺纹量规和半径规）

2）**直尺或卷尺**。这些低精度的测量工具只用在不要求高精度的场合。

3）**游标卡尺或带表卡尺**。这些工具可用来获得精度更高、更准确的尺寸，但是高度依赖用户所接受的培训和使用方法的一致性。此外，也需要时间来测量并记录结果。

4）**三坐标测量仪（coordinate measurement machine，CMM）**。CMM 可以准确地测量特征在三维空间中的位置。CMM 可以由人工操作或者计算机控制。CMM 通常需要把零件从生产线上拿下来进行测量，因为 CMM 测量尺寸的时间通常较长。能够直接在生产线上进行测量的手持非接触式 CMM 正变得越来越普遍。CMM 包含多种技术，如使用触发式（触发式探头）和非触发式（摄影测量和光学测量）测量方法。采用 CMM 测量通常是非常耗时的，而且仪器设备非常昂贵。不管怎样，它可以提供复杂几何形状的精确测量。

要基于以下几个因素来选取合适的计量工具：

1）测量需要多么准确和精确？

2）它是一个通过 / 不通过的定性测试，还是你需要一个可变测量值的定量测试？

3）测量是在生产线上进行（100%），还是样品会被送到测量实验室？

4）零件有多复杂？你需要测量复杂的表面还是简单的尺寸？

13.1.3 · 标准样品

理想中，通过 / 不通过测试应该基于量化或者可测量的结果。例如，针规是否适合一个孔？或者，电池是否有足够的电量？然而，在一些情形中，验收标准也许很难量化。对那些很难量化可接受质量水平的情形，一般就采用"标准样品"为评估提供一个基准。标准样品是一些零件或者结果，它们被用作何为"好"的例子，通常用于检查图像质量、外观、颜色匹配和允许的表面缺陷。标准样品由产品团队批准，它定义了可接受度且通常会由产品主管签字或者做标记，以此来表明他们批准该样品可以作为质量检查的基准。

13.2 跟踪质量

一旦你已经确定了将如何测试质量，那么你就需要确定以什么频率、以哪种方式来使用这些信息以推动质量。

13.2.1 · 通过 / 不通过测试

最简单的质量评估类型是进行 100% 的通过 / 不通过测试。每个零件或者部件需要被评估、测量或评价，要么接受要么拒绝。通过 / 不通过测试可以通过一个测试夹具（Wi-Fi 是否连接）、一个量规（针规是否能放进孔内）或者通过视觉检查（是否有划痕）来完成。如果有要求，工厂可以报告每天或每周的不通过率。如果一个零件没有通过，它将被送回去返工或者报废。

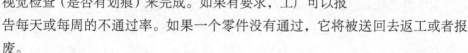

13.2.2 · 验收抽样

当对所有零件进行 100% 测试成本太高，或者质量缺陷的风险较低，或者产品在测试时会被破坏或损坏时，那么就会采用验收抽样或者可接受的质量水平（acceptable

quality limit，AQL）抽样。

AQL 抽样始于第二次世界大战期间，它被用于确保子弹制造的质量。1963 年，AQL 标准在 MIL-STD-105D（MIL-STD 是美国国防组织所使用的军用标准）标准中被正式确认并记录，然后在 1989 年更新为 MIL-STD 105E。美国国家标准协会（American National Standard Institute，ANSI）标准，即 MIL 标准的民用版本 ANSI/ASQ Z1.4 在 1995 年出版。MIL 标准和 ANSI 标准实际上几乎完全相同，MIL 标准的好处在于它是可以公开获取的文件，而 ANSI 标准则必须要购买。

验收抽样过程的基础是 AQL，或者是你愿意接受的缺陷产品的百分比。此外，你要选择检验水平级别（Ⅰ、Ⅱ或Ⅲ），它以升序依次表示缺陷的严重程度。基于批次大小，标准提供了你需要从每个批次中检测的最小样本数量。AQL 表也指明了在一批次零件或产品被认定为缺陷之前，样本中有多少缺陷是可以被容忍的。

基于样品中不通过的零件数量和接受水平，该批次零件可能会被拒收。根据与工厂的协议和缺陷的严重程度，可能需要对整批次重新进行 100% 检验，或者将该批次隔离然后采取纠正措施。

13.2.3　统计过程控制

团队经常倾向于"检查"质量，也就是说它们依靠检查把坏产品从好产品中筛选出来。当你检查质量时，零件和过程的每一方面都会被检查，那些不符合的零件会被报废或者返工。然而，假设你肯定可以检查出坏产品是危险的。根据质量运动创始人之一的朱兰所述，目视检查在发现质量问题方面只有 87% 是有效的。另外，通过检查来筛选零件高度依赖于其可接受极限。如果可接受极限标准设定得不正确，那么检查就会少剔除或者多剔除零件。

你不希望自己处于这样一种情况：你有如此多的缺陷零件，以至于你需要对所有生产的零件进行 100% 的检验。提升质量唯一可持续且具有成本效益的方式是找到这些缺陷的趋势，然后改善造成这些缺陷的潜在过程。确保过程的稳定和能力可以降低发生意外质量问题的概率。过程控制的前两个步骤就是 SOP 的定义（第 11.5 节）和工艺装备及设备的维护和校准。

第三步就是将统计过程控制（SPC）应用于过程，以跟踪某个产品或过程特性在一段时间内的值（见图 13-2）。

SPC 不仅用于了解质量是否可以接受，还可用于是否存在异常（产品超出统计学上可能的范围）或者趋势（持续上升或下降可能表明过程中有一个根本性的变化）。例如，制造质量团队可能在一个尺寸上看到一个趋势。该尺寸可能仍落在公差范围内，但是 SPC 图清楚地表明质量正在下降。这可以使团队能够在你开始拒收零件之前提前处理产生这个偏差的可能原因。

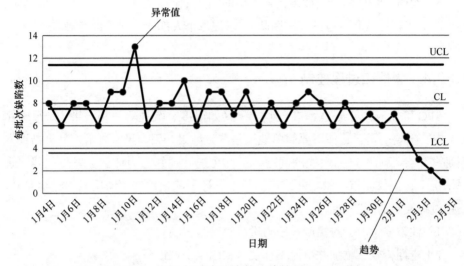

图 13-2　记录每批次缺陷数的计数型 SPC 图举例

在最简单的情形中，SPC 图可以分成两种类型：计量型和计数型。在计量型 SPC 中，过程会针对统计样本或每个零件 / 产品测量一个连续的可变值（例如，一个零件的长度或者一个信号的强度）。在计数型 SPC 中，团队会跟踪那些有几个离散可能值中的一个可变值（例如，相机测试中的通过 / 不通过率，或者一个螺钉在装配中是否漏装了）。

SPC 图应用非常广泛，但要注意别对它过度热情：SPC 图过度应用会让你的注意力从关键的地方转移。此外，只做一个 SPC 图是不够的，你必须明确划分谁负责分析图中的信息并就此采取行动。一个有效的 SPC 系统具有以下特点：

1）**对哪些是关键特征进行优先级排序**。对每个特征都进行 SPC 控制会稀释每张图的作用。团队应该聚焦在失效风险（成本和可能性）较高的变量或属性上。

2）**解读数据以识别出趋势**。有太多的 SPC 图生成后就再也没被看过。数据本身并不能解决问题，基于数据所采取的措施才能改善产品。

3）**触发纠正措施**。异常值和趋势应该触发做一个根本原因分析，并提出一个计划来解决它。通常，质量工程团队会做初始的根本原因分析，并会让合适的团队参与解决。如果是设备故障，那么制造工程团队就会主导；如果是供应商问题，那么供应商管理团队将会推动纠正措施。

4）**有减小偏差的过程**。团队应该努力识别出现偏差的常见原因，并消除它们以推动质量提升。

5）**沟通**。SPC 图应该被传达给正确的团队（制造工程团队、质量工程团队、持续改善工程团队和供应商管理团队），以使每个人都能了解质量趋势。

13.2.4　零件和过程控制

SPC 可以应用于一些潜在过程参数（如温度、流速等）或结果（如尺寸精度）中。重要的是要记住不要简单地只是测量结果，因为虽然测量产品会帮助发现那些将会影响你产品性能的问题，但你可能并不知道为什么会发生故障。理想情况下，不仅应该测量零件或产品特征，还要测量那些驱动质量的过程参数。一些过程控制的例子包括：

1）注塑成型时，对温度和压力进行跟踪与控制。

2）定期检查、维护并更换工艺装备和固定资产设备。

3）在装配时，提供一个带有开口的治具用来确保标签被粘贴在正确位置。治具放在产品的表面上，标签则放在开口内。

4）针对焊接，采用温度和过程监控设备。

5）在表面安装技术（SMT）生产线上控制锡膏的温度和时效。

13.3　生产质量测试计划

前两节描述了如何进行测量以及如何使用测量来推动质量。本节将介绍应该在工厂内的哪些地方设置质量控制点来最大限度地提高质量，同时最大限度地减小质量测试的成本以及测试时间的影响。

如果一个产品全部装配完成后才去检查它的质量，那么对于一个特定失效的原因，你也许就给不出什么好的见解；你可能不得不把产品拆开来寻找原因，要么返工，要么报废整个产品。此外，当你在生产线末端发现一个有问题的产品时，那么 100 件仍在生产中的产品可能都有相同的问题。追踪问题的源头通常很耗时，而且在你发现问题的同时，你仍在持续制造有缺陷的产品。

在最终成品制造完成并包装好之前发现缺陷，可以减少总的报废和返工，并改善材料流。它还能使质量团队更快速地识别出需要改善的地方。图 13-3 所示为一个典型的带有质量控制点的消费电子产品生产系统的过程流程，在其中的质量控制点都要对质量进行评估。质量控制步骤通常是在生产线上完成。

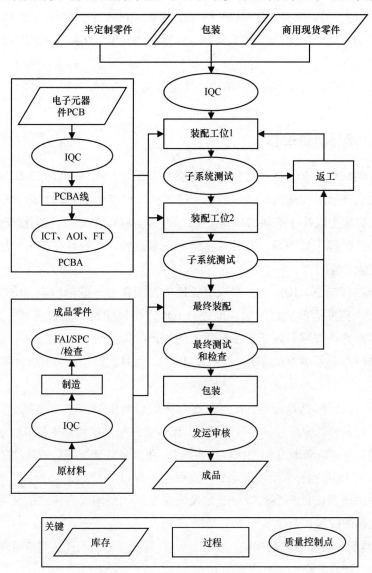

图 13-3　一个带有质量控制点的消费电子产品生产系统的过程流程

1）所有采购的材料都要经过来料质量控制（IQC）（第 13.3.1 节）。

2）制造的零件要经过首件检验。然后通过 SPC 来监控质量趋势（第 13.3.2 节）。

3）印制电路板组件要经过多项测试，包括电路内测试（ICT）、自动光学检测（AOI）和功能测试（FT）（第 13.3.3 节）。

4）生产线由一系列工位构成。一些部件会被测试，如果发现问题将被送去返工（第 13.3.4 节）。最终产品也会被测试。

5）在生产过程中，将对产品进行检查，以确保它满足外观要求（第 13.3.5 节）。

6）一小部分产品会送去做发运审核（第 13.3.6 节）和持续生产测试（OPT）（第 13.3.7 节）。

下面几节将会更加详细地讨论这些质量控制点中的每一个。

13.3.1　来料质量控制

所有的材料，无论是原材料还是完整的子系统，都将来自外部供应商。当材料从供应商那里到达时，通常都要经过来料质量控制（IQC）。最终产品的质量在很大程度上取决于来料的质量。如果零件与图样不一致，它们就无法装配；如果零件的性能不如预期，产品也将无法正常运转。最好是在把来料加工成产品之前就能发现问题。

在一些情况下，IQC 是由供应商管理的，而在另一些情况下，IQC 是在工厂里进行。在发运前让你的供应商进行 IQC，可以使材料直接送到工厂车间。然而，这种方法通常只限于产量非常大的生产线，因为在这种情况下为了 IQC 而存储材料将会不堪重负（如一个汽车工厂），而且此时供应商是一个高度可信的伙伴。

IQC 可以简单到检查零件编号是否与采购订单相符，也可能涉及更全面的尺寸、功能和外观检查。在一些情况中，IQC 会从每批次产品中抽取一些样品进行破坏性测试（意味着它们无法再被售卖）。在大多数情况中，对货物的接收或拒收取决于 AQL 抽样水平和缺陷的严重程度（第 13.2.2 节）。

IQC 的质量测试类型将取决于如果没有发现一个问题会带来的风险，以及做质量控制的成本：

1）**装配和质量缺陷的影响**。例如，一个具有重要表面光洁度标准的盖子相比一个内部螺钉就会要求更严格的 IQC。

2）**库存成本**。IQC 需要时间，因此它会推高库存以及延长拿到零件的有效交付时间。

3）**供应商的可靠性**。一些供应商比其他供应商更稳定（第 14.5 节）。

4）**IQC 成本**。全面的质量控制检查可能既需要时间又需要昂贵的设备。

5）**破坏性测试的成本**。一些测试可能会破坏零件。

13.3.2　加工件

加工件是专门为一款产品制造的，这些零件的几何尺寸对产品的最终性能至关重要。如果加工件是外包的，它们通常会作为 IQC 过程的一部分而接受检查（第 13.1.1 节）。无论是你还是外部供应商来制造零件，这些零件都会用以下一种或多种方法来检查：

1）**首件检验（FAI）**。对一个批次中的第一个（或者前几个）零件进行正式而全面的检验。

2）**100% 检验**。对每件产品的特征都进行检验以确认它们是否在可接受的公差范围内。这通常不用于大批量 / 大批次的生产。

3）**统计过程控制（SPC）**。对零件进行抽样，并对某些特征进行测量；数值按时间序列绘制出来。这些 SPC 图用于跟踪在制造过程中是否有可能影响质量的变化。

4）**过程控制**。为了生产可接受的零件，厂商要去监控过程而不是测量零件。

13.3.3　电子零件质量控制

如果产品包含电子零件，那么电路板和电子零件通常会在装上各元件、再流焊和人工装配后进行测试。可以采用几种方法来测试电子零件：

1）**自动光学检查（AOI）** 采用数字相机来确定是否所有零件都在电路板上，以及零件的方位是否正确。AOI是在装上元件之后、再流焊之前进行的。如果在元件被永久焊接到电路板上之前发现错误，那错误就能轻松地更正。

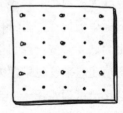

2）**电路内测试（ICT）** 检查电路板的完整性和传导路径是否正确，不检查电路板的功能是否正确。电路内测试通常使用一个"针床"测试夹具，上面固定有一系列的测试引脚，这样它们可以与 PCBA 上的测试点配合。自动设备会通过引脚导通电流，确保电路板表现正常。ICT 通常在人工装配前完成。

3）**功能测试（FT）**是比 AOI 或 ICT
更复杂的测试。电路板被安装在表示产
品余下部分的标准样品（即理想产品）
上，或者安装在一个模拟器（计算机假
设是产品的余下部分）上。功能测试夹
具通过运行关键功能来测试电路板，以
确保电路板能如预期运行。功能测试通
常是在完成的电路板被装配进产品之前
进行的。

图 13-4　典型的电子零件测试设施

图 13-4 所示为典型的电子零件测试设施。

13.3.4　子系统和最终功能测试

在装配过程中，关键功能的性能可以在子系统级别测试（在线测试），或在
最终装配完成后测试（生产线末端测试）。例如，一个部件可能会先被测试以确
保它被正确地密封，或者一个电动机被测试以确保它在被装进壳体中之前能正
常运转。进行在线功能测试有以下几个原因：

1）**在生产线末端不太可能进行功能测试**。例如，一旦一个电动机部件
被装进产品中，要检查转矩就不太可能了，因为你无法再接触到电动机。

2）**最终装配后的返工成本太高**。在最终装配后，往往想要返工一个产品是
不太可能的。例如，如果外壳是超声波焊接起来的，那么当产品有缺陷时就只
能废弃。

大多数产品在整个产品装配完成后还会进行一些测试。生产线末端测试可
以简单到把产品打开以确保它能工作，或者复杂到对单个功能进行耗时的定制
化测试。一些产品可能需要进行老化测试。老化测试意味着重复地运行产品的
各项功能来发现早期失效。老化测试非常昂贵，因为它需要时间、设备和空间。
老化测试通常用于安全攸关的问题，在这些问题上出现早期失效的概率很小但
后果非常严重，或者早期失效的成本非常高。例如，如果一个用于切断电动机
的关键安全线圈有可能出现早期失效，你也许就要对该零件进行老化测试以剔
除任何可能会失效的产品。

无论在线还是生产线末端测试，功能测试都可能需要一些定制设备、夹

具或者内置测试，以使测试更方便，并对测试进行标准化以及缩短测试时间。测试设备的范围很广，可以是简单到能确定特征是否落在公差范围内的通止规，也可以是复杂到能收集丰富的数据以评估产品性能的自动化测试设备。例如，一部智能手机要经过 50 多项自动化测试，以检查产品各方面的性能。

你的团队可以通过使用内置测试来减少对测试设备的依赖。例如，一个连接 Wi-Fi 的电池供电设备会对电池充电电路进行检查，然后检查它是否能成功连接 Wi-Fi。作业人员只需要等待设备完成测试，并且只有当设备显示一个或多个测试失败时他们才会干涉。另一方面，设备可能只是提示作业人员执行一系列测试。例如，它会要求作业人员插入充电线，并且观察是否有灯亮起。内置测试的优点是在产品退货或者保修的情形下，可以使用相同的测试协议。另外，改变内部软件比改变基于硬件的测试夹具要便宜很多。

13.3.5 外观检查

应该对产品和包装进行检查以确保最终产品符合规范文件和外观检查文件中所列出的外观要求。外观检查通常是目视完成（要记住目视检查只有 87% 有效），在有限的情况下会采用自动化设备。通常，生产外观测试是 7.3.2 节所描述的试产外观测试中的一小部分。不管怎样，在可能的情况下，这些测试会被精简和自动化，以减少周期时间和对单个人判断的依赖。

13.3.6 发运审核

发运审核是在为发运支付最终账单之前，由第三方对产品质量进行的检查。通常情况下，主服务协议（在 14.5.5 节中描述）会包含一个条款，使你能够与第三方合作，让他们代表你进行审核。发运审核会从发运货物中抽取几件（通常基于 AQL 抽样指南），然后对产品进行全面的外观和功能检查。如果缺陷率超过了商定好的 AQL 水平，那么工厂 / 合约制造商在被付款前通常会负责重新测试并修复所有的产品。

强烈推荐进行发运审核，因为：

1）**供应商有责任纠正问题**。如果损坏是在产品交货后才被发现，供应商可以辩称损坏是在运输过程中或是在客户现场造成的。如果审核员能在产品出厂前发现问题，制造商就有责任纠正问题。

2）降低把缺陷产品发运回去的成本。把缺陷产品发运回制造国是很昂贵的，而且在某些情况下，由于海关和监管问题，这可能是个挑战。

3）尽量减少到达客户手中的缺陷产品。通过在装配线的末端进行测试，你就能在工厂制造出更多的缺陷产品之前发现质量测试问题。如果你等到产品到达你的国家之后才进行测试，那么当你把产品运到分销中心并检查它的同时，你仍在持续制造缺陷产品。

有许多第三方可以合作进行发运审核，但是并不是所有的发运审核员都是一样的。有些人仅仅会进行粗略检查，而另外一些审核员则能帮助进行根本原因分析，并在工厂采取一些更改措施，通常，后者费用更高。

发运审核文件通常涉及：

1）与工厂商定好的 AQL 水平抽样计划（参见你的主服务协议）。

2）要被评估的外观要求和它们的重要程度（次要、主要、关键）。

3）要对产品进行的功能测试清单和它们的重要程度（次要、主要、关键）。

所发现的缺陷数量和这些缺陷的严重程度将触发不同的反应。例如，任何严重的安全攸关的缺陷将自动触发对所有批次进行 100% 检查，对任何还未交付的产品进行隔离，并可能对已经卖出的产品进行召回。轻微的缺陷也许只会触发对缺陷产品的返工，并向工厂发出纠正措施请求。

13.3.7 持续生产测试

有一些质量问题具有足够高的安全或性能风险，需要在产品生产过程中进行持续的生命周期测试和耐久性测试。例如，如果一个关键零部件可能会失效并造成安全风险，即使该零部件在试产时已经通过了可靠性测试，但可能在生产中仍有必要从每批次抽取几件样品进行破坏性测试。例如，插文 7-8 中所描述的食品加工机的刀片可能需要定期进行疲劳失效测试。冶金和制造方法上的微小变化都可能增加风险。

持续生产测试（ongoing production testing，OPT）昂贵且耗时，因为测试通常会涉及生命周期测试、专用的设备和不得不丢弃的破坏性测试样品。质量工程团队应该平衡缺陷发生的概率及相应成本和客户发现问题后的影响。

13.4 控制计划

正如我们会在工艺规划中记录操作及其相关信息一样，质量
控制点、方法和设备也需要在过程控制计划中记录下来。这些文
件（通常每个零件或每个部件对应一份）是受控文件（意味着它们
未经批准就不能修改）。表 13-1 展示了我们前文一直在使用的聚
氨酯硅胶复模例子的部分过程控制计划文件。

表 13-1　过程控制计划文件举例

控制计划编号	关键联系人	初始的批准人	批准的变更
Control_FAB_0101	Jane Doe		
零件/装配件编号	零件描述	日期（初始）	日期（修订）
FAB_0101	聚氨酯硅胶复模外壳		

零件/过程编号	操作/过程名称	区域/设备	特征		测量方法			反应计划
			#产品/过程特征	规范/公差	测量方法	抽样（规模/频率）	控制方法	
60	移除零件	工位1	气泡数	不能超过三个可见的气泡。关键的配合面上不能有气泡。	目视	100%	记录缺陷	决定零件是否能使用，不能则报废。提高除气时间，评估浇注方式和拍击方式。
60	移除零件	工位1	浇口的完整填充	浇口高度>0.25英寸	目视	100%	记录缺陷	检查零件损伤，如有必要就报废。重新评估填充方式

对于过程控制计划，大多数行业都会使用相似的格式。控制计划包含了有
关产品的信息，所使用的过程和工位信息，然后描述正在控制的内容和控制方
式。几乎所有模板都会包含以下信息：

1）**表头**标明了控制计划中的零件或装配件、修订控制、团队成员名字和批
准人。

2）与过程文件中编号（第 11.4 节）相对应的**零件和过程编号**，以便在两个

文件之间交叉引用。

3）列出每个过程要测量的**特征**。这些可能是功能或尺寸特征，或者是过程特征（如温度或速度）。每个过程可能有不止一个特征，每个特征都会有一个唯一的编号。

4）**规范/公差**描述了什么是可以接受的。这些数字应该与图样或者规范文件保持一致。

5）**测量方法**定义了特征将会被如何测量。例如，一个尺寸可以用三坐标测量仪精确测量，也可以用便宜的卡尺粗略测量。

6）**抽样规模**告诉工厂零件需要以什么频率进行测量。抽样规模包括从对产品100%检验到只针对一个批次的第一件进行检验。

7）**控制方法**定义了作业人员/机器将如何确保对特征或过程的控制，如一份SPC图、缺陷图或者在线记录。

8）**反应计划**定义了如果零件不符合规范，作业人员应该做什么。它包括解决缺陷的短期行动。反应计划可以包括返工和任何针对不符合规范的零件必须要完成的文档工作或隔离措施。此外，它应该提供使过程稳定的长期解决方案。

过程控制计划会随着产品的整个生产周期而逐步优化。对那些测量成本高并且也没有显示失效的质量特征，抽样频率会降低。任何在过程后期出现的质量问题都可能会造成额外的质量控制。

小结和要点

❑ 在生产中可以使用各种工具进行质量控制，从目视100%检验到少量样品的破坏性测试，再到综合全面的功能性测试。

❑ 质量控制点被应用于整个生产系统，以确保问题能在过程早期被发现。

❑ QMS计划需要在一份受控文档中进行记录和维护。

❑ 过程控制计划记录了零件和装配过程中所有的质量控制点，它是动态文件，会在产品的生命周期中持续更新。

第 14 章

供应链

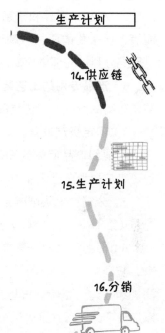

生产计划

14.供应链

15.生产计划

16.分销

你不可能在自己工厂内完成一个产品所有零件的设计、制造、装配和测试。所有公司都需要选择供应商来提供某些零件和服务。确定把哪些外包出去以及选择哪些供应商，涉及成本、时间、知识产权、能力、现金流和质量之间的权衡。一旦供应链准备好了，你就必须要对它进行管理。本章回顾了基本的自制和外购决策过程，如何选择供应商，以及如何定义和管理供应商关系。

今天，制造任何东西都需要依赖一个巨大的供应商网络。你的供应商也许就在隔壁，又或者远在地球的另一边。你不可能在自己的组织内完成设计、制造、运输并为产品提供支持的整个流程。假如你正在设计一个简单的带有传感器和灯的儿童玩具，即使你能制造外壳并对其进行装配，你也不太可能制造用来照亮产品的 LED 灯。你要决定哪些自制和哪些外购，这个取决于许多因素，包括你的能力、资金资源、对速度的要求以及你正在制造什么产品。在产品实现期间，可以外包的材料和工作大致分为以下几大类：

1）**合约制造商**。除非你已经拥有自己的工厂，否则你可能要选择将产品的制造、装配和包装外包给专门为其他公司制造产品的工厂。这些提供服务的工厂叫作**合约制造商**。

2）**材料、零件和子系统采购**。你需要购买那些构成你产品的原材料。你可能用自己采购的原材料制造自己的零件，或者你可能选择采购整个部件，这样可以充分利用外部供应商的专业知识和产能。

3）**产品专用的工艺装备和测试**。大多数产品需要设计并制造定制化的工艺装备和测试设备。工艺装备的设计和加工需要特殊的技能和知识。

4）**固定资产设备**。一个产品开发团队不太可能像制造产品本身一样制造用于生产他们产品所需的设备。在极少数公司自己制造生产设备的情况下，该过程可以被视为自己产品的开发过程。

5）**分销**。团队可能会选择将产品从工厂运送到客户手中的部分或全部过程外包（第 16 章）。这些供应商通常被称为第三方物流供应商。

6）**服务**。推出一款产品不仅仅只是涉及创建一个 CAD 模型并把它制造出来，它还需要包装设计、市场营销、制造支持、物流、客户支持、质量计划、法规和咨询。尽管你很想自己内部完成所有事情来省钱，但是雇用外部资源可以加速产品实现并且确保更好的结果，而且最终也可以做到省钱。

然而，管理你的供应链要比简单地挑选一个供应商然后给他们寄张支票要复杂得多。以下是你需要做出的一些决定：

1）你将制造什么和你将购买什么（第 14.1 节）？

2）你将与你的供应商建立什么样的关系（第 14.2 节）？

3）你打算自己装配产品还是雇用一个合约制造商（第 14.3 节）？

4）你将如何选择供应商（第 14.4 节）？

5）你将如何与你的供应商签订合约（第 14.5 节）？

6）你将如何管理你的供应库（第 14.6 节）？

7）针对同一个零件你会有一个还是多个供应商（第14.7节）？

14.1 自制和外购

设计供应链时的第一个决定就是选择"自制"还是"外购"，即公司是雇用外部机构来提供服务或零件，还是由公司自己内部来完成这项工作？这个问题适用于零件、部件、过程和服务。关于供应链战略的书籍有上百种，我们在这儿并不打算涵盖该话题的所有方面。但以下是一些你需要考虑的主要因素：

1）**相对成本**。有时雇用外部公司会更便宜。他们有途径能获取更便宜的材料，可以在不同客户之间分配产能，而且通常更高效。

2）**内部能力**。有时，团队有那些你想利用的能力；而其他时候，你并没有所需的关键能力。例如，创业公司很少会有一个内部法务团队来教他们知识产权方面的相关法律，他们需要与一个外部法律事务所签订合约。另一方面，如果你的组织内有位电池方面的专家，你将希望使用这种能力。

3）**资源的可用性**。如果你的团队较小，你就不会有足够的精力来管理所有的过程。例如，较小的公司通常会把分销工作外包，因为核心团队没有时间、空间或者资源来管理所有的发运工作。

4）**部分资源**。如果你只是短时间内需要某些资源，可能不值得雇用一个全职人员，然后让他们无所事事。雇用外部顾问比增加员工人数更简单。例如，你可以在过程早期雇用外部顾问来形成包装的概念，或者在后期做一个详细的DFM分析。

5）**资金**。为了打造内部的某种能力，一个过程可能需要投入大量的资金。即使采购设备在将来的某个时候可能会有较好的投资回报，但你可能就是没有（或者无法借到）足够的现金来这样做。例如，大多数硬件公司会将注塑成型外包，因为购买、安装和运行注塑机的成本太高。

6）**速度**。雇用外部团队可以加速完成产品设计的过程。例如，雇用外部公司来制造固件可能会更快。他们也许有一个能在几周内完成的大团队；然而如果你在内部来完成这项工作，可能需要数月时间。

7）**空间和分区**。一些制造过程需要大量的空间用于设备和装配。要获得不动产场地可能花费不菲，而且即使你拥有了不动产，确保对它进行合理的区域划分可能也很昂贵且耗时。

8）**战略价值**。如果一项技术包含关键的知识产权，或者如果你想为未来的项目建立内部的专业技术，你可能不会想把一项技术外包给一个供应商。

14.2　供应商关系类型

在你的供应库中，你不会与每个供应商都有相同的关系。例如你使用合约制造商，那么你的公司需要有人对你的合约制造商进行深入了解，花时间在工厂里，并与他们一起工作来解决问题；另外一种情况是，你可能不知道你的蓝牙模块来自哪里，只能通过一个分销商的网站来工作。每种类型的关系都有不同的成本和好处（见表 14-1），按双方关系融合的程度从高到低排列如下：

1）**战略型**。这通常会涉及两家公司联合开发产品。这种合作伙伴关系对于两家公司的成功至关重要，而且两家都承担着巨大的商业风险。

2）**业务必需的/关键供应商**。这些供应商会花大量的一次性工程成本来开发定制化子系统或对你的产品至关重要的功能。尽管这些关系很难解除，但如果有必要，你仍可以找到其他替代供应商。

3）**半定制/交易型**。再下一层的关系就是为你制造半定制和加工件（如电动机、电池或注塑成型零件）的供应商。这种关系也涉及供应商的一些一次性工程成本。这种类型供应商提供的零件需要进行验证，但找到一个可替代的合格供应商相对容易（但会比较耗时）。

4）**保持距离型/不重复使用型**。这是一些特定能力并不关键的供应商，可以很容易在几天内进行替换。

表 14-1　不同类型供应商的特征

	何时介入	采购方式	更换难度	共同开发	占总销售成本的比例	占零件数量的比例	案例
战略型	在产品开发开始时	长期合约关系	几乎不可能更换。供应商对于产品至关重要而且非常难以解除关系	整个过程中都会密切合作	高	1%	飞机公司外包飞机的一部分

（续）

	何时介入	采购方式	更换难度	共同开发	占总销售成本的比例	占零件数量的比例	案例
业务必需的	细化设计时	正式的需求建议书（RFP）	重新设计核心元件和重新验证零件非常昂贵	在产品开发晚期介入。在整个产品实现过程中一起合作	中等	5%	自行车制造商联合设计了一款新的指拨装置来配套一个特定车架（核心技术没有改变）
半定制 /交易型	产品实现过程中	报价请求（RFQ）	需要对新零件重新验证而且也许需要为新的工艺装备支付费用	会介入一些过程，以识别出 DFM 改善的机会	低	15%～30%	消费电子产品公司选择一家定制电池供应商
保持距离型	根据需要	下订单	非常低。仅仅是更改物料清单（BOM）和订购流程的成本	无	非常低	60%～70%	从紧固件分销商处购买螺钉

故事 14-1：与一家合约制造商合作

Adam Craft，Hydrow 公司首席生产官 **hydrow™**

我是 Adam Craft，Hydrow 公司的首席生产官，当生产 Live Outdoor Reality™ 划船机时，我的团队专注于硬件、生产、质量和供应链上。我的专业是机械工程，已经在产品开发和制造领域工作超过 30 年了。在我的职业生涯中，有幸为许多大大小小的公司工作过，包括 Hasbro、处在增长期的 iRobot、Jibo 和 Hydrow。

所有这些公司都与亚洲的合约制造商有合作，主要是中国大陆和中国台湾地区。与合约制造商合作需要建立长期的战略合作伙伴关系，但是这种关系的性质会因你的规模而有很大不同。

作为一家较大的知名公司，与合约制造商合作意味着你将可能：

1）**与成熟的合约制造商合作。**通常情况下，与你合作的合约制造商都比较大，具有成熟的制造工艺和有效的质量控制。较大的合约制造商都是垂直整合的，所以他们的供应链大部分是内部控制的（如他们会有自己的制造和工艺装备产能）。

2）**不只与一家合约制造商合作**。大公司希望既能确保最佳成本，又能确保合约制造商有足够的产能。大公司通常会与不止一家合约制造商合作，所以你可以根据产量需求和工厂的技能，将新产品交给不同的合约制造商。这可以促进不同合约制造商间的竞争，帮助你解决定价和其他需求。

3）**在合约制造商所在国家有来自你公司的本地员工**。这个团队负责管理与工厂的日常关系，并且能快速解决问题。你可能会有专门的员工在合约制造商工厂里工作。

4）**能相对有更多要求**。作为一家大客户，你通常可以优先接触到合约制造商的员工，优先获得产能，并且能获得具有竞争力的价格。

作为一家小公司或者初创企业，你与合约制造商的关系就不同了。最重要的是，当你是一家大公司时，合约制造商知道你可以创造销量和利润，但是当你是一家小公司时，他们也在承担风险。所有合约制造商都想抓住下一个出现的 FitBit 或者 GoPro，但是新公司失败的相关风险也会随之而来。因此，在你询价过程中，当你在评估合约制造商时，你同时也在推销自己。作为一家较小的公司，与一家合约制造商合作意味着你将可能会：

1）**与较小的合约制造商合作**。你可能需要更多地管理你的供应链，因为内部也许没有所有的专业知识，合约制造商或许会把你项目中的更多部分外包出去。

2）**付钱给合约制造商来做更多的设计工作**。你经常可以充分利用合约制造商的开发和生产人员，因为他们做起来更快更便宜，而你内部可能也没有相应的专业知识。这节省了成本和时间，但是也要注意这种情况下谁拥有知识产权。

3）**只与一家合约制造商合作**。你希望成为一个重要的客户，并且能得到你所需要的关注。作为一家较大合约制造商的小客户，当他们大客户的推动很急迫时，你很容易会在一片混乱中被人遗忘掉。

4）经常出差或者在现场派驻人员。你仍需要在合约制造商现场有你自己的代表以使沟通更顺畅，并且当某事看起来不对劲时他能指出来，即使所有的意图都是好的，没人能像你一样了解你的产品。如果你的团队没有意识到，那么过程或成本上一次意外的变化可能会产生意想不到的后果。

归根结底，一家小公司不得不与他们的合约制造商合作。当你想要推进过程和时间表时，双方都需要看到合作的价值并理解所面临的风险，当你正在制造你的第一个（或唯一的一个）产品时，风险可能会更高。有时，你会觉得自己在为所有的事情买单；然而，合约制造商也在你的项目中投入了大量的资源，如果你延误了自己的项目并错过了日期，他们会和你一样备受折磨。只有当采购订单进来时，他们才开始挣钱。他们真正赚钱的是大批量，而不是你的第一批货物。

无论你是一家大公司还是小公司，所有与合约制造商的关系都会使你受益，当你拥有：

1）**一个双方都会受益的合作伙伴关系而不是一个客户/供应商关系**。坦率地讲，你确实是客户，他们确实是供应商，但是事情并不会总是那么顺利而且双方的关系也将会受到考验。最好是从实力地位出发建立这种关系。

2）**当你需要升级时，你要有一个可以联系的高管**。在一些时间点上，资源会消失，次级供应商会让你失望，而且会突然出现质量问题。你需要一个愿意倾听并能介入其中使事情有所改变的联系人。

3）**在制造国内/合约制造商内的代表**。没有什么可以替代与你的公司有切身利益的某个人，他知道哪些重要哪些不重要。即使你完全信任你的合约制造商，但在那里有个人可以使沟通更顺畅，能在同一个时区解决问题，并且对于那些要汇报到总公司的任何问题，这都是一个好的通道。

文字来源：转载已获得 Adam Craft 许可。

照片来源：转载已获得 Hydrow 许可。

商标来源：转载已获得 Hydrow 许可。

14.3 自己制造或者使用合约制造商

关于自制还是购买的决定取决于谁来生产你的成品，你是要拥有自己的工厂还是与合约制造商合作。许多公司，甚至是一些大公司，也会使用国内或者国外的合约制造商。当雇用合约制造商时，你有很大的选择范围，包括从小型家庭经营的作坊到一些大而知名的工厂，如富士康和深圳长城开发科技股份有限公司（见图 14-1）。每种选择都有其优点和缺点（插文 14-1）。

图 14-1　在中国的合约制造商（来源：转载已获得深圳长城开发科技股份
有限公司的许可）

插文 14-1：供应商层级

　　供应商通常会被分作 1 级、2 级和 3 级。根据对话的语境，术语"供应商层级"有两种使用方式。

　　在供应链中所处的位置。这种"层级"的使用指的是供应商离设计 / 制造团队有多远。通常，一个组织只会与一个 1 级供应商进行接触，1 级供应商依次又有 2 级供应商的供应链，2 级供应商又会有 3 级供应商的供应链。

　　合约制造商的质量和规模。当谈及有关合约制造商的层级时，该术语通常表示供应商的规模和能力。1 级指的是那些能力强、规模大而且也通常较贵的合约制造商（如富士康和捷普）。2 级合约制造商小一些，但是与 1 级合约制造商有类似的技术能力。2 级合约制造商通常专注于一些特定的产品类型，而且一般比 1 级合约制造商价格低。3 级合约制造商通常被认为质量较差，他们使用老旧的设备，材料管理和质量控制流程也不复杂。如果你产品的复杂度和价格敏感度需要一个低成本供应商，那么 3 级合约制造商可能是一个合理的选择。

　　雇用合约制造商的首要原因是可以省去你自己拥有一个制造和装配工厂的

日常管理成本。考虑到产品的可能收入，租用或者拥有自己的地方，拿到必要的许可，采购设备和基础设施，然后雇用有技能的人来管理内部的一切往往太过昂贵了。此外，请记住"时间就是金钱"这句老话：合约制造商几乎立即就可以开始生产，而建立自己的工厂可能会非常耗时。

其次，如果你想要利用发展中国家的低成本优势（能源、材料和人力成本），那么雇用一家合约制造商也许就是唯一可行的解决方案。

雇用合约制造商（无论本地还是海外）的第三个好处是合约制造商通常有一个供应商网络，这些供应商能快速轻松地提供工艺装备、零件和其他能力。你可以类比雇用承包商来装修你的房子。一流承包商的好处之一是他们有一个经过审查的团队，包括电工、水管工和木工。承包商负责管理这些团队之间复杂的协调工作并处理付款。你自己可以单独雇用这些团队，但是相比于你有可能节省下来的钱，你所付出的日常管理成本和时间（和可能出现的沟通错误）也许并不值得。这同样适用于合约制造商：他们与自己的注塑工厂、零部件供应商和PCBA 装配厂有着长期且互信的关系。相比于你，他们能以更低的成本和更高的效率来协调供应链。

雇用合约制造商的另外一个好处是他们拥有在许多客户之间共享的能力（如采购、质量控制和人力资源）。与合约制造商合作允许客户购买一个人的部分时间，而不是雇用一个全职但时间无法充分利用的人。合约制造商对零件也更有购买力。你也许只需要 10000 个电容，但是因为合约制造商是为许多客户批量采购，他们就能以一个折扣价购买 100 万个电容，为你节省成本。

最后，合约制造商有设计和生产类似产品的经验，所以他们不必为每个项目都经历一遍学习曲线。雇用合约制造商也有缺点，包括：

1）一旦报价后，要想降低产品成本就非常有挑战性了。因为合约制造商的利润通常是总销售成本的一个百分比，他们对于降低成本的动力与你并不一致。

2）当质量出现问题时，确定根本原因是在你还是在合约制造商非常困难。因为如果是合约制造商的错，他们就会遭受经济上的损失，他们也就没有动力去发现或者揭露自己工厂的问题。

3）通过雇用合约制造商，你就无法建立自己内部的制造能力。如果你认为你目前的产品可能是你大型持续性产品系列的一部分，那么建立自己的工厂也许就是有意义的。

4）与合约制造商一起执行设计变更可能比较耗时。

5）你会被锁定在他们的供应商群中。除非你在刚开始协商时就把零件分配成委托件或指定件，否则强制更换到新的供应商非常困难。

6）知识产权总是存在意外或恶意损失的风险。

7）对于海外的合约制造商，总是存在地缘政治力量可能改变关税或者进出口法律的风险，所以成本可能会突然发生巨大的变化。

8）合约制造商（尤其那些低成本的）也许与你的团队在对待工人的方式，或者在对环境的影响上有着不一致的道德价值观。

14.3.1 原始设备制造商和原始设计制造商

如果你的组织已经决定采用合约制造商，那么你的合约制造商可以不负责，也可以部分或全部负责包装、机械和电子零件、固件和软件的设计工作。与合约制造商的关系包括从原始设备制造商（original equipment manufacturer，OEM）到纯原始设计制造商（original design manufacturer，ODM）。

1）**原始设备制造商**。你负责所有的设计工作，而工厂完全按照你的要求来制造。合约制造商会采购一些零件，制造一些部件并装配和测试产品。在 OEM 关系中，合约制造商通常会与你一起做 DFM 评审，但是不会对设计进行重大变更。

2）**原始设计制造商**。另一方面，你可能希望你的合约制造商设计部分或者全部的产品。在大多数 ODM 案例中，客户会向合约制造商提供工业设计、功能规范要求和任何关键技术。合约制造商则对机械设计、电气设计和包装拥有所有权。然后合约制造商生产产品并贴上你的公司名称。

许多小家电都是以这种方式设计的（如咖啡机）。不同品牌产品的"核心"是相同的，但是工业设计和用户界面则由客户来定义。

在纯粹的 OEM 和纯粹的 ODM 之间有很大的灰色区域。例如，你可以做所有的机械设计，但雇用合约制造商来设计你的 PCBA。对于采用 OEM 还是 ODM，没有绝对正确的答案。根据团队的需求和能力，在 OEM 与 ODM 之间找到正确的平衡基于以下几个战略决策：

1）**你需要拥有多少技术**？如果产品的差异点只是工业设计，核心是许多产品线都共有的，那么采用 OEM 可能是最有效的。

2）**你想要多快拿到产品**？雇用合约制造商可以极大地加速设计和生产的过程。他们可能有设计类似产品的经验，并且已经知道从哪里可以获得零部件以及如何测试产品。

3）**你有什么技能？他们有什么技能**？例如，合约制造商可能在相机设计方面有专业知识，虽然相机对你的产品来说是必需的，但它并不是关键的差异点。聘请合约制造商来设计光学子系统，而你的团队设计其他差异化功能，这样会更快且能取得更好的结果。

4）**你想与合约制造商的关系有多紧密**？如果你的合约制造商设计了你产品的主要零部件，因此拥有了这些零部件的知识产权，如果你想要更换合约制造商就很难了。如果你想要自己设计下一代产品，你可能无法拿到初代产品的物料清单（BOM）、图样和工艺规划。

5）**你想要学习什么？你想要外包什么**？对于下一代产品来说，了解关键技术并通过管理设计流程来提升内部专业知识，可能是至关重要的。

6）**成本控制和权衡**。如果你把设计工作交给合约制造商，那么你的组织将无法在设计决策和成本之间做实时的权衡。正因为如此，合约制造商可能会做出对他们制造成本有利的决定，但不一定对你的客户有利。

7）**你想拥有控制质量问题的能力吗**？如果你把设计工作外包了，那么要找到一个失效的根本原因会很困难。

8）**投资会抵消成本的一部分吗**？一些合约制造商会以一个非常大的折扣价通过提供设计服务来对产品进行风险投资。然后，合约制造商将会拥有你公司的一部分股份。这会使转换合约制造商非常困难，但是可以缓解现金流问题。

一般而言，ODM 比 OEM 能相对便宜且快速地把设计带入生产，但你会失去对产品的一些控制和所有权。

14.3.2　如何管理合约制造商

选择和管理合约制造商可能是几个人的全职工作。如果你之前没有与合约制造商建立关系或者在管理合约制造商上也没有专业知识，那么你在处理与合约制造商的关系上就有很多选择，从自己管理到完全外包。

1）**自己管理**。在没有外界帮助的情况下，现在与合约制造商进行联系并签订合约已经变得容易多了。不过如果你没有相关的内部专业知识，你的学习曲线可能会很陡峭。

　　——优点：你自己学习和管理这种关系，成本可能比较低。

　　——缺点：需要花很多时间，很容易会犯一些有长期后果的大错误。

　　2）雇用国内的经纪人、中间人或者贸易公司。这些公司（或者通常更多是个人）受雇于你，将你的设计给到他们的合约制造商网络并把产品制造出来。尽管这似乎是一个简单的解决方案，但也有很多缺点。尽管有很多有道德、有能力的经纪人，但行业仍充满了许多经纪人拿了钱跑路的可怕故事。如果你的经纪人卷走了你的定金（有合约或者没有合约），工厂还会让你再付一次钱。你也许找不到他们，而且在国外很难把他们告上法庭。另外，你也无法拥有与工厂之间的关系，而是经纪人有。如果出现质量问题，你可能很难解决。

　　——优点：拥有当地的专业知识和单一的联系点。

　　——缺点：无法控制与合约制造商的关系，没有能力更换工厂，以及存在不道德行为的风险。

　　3）提供全方位服务的美国 OEM 供应商。OEM 会提供从完成设计到处理分销物流的端到端服务。有时他们并不会向你收取全部的 NRE 费用，以换取股权或者增加销售成本。

　　——优点：他们可以帮助解决现金流问题，并提供单一地点的全方位服务。

　　——缺点：你会失去对设计的控制，无法拥有自己的工厂或者控制你的产品成本。

　　4）运营咨询公司。这些公司会履行一个运营团队的职责。你相当于得到了一个运营副总裁、一个工厂支持团队和一个供应商管理团队。这些公司一般费用很昂贵，但是你能逐渐地过渡到拥有越来越多的责任。与运营咨询公司一起工作是一种了解需要完成哪些事情的好方法，然后你的团队就能为下一代产品承担起这些责任。

　　——优点：运营咨询公司管理与合约制造商的关系，帮助你建立内部能力，并提供专业知识。

　　——缺点：成本上升而且不能通过自己实践来学习。

　　5）合约制造商的创业支持。一些合约制造商现在可以向公司提供端到端的服务，以换取股权。

　　——优点：会为你提供一站式服务。

　　——缺点：这种选择会把你和合约制造商捆绑在一起，合约制造商拥有你公司的一部分，你很难控制成本，而且你的影响力或者谈判能力非常弱。

14.4 供应商选择

一旦决定将产品、零件或服务外包，各团队就需要创建一份简短的供应商清单来进行询价。选择供应商的过程通常分为六个步骤，这会在下面部分进行阐述。同样的基本过程也适用于选择合约制造商作为供应商；选择合约制造商的过程会更长些，因为会涉及更多的文档工作和法律工作，并且会依据更多的因素而不只是简单地以最低成本为标准。

14.4.1 定义你想要采购什么

你越能更好地定义你想采购什么，报价就会越准确，你也越有可能得到你想要的东西。向供应商询价可以简单到只要求对方提供一个零件编号的价格，或者也会复杂到需要一份 100 页的询价单。确认你想要采购什么不是仅简单地说"我需要一个电池"，它涉及回答一些问题，例如：

1）需要多大程度的定制化？
2）相比质量，成本有多大的重要性？
3）需要多大的电池容量？
4）什么样的外形可以适配你的产品，而且是可制造且具有成本效益？

14.4.2 决定你想要在哪里制造零件

许多发达国家的公司都在纠结是在本地制造，还是使用低成本的海外供应商。人们可能希望在本地采购，但是对于销售成本的控制就很困难。对有些人来说，本地生产的额外成本是值得的，因为本地生产的关税风险会降低，便于沟通和解决道德问题。另一方面，当面临激烈的竞争时，一些人会选择在其他国家制造以得到更低的销售成本。这并不是说所有的本地制造商都会更贵，或者所有的海外供应商质量控制都比较差。每个供应商都是不同的。表 14-2 给出了本地和全球供应商的概括性比较，但是你应该自己进行调查来了解你潜在供应商的优点和缺点。

表 14-2　本地供应商与全球供应商的比较

	本地	全球	备注
成本竞争力	⇩⇩	⇧⇧	本地供应商销售成本一般较高
质量控制	⇧	⇩	本地公司的质量可能会比海外的更可靠，但在其他国家和低成本地区也有许多优秀的供应商
较短的发运时间	⇧	⇩	要从海外拿到产品可能会非常耗时
供应链稳定性	⇧	⇩	如果港口关闭或者天气原因导致海外供应商中断发货，罢工和其他干扰可能会导致交付问题
知识产权管理	⇧⇧	⇩⇩	在海外，知识产权损失的风险更高，而且共享知识产权也许会成为合同的一个要求
协调和设计迭代	？？	？？	这些取决于工厂。尽管更容易与同时区的供应商进行沟通，但是低成本地区的合约制造商在工作时间之外也经常会响应且灵活，而且他们也愿意在项目上投入更多的资源，以确保项目及时完成
投放到项目上的资源	？？	？？	
环境	⇧	⇩	一些低成本地区的做法可能会破坏环境，在美国有时也会这样。在选择一个合约制造商之前，你要仔细研究环保的做法
劳工道德	⇧	⇩	一些地方的工厂工作条件可能较差，以及存在薪酬问题，这可能会对你的产品产生不良影响
关税的不确定性	⇧	⇩	地缘政治的不确定性可能会导致关税和贸易协议随着时间而改变。今天便宜的东西明天可能就不便宜了

注：⇧表示较好，⇩表示较差。

14.4.3　选择从哪些供应商处取得报价

找到一份可以接触的供应商名单可能是一项艰巨的任务。在互联网搜索"轴承"一词或者在阿里巴巴上寻找，可能会得到数以百计的网站，但却很少有关于如何寻找供应商的指导。四处打听，拆解其他类似产品，或者聘请供应商顾问，可以确保你有合适的公司选择以供评估。以下是几种可以识别出优秀供应商的方法：

1）一些咨询公司可以为你协调供应商的选择过程。他们有预先审查过的他们熟悉的供应商名单。很多这些公司都会出现在硬件相关的见面会和研讨会上。他们也往往有比较好的博客。

2）拆解一个含有类似技术的产品。产品内部的标签可能会向你提供关于你可以使用的供应商的一些想法。

3）大多数州都有像 MassMEP 或者 NYSERDA 这样的非营利组织，他们的使命是推动当地的制造业。他们通常可以推荐本地供应商。

4）投资人或者顾问可能与一些现有的供应商有联系。当选择你的顾问团队时，要寻找这些有关系的人。

5）已经有几家公司作为加工件的经纪人出现了。他们会带着你的图样并从他们的网络中为你找到合适的供应商。这些公司不同于顾问，因为他们只是带着你的图样四处去询价以获得最佳的价格。他们更像是一个信息交流中心，而不是一个合作伙伴。

6）四处打听，去参加硬件会议，与其他产品团队交流。

14.4.4 比价

当在报价之间进行选择时，不要只看成本。其他因素，如供应商质量、材料可获取性和采购条款等也同样重要。此外，还有些无形的因素，如供应商的历史质量、供应商与团队合作及辅导团队的意愿、建议和推荐、沟通的便利性。

从各种供应商处拿到报价总是个好主意，从小公司到大品牌供应商。通常情况下，组织经常会在有声誉且富有经验的大公司与价格较低且更可能专注在你这个客户身上的小公司之间左右为难（见表 14-3）。一般而言，你应该争取获得至少三个报价，有一个清楚的工作范围和时间要求。你应该使用 14.5.4 节中所描述的 A2A 分析来比较这些报价。

表 14-3 雇用小公司与大公司的优点比较

小公司	大公司
使用诱饵替换（你面试的是资深人士，得到的却是初级人士）的可能性较小	有出众的设计师和能力。对于大品牌产品有很长的跟踪记录
你的项目对于他们的投资组合更重要，会得到他们的关注	产能较强。当必要时，他们会有额外的员工可以短期投入到一个项目上
小公司通常有较低的日常管理费用	你可以获得由知名企业参与带来的知名度和声誉的提升
小公司对你的业务更加渴望。他们正在寻找一次大的胜利，然后走得更远	有时会为了股票而合作

14.4.5 参观工厂、与员工面对面交流并获取样品

根据零件或者服务的关键性，团队将希望得到一个用于评估的零件样品并参观工厂。14.8 节详细列出了一份你在决定一个工厂是否合适时需要考虑的各项因素清单。对于服务供应商，如市场营销公司或者第三方物流供应商，获得推荐并亲自与供应商会面是了解你的团队能否与供应商合作的好方法。

14.4.6 在供应商之间进行选择

一旦你通过以上步骤收集了所有数据，你需要选择与哪家供应商继续下去。从来不会有完美的供应商。在成本、质量、进度、一起合作的舒适度、信任、经验和合同条款之间总会有权衡。获得多个报价或者建议仍然是必要的，以使团队能够自己了解诸多因素中哪个因素更重要。

最后，团队需要做出权衡。每个供应商关系的缺点和固有风险都应该尽早识别出来，并且要在整个产品实现过程中更清晰地进行管理。

14.5 文档

供应商是你的合作伙伴。在最好的情况下，你们会达成一份协议，让产品的成功推动他们的和你的销售。不管怎样，在具有法律约束力的协议中清楚地定义你们的关系并记录下来总是必要的。对于一些简单的采购，如来自知名供应商的商品，文件非常简单：只是一份报价、采购订单和发票。

对于战略供应商和合约制造商，你需要通过一个更详细的过程来正式确定关系。一份带有精确成本、承诺和后果的综合全面的合同对于保持这种良好关系很重要。你不希望等到出现分歧时，才发现你并没有完善地拟写你的合同。作为最关键的合同，你的制造服务协议（MSA）往往需要多次迭代。本节描述了所有要生成的文档，从初次接触到付款，再到退回有缺陷的产品。通常，供应商管理团队或者采购团队来主导这个过程。图 14-2 所示为用于正式确认和管理供应商关系的文档流。与所有具有法律约束力的文档一样，你必须聘请法律顾问，并请专业人士审查你的文档。忽视法律顾问的建议，那你就只能自负风险了。

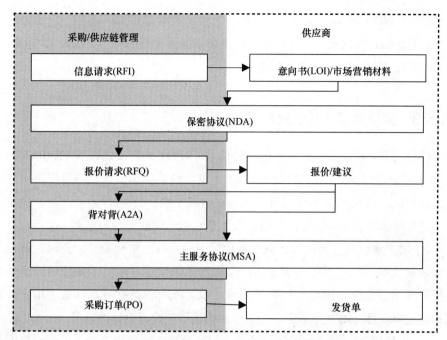

图 14-2 正式确认和管理供应商关系的文档流

14.5.1 信息请求

项目经理将通过向有关公司提出产品和服务的信息请求（RFI）来启动与供应商的互动。RFI 是你和供应商之间对话的开始。RFI 将包括对你有兴趣要采购的东西的一个基本描述，它不包括任何敏感信息。它用于确定你的需求和厂商的能力之间是否有足够的重叠，以推进下一步的工作。

例如，对于零部件，你可能会问他们是否有能力定制电动机或者类似的产品。如果你在向合约制造商发送 RFI，RFI 也会询问合约制造商对竞标这项业务是否感兴趣。RFI 必须向他们推销你的产品。如果你没有清晰的市场或者足够的资金来完成产品的实现过程，他们就不会浪费时间来竞标这个项目了。因此，RFI 需要包含足够多的关于你产品的信息，让合约制造商来决定你的产品是否值得花时间来回复报价请求。

14.5.2 保密协议

保密协议（NDA）通常是两个组织签署的第一份文件，无论他们最终是否同意合作。NDA 被用于保护供应商和开发团队的敏感信息。此外，它还可以用于保护专利权，因为它使得披露的信息不会被视为公开信息。下一份文件（RFQ 或 RFP）往往会包含需要保护的敏感信息。

14.5.3 报价请求 / 需求建议书

过程的下一步是写一份正式的报价请求（RFQ）或需求建议书（RFP）。RFQ 或 RFP 是一份综合全面的文件，它概述了供应商被要求对什么进行报价。两份文件都向供应商提供了要针对什么报价的详细概要，还附有关于产品、潜在用量、时间要求以及质量目标等信息。以下是它们之间的一些不同点：

1）**需求建议书**。当设计团队对报价的内容没有一个明确的计划时，就会使用需求建议书。它对供应商提出了一组相对高层次的要求，并要求供应商提交一份详细的建议书，说明如何满足需求，以及成本和条款各是什么。相比原始设备制造商项目，RFP 更多用于服务和原始设计制造商设计的项目。

2）**报价请求**。当设计团队对于他们想要的东西有比较清晰的理解时，就会使用 RFQ。一份 RFQ 会包括一组非常详细的规范要求、物料清单和产品设计。这些文件通常用于原始设备制造商项目、加工件和半定制零件。

你在 RFQ 或者 RFP 中提供的细节越多，供应商的回复就会越准确。例如，如果你仅仅列出"电池"，他们将不知道是只对一个简单的 AA 电池进行报价，还是针对一个带有非标准连接器的定制化可充电电池进行报价。当面对不确定性时，供应商经常就会基于更高的销售成本进行报价。

当获取报价时，你应该坚持要一份展开的成本报价，其中包含 BOM 中每个成本要素的明细、所有的日常管理费用和所有一次性工程成本的详细明细。检查清单 14-1 提供了一份你可能要列入 RFQ 中的要素清单。

检查清单 14-1：RFQ 检查清单

你提供给供应商的信息

关于业务的信息

关于公司的信息，如收入、预期的销售量、市场营销信息和新闻公告。

❏ 对产品的描述，产品的功能和任何可工作原型样品的照片和视频。

❏ 对于合约制造商需要了解的与任何第三方现有合作伙伴关系的描述。

❑ 对设计团队和任何可以给项目带来可信度的董事会成员的描述。

❑ 有数据支持的销售预测。

❑ 你的资金状态：你已经筹集到了多少钱，由谁筹集的。

产品定义

❑ BOM。

❑ 加工件的制造方式。

❑ 装配图和零件图。

❑ 颜色、材料和表面处理文件。

❑ 规范文档。

❑ SKU 和产品种类清单。

❑ 包装概念。

❑ 指定件和委托件清单。

需要由供应商执行的 NRE 范围

❑ DFM 分析。

❑ 设计责任：PCBA、机械零件、固件、包装。

❑ 试产次数和每一次的样品数量。

❑ 寻源责任。

❑ 认证责任。

❑ 工艺装备。

质量测试要求

❑ 质量目标（AQL 水平）。

❑ 质量测试计划（试产和生产）。

❑ 认证要求。

❑ 发运审核。

其他

❑ 防止供应商为竞争对手制造相同产品的免责条款。

❑ 分销要求。

❑ 第三方对工厂的访问权限。

你要求供应商提供的信息

成本

❑ 每个零件的 BOM 成本。

> ❑ 日常管理成本（人力、利润、报废率等）。
>
> ❑ 销售成本。
>
> ❑ 到岸成本（如果他们处理分销）。
>
> **支付金额和时间**
>
> ❑ NRE 成本。
>
> ❑ 工艺装备成本。
>
> ❑ 试产成本和时间安排。
>
> ❑ 样品成本和次数。
>
> **财务条款**
>
> ❑ 对于工艺装备和 NRE 的支付条件。
>
> ❑ PO 时间和付款条件。
>
> ❑ 费用或收费。
>
> **其他信息**
>
> ❑ 降本共享政策。
>
> ❑ 批量价格。
>
> ❑ 知识产权保护方式。
>
> ❑ 退货材料授权（RMA）流程。
>
> ❑ 分销能力。
>
> ❑ 来自他们投资组合中相关产品的实例 / 样品。

14.5.4 报价和 A2A 过程

基于你的 RFQ，供应商 / 合约制造商会提供一份详细的估价或报价。每个供应商可能会以不同的形式提供信息给你（即使你给了他们一个模板来填写）。理想情况下，供应商会提供一个展开的成本报价，列出每个零件或子系统的成本、利润和条款及条件。一份展开的成本报价让你能够对报价进行比较，还能理解每份报价中驱动成本的主要因素。根据报价 / 估价具体是如何描述的，可以判断它也许有约束力，也许没有（如合约制造商是否承诺以该价格提供产品）。所以在同意把业务授予供应商之前，请确保你认真阅读了报价中的细则。

一旦你拿到了所有供应商的回复，你就需要做一个背对背（actual-to-actual，A2A）分析来比较报价。这通常需要大量工作来排查报价，以了解其中的差异所在。例如，一些供应商会把所有的日常管理成本归并成一个大的比例，而其他供应商会把它拆分成不同小类；一些供应商会把模具成本分摊在零件成本中，而其他供应商会单独收费。进行 A2A 分析更像是一门艺术，而不是一门科学。它的目标是在供应商之间进行权衡。例如，一个著名的 1 级供应商也许有较高的管理费率和成本，但是你对他们的质量更有信心。你将需要把这些信息与你的财务模型和现金流模型（第 8 章）结合起来使用，以决定哪个供应商最适合你。

14.5.5　主服务协议

基于 A2A 分析、总成本、条款和你对工厂的参观（第 14.8 节），你将做出决定，并把业务授予其中一家合约制造商。在你选择了一家供应商后，你和供应商需要把合同的条款正式确定下来。这种关系就由主服务协议（MSA）来定义，它概述了你将如何与合约制造商进行合作的条款和条件。MSA 就像一份婚前协议，在最好的情况下你并不需要它，但是如果你确实需要一份时，你会很高兴你已经有一份了。许多公司会基于"我们将在以后解决那些细节问题"的理解先开始与合约制造商合作，如果所有事情都进展顺利或者没有混乱，这没问题；但是如果事情进展不顺利，那么就会造成很大的麻烦。MSA 签订得越晚，你想从合同中脱身的筹码就越少。此外，你也许会经历来自合约制造商的后期条款变更。

检查清单 14-2 罗列了要作为 MSA 一部分进行协商的条款，但本书不应被用作法律意见。本书介绍了许多概念，以便你能理解每个人正在谈论什么，以及它为什么重要。你的法律顾问会基于你具体的产品和他们的经验，向你建议一些附加条款或者不同的条款。所以当创建一份 MSA 时，听从你法律团队的意见很重要。

MSA 中的条款会对现金流、交付物、成本和质量有很大影响。这些信息中的大部分都应该在 RFQ 中列出来，以避免在 MSA 协商过程的后期出现意外。我们再次重复一下，**不要匆忙地创建这份文件，要确保你理解了所有各种条款的含义。要听从你律师的意见！**

检查清单 14-2：一份 MSA 中的典型条款

知识产权和信息所有权

❑ 谁拥有设计、工艺装备、BOM、IP 等。

❑ 对知识产权的管理。

❑ 对于制造信息的访问权限，如测试结果、生产速度、SOP 等。

❑ 合同范围 / 工作说明。

对于零件 / 子系统的设计责任

❑ 如果他们正在设计你的产品，那么当量产时你是否也不得不与他们合作？或者你可以把他们的设计发出去进行招投标？

❑ 对于设计、提供工艺装备和测试组件的责任。

❑ 包含在合同中的样品及其成本。

❑ 认证。

❑ 最小生产数量。

质量管理

❑ AQL 水平。

❑ RMA 过程如何运作（退货材料授权）。

❑ 纠正措施和持续改善活动及责任。

❑ 对于来料零件质量的责任。

❑ 发运审核。

❑ 第三方进入工厂，代表你做发运审核或检查生产情况。

❑ 认证责任。

成本和付款

❑ 是否可以获得实际工厂成本（一般会被拒绝）。

❑ 零件的成本、成本上升时的通知、利润。

❑ 对于长交付时间零件的材料授权过程。

❑ 采购订单的下单时间和付款协议。

❑ 降本目标和成本共担 / 利益共享。

❑ 交易是以哪种货币结算，并且如何管理汇率波动。

❑ 对定价的周期性审查。

采购以及对供应商变更的批准

❑ 供应商识别和签订合同的过程。

❑ 材料采购过程。

❑ 替换零件时所需的批准。

分销

❑ 你何时会取得产品的所有权。

❑ 交货责任。

❑ 海关和文档工作的责任。

合同条款

❑ 合同期限。

❑ 续约条款。

❑ 解决纠纷的方法。

❑ 管辖法院所在地。

❑ 赔偿条款。

❑ 如果任何一方被收购或者出售，合同仍应该继续存在。

❑ 可以单方面终止合同的情况：破产、对方不履行合同、违反了知识产权或者保密要求等。

❑ 竞业限制：工厂是否同意在 Y 年内不制造 X 类产品？

无法预料的费用以及如何批准这些费用

❑ 在量产期间做设计或工艺变更的成本。

❑ 为陈旧存货付款。

❑ 在延误后重新安排生产的成本。

14.5.6 采购订单

一旦 MSA 完成后，当你准备从供应商或者合约制造商处采购产品时，你就需要给他们下一个采购订单（PO）。采购订单是一份商务文件，它定义了买方从卖方采购的提议。当采购订单被卖方接受时，这就是一份在两方之间具有法律约束力的合同。一个采购订单通常包括以下内容：

1）数量。

2）价格。

3）项目。

4）折扣。

5）付款条件（如"全额预付"或者"净 30 天"）。

6）发货日期。

7）任何相关的条款和条件（例如，如果交付延迟，成本是多少，或者如果付款延迟了，惩罚是什么）。

8）采购订单号。

9）账单地址。

10）发货地址。

对于卖方来说，拥有一份有约束力的采购订单是至关重要的，因为他们需要购买材料、分配资源，而且可能要推掉其他业务以履行你的订单。

14.5.7　材料授权

考虑到长的交付时间，你可能需要在签订采购订单之前就采购某些材料。例如，一个零件可能有 180 天的交付时间，但是采购订单可能只会在你想要开始生产前的 60 天才签订。为了确保有足够的材料开始生产，你需要在下采购订单前 120 天就去订购长交付时间的材料。相比采购订单，材料授权过程有不同的条款，根据你的 MSA 协议，它可能需要更多的材料预付款。

14.5.8　账单

在采购订单创建好后，供应商会把账单发送给你。账单详细说明了你欠供应商多少款以及付款什么时候到期。账单通常是根据合同协议，或者采购订单，或者材料授权而发出的。

14.5.9　退货材料授权

如果有质量问题，采购方可以把材料退回，要求退款或者替换。通常，你在没有得到授权的情况下不能将材料退回，供应商必须批准你的退回请求。在一份退货材料授权最终确定前，通常会讨论谁应该对每种类型的质量事故负责。

14.6　管理你的供应库

即使只有几家供应商，管理供应链也不仅仅只是选择供应商，然后给他们寄去支票这么简单。

随着供应库规模的增长并变得更加复杂,组织需要将管理供应链的团队和过程正规化。随着公司的发展,公司需要有一种方法来确定谁是"好的"供应商以及哪些供应商应该被替换掉。例如,公司可能会对已经合作过的供应商进行三种级别认证并赋予其中的一种:铜、银、金。评级较差的供应商会被识别出来并被替换。金牌供应商在选择过程中会被优先考虑,并且经常会获得长期合同。在为了拿到更多业务的激励之下,供应商会在供应商管理小组的指导下逐渐成为更好的供应商,并得到更多的业务激励。

许多供应商管理系统依赖于全球认可的认证,作为确保供应商拥有正确能力的一种方式。根据 ISO 认证组织的说法:"认证是一种有用的工具,通过证明你的产品或者服务符合客户的期望来增加可信度。对于一些行业,认证是法律或者合同的要求"。不管怎样,通过认证并不意味着工厂会生产出高质量的产品。你仍然必须要自己评估工厂的能力(第 14.8 节)。

最频繁提到的认证就是 ISO 9001 认证,它被用于认证工厂有一个文件化的质量管理过程,而且该过程有被正确遵循。一些认证是通用的,而另外一些认证是针对特定行业的。例如,AS9 100 定义了航空业的质量管理体系。其他特定行业的认证包括:

1)医疗设备:ISO 13485。

2)软件工程:ISO/IEC 90003。

3)环境标准:ISO 14000。

4)健康和安全:ISO 45001。

5)信息安全管理:ISO/IEC 27001。

6)实验室认证:ISO/IEC 17025。

14.7 单供源采购和双供源采购

当开始生产一种新产品时,通常你只会为每个零件选择一家供应商。然而,随着产量的增长和你发现供应商的一些风险,你可能就想采用双供源采购了。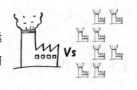

在单供源采购中,零件或服务是由一家供应商来提供。如果需要更换供应商,所有的订单会被转移到不同的供应商。在双供源采购或者多供源采购中,会有两家或者更多供应商同时为产品提供相同的服务。

单供源采购还是双供源采购的选择决策取决于以下几个因素：

1）**产能**。在某些情况下，因为供应库的产能限制，公司可能会要求双供源采购。

2）**降低风险**。双供源采购用于确保材料的稳定持续供给。当面临地缘政治不确定和劳动力中断等情况时，双供源采购（如一个工厂在墨西哥而另一个在泰国）可以降低零件短缺的风险。

3）**成本竞争**。供应商管理部门会经常维持一种双供源采购的状态，以对供应库的成本和质量进行施压。根据每个供应商的相对表现，较大比例的订单会被转移给供应商中更好的那一个。

4）**建立供应链能力**。如果产品线正在扩张或者需要额外的产能，那么就会给新供应商分配一些风险较低的产品，然后随着他们逐渐获得了你的信任，你才会给他们更多的订单。

双供源采购并非没有问题，单供源采购也有很多好处：

1）**库存管理和预测**。当有两家供应商时，库存订购的潜在波动性就会显著增加，你就有必要在每个地点持有足够的库存；而单供源采购则可以降低复杂性和出错的可能性。

2）**供应商的管理成本**。在供应链中增加一个供应商会增加整个组织的日常管理成本，包括会增加工程团队（为了追踪质量问题）、采购团队和供应商管理团队的工作量。

3）**质量控制**。没有两个工厂能以完全相同的方式生产出完全相同的零件。他们会有不同的机械、作业人员和来料。如果出现质量问题，在两个供应商的情况下追踪问题的来源就比只有一个供应商的情况要更加困难。

4）**SKU 的可追溯性**。单供源采购降低了批次追溯和追踪的复杂性。

5）**供应商信任**。最好的供应商是你的合作伙伴。进行双供源采购会降低信任和合作。如果供应商认为他们的业务不会被立即转移给竞争对手，那么他们就更有可能采取节省成本和改善的措施。

14.8 参观工厂

第一次出去参观工厂时，可能会让人不知所措。你也许不得不穿上特殊的装备或者被告知不能化妆或戴首饰。工厂人员会带你穿过生产线，在某些关键的工位处停下来向你展示他们最令人印象深刻的技术，但也会匆匆走过那些他们不想让你深入了解的地方。

你的供应商管理团队需要快速评估这是否是一个"好"工厂，以及你公司是否要把你产品的命运交到他们手中。即使对那些已经参观过很多工厂的人来说，这也是一项可怕而艰巨的任务。在没有预先规划你将要看哪些东西，以及如何比较你供应商的情况下，有太多的东西需要评估。

关于参观工厂时要看哪些东西以及为什么每个项目都很重要，检查清单 14-3 提供了一个基本的入门参考。尽管该清单对于供应商审核来说并不够综合全面，但它描述了许多你需要去寻找的重要东西以及可能的风险。没有一个工厂是完美的：在成本、质量、进度和关注度等之间总是要有取舍。总会有一些问题，但是通过了解这些问题以及它们带来的风险，团队可以围绕风险和不足进行积极管理。

检查清单 14-3：参观工厂

❑ **清洁度**。清洁度是对一个合约制造商整体能力的简单初始判断。装配和工作区域中的碎屑、灰尘和金属切屑是工厂面向全面质量而要关注的关键指标。金属切屑会对关键轴承或密封面带来风险，灰尘和污垢会造成敏感电子元件短路。油和碎屑可能会弄到产品上和产品包装里面。

❑ **防护装备**。合约制造商对安全的关注是衡量他们质量的另外一个标准。作业人员应该穿戴合适的个人防护装备（PPE）。首先，最重要的是他们应该得到保护以防止危险和伤害（如使用安全眼镜）。另外，鞋套、指套、头发网罩和大褂可以大幅降低碎屑从作业人员身上转移到产品上的概率。你需要订购合适的装备。例如，一个工厂有碎屑问题，有人决定订购一些新的实验室用的白大褂；然而，还是因指甲从一个刺绣的商标上快速划过造成了细小的纤维，污染了产品。

❑ **环境控制**。温度和湿度的变化，以及来自外部的灰尘和碎屑（以及小昆虫）会影响那些对水分敏感的设备。对温度敏感的材料甚至会因为温度的微小变化而受到极大的影响。被密封困在保形涂层下的水分会损坏关键电子元件的性能。你的合约制造商应该要有高质量的空调系统并且要监控环境状况。

❑ **作业人员培训**。基于作业人员所接受的培训，只有某些作业人员才能被允许执行关键任务。例如，在电子机械系统中，只有某些作业人员才有资质执行最精细的焊接工作。每个作业人员身份标签的背面都应该列出他们的培训认证项目。

❑ **静电放电控制**。静电放电会损坏无保护的电路板和其他电子零件。合适的静电放电设备和措施应该已经到位，包括腕带、设备和存储材料接地，以及地板上的防静电放电垫。

❑ **焊接质量**。并不是所有的焊接都是相同的，质量好的焊接将减少故障和保修退货。焊接很关键，尤其是对于天线或者需要经受大量振动的通信设备。当你参观工厂时，你不应该看到任何焊料掉落，焊接区域应该是干净的，而且作业人员应经过培训。工厂应该有有效的质量控制手段来发现任何有关质量的焊接故障（通过自动光学检测、目视检查或者其他工具）。

❑ **SOP**。每个工位应该有一套清晰的标准作业程序（SOP）。这些程序应该是最新的、容易阅读的且实际上也被遵循。如果 SOP 被塞进某个角落，它们可能就没有被遵循。好的 SOP 有清晰的图片并且相对容易阅读。当产品有复杂的装配或者制造过程时，SOP 就比较重要。

❑ **工作区域的组织**。每个工位区域都应该是干净有序的，材料也都带有标识。应该清楚地知道进出的材料应该在哪里。如果不只有一个工位在做相同的工序，那么材料的设置和流动应该是完全相同的。

❑ **库存管理**。来料仓库和材料存储区的状态是材料管理好坏的一个指标。储物箱是否井井有条且清楚地贴有标签？工厂对于库存采用的是否是先进先出的政策？能否简单地看出哪里的库存正在被消耗？

❑ **库存隔离**。每种产品是否有个专门的库存存储区域？对于高价值零件，工厂是否有安全的地方来存储？适当的库存隔离可以确保你的库存不会被用于另外一个客户。当零件具有高价值或者有你不想泄露的知识产权时，隔离就特别重要。

❑ **材料资源计划（MRP）系统**。工厂会有一个 MRP 系统。它可能只是一个简单的电子表格。系统的速度和准确性对于确保你所有的库存都能及时用于生产至关重要。一个好的测试就是当你在观察时，要求工厂提供一份材料准备情况报告。如果他们不得不一天左右才回来答复你，那么 MRP 系统就没有响应。供应链越复杂，MRP 系统就越关键。

❑ **材料搬运**。材料在运输时应得到适当的保护。理想情况下，一些比较脆弱的产品需要使用定制的搬运箱。搬运箱应该可堆叠且干净。每个搬运箱上应该标记正确的传送人以确保材料的追溯性。

❑ **隔离**。没有通过质量评估的产品应该要适当地隔离起来，以确保它们不会被重新混入生产中。那些被拒收而标签又不明确的产品，很容易会被错误地重新装配到最终产品中。尽管合约制造商通常会承担重新制造的成本，但延误会有损销售和收入。

❑ **IQC**。来料质量控制是对所有采购的零件和部件进行检查和验收，以投入生产的环节。IQC 区域应该整洁有序，设备维护良好且是最新状态，SOP 要清晰且是最新的。理想情况下，质量记录应以电子方式保存。

❑ **道德行为**。有些地方的生产工厂在对待工人、环境和社区方面存在一些负面新闻。

❑ **设备质量和机龄**。机械设备的质量和机龄会对你产品的质量产生影响。如果你正在做些简单的控制板或者低精度的注塑成型，质量可能不是问题，除非产品要求比较严的过程控制。

❑ **预防性维护和过程控制**。如果不对设备进行维护，不对来料进行控制（如对焊膏的温度控制），不遵循过程 SOP，那么即使最好的设备也会生产出质量差的东西。所以应该询问制造工程师对过程的理解，以及如何控制过程。

❑ **最佳实践评估**。是否在其过程中遵循了最佳实践？例如，当去除一个注塑零件上的浇口时，如果零件会经受周期性应力，那么作业人员应该使用一个加热的刀具。

❑ **质量报告**。工厂应该有可以容易获取的质量记录。理想的情况是，质量趋势和质量测试指标应该贴在工厂车间的中央，持续更新而且要与工厂员工每天回顾。此外，这些记录应该要有电子文件。

❑ **纠正计划**。工厂应该维持一个积极的纠正措施过程来追踪缺陷，执行有效的根本原因分析，采取改善措施并持续监控质量。这些纠正措施计划应该记录下来并定期更新。

❑ **成本**。降低成本的措施应该借助双供源采购、批量折扣或者与供应商再次谈判的方式持续进行。在采取任何变更之前，都要经过产品负责人批准，这一点很重要。

小结和要点

❑ 精心设计供应链对于产品的成功至关重要。

❑ 团队需要基于相对成本、质量、交付时间和产品的战略性要求，决定哪些外包，哪些保留在内部。

❑ 雇用合约制造商是一个花时间和精力的复杂过程。

❑ 选择供应商需要了解自己的需求，确定一份候选名单，然后全面比较他们的服务。

❑ 需要主动管理供应商。

❑ 有许多需要执行的文件来确保双方在关系上达成一致。这些文件可能会产生很严重的法律和财务影响，所以需要结合法律顾问的意见来拟写。

❑ 在参观一个工厂之前要做好准备。

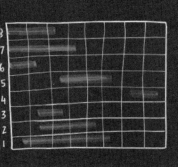

第15章

生产计划

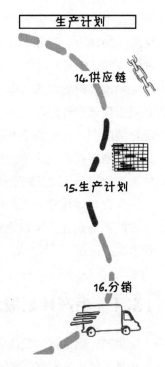

生产计划

14.供应链

15.生产计划

16.分销

　　一旦产品、供应链和生产系统设计好了，就可以开始制造你的产品来满足需求了。然而，由于需求上的不确定性再加上较长的交货时间，要计划什么时候生产什么和什么时候订购材料是很复杂的。本章描述了交付时间、预测和生产计划之间是如何相互关联的。

2014 年，Apple 公司没能够满足消费者对于 iPhone6 的需求，许多期望在圣诞节能购买的人无法拿到产品。关于 Apple 公司无法满足需求的原因有许多臆测，其中的一个说法是他们的供应链出现了问题，导致生产过程缓慢。因为你低估了需求而导致销售一空的情况并不罕见。每年总有一款热门的新玩具，如 Hatchables 或 Tickle-me-Elmo，未按照足够的需求量生产，导致父母们惊慌失措和假期前的购买混乱。你可以想象得出生产商那天多么想只要打一个响指，然后更多的玩具就可以在当天发货。

另一方面，公司有时会高估需求，并最终导致库存过多。例如，Snapchat 在 2017 年发布了他们的 Spectacles，一副 130 美元能拍照的太阳镜。他们严重高估了客户需求，最终仓库里剩下了几十万件未售出的库存，损失了 4000 万美元。2018 年，苹果公司对 iPhone X 的销售预测远高于实际销售，这与四年前的情况形成鲜明的对比，最终苹果公司不得不削减生产。

如果客户的需求可以立即得到满足（没有生产交付时间或者库存），就没有必要为生产而计划了，因为接受订单后可以按需生产。然而，由于交付时间和现金的限制，公司需要在制造过多产品及持有过多材料的成本和产品制造量不足错失销售机会的风险之间进行平衡。公司需要在实际收到订单之前，对他们将需要采购什么以及制造什么产品进行计划。

有大量著作致力于预测市场规模和需求，计划交付时间，以及平衡库存和需求的不确定性。本章介绍了生产计划的基本概念，以及在产品实现期间如何管理生产计划。

15.1　生产计划概念

生产计划是将"我认为市场规模是一百万美元"转化为"这是 9 月 1 日第一班将生产的每种 SKU 的数量"，再转化为"这是我需要在生产前 6 个月订购的 Wi-Fi 模块的数量"的过程。生产计划是一个涉及许多职能小组的复杂多阶段过程，它高度依赖于供应链、交付时间，以及销售成本和现金流的相对重要性。

想要了解生产计划是如何发生的，你需要了解以下四个关键概念：

1）生产计划阶段（第 15.1.1 节）。

2）销售预测如何变成已承诺的订单（第 15.1.2 节）。

3）生产预测如何变成生产计划（第 15.1.3 节）。

4）交付时间对计划时间表的影响（第 15.1.4 节）。

在讨论这些概念的相互关系之前，我们需要回顾一下在后续内容中将要使用的一些术语：

1）**最小订货量（MOQ）**。最小订货量是指折扣价所需要的最小订货数量。

2）**安全库存量**。为防止销售预测和产量的波动而需要持有的材料数量。

3）**库存持有成本**。为了持有过多的库存所需要花费的成本。

4）**冲销**。如果你的库存已经无法使用了，你就需要报废并把库存冲销掉。

15.1.1 生产计划阶段

创建一份生产计划比简单地弄清楚需要制造什么，然后订购材料并生产它们要复杂得多。计划过程通常发生在多个阶段。许多公司采用与瀑布式连续计划过程相同的框架，从早期的战略规划到每天的日常计划（什么时候制造什么并发货给谁）。这些生产计划过程（见表 15-1）并不是只发生一次，而是随着收集到关于实际需求更准确的信息之后，会对计划进行更新。这些计划的时间范围和频率高度依赖于所在行业。当设计一款新的军用飞机时，计划周期也许是数十年，而最新的圣诞节儿童玩具也许只是几周。

1）**战略性制造计划**通常会在开始实际的产品开发前数年执行。它被用来确保正确的基础设施及时到位，以支持长期的增长计划。例如，如果一家汽车公司决定扩大他们的产品组合，以把电动汽车囊括进去，他们需要在生产新产品之前的几年内为新工厂进行规划。这个过程通常由管理层完成。

2）**销售和运营计划（sales and operations plan，S&OP）** 使长期的销售和市场预测与制造产能计划保持一致。这是一项跨职能的工作，通常每个月都要重新审视。S&OP 用于为短交付时间的产能做规划，如针对工艺装备和现有生产线进行扩大。这通常是市场营销与运营部门之间的跨职能工作，在需求前六个月到一年内完成。

3）**主生产计划（master production schedule，MPS）** 创建了将会制造什么的中期计划，包括有关每个 SKU 的具体信息。这通常是在需求前的三到六个月内完成。这个计划会推动交付时间非常长的物料采购，并传达给供应商以确保他们有足够的产能。

4）**材料需求计划（MRP）**用于估算什么时候需要订购什么。材料订购通常通过专用软件进行管理。材料需求计划是在开始实际生产产品前一个月或两个月内完成。

5）**采购和生产活动控制（purchasing and production activity control，PAC）**管理着进入工厂的材料流和需要将哪些订单释放到工厂以开始生产。这是在生产开始前一周左右完成。

表 15-1　生产计划过程

	完成时间	成果	参与人	更新频率
战略性制造计划	24 个月	识别出长期的固定资产投资和工厂建设需求并制定预算	执行委员会	6~12 个月
销售和运营计划（S&OP）	6~12 个月	识别出工艺装备需求和逐渐增加的产能需求	高级运营和市场营销团队	每月或双月
主生产计划（MPS）	3~6 个月	长交付时间采购并传达给供应商	运营层	双月
材料需求计划（MRP）	1~3 个月	采购订单计划，材料订单	采购和工厂运营	每周
采购和生产活动控制（PAC）	1 周	工厂订单	工厂	每日

15.1.2　销售预测和订单

当一个产品第一次被构思出来时，一个问题会贯穿于所有的谈话中：我们将能卖出多少件产品？对可能的销量以及销量的增速进行量化是确定一个产品在商业上是否可行，要建立多少产能，以及如何设计供应链的关键。

贯穿产品的整个生命周期，市场营销和销售团队将对可能通过哪些销售渠道（插文 15-1）卖出多少产品（以及什么样的 SKU 组合）进行滚动预测。这些预测会在几个月到几个季度以及几年的计划周期内进行（如果是一架全新的飞机，周期可能是 10 年）。长期的销售预测将在最初提出产品概念时进行，用于确定产品是否有可行的商业模式，以及需要什么样的生产产能来支持它。

> **插文 15-1：销售渠道**
>
> 销售渠道是指可以销售你产品的不同途径。例如，自行车零部件可以：
>
> 1）直接卖给自行车制造商，然后装配成一辆完整的自行车卖给客户。
>
> 2）卖给网上的分销商，然后再由他们卖给客户。
>
> 3）通过制造商的网站进行网上销售。
>
> 4）通过自行车商店进行销售。
>
> 对于制造商来说，每个渠道都有不同的交付时间、付款合同和营收。此外，为了确保能及时为各种客户提供服务，每种渠道对必须要持有的库存量也有不同的影响。

随着对客户需求的深入理解，中期销售预测也随之产生，它被用于对工艺装备和长交付时间物料进行提前规划。

随着给客户发货日期的临近，销售和市场营销团队会开始得到更多有关每个销售渠道可能会采购多少产品，包括试探性订单（初步销售）的准确信息。这些预测并不是完全真实的，直到它们成为一个已承诺的订单。已承诺的订单会以企业的采购订单形式，或者个人客户的付款形式达成。已承诺的订单常常会有一笔预付款，作为订单不会被取消的保证。

在下达采购订单之后，客户要求变更订单的情况并不少见。产品组合、批量大小和目标交付日期可能会做多次调整。虽然从法律上讲，你只有义务交付采购订单上的东西，但为了使客户满意，大多数公司会尽可能地包容这些后期变更。最终的成果就是已发货的订单。根据供应链的结构，这些产品可能会被发往一个分销中心并以成品的形式存储或者直接发给客户。

15.1.3　生产预测和计划

生产预测不同于销售预测。生产预测是对可能的生产计划进行的预测。在产品生产前，产品团队将会创建一份长期的生产预测，它用于对生产设施的规模进行相应估计，并对固定资产设备的需求进行计划。

一旦产品投入生产，生产计划就会向工厂传达每种 SKU 可能要求制造的数量。生产计划是滚动生成的，它通常提前 3~6 个月。

创建一份生产计划的重要原因之一是确保生产时能及时拿到正确的材料。只有当每个零件都有库存并且为装配做好了准备时，产品才能被制造出来并发运。更为复杂的是，你有些零件的交付时间会比客户给你的交付时间，或者你给你工厂的采购订单交付时间要长得多。例如，一些集成电路元件的交付时间可能是120天，但是你只能提前60天给工厂下订单。这意味着你不得不估算自己的需求，并且在下真实订单之前提前4个月购买材料（对于长交付时间物品的生产预测）。

准确的生产计划要等到实际采购订单下达，而且工厂可以开始采购材料并规划每天的制造计划后才能知道。采购订单意味着合约制造商承诺了会生产，而你承诺会从工厂采购订购了的产品。一个采购订单通常包含部分或所有订单的预付款（通常足以覆盖材料的采购费用）。

15.1.4 按订单生产和按库存生产

不同渠道的客户订单如何交付会影响销售预测如何转换为一份生产计划。取决于交付时间、预测和销售渠道，一些产品会按订单生产，而另一些则会采用按库存生产的模式通过库存来满足订单。

按订单生产这个术语用于直接从生产线发给客户的产品。在按订单生产中，生产计划直接与客户订单相匹配。按订单生产适用于那些客户对长交付时间非常宽容（如采购飞机），销售成本非常高，产品专为一个客户定制，或者生产交付时间非常短的情况。在20世纪90年代末，戴尔公司通过将按库存生产切换为按

订单生产模式，改变了客户对电脑定制化的看法。在戴尔公司的创新之前，大多数笔记本电脑都是一个型号适配所有人，只有在客户购买之后才能进行定制（或者即使有定制配置，也需要花很长时间才能发货）。戴尔公司简化了他们的操作，使客户能够在一周内得到一台定制的电脑（具有一些通用的参数）。

在按订单生产中，仍然需要预测来估算：

1）**制造产能和资本投资**。如果一条产品线的产能受限，工厂需要为交付时间较长的产能建设和资本投资进行规划。

2）**长交付时间材料的库存**。一些材料的交付时间比向客户承诺的交货期要长很多。在这种情形中，工厂需要在实际需求之前购买长交付时间的物品，以确保不会因库存不足而阻碍交货进度。

在按库存生产模式中，团队使用生产计划以估算需要多少成品库存来供应潜在的订单。产品会制造出来并以成品库存的形式存放起来，而不是直接发给客户。当收到客户订单时，产品会从库存中调配出来然后发给客户。按库存生产模式用于下列几种情形：

1）**生产的交付时间比客户愿意等待的时间要长**。例如，如果你想为一辆车定制颜色和内饰，你可能需要等待几周，但如果经销商手中有库存（受欢迎的组合和颜色），那么你当天就可以开走。

2）**由于季节性趋势，需求多变**。在这种情况下，当预期会有一个需求高峰时，生产系统每个月会生产些额外的库存并持有它。例如，一些医疗产品在特定季节会使用较多，如秋天的流感疫苗，以及当"周末勇士"们从春天的蛰伏中走出来时经常会用到的布绷带。

3）**运输时间较长**（通过海运）和运输交付时间比客户愿意等待的时间要长。

在许多情形中，组织会采用按订单生产和按库存生产的组合模式。当出现预期的需求高峰（如节假日销售）时，公司可能需要建立库存，以确保客户需求可以被满足，但确认的订单会按订单生产并直接发给客户。

15.1.5 交付时间

计划过程的时间在很大程度上取决于订单交付时间。为了制定计划，就必须了解整个订单的交付时间，即从收到客户订单到将产品送到客户手中需要花多长时间。对于一个按库存生产的系统，客户订单就是采购订单，交付时间就是把产品送到分销站点的时间。订单交付时间（见图 15-1）由以下几个因素驱动。

1）**订单处理时间**是指从收到客户订单到将订单输入销售系统（作为销售订单）的时间。订单处理时间包括报价时间、开票时间和将订单输入 MRP/ERP 系统的时间。

2）**制造交付时间**是指从销售订单输入系统到订单制造完成并准备发货之间的时间。制造交付时间既包括开始制造的准备时间，也包括生产交付时间。

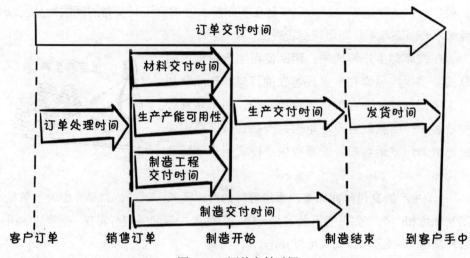

图 15-1　订单交付时间

——从销售订单到制造开始的时间。为了开始制造，所有材料必须准备好而且要有足够的产能来启动生产。高成本零件的材料交付时间通常是"帐篷里的长杆"，但是从销售订单完成到制造开始之间的时间也可能受其他因素的限制，包括：

① 生产产能可用性。在工厂有可用的产能前，可能会有一段等待时间。如果机器全部被占用为其他客户制造产品，那下一个订单的产品可能就需要等到有可用的产能时。

② 制造工程交付时间。可能需要设计并制造定制夹具或模具等以支持生产。例如，如果产品需要定制挤压成型，工厂只有等到挤压模设计好并制造出来，以及生产了一批次定制挤压产品后，才能正式开始生产。

——生产交付时间是从制造开始到制造结束的时间。这个交付时间取决于工位数、工位之间的缓冲，以及每个工位的周期时间。其他因素也包括测试时间和任何所需要的返工时间。

3）发货时间是指从包装到把产品转移到主要运输工具上，然后再加上运送的时间。

15.2　对订单时间线的预测

前文概述了一系列令人眼花缭乱的战略规划、销售预测和制造计划活动。本节会把所有这些联系在一起。图 15-2 所示为销售预测和生产计划步骤的时间

线，以及这些步骤是如何随着实际需求的增加而不断完善的。预测并不是一个
一步到位的过程。初始的预测是高度不确定的（如图 15-2 所示，相对于预期销
量，潜在销量的范围很大），而且会被多次更新，直到最终订单被发出去。

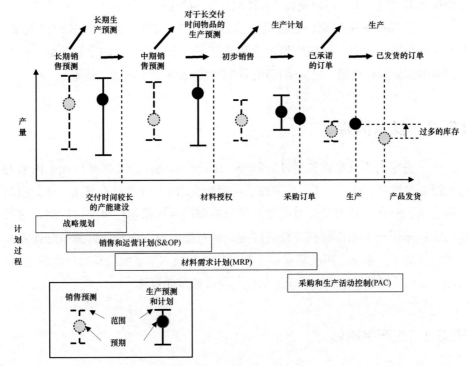

图 15-2　销售预测和生产计划步骤的时间线

　　早在订单下达之前，生产线的固定资产设备和基础设施就必须要设计好并
建造出来。管理团队通过战略业务规划（非常提前）及销售和运营计划（近期）
为产能需求做好计划。这些计划是与提供长期销售预测的销售团队和市场营销
团队，以及基于该预测确定了长期产能需求的运营团队共同完成的。

　　一旦产品设计好而且也知道了产品的推出日期，销售和市场营销团队就可
以与潜在客户（尤其是分销商和零售商）进行沟通以确定一个中期销售预测。从
这个数据中，他们会得到更多关于市场如何反应（或可能回应）的信息。基于这
些改善后的数据，生产团队将会修订其生产计划，而运营和采购团队将使用材
料需求计划过程来计划到什么时候需要订购多少材料。长交付时间的物品由采
购团队（或你的合约制造商）使用材料授权过程进行订购。良好地执行这个阶段
可以确保你有充足的材料（但不是过多）来支持潜在需求的波动。

随着初步销售的确认，生产团队将会制定生产计划来满足需求，采购团队会使用采购和生产活动控制来和工厂签订采购订单。通常情况下，采购订单必须先于已确认和已承诺的订单下达。采购订单通常设置好后就不好更改，但在订单执行的时候，工厂可以调整（合理地）最终的生产计划。

一旦产品被制造出来，会被直接发运给客户，或者以成品形式存储起来。在整个过程中，生产计划团队将评估和修订下一个生产周期的上游计划，会基于过多的成品库存数量、之前销售预测的准确性和新的需求做出调整。

15.3 复杂因素

除了需求的不确定性和交付时间外，生产计划还因为受到其他几个因素的影响而变得复杂。首先，工厂想要波动尽可能少的平衡化生产；其次，正如我们所提到的，一些材料的交付时间明显长于典型的8周采购订单交付时间，这就需要团队采用一个叫作材料授权的过程，针对交付时间很长的物品做好计划并支付相应费用；第三，团队还需要平衡零部件的成本与成批购买对现金的需要；第四，需求的意外激增或者供应上的限制会导致零件短缺。

15.3.1 生产平衡化

使事情进一步复杂的是生产计划需要考虑到需求的波动性，为订单的波动而提前做好计划。你可能需要在周一发两件产品，然后在周二发100件。在一个没有交付时间的完美世界中，每天你只需要制造当天所需要的产品。然而，如果你生产线的产能是每天50件，你就需要在周一生产额外的库存以确保你有足够的产品满足周二的交付。通常而言，生产系统在一个稳定状态下运行得最好。对于一个工厂来说，第一天生产10件，然后第二天生产100件，第三天又生产10件，而不是每天生产40件，这样并不高效。需求上的变化可能由许多因素导致：

1）**生产爬坡**。在生产初期的几周内或者几个月内，工厂可能无法开足马力全速生产，因为尽管PVT解决了很多生产问题，但还有更多问题会随着生产速度的提升而被发现。如果你需要大批量产品来支持初期的产品发布，可能需要早在第一次销售之前很久就开始生产以确保你有足够的产品。

2）**每天的需求变动**。除非你的客户对在订单高峰期时未按时收到产品没有意见，否则你就需要平衡生产速度以确保有足够多已经制造好的产品来满足大客户的订单。

3）**季节性和促销高峰**。工厂需要在已知的订单高峰期之前生产好产品。根据你的产品和你的目标客户，可能会在圣诞节、国庆节、母亲节或者返校季出现采购高峰。一个市场营销部门能做的最糟糕的事情就是用市场促销给工厂带来惊喜，因为这可能会造成需求高峰，会使供应捉襟见肘。

4）**工厂排期**。要注意你的工厂所在地的国家法定节日和一些本地风俗。例如，如果你选择在中国制造，你要预料到在一月或二月的中国春节期间，生产可能会关闭。通常，工厂会在春节前加紧生产，然后在节后工人回来后再慢慢重新开始。

5）**发货的时间和方式**。你的产品运输方式、运输的时间会影响生产计划。如果产品成本取决于一整个集装箱（而不是少于一车的货物）的发货，那么计划过程就必须考虑到为了装满集装箱而生产所有产品的时间，以及集装箱通过海运到达最终目的地的时间。

15.3.2 材料授权

当与合约制造商合作时，你通常会在产品要运送给你之前的 8~10 周下采购订单。在下采购订单时，你需要支付一定比例的预付款。这个交付时间和定金给了合约制造商足够的时间和现金，让他们能为你的订单及时订购材料。然而，可能有些材料的交付时间要比 8~10 周长很多。在这种情况下，你可能需要针对那些长交付时间的零件单独批准一个订单并且支付 100% 的货款。你需要估算可能的需求并订购足够多的材料来满足未来的生产。

采购交付时间非常长的物品存在一些固有风险：

1）**材料订购不足会造成短缺**。这些短缺会造成额外的加急费用，然后需要在现货市场购买材料（插文 15-2），或者错过销售时机。

2）**过多订购材料影响现金流**。购买大量的长交付时间物料会消耗现金，直到产品实际卖出时才能收回。对于一些零部件，这也许意味着要持有库存长达一年。如果你大幅高估了你的需求，这些库存可能就要报废并且要冲销掉损失。

3）**设计团队更改了 BOM**。特别是在产品发布的早期，设计变更会使库存无法使用。如果这些库存无法再次使用，你可能就需要把库存冲销并承担损失。

插文 15-2：现货市场

库存不足会让生产陷入停顿。当面临电子元件和一些商品的短缺时，你也许能在现货市场上买到它们，不过它经常会有一个很大的加价。现货市场是一些渠道的集合，你可以通过这些渠道购买商品并立即发货，现货市场包括：

分销商或者电子零件搜索引擎。分销商的仓库中可能有少量的材料库存可供立即出售。可能有必要从几个供应商那儿采购，这样才能得到生产运行所需的足够供应量。协调从美国采购材料并发运到一个海外工厂可能很困难。

电子零件市场。通常可以在一个实体电子零件市场购买零部件，你可以雇用一家公司，他们会派人到市场上搜寻零件。

阿里巴巴。这个网站是一个电子件的信息交流中心。不过，该网站上列出的零部件也许可以找到也许找不到。

付钱插队到生产队列的前面。一些供应商会因为加急你的零件并把你排到生产队列的前面而向你收取额外费用。尽管这个选项实际上并不被认为是现货市场，但它有相似的交付时间/成本权衡。

15.3.3 平衡零件成本和库存持有成本

零部件的价格一般都会随着采购数量的增加而下降。你的采购团队需要衡量以较低的单价一次性买太多件，以及以较高的单价一次买太少的风险。基本上在最小订货量和价格之间总会有一个权衡，见表 15-2。

表 15-2 在最小订货量和价格之间的权衡

	低最小订货量 / 高价格	高最小订货量 / 低价格
现金 / 库存	√	
冲销风险	√	
单件成本		√
材料短缺的风险		√

注：√表示更好。

图 15-3 所示是一个当以库存持有成本（和现金流）为代价时，不同订货频率会如何影响一个产品总成本的例子。图 15-3 的上图部分是一个简单电子元件的成本曲线，它来自一个网络分销商。而图 15-3 的下图部分则显示了随着订货频率从每周降到每两周，然后降到每四周和每八周所带来的成本节约。随着订货频率的降低，会发生两件事：首先，单件成本降低（在本例中，单价从 1.27 美元降到 0.92 美元），每次订货量翻倍所带来的边际节约会下降，成本最终会在 0.90 美元左右见底；其次，库存持有成本会线性增加。这就是被消耗在库存上的现金量，因为你有很多库存在那里。

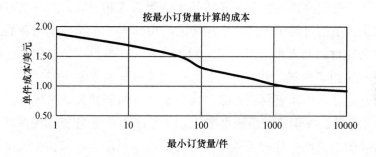

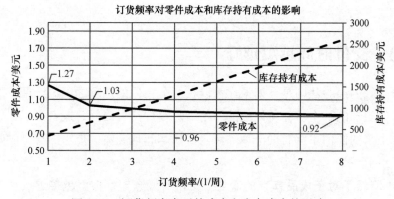

图 15-3　订货频率在零件成本和库存成本的影响

如果一个公司没有用之不竭的现金，那就必须要有个权衡点。在一些订货频率下，销售成本上的节省并无法证明库存持有的成本和复杂性以及持有大量库存所带来的固有风险就是合理的。不幸的是，没有一个普遍适用的拐点可用于计算并优化权衡点。相反，每个组织都需要评估一下自己在销售成本、可用现金和冲销库存等风险之间的权衡点，然后选择最适合自己的权衡点。

15.3.4　无法预料的市场状况

有时候由于经济或者地缘政治的影响，某些材料会出现全球性的短缺。这些可能会意外地大幅延长交付时间。例如，从2017年到2018年，动态随机存储器（DRAM）模组出现全球性短缺，这是因为手机的增加，以及对于云计算和数据存储需求的增长已经超过了制造商的产能。这导致了DRAM价格上涨了两倍，且有较长的（昂贵的）等待时间。

不过，并不仅仅是那些快速增长的技术会遭遇这些短缺，短缺也可能发生在那些被认为是相对简单的商品零部件上。2018年末，常用于消费品上的电阻和电容在交付时间上出现了明显的增加。在一些情况下，这些零件的交付时间几乎增加到了一年。需求的增长和关键原材料的限制可能导致了供应的限制。团队应该及时了解材料短缺和市场趋势的最新情况，这样才能确保不会缺货。你可能会在现货市场获得产品（插文15-2），但你没办法保证一定能买到。最坏的结果就是你需要重新设计你的电路板以替换那些你无法得到的零件。

15.4　交付时间越短越好

一个好的经验法则是，如果你可以在两个相似的选项之间做选择，那就选交付时间更短的那个。你所能做的为了缩短零件交付时间，或者为了把你的产品生产出来的任何事都有助于减少风险、成本和现金流。更短的交付时间意味着你：

1）**降低了对于成品库存的需要**。交付时间越短，你就越接近按订单生产模式。

2）**降低了计划周期的次数**。如果你不必下任何材料授权的订单，你也就不必为了计划它们而计算。

3）**降低了你的现金影响**。在你必须为零件和采购订单付款与你得到回报之间的时间越短，库存占用的现金就越少。

4）**降低供应链中断的风险**。长交付时间物品之所以交付时间长，是因为要么供应受到限制，要么制造过程（包括原材料的交付时间）本身就比较长。交付时间越短，中断风险就越低。

小结和要点

❑ 生产和材料的交付时间，以及需求的不确定性会使生产计划变得复杂。

❑ 预测和生产计划是一个持续完善和调整的过程。

❑ 采购团队需要在生产之前提前订购材料，而且要在持有足够的库存和持有库存所需要的现金之间做好权衡。

❑ 团队需要持续地在销售成本、现金流和零件过期的风险，与客户需求和交付时间之间进行权衡。

❑ 交付时间越短，任何事都会更简单。如果要在两个成本和质量相当的供应商之间进行选择，一定要选择交付时间更短的那个。这将会使计划过程更易于管理。

第 16 章

分销

将产品送到客户手中，可以是简单地直接从本地工厂发运，也可以是复杂地经过几个跨越国家的分销中心发运。你需要仔细考虑分销系统将对资源、成本、空间和交付时间产生的影响。你可能会把分销系统的一部分或者全部都外包出去。

在你的产品被制造出来，包装好了，放进一个标准纸箱里并放到工厂发货码头的一个托盘上后，也许还需要走一段很长的路才能最终到达客户手中。产品必须先到达一个机场或者港口，交给你的主承运人，通过制造商所在国家的海关，转到运输工具上，跨过天空或海洋，通过目的地国家的海关，从运输工具上搬下来，装上卡车，到达分销中心，然后送到销售门店，最终到达客户手中。取决于你愿意付多少钱，这个过程少则需要几天，多则需要几个月，而且它会涉及好几个公司并多次转手。

仅仅设计和制造产品是不够的，团队需要计划产品将如何走完这段旅程。除非你已经在主服务协议（MSA）中与客户协商好了直接向客户交货，否则大多数工厂会在将产品用一个标准纸箱包装好并进行质量审核后，将产品的所有权转交出去，这个过程称为"离岸交货"（FOB）。从这个时刻开始直到产品到达客户手中的整个过程被称为"分销"。分销系统必须早在第一生产批次前设计好。此外，还必须设计一个逆向物流方案（用于产品因为客户不满意而被退回）。

有几个术语用于描述将产品送到客户手中，以及从客户手中运回产品的过程：运营、物流、分销和发运。尽管它们互相关联，但它们也有自己独特的含义（见图 16-1）。运营所包含的任务范围很广，用以确保产品的有效生产、分销和发运，它包 括供应链设计、过程规划和工厂布局。物流是指与产品如何移动的规划和信息流相关的活动。分销是将产品从生产地点转移到客户手中的物理过程，包括订单执行（将库存链接到订单，并将产品物运送到正确客户手中的过程），以及产品的跨境运输。发运就是将产品从一个点转移到另一个点的物理过程。

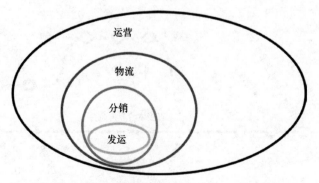

图 16-1　运营、物流、分销和发运之间的关系

本章将重点讨论如何设计一个分销系统。分销系统有很多选择，而适合你产品的正确选择将取决于本章所描述的诸多因素。你可以选择自己管理整个过

程，或将部分或者全部过程外包（插文 16-1）。

插文 16-1：谁可以协调你的产品从工厂出来后的运输？

　　合约制造商可以负责处理部分或者全部的分销过程（收费）。他们内部也许有这个能力，而且让他们管理这个过程通常要比涉及一个第三方物流供应商更容易。合约制造商对于分销的责任将会在你的主服务协议中协商并正式确定。如果你想自己管理分销，你可以与一些供应商签订合同，这些供应商包括：

　　1）**第三方物流供应商**。这些公司被雇来管理和执行部分或全部分销及订单执行服务。

　　2）**货运代理公司**。这种类型的公司负责组织需要多个承运人的发货过程。也叫作无船承运人（NVOCC）或者运输代理人。

　　3）**主承运人**。空运、海运和陆运的供应商。

16.1　分销过程

　　分销过程是一个多步骤的过程，它会因产品的生产地、客户所在地、使用何种分销方式等因素而有所不同。图 16-2 所示为一个简化版的标准分销系统。

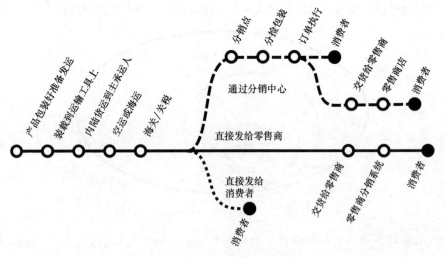

图 16-2　简化版的标准分销系统

分销系统的要素和术语将会在以下部分讨论。

16.1.1　装载到运输工具上

产品起于工厂，在工厂包装好并贴上标签准备发运。通常，工厂负责按照采购订单对产品进行包装并贴上标签，然后会被装载到卡车上或通过铁路运输，从工厂送到主承运人（空运或海运）那里。

如果货物的所有权已经转交给了买家（你），则适用以下两种模式之一：

1）**离岸交货（free on board，FOB）**。卖方（工厂）负责将货物装到内陆运输工具上（如到机场的卡车）。

2）**工厂交货（ex-works，EXW）**。买方（你的公司）负责将货物装到内陆运输工具上。

虽然这也许看上去并没有什么关键区别，但实际上却是一个重要的区别。你不希望有人拿着你的货箱说："把它们装上卡车不是我的责任。"这与把一个大包裹送到你家类似：快递公司通常会明确地向收件人说明是路边送货，还是会把它送进屋内。这个区别通常对卖方来说很重要，因为他们只想提供付费和投保的服务。对于买方来说，只有当保险的范围无法覆盖时，它才变得重要（一个新冰箱放在雨天的路边，而现场却没有人把它送到房间内）。

两者之间的选择取决于谁来管理分销系统的下一步。你只需要确保所有的转运过程都有保险覆盖。

16.1.2　内陆货运到主承运人

产品之后会被运输到主承运人处，通常是在一个机场或港口。上述两种运输模式都要提前预订好货物存放空间以确保可以立刻发走，否则你可能需要支付一定的仓储费用。根据货物的起运地和目的地，你可能需要填写出口文件。

16.1.3　海运或空运

如果产品要运往海外，有两种运输方式：空运或海运。空运的交付时间通常为 1~4 天，海运的交付时间可能需要 14~30 天，运输方式的选择取决于航线和你愿意支付的费用。空运时，产品会使用托盘、标准纸箱或者单独的内包装。海运时，产品包装好后放在一个专用的集装箱内，如果批量较小，它们要放在"零担运输"（less than truckload，LTL）集装箱内的托盘上，而这个集装箱你可以与其他公司共用。

以下是常见的发运尺寸选项。

1）**集装箱**是一种用于通过海洋、铁路和公路运输产品的标准结构。ISO 国际标准运输集装箱尺寸为 8 英尺（2.44米）宽，8.5 英尺（2.59米）高，有 20 英尺（6.09米）和40 英尺（12.19米）两种长度。如果产品通过集装箱发运，集装箱可以在工厂内装货，然后装上卡车，直接转运到轮船上。一旦通过海关，整个集装箱就可以被装上卡车，然后通过陆运发到它最终的目的地而不需要拆箱。通过集装箱发运可大幅降低分销成本，但是需要你通过海运以大批量进行发运。

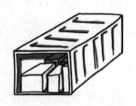

2）**零担运输（LTL）**用于当你没有足够的货物来填满一整个集装箱时。零担运输指在一个卡车或集装箱内只装载一部分货物。来自多个客户的订单会由承运人（或者货运代理公司）拼装在一起。零担运输的交付时间通常会更长些，而且单件成本也高于整箱运输，因为要运输的货物必须经过合并、装箱，然后在运输后再拆箱。

海运成本要比空运低很多，但交付时间会长很多，而且相比空运，产品在海运过程中经受的热应力、装载应力和振动应力要大得多。此外，意外延误可能会使产品滞留数月无法发出。

有些产品无法空运，因为空运成本不够划算（空运成本超过了产品利润），或者因为产品中含有存在安全隐患而无法通过飞机运输的材料（如易爆物或有毒化学品）。对电池和危险物质的发运规则限制变得越来越严苛。

16.1.4　海关

一旦货物跨过了关境，接收货物的国家和地区就会征收各种费用并将检查产品是否为合法进口。在进口的过程中，将检查产品的认证、标签、代码和其他要求是否正确。产品通过海关所需要的文档工作非常复杂，而且一些小的差错可能会造成严重延误。大多数把货物进口到美国的组织都会使用报关代理。

美国海关和边境保护局（US-CBP）将报关代理的作用描述为："协助进口商和出口商满足联邦管控进出口货物的要求。报关代理会代表他们的客户向 US-CBP 提供必要的信息并支付适当的费用，并会向其客户收取相应的服务费"。跨境运输涉及的费用包括：

1）**卸货费用和存储费用**。进货港口会收取搬运和存储的费用。这些费用包括把集装箱从轮船上卸下来的费用，以及一直存放到准备交付时的费用。

2）**关税**。海关和边境保护局会审核产品的合法性，并核实是否已经足额支付了关税。报关代理会向你收取费用以帮助你的产品通过海关。

大多数国家会对从其他国家进口的货物征收关税。在美国，关税税率是由协调关税代码确定，进出口产品会根据协调关税表（Harmonized Tariff Schedule，HTS）进行分类。HTS 规定了对每种产品征收的关税税率。每个国家都有自己的 HTS 版本。

关税是基于税率和产品的价值计算的进口或出口产品的实际费用。

3）**增值税（value added tax，VAT）**。根据产品的目的地，除了关税外，国家还可能会对你的产品收取额外税费。一些国家对这个税有不同的名称，例如，在加拿大，它被叫作商品和服务税（goods and services tax，GST）。

16.1.5　交付给消费者

客户可以通过多种方式拿到他们的产品，包括：

1）**直销（direct-to-consumer）**。在这种情况下，顾名思义，产品直接从工厂运送到消费者手中。大多数情况下，直销会使用空运的方式。空运的优点是运输时间短，缺点是价格昂贵。笔者曾通过初创公司的网站购买过许多新产品，这些产品都是直接从工厂发运的。

2）**直接面向分销商或零售商**。集装箱、托盘或者标准纸箱会被发运给分销商或者零售商。在后一种情况下，零售商负责完成向零售地点最后一公里的运送。你通过大型零售商所购买的大多数消费电子产品都是通过这种方式发运的。

3）**通过分销中心**。在这种情况下，产品会被交付到一个由你公司拥有，或者由第三方物流供应商所拥有的分销站点。仓库通常会位于公司附近或者位于市中心以便于向客户（消费者或者是其他分销商）配送产品。订单执行会通过仓库来完成。直接把产品卖给消费者的公司，或者通过多种销售渠道销售的公司通常会使用这种交付模式。

16.1.6 分销成本

当与分销供应商签订合同时，你要了解清楚他们会提供哪些服务，以及由谁支付具体哪部分分销成本。合同中所描述的每个步骤都会有相关的费用（如支付的关税和装载费用），付款的责任将依据与工厂、第三方物流供应商或者货运代理公司签订的合同而定。为了简化和标准化合同语言，国际商会（International Chamber of Commerce，ICC）制定了国际贸易术语（International Commercial Terms）。当你审查与分销商的合同时，请确保你理解了合同中的术语以及合同已经覆盖了所有的分销步骤。你可不希望当你的产品放在码头时，才发现你要支付一大笔关税。更糟糕的是，你不希望在集装箱受损之后，才发现购买运输保险是由你负责的。

分销过程中产生的费用类型包括：

1）**装载费用**。指雇用一家公司负责货物从建筑物到交通工具，以及在各交通工具之间转运的费用。例如，从工厂到运输工具，从空运到陆运，从卡车到码头。

2）**运输费用**。指通过陆运、空运或者海运运输货物的费用。

3）**保险费用**。指为了覆盖运输过程中潜在的货物损失或者损坏的费用。

4）**关税和清关费用**。如果产品运输要跨越关境，买方通常负责支付所有关税和清关费用。使用完税后交货（delivered duty paid，DDP）运输合同的情况除外。

16.2 分销外包

管理分销过程中的每个步骤都非常耗时和复杂，而且通常超出了大多数中小型企业的能力范围。除非分销是企业核心战略能力的一部分，否则大多数企业都会把它外包给分销公司。这些公司统称为第三方物流供应商。他们会提供支持分销所需要的部分或者全部服务，包括：

1）**把产品从工厂送到飞机、轮船或卡车上**。根据产品生产地点和目的地的不同，产品可能需要跨过关境才能到达主承运人处。

2）**协调海运**并通过最终国家的海关。这项服务通常也包括报关代理过程。

3）**运输到第三方物流供应商的分销地点**，或者从港口运输到你的客户所在地，通常采用陆运。

4）**订单执行和分拣包装**。在某些情况下，可能需要在销售国完成包装并添加额外的附件（来自不同的供应商）。此外，固件和 / 或软件可能需要在分拣包装的工厂进行测试或者重新刷机。

5）**仓储**。第三方物流供应商拥有现成的分销中心，可以与众多客户共享。

6）**跟踪和可追溯性**。第三方物流供应商可以提供货物的跟踪序列号和订单方面的信息服务，所以你的公司不必再去建立相关基础设施。

7）**逆向物流**。第三方物流供应商可能会提供处理缺陷产品的退货和换货产品的订单执行服务。

8）**与工厂直接对接订单和订单执行**。一些第三方物流供应商将从头到尾管理整个订单和订单执行过程。

雇用第三方物流供应商的好处包括：

1）**应急能力**。通常情况下，从你的工厂到你的分销仓库的货物不会以稳定的速度到达；相反，你会每月收到一次大宗货物，你需要快速处理大量的库存。如果你雇用了第三方物流供应商，那么你就不必在每次货物到达时急于寻找兼职员工，或者动员整个公司的人来帮忙了。

2）**拼装**。第三方物流供应商会把你的产品连同其他人的货物一起装满一整辆卡车或一整个集装箱。

3）**协商**。因为第三方物流供应商购买的是批量运输能力，所以他们通常能以较低的成本发货。

4）**软件和流程**。这些公司有管理订单和跟踪产品的软件和系统，所以你不必花费时间或资源建立自己的系统。

5）**索赔**。申请货运索赔和保险索赔可能非常耗时，但是第三方物流供应商擅长处理这些问题。

6）**单点支付**。你的公司只需要开一张支票，而不用雇用多家运输供应商并管理他们之间的货物交接。

7）**安全性**。对于高价值物品，第三方物流供应商拥有适当的安防系统来保护产品。

正如你能想象得到的，使用第三方物流供应商也有缺点：

1）**学习**。随着公司增长，企业通常会把分销管理带回企业内部，以简化流

程并降低成本。如果你最初是与第三方物流供应商合作，那么当你决定把分销系统引入企业内部时，你的公司将无法获得建立自己分销系统的能力和基础设施。

2）**监督和可视性**。如果你把分销外包给另外一家公司，你就无法像你希望的那样去严密控制你的运营。另外，你可能发现要确保达到你想要的质量控制水平会更难。

3）**成本**。因为第三方物流供应商需要赚取利润，所以他们会向你收取比自己运营相同业务更高的费用。如果你的公司内部能够建立一个运行良好的物流部门（一般只有大型公司才有可能），那么可能会比使用第三方物流供应商节省成本。

16.3 分销系统设计

当设计分销系统时，运营团队需要就分销流程中的每个步骤提出并回答几个问题（检查清单 16-1）。

团队需要在选择他们的分销方式上做出权衡，这些权衡包括：

1）**发运成本：批量和单个**。将 100 件产品单独包装比将它们分别装在 20 个托盘上通过海运运输的成本要高。但是，如果产品是小批量空运发货，那它会更快地到达客户手中。你每次发货的批量越小，那么你要持有的库存也越少。

2）**速度更快和成本更低**。从工厂直接发货可以减少几天的运输时间。根据产品的保存期限、对客户的交付承诺以及生产排期，可能较短的交付时间是必要的。

3）**发运有害或者易腐烂材料**。如果一些材料对气候环境要求严格或者容易腐烂，那么就无法通过海运运输，而有些材料则由于其危险性无法通过空运运输，如电池和磁铁。

4）**库存持有成本和订单执行的速度**。如果订单是从成品库存中交付完成，那么就需要在某个地方持有一定库存。与在中间地点保持库存相比，在工厂保持库存并直接从工厂发货可能更便宜。

5）**需求变化和交付**。工厂希望每天都有稳定的生产速度，这样可以降低复杂性以及生产线的调试和停机成本。然而，如果需求高度变化或者不确定，则有必要持有库存以保证稳定的生产速度。当暂时不需要库存时，可以采用更便宜的发运方式（如海运）。按订单生产的产品（你不必持有库存）与持有库存并批量发运的成品的分销系统是截然不同的。

6）**发运成本和空间限制**。你的公司可能没有足够的空间来处理每四周从工厂发运来的大量货物。尽管平均每天可能只发运 100 件，但分销仓库的空间可能只能存放 1000 件。然而，在每月的第一天，可能会有 3000 件货物要被送到装卸区。没有考虑过这一点的初创企业最终会在办公室、走廊和空闲的卫生间里堆满箱子，因为没有足够的空间可以分配给激增的新到存货。

7）**发运成本和人力成本**。正如存储空间一样，公司可能需要大量人员每月处理一次来料，但是雇用一个月只需要工作两天的全职员工并不划算。

8）**简化分销和成本**。一些合约制造商会将产品运送到装运码头并负责管理海关文档工作。这简化了第一步，因为你不必在合约制造商和其他承运商之间协调。合约制造商在推进这两个过程方面经验丰富。然而，你需要为此支付费用。

9）**成本和自建分销能力**。如果分销是你公司核心能力和竞争力的一部分，那么内部自建分销就是最好的选项。

检查清单 16-1：当设计一个分销系统时，需要提出的问题

发运时的最终包装

❑ 最终的包装是什么？单个、标准纸箱、托盘或者集装箱？

❑ 不同的 SKU 是包装在一起以节省空间？还是分开以便于库存管理？

产品从工厂到发运地点的转运

❑ 是合约制造商还是第三方物流供应商负责把产品从工厂送到主承运人处？

❑ 你是在经济特区生产吗？

❑ 谁负责办理产品进出经济特区的文档工作？

空运 / 集装箱运输

❑ 你正在使用哪种运输方式？

❑ 你是使用零担运输还是整箱发运？

❑ 谁负责预订集装箱上的位置？

海关

❑ 谁负责产品清关手续？

❏ 需要哪些文档？

❏ 产品如何通过海关认证？

❏ 产品应如何编码以适用正确的税率？

从码头到分销点的运输

❏ 如何协调货物的转运？

❏ 使用什么样的发运方式？

❏ 谁负责此事？

分销仓库的任务

❏ 如果产品需要在分销点重新包装、测试或装配，由谁来进行？

❏ 要在哪些地方持有库存？

❏ 标准纸箱要如何拆箱卸货以及如何为客户（个人或分销商）重新包装产品？

订单执行

❏ 谁负责协调库存和客户订单？

❏ 使用什么方式把货物发给客户？空运还是陆运？

其他

❏ 如果产品被退货，谁来管理逆向物流？会使用什么样的流程？

❏ 如何为自己的产品投保？

小结和要点

❏ 对于如何设计你的分销系统有很多选项。

❏ 可以雇用第三方物流供应商来提供部分或全部分销和逆向物流服务。

❏ 当要决定分销方式以及要向谁外包哪些服务时，你的团队需要在成本、速度和复杂性之间进行权衡。

❏ 最好不要把分销计划留到最后一刻才去做。当雇用外部组织时，在没有把产品送到客户手中的压力情况下，你需要一些时间来评估和比较报价。

第 17 章

认证和标签

销售你的产品

17.认证和标签

18.客户支持

19.批量生产

　　几乎所有产品都需要做一些认证才被允许进行销售。认证过程可能非常耗时、复杂且昂贵。此外，产品必须贴上正确的标签才能合法销售。如果要在很多国家进行销售，认证过程会更加复杂。本章回顾了产品所需要的常见认证类型，如何了解你需要做哪些认证，以及如何确定需要在何处显示哪些信息。

　　此外，本章还讨论了贴标流程和如何对你的产品做特殊的标识以降低被伪造和在灰市进行销售的风险。

拿一个中等复杂的产品，然后仔细观察一下。看看使用说明书、礼盒上的标签和产品上的标签，会有商标、条形码、序列号和零件号、警告、文字和其他数据（见图 17-1）。所有这些信息都是法律要求在产品上标注的，然后产品才能进行销售。

图 17-1 标签示例

为了在一个特定的国家合法地销售产品，卖方和制造商需要获得正确的认证，并且要在产品、包装或者使用说明书上记录这些认证。如果没有获得适当的认证或者产品贴标错误，可能导致产品在边境滞留，最糟糕的情况是被罚款和召回。贴标和认证的规则都要经过解释，而且它会随着时间的推移而变化，而且在很大程度上取决于所销售的国家、产品分类和终端用户。本章第一节将讨论通常需要的认证，第二节将会讨论如何记录这些认证，以及产品、包装和使用说明书上的其他信息。

本章并不会告诉你具体产品需要或者不需要哪些认证。本书旨在为你提供一份帮助你了解应该提出哪些问题并如何找到答案的路线图。你需要进行广泛的研究（或聘请自己的专家），并就你的特定产品在生产国和销售国有哪些要求寻求法律建议。

17.1 认证

除了最基本的产品外，所有产品都需要获得认证才能在特定的国家合法销售。世界上每个国家的认证要求都在不断变化。最好请专家帮助确定准确的认证要求。在与专家交流之前了解相关知识有助于你提出正确的问题。本文会给出一些认证和指导案例；然而，这些只是示例，团队需要自己进行研究和尽职调

查。认证的规则和指导即使在写作本书的两年中都已经发生了改变，而且也会持续进化和发展。最好的办法是进行研究，而且不要放过任何研究的机会（插文 17-1）。

插文 17-1：在处理认证问题时，最好先请求许可

面对不确定性和风险时采取的行动可以分成两类。对于每项决定，团队需要问问自己："是请求宽恕好，还是请求许可更好？"在任何涉及法规或安全相关的情形中，先请求许可总是更好的选择。投机取巧，没有取得适当的认证或辩称不知情，在海关官员、消费者安全组织或者法律面前是站不住脚的。不符合法规要求会造成严重的延误、罚款，而且最重要的是会给你的客户带来风险。

你的认证将基于你的产品和预期用户的若干特征：

1）**你在销售什么产品**？根据产品技术、安装类型和功能，产品会需要不同的认证。例如，如果承包商要在房屋建造过程中安装产品，那么产品也许就要遵守建筑法规。

2）**产品是否受监管**？许多类型产品需要大量的监督、测试和文档记录，如医疗设备、航空航天产品和食品加工产品等。

3）**你的用户是谁**？向幼儿或者其他弱势群体销售产品会增加监管要求的严格程度。例如，对于那些儿童可能会放入嘴里或者卡住喉咙的产品，其材料就有限制。

4）**你在哪里销售**？不同国家甚至美国不同州的监管要求可能会大不相同。例如，在美国，加利福尼亚州的 65 号提案通常会被当作全美国的法规，因为单独为加利福尼亚的市场制造产品并不经济。

5）**你正在使用什么渠道**？一些零售和商业客户会在法律规定的认证之外提出额外的要求。例如，一些分销商和零售商会要求一个保险商实验室（Underwriters Laboratory，UL）认证、等效安全认证或者额外的特定渠道测试。这用来确保他们正在销售的产品是安全且经过测试的。

6）**你如何发运**？空运会限制一些危险品的运输，如电池、化学物质和磁铁。

7）**你在哪里生产它**？在美国（和其他一些国家）销售的产品要求必须贴有

注明生产国的标签。如果你希望你的产品被贴上"美国制造"的标签，那你就必须遵守严格的采购规则。

8）你的销量有多少？有些规定只适用于产品的销量或者某些材料的重量超过某个阈值的情况。只要你在该阈值之下，你就不需要认证。但是请注意，这些阈值经常会发生变化，很多年前通过的产品今天也许就不再合法了。

9）你的产品中含有哪些材料？有些材料会因环境和安全原因而受到限制（如电子产品或油漆中的铅）。

17.1.1 认证类型

地方、州、国家和经济组织都可以提出一些认证要求（插文 17-2）。不过，大多数认证可以分为以下几大类：

1）有意和无意的电磁场（electromagnetic field，EMF）。所有电子产品都会产生电磁场，它会干扰正常的通信信道并对健康有潜在的危害。这些认证在美国由联邦通信委员会（Federal Communications Commission，FCC）监管，在欧洲则要通过 CE 认证。

2）安全性。有多种法规适用于设备的安全性。最出名的就是美国的 UL 认证。其他例子包括美国材料与试验协会（ASTM）的儿童玩具认证。欧洲产品使用的 CE 认证也会测试多种安全问题。

3）材料认证。这些是进口、出口和运输所必需的。例如，电池在发运时需要符合美国交通部（US Department of Transportation，USDOT）法规（通常被称为 USDOT-UN3480）。国际航空运输协会（International Air Transport Association，IATA）也制定了航空业认可的危险品运输法规，如磁铁（以确保它们不会干扰飞行控制）。

4）环境认证。环境认证旨在减少产品对环境和气候变化的影响。环境法规涵盖了一系列问题，包括：

——有毒/有害物质。许多国家限制有毒或者有害物质的销售，如铅。对于电子设备而言，这属于有害物质限制（Restriction of Hazardous Substances，RoHS）要求的范围。

——化学品。一些化学品可能会受到监管，或需要在产品或者使用说明书上注明特别警告，正如加利福尼亚州 65 号提案的要求那样。

——能源。"吸血鬼"设备（处于待机状态时仍需要输入一个恒定低电流的设备），以及充电电路的效率，正受到日益严格的监管。

——回收利用。欧洲正在实施越来越严格的回收利用法规。例如，电子电气废弃物（Waste Electrical and Electronic Equipment，WEEE）指令规定了电子产品的回收利用要求。

5）**专用通信认证**。专用通信认证赋予了你合法使用特定公司专有通信协议的权利（如蓝牙和蜂舞协议）。要在你的产品上宣传这些能力，你必须通过某些认证才能在你的包装或者广告中使用该公司的商标。当你从供应商处购买产品时，产品中的单个零件可能已经预先认证过了；这些预认证将可以加快整个产品的认证过程。然而，对于某些产品或技术，最终完整的成品可能也需要认证。

6）**特定行业要求**。这些要求会基于产品类型而实施。例如，医疗设备要遵守食和药品管理局的法规。航空航天和汽车产品有由行业联盟和政府，如联邦航空管理局（Federal Aviation Administration，FAA）和国家运输安全委员会（National Transportation Safety Board，NTSB）制定的特定行业的认证要求。

7）**出口认证**。有些产品需要审查后才能出口，以确保你没有出口对国家国防很关键的技术。例如，在美国，国际武器贸易条例（International Traffic in Arms Regulation，ITAR）可能会限制带有加密技术或者无人机技术的产品出口。

8）**自愿认证**。这些认证包括公平贸易和社会责任认证。这些认证有助于产品的品牌推广，并传达出你对某些特定价值观的承诺。

插文 17-2：州、联邦和国际法规

在美国，有些法规由联邦政府实施，适用于所有的州和地区（如 FCC 和 FDA 法规），而其他一些法规则由各州自行规定。逻辑上，只为一个单独的州生产和控制某些版本产品的销售成本很高，所以就你的业务而言，州法规就会变成联邦法规。例如，加利福尼亚州 65 号提案在法律上只有在加利福尼亚州才有此要求；然而，大多数受65 号提案影响并在其他州销售的产品，即使产品并不会在加利福尼亚州销售，也会符合该法规的要求。

国际实施的其他法规事实上也变成了全世界范围内的法规。例如，欧盟针对所有在 2006 年后生产的电子产品实施了 RoHS。RoHS 规范要求所有构成产品的材料必须符合 RoHS 规范，并且是在符合 RoHS 规范的工厂生产。如果为了那些不在欧洲销售的产品而单独保留一个非 RoHS 的产品版本，这就要求公司有一个完全不同的 BOM 和生产工厂。使用那些不符合规范要求的零件所带来的成本节约，通常会被维护两种产品版本和工厂的成本所抵消。因此，事实上 RoHS 已经成为大多数电子产品的一份国际标准。

17.1.2 如何了解你的需求

如果你在浏览器中输入："我的产品需要哪些认证"，你会得到大量让人不知所措的结果。你可以从以下几个方面入手来了解你的产品需要哪些认证和标签。

1）**查看类似的产品**。查找具有相同市场（如欧洲）、用户画像（如成年人）和特征（如锂离子电池）的产品。仔细查看出现在设备、软件、使用说明书和包装上的认证。

2）**搜索美国消费品安全委员会（Consumer Product Safety Commission，CPSC）网站**，寻找那些由于不符合联邦和地方法规而被召回的类似产品。

3）**致电认证实验室**。他们会评审你的产品并给你一个他们认为必要的报价。比较几份报价并确定出现在每份报价上的认证内容（你几乎可以肯定是需要的），质疑任何不同的地方（有些条目需要经过解释），并询问很多其他问题。

4）**与你的工厂 / 合约制造商沟通**。你的合约制造商可能已经生产过具有类似认证要求的产品，通过与他们沟通你可以学到很多东西。

5）**聘请认证顾问**。只有与安全相关的设备、需要遵守 FDA 法规的产品或者分类不明确的独特产品，才有必要聘请认证顾问。

采用以上方法中的一种或多种将为你提供一份你的产品需要做哪些认证的清单。了解清单内容后，团队需要确定：

1）**每项认证由谁签发**？有些认证要求由有资质的实验室来测试（如 FCC），有些是由法人团体测试（如蓝牙），有些是由工厂测试（如 RoHS）。

2）**认证的交付时间是多久**？一些认证实验室可以在几天内完成测试并告诉你认证是否通过，但可能需要花几周时间来处理文档工作。你不希望因为没有及早启动认证程序而延误产品的发货。

3）**对于测试用产品样品的时间段和成熟度有何要求**？有些认证可以使用早期试产的样品，而有些认证则需要使用批量生产线制造出来的产品。

4）**还需要哪些额外的文档用于签发认证**？例如，有些认证需要一份快速入门指南的复印件。

5）**需要多少件样品**？每种不同的认证可能需要测试几个样品；请提前计划，确保你预留了足够的样品。

6）**认证是否要求在外国派驻代表**？例如，某些法规会要求有一个授权的代表来管理合规事宜。有公司会收取少量费用来担任这个角色。

17.1.3　取得认证的过程

取得认证的过程包括以下步骤：

1）**获取所需认证的报价**。比较各种报价以了解可能需要哪些认证。同时，确认实验室积压的工作和测试的交付时间。

2）**了解需要哪些标签和文档才能合法地销售你的产品**。每项认证都需要记录（通常记录在标签、文档和礼盒上）。

3）**确定认证批准的要求**。通常，测试实验室需要具备下列材料才能进行测试并签发认证：

——一个带有固件和核心软件的可运行的最终设计的产品。

——用于充电的附件或者可替换的电池。

——快速启动向导和任何可提供给用户的文档（可以是一份接近最终版本的草稿）。

——一些测试可在 DVT 件上完成，而其他则要求使用 PVT 件。

4）**确定获得认证的时间**。取决于实验室的积压情况，测试和文档编制可能需要数周时间完成。如果产品准备在圣诞节期间发货，那很可能会与很多其他同样时间紧迫的产品一起排队。

5）**决定你要聘请谁来签发你的认证**。你可以在制造商所在的国家或者离家近的地方聘请一个认证实验室。通常情况下，因为样品和未认证产品的发运和通关都需要物流，所以在制造商所在地附近聘请认证实验室更容易。如果你的产品正在中国制造，则中国的实验室通常比美国的要便宜。

6）**提交你的样品和文档**。你需要向认证实验室提交所有的材料和文档，以便他们开始工作。

7）**获得初步测试结果**。认证实验室通常能够相对快速地为你提供通过 / 未通过的报告。

8）**额外的检查**。有些认证要求由认证过的审核员对生产线进行检查，这可能需要认真安排，以避免对批量生产造成延误。

9）**获得文档和认证编号的等待时间**。获得实际的认证可能需要几周到一两个月的时间。

10）**更新标签和文档**。通常情况下，实际的认证编号（你将获得一个唯一的认证编号，允许任何人查询该认证并核实你的产品销售是否合法）需要印刷在产品上和 / 或要在使用说明书上体现。在获得该认证编号之前，标签和使用说明书无法印刷。

17.1.4 避免让认证延误产品发运

如果认证要求使用面向生产的产品（通常来自 DVT 试产）进行测试，则可能要一直等到试产过程的后期，也就是当能获得所有面向生产的零件时才能获得认证。此外，有些认证要求在全速生产时对生产线进行检查。认证测试的后期失效或者不了解时间线都会造成无法预料的延误。你可以通过以下方式避免延误：

1）**预检查或者预认证评估**。一些工厂可以进行预检查或者预认证评估。这些非官方测试可以在没有风险的情况下完成，并可以让团队了解设计的余量有多大。例如，如果产品在预检查期间勉强通过了 FCC 测试，那么你就可以通过使用涂层或者胶带来增加电磁场屏蔽，以提高后面通过的概率。

2）**了解哪些试产件可以用于获得认证**。只要在 DVT 和 PVT 之间没有重大的设计变更（在认证机构看来），那么 DVT 件通常就可以用于认证。

3）**先制造产品然后再贴标签**。根据认证的不同，生产线可能需要在获得认证之前建立大量的库存。在某些情况下，可能对用于获得生产许可的产品进行追溯贴标。必须要再三检查是否可以这样做？以及你对产品贴标的合法性。

4）**了解季节性趋势**。几乎所有为美国或者欧洲市场制造消费品的公司都希望能在圣诞节发货前及时获得产品认证。因此，大多数认证实验室在节前数月（夏末秋初）就处于满负荷运行状态，并会倾向于给长期、高价值客户更多优待。

在试产阶段，BOM 和设计的大多数微小变更都不需要重新认证。因此，许多组织会使用 DVT 样品（除了外观和最终的装配和表面处理不同）进行认证测试。但是，如果所提供用来认证的样品和最终产品之间有任何重大变更，则可能需要重新进行认证。

17.1.5　认证成本

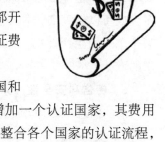

如果你想让你的产品获得巨大成功，你应该在全世界各地都进行销售，以最大限度地吸引你的客户群体，对吧？但是，别急。在你的产品有销售记录之前，花费精力和成本在几十个行政管辖区域内合法销售你的产品可能不是一个好主意。有太多众包公司对很多国家都开放销售，最后却发现，在 15 个国家销售所需要的认证费用比努力挣取来的整个利润还要高。

对于成年人使用的消费电子设备来说，获得美国和欧洲全套的认证费用在 10000~20000 美元之间。每增加一个认证国家，其费用就会增加数千美元。尽管全世界的标准机构仍在持续整合各个国家的认证流程，但这些流程还是无法完全协调和可转让。通常，你要发货的国家数量翻倍的话，成本和复杂度也会翻倍。

17.2　贴标和文档记录

如果把几乎所有的机电产品翻转过来，你都会发现某种类型的标签。标签上会有各种信息，包括条形码、多位数字编号和一组符号。关于保修、认证和免责声明的信息会出现在很多地方，包括在产品上、产品内、包装上和使用说明书里。出于以下很多原因，需要考虑好如何贴标，包括：

1）**认证和法规要求**。在产品发货前，每个国家或地区都会规定产品在发运前必须要满足的法规要求。对于要包含哪些信息，以及认证标志必须显示在产品的哪些位置，这些都是有规定的（有时比较模糊和混乱）。认证文件由符号、标志、文字和唯一的认证编号构成。

2）**为客户提供产品识别**。如果产品有缺陷，售后服务部门需要知道客户手中拥有的具体是哪款产品。SKU 是产品和产品版本的唯一识别码，序列号（SN）是特定设备的唯一代码。

3）**为分销商 / 零售商提供产品识别**。标准纸箱、内包装和礼盒都需要贴上标签，以便分销商或者零售商扫描标签并管理存货。包装标签可以包括条形码、二维（quick response，QR）码或者射频识别（radio frequency ID，RFID）标签。

4）**市场营销**。有些标签可能会包括显示产品品牌标识的市场营销材料（例如，作者笔记本电脑上的"Intel Inside"贴纸和扬声器附近的 Bang&Olufsen 商标）。

5）**对单个子系统的追踪**。产品中的单个零部件（如电路板、电池或者硬盘驱动器）可能有自己唯一的标签，以便监控库存或者追踪缺陷。例如，如果很多失效可以追溯到一种类型的电路板上，则退回来的故障电路板就可以追溯到某个单一的生产批次。针对高度监管的产品，对于批次的可追溯性是有法规要求的。

6）**警告和安全性**。标签、使用说明书和贴纸可能包括一些关于如何安全使用产品的信息（如电吹风机上的触电警告）。

7）**操作和设置指导**。一些标签可能会教用户如何设置和使用产品。很多都采用贴纸（如箭头或者"按此处"），在首次使用后可以将其取下。

8）**授权许可**。如果你已从其他公司获得软件或者其他技术的授权许可，并将其作为你产品的一部分进行销售，你可能会被要求在产品、包装、软件或使用说明书的某处记录该授权许可信息。

17.2.1　信息显示的位置

以上描述的所有信息可以显示在多个位置，有些在产品的外部可见，而有些则不可见。标准纸箱和内包装会贴有标签以帮助识别内部装的是什么，并在搬运时能给发货人员提供一些指示。礼盒会说明盒内装有什么，而且可能会包含特定单元的具体信息以便于产品设置。例如，有些产品会在包装盒的外面显示序列号，以便零售商在销售时扫描并登记后给到你。设备本身会有一个包含序列号、电源特征和一些认证信息的标签。使用说明书、快速启动向导和在线材料可以包含更多额外的认证信息、安全指引和保修条款。设备只读存储器（read-only memory，ROM）的永久存储器中可能存有序列号和其他认证信息。内部零部件可能有单独的标签。最后，设备信息也可能会保存在与用户账户相关联的云端。表 17-1 总结了这些信息。

表 17-1 不同位置显示信息的例子

包装类型	显示的典型信息
标准纸箱	• 发运人信息
	• 搬运指示
	• 公司名称
	• 所含物品信息
	• 危险品警告，如电池
礼盒	• SKU
	• 认证信息，如回收利用、蓝牙
	• 生产国
	• 序列号
	• 条形码
	• 媒体访问控制（MAC）ID、IMEI 号
设备标签	• 序列号
	• SKU 和型号信息
	• 条形码
	• 认证
	• 商标信息
	• 生产国
	• 电源输入信息
	• 关键零部件序列号
设备 ROM	• 详细的认证信息
	• 授权许可
	• 配置

（续）

包装类型	显示的典型信息
使用说明书、快速启动向导和其他材料（纸质或电子档）	• 快速启动信息 • 警告 • 详细的认证 • 许可证 • 保修
临时的标签和贴纸	• 设置指导 • 安全信息 • 市场营销信息 • 问候语
公司网站和云端	• 从序列号链接到所有相关信息
内部标签	• 零件序列号、条形码和认证 • 零件批次和模具型腔数

17.2.2　如何决定在哪些位置放什么

图 17-1 所示是一个虚构的电子产品标签示例。它不应作为你产品的精确模板，但是它显示了你通常需要包含的信息类型：

•产品商标　•序列号　•认证编号　•关于电源的信息

•条形码　•认证标志　•制造地点　•SKU 编号

关于哪些信息要特别出现在你的产品标签上，你应该始终征询专家的建议。不正确的标签轻则导致你的产品在海关被拒绝通过，重则导致被召回。

确定在何处显示哪些信息包括以下步骤：

1）创建一份需要记录和显示的信息清单。

2）理解关于标签的法规问题。一些标签规则是明确的，而另一些则有很大的解释空间。对于不熟悉认证流程的人来说，阅读认证法规几乎是不可能的。你可以通过以下方法来避免翻阅数百页晦涩难懂的法规：

——查看那些和你的产品是相同种类的产品，了解它们的标签是如何管理的，以及它们把哪些信息显示在了何处。

——与认证专家聊聊。

3）确定标签的位置。你的产品上哪里有空间可以放置标签？哪些地方放置标签在视觉上会令人舒服（或仅仅是不让人反感）？

4）评估你的客户在产品开箱后需要获取哪些信息。你应该假设人们会把使用说明书扔掉，而且大多数保留它们的人也会把它放在抽屉里，当需要的时候却找不到它们。客户需要的保修、帮助等信息都应该贴在产品上。

5）计划如何将特定设备的信息和产品联系起来。例如，如果你希望将序列号、媒体访问控制 ID 和其他唯一的细节信息编入 ROM 中，那么团队就需要思考很多问题：何时将这些数据编写进去？如何确保为每个件分配唯一的序列号并正确地存储在 ROM 中？如何协调序列号的编制和外部标签？

6）决定如何降低假冒产品的风险。标签可以用来确保假冒产品可以很容易地就被识别出来（第 17.2.4 节）。

17.2.3　序列号

出于以下几个原因，有意地设计你的序列号非常重要。

1）**保修和产品可追溯性**。设计很好的序列号能够使团队在不必使用查询表的情况下追溯到产品的生产时间和地点。它也能减少在收集退货和投诉数据时的潜在差错（第 18 章）。

2）**预防灰市和黑市销售**（第 17.2.4 节）。序列号可以确保只有那些合法销售的产品才能得到售后支持，而非法产品则会被识别出来。

3）**数据一致性**。如果你设计的序列号太短或者不具有扩展性，那么当你的产品组合增长时，你就需要改变系统，而这可能会造成混乱和差错。

序列号的生成方式有两种：智能的序列号和完全随机的序列号。如果知道智能的序列号是如何生成的，那么你就可以读取智能序列号。通常，智能的序列号会把下面信息编入其中：

1）**产品 /SKU 信息**。一般很难包含完整的 SKU 信息，因为 SKU 本身就很长，但是关于产品类型的说明是很有用的。

2）**生产地点**。如果你有多个生产工厂，你应该区分双重来源以防止无意中发布完全相同的序列号。

3）**生产日期**。取决于批量大小和可追溯性要求，这可能是给定年份内的月、周、日或者生产班次。

4）**唯一的产品编号**（通常是连续的）。

例如，图 17-2 所示的序列号包含了产品 SKU、生产日期、工厂和连续的产品编号信息。

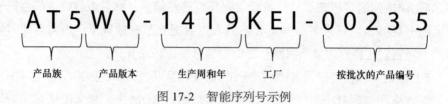

图 17-2　智能序列号示例

另一种方式就是创建一个完全随机的序列号。一个数据文件（查询表）能让客户支持团队根据一个给出的正确序列号查询到相关的产品信息。当有假冒产品和灰市的风险时，公司通常就会采用随机序列号，因为实际上你不可能伪造出一个序列号。该序列号让售后服务供应商和客户能够验证他们的产品是否是真品。然而，一个随机的序列号也很容易在转录时出错；而且要对产品进行追溯就要求对查询表进行准确维护。

设计序列号时需要考虑的其他事项包括：

1）**序列号要用一个字母开始而且永远不要用 0 开始**。电子表格无法将开头的 0 作为一个数字进行登记，它会把你的 17 位序列号变成 16 位，会使智能序列号系统失效。如果你的智能序列号总以一个字母开始，这将有助于避免由数据类型转换所引入的问题。

2）**对序列号结构进行设计以识别出假冒或者错误的序列号**。结构化的序列号能让软件轻松地检验该序列号是否有效，从而实现更准确的保修分析和质量追溯。

3）**采用字母和数字组合有助于提高可读性**。对于大多数人来说，长串的数字（尤其是含有很多重复的 1 或 0）比数字和字母的组合更难阅读和转录。

4）**确保序列号足够长**，以容纳大的生产量和产品的多样性。你总是希望确定一个长度足够的序列号，这样就不用随着时间的推移而改变它；这使得对大组数据的分析变得更加容易。

5）**避免太长的序列号**。序列号越长，占用的空间就越大，而且在转录过程中出错的可能性也更大。

17.2.4　灰市和假冒产品

灰市和假冒产品（黑市）会严重损害公司的品牌，降低产品利润并逐渐削弱定价权。适当的标签和可追溯性有助于识别不

良行为者在何处非法销售你的产品或者销售假冒产品。灰市是一个真品以很大折扣进行销售的渠道。产品进入灰市有三种典型的方式。

1）**由生产者非法销售额外生产的产品**。合约制造商可能会制造 11000 件而不是 10000 件。工厂给客户发货 10000 件，额外的 1000 件则在没有告知公司的情况下，在一个不同的市场或者通过其他在线市场以一个很大的折扣进行销售。其中有些产品可能没有通过所有的质量测试，这可能会有损该产品的品牌形象。

2）**以一个低于制造商建议零售价的价格进行销售的产品**。分销商可能会过多地购买产品，并且以一个低于合同约定的价格销售产品。折扣会降低品牌溢价，破坏公司与其他销售渠道达成的协议。

3）**在一个国家以低价格采购产品，然后出口到另外一个国家，然后产品再以一个较高但是低于该国国内正品的价格进行销售**。在某个国家之外销售产品常见于医疗设备和药物。

假冒产品是黑市的一部分，它是现有产品的复制品，但并非在相同的工厂生产，它通常会使用相对便宜且质量较差的制造技术。如果人们没有意识到产品并不是真品的话，这就会损害一个品牌的声誉。此外，如果假冒产品是安全攸关的产品（如假冒飞机零件），则会对人的生命造成相当大的威胁。

有几种方式可以用来降低假冒产品和灰市产品的风险。

1）**采取防伪标签**（如全息图）和指导你的客户应注意寻找哪些信息，以确保他们拿到的是一个有效的产品。

2）**要求对产品进行注册**（如设置产品需要连接到云端服务器）。云端服务确保了在注册并激活产品之前，序列号是有效的。

3）在加载固件和记录序列号时，**要创建一份所有设备的记录**。已编程设备的文件和序列号从工厂实时上传给你，而且序列号要与发货相匹配。如果工厂生产的产品并没有发运给你，那么固件文件上传就会显示这个问题。

4）**向工厂提供一个关键但无法复制的零部件**。例如，模块可以用加密的固件预先编程好。合约制造商负责清点这些零部件的库存，并确保所使用的零部件数量与发运的产品数量相匹配。

组织应该持续地搜索各种分销渠道来检查是否有灰市产品或者假冒产品。在已批准的分销渠道中保持对产品的准确记录会有助于识别那些非法销售的产品，以及以错误价格销售的产品和假冒产品。

小结和要点

❑ 认证要求很复杂而且靠自己难以辨别。团队应该自行了解可能需要哪些认证。

❑ 一定要进行研究，不要在认证方面偷工减料，这样做是不值得的。聘请一位认证专家可能是值得的。

❑ 获得认证是复杂的，而且可能会延误一款产品的发布，不要等到最后一刻才去做。

❑ 团队应该确认产品的关键信息，并要确定在何处显示和记录这些信息。

❑ 仔细考虑如何设计你的序列号，以便既有扩展性又有可追溯性。

❑ 灰市和假冒产品会给产品的声誉和定价带来很大风险。

第 18 章

客户支持

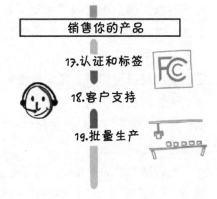

　　每个产品开发公司都需要一个客户支持系统以解决问题并管理保修退货、维修和赔付。实施客户支持系统不仅仅是拥有一个基于网络的常见问题页面和一个免费的热线电话。本章将介绍如何处理保修索赔，客户支持系统的要素，客户投诉数据报告，以及在最糟糕的情况下会发生什么（召回）。

想想你非常喜欢的一些品牌，你对其产品的评价很高；再想想你不喜欢的一些品牌，你对其产品有过糟糕的体验。你最反感的品牌很可能是你或者你所认识的很多人都有过糟糕客户服务体验的品牌。

当产品出现故障时，我们都有过令人沮丧的客服体验。我们花时间拨打电话号码以接通正确的人，却被告诉要重新设置产品然后再回电。在客户购买产品后为他们提供帮助对于客户满意度至关重要。当我们喜欢的产品没能按预期那样工作时，公司如何回应会影响我们对产品的看法（和推荐）。笔者最近在处理两件不同的厨房设备故障时，感受到两种截然不同的客户体验。两次故障都发生在节假日前后，而节假日正是厨房设备可靠性很关键的时期。笔者最喜欢且花费不菲的削皮刀断裂了。从断裂的表面看，金属明显存在缺陷。刀具制造商的客服在四个小时内就回复了笔者的邮件，在将有缺陷的刀具寄回之后，笔者在一周内就收到了一把全新的刀具。

另一个故障是，笔者四年前购买的高级烤箱在烘焙节日饼干时出现了过热。它的温度使饼干和饼干烤盘衬垫都着火了，并使厨房墙壁和橱柜的温度明显升高。该烤箱系统在两个方面发生了故障。首先，理应开启的自锁装置并没有启动；其次，烤箱没有自动关闭。在关闭断路器的电源后，加热元件才停止向烤箱内输送热量。

倘若是笔者的女儿们（她们现在已经知道如何关闭断路器了）独自烹饪，结果可能会更糟。为了获得缺陷产品的赔偿，笔者与制造商打了 6 个月的交道。首先，制造商并没有严肃地对待安全问题。笔者经过三次上报才找到可以批准赔付的人。最后，在该代表批准退款后，笔者又不得不多次致电该公司，要求他们取回有缺陷的设备，然后又打了几次电话才拿到退款支票。基于这次的客服体验，笔者再也不会购买该品牌的产品，并会强烈建议朋友们也不要购买该品牌的任何产品。

无论你如何精心设计并制造你的产品。一些客户总会有疑问和问题，而一些人会希望退回产品。其中的一些服务需要免费提供（因为产品在保修期内）；有时可能会对客户进行赔偿以维持客户的忠诚度；有时则会决定向客户收费。一个设计很差的客户支持流程对于公司而言代价高昂，而更重要的是，它会导致客户差评，从而降低收入。

为了避免代价高昂的故障并确保产品安全，了解你公司对于提供无缺陷产品（和如何定义无缺陷）的责任，以及处理客户投诉和潜在安全问题的法律（和道德）义务（插文 18-1）至关重要。精心设计的客户支持流程还可以为你改进当前产品和设计下一代产品提供宝贵的数据。

插文 18-1：对于报告重大安全问题的法律义务

　　如果你的客户联系你，并向你反映了潜在的安全隐患，而你却置之不理，这可能会产生相当大的法律（和道德）问题。例如，以下内容发布在 CPSC 网站上，值得在此重复：

　　"如果你是一款消费品的制造商、进口商、分销商或零售商，你有法律义务立即向 CPSC 报告以下类型的信息：

　　1）具有可能会对消费者造成重大伤害风险的缺陷产品。

　　2）具有会造成不合理的严重伤害或死亡风险的产品。

　　3）不符合所适用的消费品安全规则或者不符合 CPSA 规定的任何其他规则、条例、标准、禁令，以及违反 CPSC 执行的任何其他法规的产品。

　　4）儿童（无论年纪大小）被玩具或游戏中的弹珠、小球、乳胶气球或者其他小零件噎住，并因此导致儿童死亡、严重受伤、长时间停止呼吸或接受医疗专业人员治疗的事故。

　　5）某些类型的诉讼（这只适应于制造商和进口商，而且要遵守 CPSA 第 37 部分所详细规定的时间期限）。

　　如果没有立即并完整地报告以上这些信息，可能会导致严重的民事或刑事处罚。CPSC 工作人员的建议是：当有所怀疑时，就报告。

　　你的客户支持团队需要针对如何处理此类投诉进行培训，而且你应该有一个预先计划好的升级流程，以立即处理任何与安全相关的问题。CPSC 有一本综合全面的《召回手册》。然而，在如何建立你的系统以识别潜在危害并适当做出回应方面，征询法律建议极其重要。

　　本章总结了客户服务中的几个关键概念；然而，这并不能代替你要自己做的功课和风险评估，也不能取代你聘请合格的法律顾问。后续四节将讨论：

　　1）什么是保修（第 18.1 节）？

　　2）什么是召回（第 18.2 节）？

　　3）建立客户支持系统时涉及哪些方面（第 18.3 节）？

　　4）如何构建客户投诉分析以支持持续改善（第 18.4 节）？

18.1 保修

保修是一项法律义务，要求公司承诺在规定限期内解决产品未能达到预期性能的问题。根据销售地点（州和国家）的不同，保修的某些方面可能会有所差别：保修期限、保修范围，甚至对于"适用于特定用途"的定义。了解你支持产品售出的法律和财务承诺至关重要。几乎所有产品都必须有保修，保修可以是默示或明示的。此外，你还需要维持一个  保修储备金账户。每件产品销售的一部分必须存入该账户中，以支付未来的保修责任。

明示保修对于哪些故障和缺陷属于或不属于保修范围进行了文档性描述。在美国，明示保修期限通常为一年，但其他国家可能会要求一个更长的保修期。对于单个产品，美国大多数州的明示保修期限是一年，有些州可能是两年或六年。明示保修的内容和范围受法律管辖。尽管大多数保修法律由美国各个州制定，但大多数法律基本相同，因为所有州都采用了美国《统一商法典》，该法典对各州商业的执行进行了规范。此外，还有联邦法律。例如，美国 1975 年颁布的《马格努森 - 莫斯保证法》旨在解决保修条款的误用和滥用问题，并规定了提供明示保修时的要求。

默示保修出现于没有明示保修时。默示保修是指由美国各州和联邦法律，以及美国之外特定国家的法律所强制执行的非书面承诺。默示保修基于普通法中的"所花金钱的公允价值"。默示保修的期限和范围因当地法律而异。法律强制执行的概念是当你在销售一个产品时，你默示承诺该产品会按照它所说的那样去做，并且从客户购买该产品开始到其预期生命周期内不会出现任何严重的问题。与认证一样，你的产品发往的国家越多，默示保修就会越多样化。

如果你不想提供保修，也就是说，如果你打算"按原样"销售产品，你必须明确说明这个事实；但即便如此，也仍有法律来保护客户免受缺陷产品的损害。你可以否认有默示保修（即"按原样"销售），但大多数客户会问为什么。

保修规定，如果客户对于退货有合理的理由，你就有义务来维修或更换该产品，或者给客户退款。有时，客户会在问题搞不清楚的情况下获益，但一些组织正在增加传感器和其他设备，以探测对产品的误用和滥用，并挫败欺诈性的保修索赔。例如，大多数手机现在都有了湿度传感器，遇水会变色；除非客户购买了一个覆盖水损的延长保修，否则如果传感器显示水损，客户是无法要求保修更换的。

产品在保修期内的退货数量取决于产品的可靠性和保修期的长短，保修期内你要负责赔偿、维修或者更换缺陷产品。产品的预期生命周期（产品可能损坏，但可能不在保修期内）可能会非常长。例如，你的汽车可以享受 7 年或者70000 英里的保修。汽车制造商会对那些被认定为由他们的错误所造成的，而不是由用户错误或者正常磨损造成的缺陷进行赔付（例如，他们会对有问题的发动机，而不是对凹陷的挡泥板进行赔付）。7 年后，你需要自己负责支付任何故障的费用，除非有与安全相关的召回。

公司负责处理质量问题的时间可能比明示保修的时间要长很多，因为产品的预期生命周期可能比保修期长很多。当讨论保修期时，你需要明确你所指的保修承诺。这些承诺包括：

1）**明示保修承诺**。这是在产品按预期使用的情况下，公司对任何制造缺陷进行维修的法律义务。

2）**实施保修**。除非产品在购买时做过数字注册（如手机或者其他物联网设备），否则很难证明保修期的起止时间。因此，如果无法证明，客户的投诉往往被视为保修期内的投诉。

3）**延长保修**。如果客户购买了可选的延长保修，则产品设计应确保支持该产品的成本不超过延长保修所形成的利润。

4）**预期生命周期**。客户不希望产品在过了保修期一天后就出现故障。当产品在保修期结束后不久产品就出现故障，客户可能会非常沮丧。在出现安全故障的情况下（见插文 7-8 中 Cuisinart 的例子），即使产品已经过了保修期，公司也可能要负责对产品进行赔付或维修。

18.2　召回

当所有或者部分已售出的产品需要维修、更换或者不能再使用时，就会发生召回，与单个产品是否失效无关。当出现重大安全问题或者未能遵守法规要求时，也会发生召回。公司需要承担召回的全部成本。毋庸置疑，召回可能会对公司造成巨大损失，包括直接的成本和长期的声誉损失。众所周知的召回案例包括1982 年强生公司的泰诺召回和 2010 年丰田公司的脚垫召回。召回造成的损失包括：

1）**客户伤害**。有缺陷的产品可能造成的最坏后果是使客户受伤或者死亡。

2）**品牌价值**。召回（尤其是那些处理不当的）会对你的品牌声誉造成长期影响，而且你所有产品的销售都可能受到影响。

3）**召回成本**。召回成本可能高达数千万到数十亿美元，例如，通用汽车公司的点火开关和高田公司的安全气囊召回事件。你可以购买产品责任险，以避免因伤害和诉讼而支付巨额费用的风险（插文 18-2）。

4）**错过交付**。因为在召回问题得到解决之前需要停止生产，并且需要转移库存来支持召回，所以你可能会错过承诺的交付日期。这同样会损害你的声誉和底线。

5）**延误新产品上市**。因为关键的工程和制造资源需要重新部署以解决召回问题，因此下一代产品可能会受到影响。

从市场上召回产品的决定可能是自愿的，也可能是由产品监管机构强制做出的；在美国，这些监管机构包括针对药品的食品和药品管理局（FDA），针对汽车的美国国家公路交通安全管理局（NHTSA）和针对消费品的消费品安全委员会（CPSC）。20 世纪 70 年代末，福特公司的 Pinto 汽车被召回，记者报道称，福特公司出于经济原因推迟了召回，而这一推迟很可能导致更多的死亡和事故。理想情况下，组织应该立即处理安全风险，与客户沟通，主动将产品撤出市场，以防止对消费者造成进一步的威胁。强生公司的泰诺召回事件经常被用作一个如何正确处理消费者安全问题的范例。他们立即就将产品撤出市场，通过增加防篡改包装系统性地提高了产品的安全性，然后在重新上市之前，努力确保消费者对产品安全的信心。

正式的召回流程因行业而异，但是都有些共同的流程。正式的召回通常包括通知正确的政府组织，通过公告或者直接与所有者联系向公众传达信息，以及追踪退回的产品。消费者会被告知要遵循什么样的流程将产品送修、更换、退款或者自行维修。

如果召回的根本原因是你零部件供应商的错误，则该供应商可能有义务向你赔付部分或全部费用（第 14.5.9 节）。然而，即使供应商赔付了全部的召回费用，但你的管理费用以及对品牌的损害也很难覆盖。为了免受召回的影响，你可以购买责任险，并且许多投资者会要求公司购买责任险（插文 18-2）。

避免召回的最好方式是对安全、质量、产品验证和法规要求保持密切关注。正如在第 5.3.3 节中所指出的那样，仔细研究那些类似的召回产品可用于设定合适的规范要求，做出设计决策和实施测试协议，以避免类似故障的发生。对 CPSC 召回数据库进行一个快速的浏览就会发现消费品召回的典型原因包括：

·割伤·死亡·勒颈·窒息
·失火·中毒·跌落或绊倒·烧伤
·接触有害物质·夹伤·触电·刺激皮肤·摄入磁铁

插文 18-2：产品责任险和召回险

无论你在安全设计方面多么小心谨慎，你的产品总有可能会导致意外伤害。《哈佛商业评论》的一篇文章节选如下。

"从过往的案例中可以清楚地看到：即使你的产品和同行业中的其他产品一样安全，并且达到了客户的预期，但如果一个可行的替代设计可以避免事故的发生，那么你的产品就是有过失的。"

召回或者诉讼的财务影响可能会毁了一家公司。根据保险信息协会的数据，2017 年的责任险中位数是 150 万美元。为了防范"未知的未知"，公司通常会购买产品责任险和 / 或产品召回险。保险费用会根据不确定性（市场上的新产品不确定性更高）和产品复杂度的不同而有很大差异。许多网站给出的基本费率为产品销售额的 0.25%；然而，对于那些被认为风险较高的产品，价格可能会更高。

18.3　客户支持

客户支持系统旨在快速解决琐碎的问题，解答更具挑战性的技术问题以及支持保修索赔。大多数情况下，客户问题可以通过电话或者网页支持进行处理。例如，客户可以通过交谈来解决软件无法正确加载的问题，学习如何使用产品的问题，或者仅仅是提醒为产品插上电源的问题。然而，你的客户支持人员需要能够处理更具挑战性的退货和产品维修等方面的问题，或者在最坏的情况下，确定可能会引发召回的安全问题。图 18-1 所示为一个客户支持系统的组成部分。

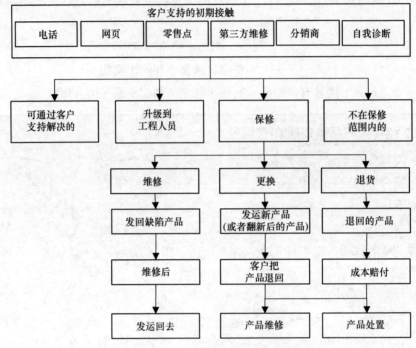

图 18-1　客户支持系统的组成部分

一个典型的客户支持流程始于客户通过电话或者在线聊天来与公司取得联系。理想情况下，售后服务代表可以通过简单的故障排除在电话中解决问题。如果问题没有被解决而产品又在保修期内，则可以进行维修、更换或退货。

有些客户会回到他们购买产品的地方。通过全国的零售大卖场或在线分销公司退回的产品，依据你与分销商之间签订的合同，可能会有不同的处理方式。在某些情况下，你可能因分销商处理退货而需要对他们进行补偿；在其他情况下，你可能需要向分销商返还其销售额的一定比例以覆盖任何的退货成本。在某些情况下，分销商会处理掉产品；而在其他情况下，你会把产品收回。对退货产品的实际处理情况取决于你与你的分销渠道协商达成的协议。

如果你是自己处理那些呼叫电话，那么客户支持系统应被设计用于：

1）**管理收到的客户请求和疑问**。公司通常会为客户提供多种获得帮助的途径，包括基于网页的聊天、客户服务中心、现场服务（如 Apple 公司的天才吧）、第三方支持（如回到百思买）或者维修供应商（你购买家用电器的公司可能会协调维修）。

2）**解决投诉**。一旦客户发起了一个投诉，公司就需要想办法解决问题。解决问题的方法可以很简单，如用手写草稿教客户如何重启产品，也可以很复杂，如将问题提交给技术专家并把产品送回进行故障排查和维修。

3）**管理保修和维修索赔**。如果出现了维修索赔，公司需要维修或更换产品，或向客户退款。退货产品的管理可以由你的公司、合约制造商或者第三方物流供应商负责（第 16 章）。

18.3.1　客户接触

起初，客户支持是通过将产品带回商店或者致电维修人员来实现的。在美国，20 世纪 60 年代末，免费电话的出现意味着人们不必使用昂贵的长途电话来联系公司，所以公司更广泛地使用了免费的客户支持号码。如今，公司通常会为客户提供多种寻求帮助的方式，包括：

1）**在线 / 基于网页的支持**。这种方式可以降低与客户互动的成本，并可以过滤掉一些更容易处理的来电。例如，一个互联网服务供应商可以远程给调制解调器发送一个信息并诊断信号是否清晰还是并不存在。在线系统可以是简单的常见问题网页，也可以是复杂到需要远程连接设备以进行诊断。此外，一些高科技公司还创建了在线社区，在该社区客户可以互相帮忙解决问题。

2）**传统的免费呼叫中心**。许多客户都希望能与人工客服对话，以获得保证。一些公司自己负责管理自己的呼叫中心；另一些公司则将呼叫中心外包给合约呼叫中心（在美国国内或者在海外地区），这些呼叫中心会对来电进行诊断分类，并只将重要问题上报给专家处理。这样，技术水平较低的普通人员就可以处理大部分来电，你就不必付费请高技术水平的技术专家来询问客户是否为设备插上了电源插头。然而，与某个对产品并不是很了解而且只会照着屏幕念的人进行交谈可能会让客户感到非常沮丧。

3）**公司自有的零售点**。拥有自己零售点的企业通常设有支持中心（如 Apple 公司的天才吧）。

4）**分销商或者购买点**。这些商家可以对在他们那儿购买的产品进行保修和退货管理。例如，在自行车行业，自行车商店管理问题诊断和维修，并向客户或制造商（取决于维修是否在保修范围内）收取人工费和材料费。

5）可以与**第三方维修公司**签订合约来管理保修投诉、维修及赔付流程。

例如，你可以致电家电维修人员，他们熟悉各种家电，可以为你处理保修事宜。

6）**自我诊断系统**。一些高科技产品的设计使可预测的故障会自动触发客户支持呼叫。例如，笔者的汽车每月会给自己发送一封电子邮件，邮件会说明汽车的状态和任何需要维修的地方。如果需要维修，App 会自动帮助笔者与汽车经销商预约时间。

18.3.2　解决客户投诉

如果客户服务代表无法诊断出某些问题，他们会把投诉上报给一个更精通技术的团队。在这种情况下，客户支持部门会把有挑战性的来电转给那些拥有专业技术知识的公司员工以解决问题。对于那些更换或者维修费用非常昂贵的产品，或者那些低级别的客户支持部门以前从未遇到过的问题，客户支持部门则需要投入更多努力。如果一个产品的更换费用非常昂贵，则公司希望在启动成本高昂的保修行动之前得到技术专家的第二意见。

快速诊断和信息发送对于有效的客户支持很关键。客户支持应该通过以下方式实现：

1）**数据库和数据输入系统**可以使客户支持人员准确、快速地记录有关产品、问题和所采取措施的关键信息。排查产品故障的技术专家和维修人员需要准确和具体的信息，这样才能进行有效的根本原因分析并找到问题的解决办法。

2）为客户支持团队提供**根本原因分析数据**。客户支持团队应该随时掌握有关常见问题和最可能的解决方式的信息。

3）由能够提供技术支持的人员组成的**工程团队**，他们能够对上报给他们的问题快速找到根本原因。

故事 18-1：当你制造某种会持续使用的产品时会发生什么？

Danielle Applestone，Othermill 项目发起人

基于在政府资助下所开发的技术，我们创建了 Other Machine 公司。我们的目标是制造小型台式加工设备，用于以较低的成本来培训美国下一代的制造劳动力。

我们从根本上降低了 CNC 机床的准入门槛，而任何时候只要降低了技术门槛，你就会打开新的市场。

CNC 机床通常非常难以使用，绝对不适合业余爱好者。即使这台设备使用起来相对容易，我们也犯了那个经典错误"这是一台适合所有人的设备"，这其实也就是"我们根本不知道我们要解决什么问题"。所以当它还是一个新奇的想法时，我们在 Kickstarter 平台发起了众筹活动，筹集到了成立公司所需的资金。

通过众筹，有 200 多人每人为我们的产品支付了 1500 美元左右。在该活动中，我们共筹集了 311657 美元，只是最终我们交付 200 台机器实际所需资金的四分之一。尽管我们晚发了机器，但发出去的那些机器基本上都是美化过的原型样品。

最奇怪也最出乎预料的是这些机器竟然如此可靠。大约 5 年后，在我出售并离开这家公司后，很多 Kickstarter Othermill 的初始用户仍在使用他们的机器。但最终，在使用多年后，那些最初的 Othermill 开始出现问题。

对于该机器，现在我们已经进入第四代专业版本了（现在完全针对 PCB 原型开发而设计，并重新命名为 Bantam Tools 台式 PCB 铣床）。最初的 Kickstarter Othermill 是根据我们对如何制造这样一台机器的最佳猜想而建造的，其中包含大量定制零件、一些业余爱好者制作的组件，以及在这四年中已经无法继续使用的零件。因此，我们在可能的情况下发去了一些替换零件，但当这些零件最终都用完时，我们面临着每家硬件公司都会面临的一个道德抉择：随着产品的老化，我欠客户什么？

设计阶段总给人一种无休止的感觉，而让生产运行下去就像一场要穿过雷区而又没有终点的马拉松。但真正考验人的是真正为客户手中的产品提供长年累月的支持。如果你是幸运的，客户会在某个时候打开包装盒并使用你的产品。

而在我们的案例中，早期客户开始越来越依赖他们的机器并且想要维修它们，而不是随着时间的推移更换它们。因为我们在那些早期机器中使用的很多零件基本上都是定制零件，这就成了一个问题。由于我们仍在对设计进行迭代，因此这些零件都是用原型工艺少量定制的。因为机器制造的方式，这些零件可以持续使用多年，但是轴承会磨损，电动机会沾上灰尘。最终，机器需要的那些零件我们已经不记得是如何制造的，也许起初就没有进行适当的记录。当你试图快速前进时，你会尽你所能，但即使是伟大的团队也会忘记曾如何到达月球。

提前说明：没有什么好的方式可以去支持老产品。我从没想出一个神奇的解决方案。但是如果你想从事硬件产品开发，那么对整个产品生命周期的认识是非常重要的。最终我们从以下角度着手：

1）如果没有这 200 名早期用户，我们的公司从来就不会存在过。

2）像 1500 美元的笔记本电脑这样的设备，其价值在五年内会折旧为零。

3）客户已经对他们的机器产生了感情，并希望留着它们（我们通过给这些机器赋予了一些有趣的序列号，如"时髦的萨克斯管（Sassy Saxophone）"和"勇敢的巴松管（Brave Bassoon）"，从而不知不觉地强化了他们的这种想法。

4）在现场使用老旧过时的设备是一种负担，对于支持和服务来说也是一种时间上的陷阱。

5）我们希望我们的公司能够生存下去，因此根本没有能力更换或维修 Kickstarter 上的 Othermill。

6）如果没有这 200 名充满激情和耐心的早期用户，我们的公司从来就不会存在过（之所以列了两次，因为这对我们很重要）。

如何处理我们老版本产品的决定是一个道德决定，因为没有办法做出 100% 理性的选择。你只能基于你想成为一个什么样的公司而选择一条路。

最终，我们决定成为这样一家公司：为所有 Kickstarter 平台的 Othermill 早期用户每人提供 1000 美元抵用券，用于购买一台价值 3199 美元的全新专业版 Othermill，但是他们必须选择在未来一年内使用该抵用券。这是一种感谢，但也承认我们是一家企业，并且告诉客户，如果他们真的需要在台式加工设备上制作 PCB 原型，他们将需要花些费用。

事后回想起来，我希望我们能使用更多的现货零件，并使我们的早期产品可以自行维修并易于升级，这就是我们将为所有未来型号所做的事。但是，要建立向后兼容性和更换停产零部件的途径并不总是可能的。但是，如果你关心你的客户，你就要好好想一想这个事情。对我来说，有关硬件最难的事情并不是创造出产品，而是产品支持。

文字来源：转载已获得 Danielle Applestone 许可。

照片来源：转载已获得 Danielle Applestone 许可。

18.3.3 保修索赔

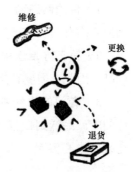

如果产品是在保修期内出现故障，企业可以采取以下几种措施中的一种。有些问题需要使用逆向物流来退回有问题的产品，并将新的或者修复好的产品寄回给客户。有问题的产品需要维修、翻新或处理，企业必须备有成品和替换零件的库存（插文 18-3）。

赔付。在这种情况下，消费者退回产品并获得产品成本的补偿。即使你不更换或者维修那个产品，你也应该设法将有问题的产品取回来以确保客户没有骗你。可以对退回的产品进行研究以了解故障的原因，而且在某些情况下，可以对有问题的产品重新翻新然后以折扣价销售。如果你自己负责处理赔付问题，你通常可以拿回产品；但是，如果产品是通过一个分销渠道销售的，你可能会，也可能不会取回有问题的产品，分销商可能会自行处理。

更换。一个有问题的产品可能会用一个新的或者翻新过的产品进行更换。替换有问题的产品有助于确保你给客户提供了无缺陷的产品；但是，更换的成本通常要高于维修。

维修。对于昂贵且定制化的产品，更换产品的成本可能要远远高于维修的成本。在这种情况下，产品需要退回来并建立一个系统以追踪它的维修过程。对于一些更大的产品（如洗衣机），可能需要现场维修。

插文 18-3：备件、维修和替换件

为了有效支持保修期内和保修期外的维修，客户支持团队需要持有替换件和备件的库存。理想情况下，产品设计师应将产品设计得易于维护（第 10.5 节）。尽管不太可能预测库存需求，但你仍可以基于初始的可靠性测试、可靠性预算和来源于其他产品的历史记录进行估算。在产品生命周期内，应调整支持维修的库存水平，以平衡库存持有成本和可能的维修率以及向客户快速交付替换件的能力。

取决于你的保修设置和客户期望，你也许能够将销售备件和替换件作为一个额外的收入来源。例如，从一个原始设备制造商（OEM）采购一根典型的充电线的成本大约为 2~3 美元；然而，更换电线的价格通常是这个价格的数倍。

对于维修和翻新产品，你有许多选项：

1）**合约制造商**。合约制造商也许有责任维修或者翻新产品。这样，你将面临把产品发回制造国的挑战。

2）**第三方维修中心**。为了避免国家之间的发运，你可能希望在销售国维修产品。因此，需要在当地维护好备件和测试设备，以对产品进行维修。

3）**专门的维修中心**。对于许多需要定期维护的产品（如汽车），客户会将他们的产品送到授权中心（如汽车维修中心）。如果产品在保修期内，用户除了在维修中心浪费一个上午的时间外，没有任何成本。维修中心会把账单发给制造商。

4）**维修技术人员**。对于那些不易发运的产品，维修技术人员通常会去客户现场进行维修。在某些情况下，维修人员是产品开发公司的员工；在另外一些情况下，他们是第三方服务供应商。

18.3.4 通过分销渠道处理退货

客户通常会去两个地方来解决投诉，他们可以拨打你的客服电话，也可以回到他们购买产品的零售商那里。取决于你与销售渠道商签订的合约，你可能更倾向于让客户回到零售商那里或者你自己来处理。当零售商处理投诉时，他们会拿回退货件，而取决于销售渠道商及你与他们之间的协议，你可能会也可能不会把退货产品拿回来。

当一些销售渠道商向你支付货款时，他们会自动从售价中抽取一个固定比例来覆盖退货产品（出于任何原因）的成本。然后，任何退回去的产品就属于销售渠道商所有（如百思买），他们自己会重新翻新并通过折扣渠道重新销售。这种协议可以减少对逆向物流的需求，但是你将会失去诊断运行不良产品，以及与不满意客户沟通的能力。

18.3.5 降低客户服务成本

有效地管理客户支持可对现场支持产品的成本产生巨大影响。如果你没有培训良好的客服人员，客户会感到沮丧，并会通过社交媒体表达他们的不满。如果你没有办法来追踪保修退货，你就没有办法走到新出现的问题前面。

许多公司会把客户支持作为事后考虑的事情，并且在产品推出过程中很晚才开始计划客户支持。仔细想清楚产品在客户手中会发生什么，可以减少呼叫次数、呼叫时长以及可能会导致产品差评的不满。

以下是一些降低客户支持成本有效的方法：

1）**对产品进行优化设计以减少客户打电话寻求帮助的次数**。仔细设计开箱过程和安装过程可以减少电话寻求帮助的次数。此外，自我诊断系统和定义明确的维护程序可以减少电话呼叫次数。

2）**对产品预先进行注册以减少收集数据的时间**。在电话沟通过程中，通常需要花费大量时间从客户那儿收集产品的相关数据。对产品预先进行注册（包括所有客户和产品信息）可以提高呼叫中心的效率。让客户从网页端开始联系，即在网页输入序列号和其他数据（并获得一些支持），可以减少电话呼叫次数并缩短沟通时间。在产品上设置一个客户可以用智能手机读取的简单二维码，可以减少序列号转录错误。

3）**将产品设计成带有内置诊断工具的形式**。可以向客户支持团队提供有关典型故障的信息，以及快速诊断故障的工具。如果只是某人说"它不工作了"，那你将需要花时间来理解"不工作"的含义。如果有清楚的指示（如故障代码、闪烁的彩灯或者记录的信息），客户支持小组就能更快速地识别出故障类型。

4）**将产品设计得易于自我维修**。产品可以设计得易于更换发生故障的子系统（如可更换的电池），使客户自己能够对产品的某些方面进行维修，从而降低了将产品发运回去进行更换和维修的需要。

5）**对可更换零件的发运进行计划**。Formlab 最初的几个产品系列要求整个产品以原始包装的形式发运回去才能维修。大部分客户并不会保留笨重的包装箱，而且这种发运成本非常高。Formlab 的新产品系列具有易于拆卸的光学元件，便于快速维修和最小化停机时间。在维修的同时，设备主人可以得到一个替代的光学元件，从而减少停机时间和降低发运成本。同时，由于整个设备不需要拆卸，因此降低了维护成本。

6）**避免"权益膨胀"**。当产品超出了保修期，客户却要求公司支付维修费用时，权益膨胀（entitlement creep）就发生了。膨胀可能是故意的（为了使客户满意而修好一个产品），也可能是无意的（无法证明产品已过保修期）。通过云技术强制客户注册并激活产品是避免无意膨胀的一种方法。最后，如果你无法证明产品是被用户损坏的（如智能手机的湿度传感器），则权益膨胀可能会进一步加重。

18.4　客户支持数据

如果你想要一个有效的客户支持系统，你就需要一个数据系统来记录和追踪有关投诉的信息，以及解决投诉的成本。数据对于管理投诉并确保投诉得到解决、跟踪保修成本并识别新出现的质量趋势都很关键。

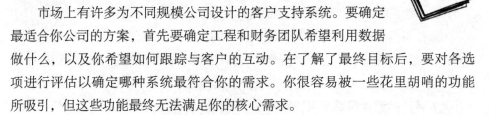

大多数小公司开始都会先使用自制的客户投诉系统，这个系统保存在不断增长且日益复杂的电子表格中。随着时间的推移，公司会逐渐摆脱自制系统，需要过渡到正式的客户支持软件。理想情况下，公司应在产品推出之前或之后不久开始实施商业客户支持系统，以避免将来费力的切换。

市场上有许多为不同规模公司设计的客户支持系统。要确定最适合你公司的方案，首先要确定工程和财务团队希望利用数据做什么，以及你希望如何跟踪与客户的互动。在了解了最终目标后，要对各选项进行评估以确定哪种系统最符合你的需求。你很容易被一些花里胡哨的功能所吸引，但这些功能最终无法满足你的核心需求。

客户支持系统的设计极具挑战性，因为数据的使用者太多了。不同的利益相关方的需求经常互相冲突。例如，客服团队可能不希望花大量时间打字做备注，因为做备注会增加通话时长，但是维修团队和质量团队可能需要这些细节来推动维修和持续改善。数据的利益相关方包括：

1）**消费者**。他们需要知道自己的投诉是否正在处理，以及他们的产品何时会被退回。你不会希望客户等待好几个月时间才拿到解决方案，只是因为你把他们的投诉给弄丢了。许多商用客户支持系统允许客户直接访问数据，他们能直接查询维修状态，而不用拨打免费电话。

2）**客户支持代表**。他们需要能快速输入数据，并尽可能高效地诊断和解决非保修问题。他们不希望花大量时间重新输入数据或者点击各个屏幕。

3）**客户支持主管**。他们需要对客户支持团队进行培训，使其掌握某些故障的最佳应对措施。例如，如果电池充电问题持续存在，主管需要能够给出一个推荐的维修方案（如更新固件），并确保所有客户支持人员都知道正确的应对措施。

4）**逆向物流团队**。他们需要使用这些数据来跟踪并规划哪些材料要由谁发运到哪里，并跟踪什么时候以及从哪儿的发货不会准时到达。这可以使团队轻松跟踪处理中的客户缺陷产品在流程中的位置。最糟糕的事情莫过于将缺陷产品寄回，却发现把它弄丢了。

5）**维修中心人员**。他们需要能够了解客户正在经受什么样的故障。如果系统设计不当，由客服人员所做的备注信息将模糊不清和不完整。如果客服中心使用多种语言工作，那么翻译备注就会变得更加困难。

6）**采购团队**。他们需要跟踪备件的使用情况，以确保有充分的存货以支持正在发生和新出现的问题。

7）**财务团队**。他们需要这些数据来跟踪谁欠了谁什么。此外，他们还需要数据来管理保修储备金账户，以了解确认收入时保留的比例是否需要提高或者降低。

8）**质量工程和持续改善团队**。他们需要使用这些数据来驱动质量改善和降低成本。这些数据被用于识别质量问题，以对纠正措施进行优先级排序，推动持续改善，并提出下一代产品的设计变更建议。

9）**产品设计团队**。他们需要使用这些数据来确定和实施下一代产品的改善。

18.4.1 记录哪些数据

尽管每家公司都有自己独特的信息要求，但检查清单 18-1 提供了一份应进行记录和跟踪的常用数据清单。

检查清单 18-1：客户投诉数据检查清单

产品信息

❑ **序列号和产品类型**。呼叫中心和网站软件应该使用验证检查和下拉菜单来减少输入错误。

❑ **购买日期（如果可能）**。购买日期有助于确定产品是否仍在保修期内，以及在故障发生前产品已经使用了多久。

❑ **销售渠道**（例如，你在哪里购买的产品）。不同的销售渠道要分别跟踪。你可能需要从零售商处导入数据以获得退货率的完整信息。

客户信息

❑ **产品使用地点**。不同地区会有不同的失效模式。例如，在一月份威斯康星州一个冰冷的车库里放置的产品和在八月份佛罗里达州一辆汽车中放置的产品，它们的失效在评估时会有很大的不同。

❑ **发货和联系人信息**。这些信息确保产品会送到正确的人手中，并且不会被放错地方。

呼叫状态

❑ **首次呼叫的日期和时间**。这有助于跟踪解决投诉所花的时间。

❑ **为了解决问题而采取措施的日期**。应保存解决问题步骤的历史记录。例如，一个产品问题可能会被升级到工程团队，然后再转到维修中心。跟踪整个系统的响应速度有助于确定客户是如何被对待的。

❑ **解决方案的状态**。有必要跟踪仍未解决的投诉状态，以及客户问题在哪里陷入了僵局。

❑ **呼叫解决和结束日期**。这有助于计算解决方案的时间指标，并持续改善。

问题描述

❑ **对于客户问题的描述**。客服人员偏向于记录他们认为的解决方案，而不是对所见问题进行准确描述。例如，"电池故障"是一个诊断。而问题的描述可能是"客户插上了充电器，但是灯并没有亮"或者"当把电池装进设备里时，设备并没有开启"。

❑ **记录一次呼叫中描述的多个问题**。一个产品通常并不是只有一个问题。如果只记录了第一个问题，那么可能就会漏掉其他问题。

❑ **问题分类**。投诉电话应该要进行分组以便于绘制帕累托图表和趋势图。然而，应确定分类以减少错误分类的概率。例如，不应将"电气问题""电池问题"和"充电器问题"笼统归为一类，而应有明确的标准说明哪些问题应归入哪类。应在下拉菜单中对产品分类进行编码，以避免拼写错误、不同的命名方案和其他会使数据难以分析的错误。

❑ **严重程度分类**。有些问题比其他问题更严重。虽然一个产品无法工作令人恼火，但着火和危险要在标准上报周期之外立即上报。

> **对解决方案的描述**
>
> ❑ **采取了哪些措施，是否解决了问题。**如果来自呼叫中心的问题描述
> 信息不完整，可以根据问题的解决方式对故障类型进行分组。此外，它还有
> 助于确定哪些故障成本花费最高。
>
> ❑ **跟踪哪些零件 / 产品已发运。**了解正在更换哪些零件可以用来跟踪导
> 致故障的零部件批次，以及跟踪那些重复更换但仍失效的零件。
>
> ❑ **解决方案的成本。**备件、维修和更换的成本信息对于核算和计算保
> 修储备金要求至关重要。

18.4.2 如何上报数据

如上所述，由客户支持流程所生成的数据会被许多利益相关方使用。跟
踪现场产品质量对许多职能部门都很重要，设计、支持工程、质量和运营团队
都需要了解现场当前的质量故障。通常情况下，客户支持团队或质量团队会每
月或每周向整个组织公布保修和退货数据。基于数据和趋势，各职能小组可能
会采取行动来解决保修率和成本问题。尽管有许多方式可以查看数据，但公司
通常会通过以下两种方式来评估质量趋势。图 18-2（来自真实客户投诉上报
系统的规范化和匿名数据）给出了保修数据要如何基于以下两个时间点上报的
例子：

1）**投诉是何时上报的。**图 18-2 上图所示为根据每周上报的投诉数量所得出
的年化退货率。这个退货率是用索赔数除以总装机量计算得来。总装机量则通
过估算现场还有多少产品仍可能处于保修期内来计算。图 18-2 上图准确显示了
投诉体量，以及下一周你处理投诉的花费，但无法让你了解投诉是来自刚采购
的产品还是来自已过保修期的产品。

2）**产品是何时制造的。**图 18-2 下图所示为在一个给定时期内生产的所有产
品的年化退货率。F1~F4 是产品所经历的故障模式。退货率有两个部分：迄今
为止已经实际退货的产品和在整个保修期内对可能被退货的一个预测。预测额
外的退货率是基于历史退货情况（产品通常是在生命早期，还是生命晚期出现故
障）计算得出的。这种基于时间的趋势图可以准确反映质量趋势，但在很大程度
上取决于预测模型的准确性。

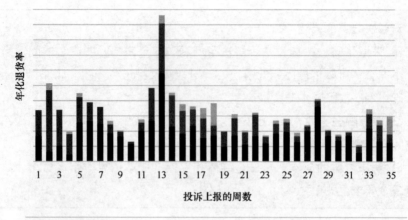

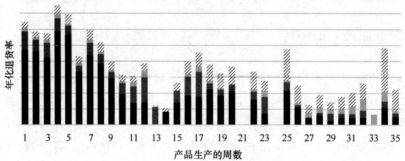

■F1　■F2　■F3　▨F4　▨预测额外的

图 18-2　客户投诉数据

18.4.3　如何避免常见错误

许多公司在设定收集哪些数据以及如何分析这些
数据时都会犯相同的错误。以下是一些常见的错误。

错误 1：没有很好地对投诉进行分类。如上所述，
应将来电和投诉进行分类，以便团队确定应首先关注
哪些问题（根据总的退货率、严重程度和成本）。确
保分类之间没有重叠（如每项投诉只能以一种方式分
类）非常重要。客服可能会经历这样的阶段：所有的投诉都以一种方式进行分类，
一周之后又以不同方式分类。分类的变化可能会影响你的分析结果。

分类的数量也很重要。分类过多，客服人员就需要花费很长时间才能找到
合适的描述；分类太少，数据就会过于集中。需要定期重新评估分类，并对客服

人员进行适当培训。

错误2：没有基于销量对数据进行归一化处理。仅按月来统计来电次数或者故障数量，会忽略销量的波动性。故障应该按生产总数或者仍在保修期内的产品总数的一个比例来进行上报，以得到退货率的一个归一化数值。可能有必要针对季节性趋势对数据进行归一化处理。例如，在美国，1月中旬通常会出现来电高峰，因为这时候人们终于能抽出时间来玩他们的节日礼物了。当对数据进行归一化处理时，可以选用以下数值作为统计标准：

1）**产品用户总数**计算的是当前仍在保修期内的产品数量。当故障在整个产品生命周期内均匀分布时，根据用户总数来归一化处理数据效果很好。

2）**近期销量**采用了 × 个月前销售的产品数量。如果大部分故障都发生在产品的早期阶段，则可以对其进行调整，以快速捕捉任何趋势。

3）**生产期间的产量**能更好地反映一段时间内的制造性能，但由于数据传输的速度很慢，除非使用图 18-2 中的预测模型，否则它只是一个滞后的质量指标（也就是说，只有在产品投入使用很久之后，你才会了解到相关质量问题）。

错误3：仅仅只看一个衡量标准。并不是所有的来电和投诉都是相同的。用一个简单的解决方法（软件漏洞修复或者新的快速启动向导）来处理很多烦人的电话，就能消除大量低成本的投诉。消除这些琐碎的问题可以释放关键的客户支持资源，减少来电等待时间。另一方面，任何有关安全问题的投诉，无论其发生频率有多低，都应该立即列到关键清单的最顶端。不解决潜在的安全问题会有严重的法律和道德影响。

不同的衡量标准会给你带来不一样的见解，并推动采取不同的行动。例如：

1）每件产品的问题总数可以衡量客户的愤怒程度。

2）最终并没有造成需要客户服务的来电是令人烦恼的问题，它们可以通过设计或者通过网页端的支持来解决。

3）造成产品完全失灵的严重故障解决起来可能并没有那么昂贵，但会对品牌和客户忠诚度造成严重损害。

4）索赔成本会使企业关注保修储备金，以获得流动资金。

错误4：没有前后一贯地上报数据。如果组织每周都收到一组不同的图表，他们就要花更多时间来弄清楚这些数据意味着什么，而不是花时间弄清楚要采取什么措施。质量团队应该创建一组标准图表，每周分发一次。对报告进行标准化能够使组织更快速地识别趋势，因为他们正在寻找那些趋势，而不是试图去理解一种新的数据上报方式。

通过避免以上这些常见错误，客户支持产生的数据可以帮助组织更主动地发现问题并推动质量改善。

小结和要点

❑ 保修是法律义务。公司需要设计支持现场产品的系统，并确保预留了足够的资金来支持保修过程。

❑ 你可以（而且很可能应该）购买保险来预防重大的保修召回。

❑ 产品要设计得易于维护，这样可以省去电话呼叫、响应时间和保修服务的成本。

❑ 召回会对客户的品牌感知，以及会对你企业的财务状况产生巨大影响。

❑ 团队需要确保有足够的备件以支持保修过程。

❑ 保修系统的设计应可以全面收集有关故障原因和故障描述的数据，以支持维修和纠正措施。

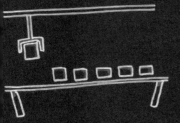

第 19 章

批量生产

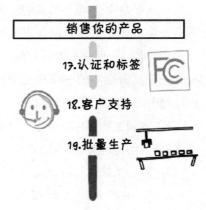

企业会把产品实现过程的完成看作马拉松的结束。然而，一旦开始批量生产，一系列新的活动和问题就会出现：运营效率变得至关重要，现场会出现需要解决的问题，整个组织需要推动降低成本并持续提升质量。企业也需要开始思考系列产品中的下一款产品。

产品开发团队会幻想产品第一次到达客户手中的情景。从得到一个可以工作的原型样品到一个能大量生产产品的生产线，他们花费了数月（或者数年）时间。他们已经熬过并克服了前面章节中所描述的所有挑战。然而，把第一批产品送到客户手中仅仅是一系列新挑战的开始。随着产量的增加，新的压力又会出现：降低成本的压力，以及随之而来的运营、设计和供应链的变化；投资者会开始询问关于下一款产品的情况；滚动预测需要转化为材料订单和生产计划；必须为客户进行支持并处理质量问题。

产品实现经常看起来就像是与一系列无法预料的火灾作战；相比之下，批量生产几乎是完全可以预测的。批量生产要关注细节，避免混乱。在生产期间不会发生重大变化，但是会出现微小的渐进变化。随着批量生产逐渐爬坡，企业通常会聘用一些在高效运营制造业务方面有深厚专业知识的人员。

关于批量生产的书籍和文章有很多，然而，本章将重点讨论团队在产品实现过程中需要注意并为之进行计划的几个主题，它们包括：

1）管理生产规模对速度、成本和质量的影响（第19.1节）。

2）推动持续改善（第19.2节）。

3）推动系统性地降低成本（第19.3节）。

4）对生产系统进行审核，以确保与记录的流程有持续的符合性（第19.4节）。

5）对设备进行维护，以确保质量并最大化设备的正常运行时间（第19.5节）。

6）思考下一款产品（第19.6节）。

19.1　制造可扩展性

在试产期间，工厂通常会以一个比最终量产速度要慢的速度，先从小批量生产开始。即使开始批量生产，也通常会先保持比较低的速度（为了顾及还在继续的测试和／或因为消费者对新产品的需求还未达到高峰），但是随着销售推动了对更多产品的需求，生产速度也会快速提升。随着生产速度的提升，又会出现一系列新的问题。团队需要对规模扩大过程中出现的问题做好计划，例如：

1）**由规模驱动的变化**。随着生产速度的提升和批量的增大，可能需要更大规模上的工艺来缩短生产周期和降低成本。然而，扩大工艺规模并非易事。例如，如果工艺涉及混合或者处理大量材料（如混合一种新的生物物质），那么用于批量生产的方式通常不同于那些用于小批量生产的方式。仅仅使用一个更大的容器可能不会产生相同的结果。新的混合容器和材料处理器会改变流体动力学、温度控制和材料在冷库外面所花的时间。

2）**材料在生产线上停留期间会发生降解**。批量越大，在制品库存越多，生产周期也越长。因此，生产线上就会有更多的产品在等待。例如，一家医疗设备公司为了保持产品干燥，在包装中使用了干燥剂。当产量爬升时，公司购买了一大袋干燥剂供整个班次使用。在潮湿天里，由于干燥剂吸收了周围环境中的湿气，它的温度大幅上升。干燥剂的效果下降，增加了包装内的湿度超过允许值的风险。

3）**空间**。取决于库存、在制品库存和生产线的设计，增加生产量会对可使用的车间空间产生巨大影响。一家医疗设备公司为一个大型制冷系统设计了一个 24 小时老化测试（在发货前让产品长时间运行）。在低产量的情况下，进行 24 小时老化测试并不是问题，但是当生产速度提升时，该公司就没有足够的空间来容纳一天内制造的所有产品。只有缩短老化时间，他们才能对生产速度进行实际管理。

4）**供应商产能**。当生产速度提升时，供应商产能经常会成为一个挑战。那些可以快速交付 10 件或 100 件产品的供应商，当大量的订单涌进来时可能会难以跟上。而且随着生产速度的提升，质量可能会下降。

5）**劳动力质量**。随着生产速度的提升，工厂可能会给生产线增加新的员工，这些新员工不具备与最初工人相同的制度性知识。因为生产已经开始并且运行起来，主管在培训这些新员工时可能不会像培训最初的工人那样在意，最初的那些人是启动生产的关键。因此，这些新的员工更有可能会跳过某些步骤并犯错。在进行面向装配的设计的同时，精心编写一份内容准确的标准作业程序，可以增加新员工快速掌握如何制造高质量产品的机会。

6）**零件的互换性和返工时间**。随着生产速度的提升，可用于调整不合格零件的时间就会减少，因此零件的一致性和互换性就变得越发重要。与正常零件有差异的零件会造成返工并减慢生产速度。打个比方，就像是公路上发生了一起小的刮蹭事故。当它发生在午夜时，车辆可以绕道而行，车流不会被妨碍；而当它发生在下午 5 点的马萨诸塞州 128 号公路上时，事故位置后面的拥堵会迅速延长到几英里（而且可能会导致更多后续事故）。

7）**产品损坏**。当材料在工厂内快速移动时，发生损坏的可能性就会增加，这也会造成返工的堵塞。

19.2 持续改善

在开始批量生产前，不可能通过设计排除所有潜在的产品故障，不可能确保生产系统完全顺畅，也不可能完全减少返工及最大化提高良品率。工厂、客户支持和持续改善工程小组需要识别出持续改善的活动，以驱动降低成本、减少废料和退货，并降低过多库存。持续改善的好处是可以提高现有产品的利润率，并在需要降价时使企业处于更有利的竞争地位。此外，产品团队可以将从持续改善中学到的经验教训应用到下一个产品中。

在产品实现过程中会出现一些改善的机会，但由于时间和资源有限，团队无法立即解决。这些机会应该记录下来，并在批量生产开始后实施。例如，团队可能意识到他们在使用一家高成本的供应商进行生产。虽然没有足够的时间在首次生产前对新的供应商进行审核，但是一旦开始全面生产，团队就可以更换供应商以大幅降低销售成本。在检查清单 19-1 中描述了几个持续改善机会的来源。

负责持续改善的团队（通常是质量工程团队或者专门的持续改善团队）他们应该在一份中心文档或者系统中维护好那份改善机会的清单。该清单（通常为一份电子表格）使整个组织能够跟踪改善的状态和完成情况。

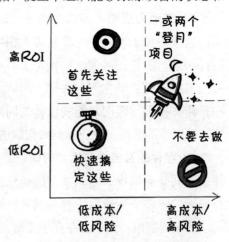

列出潜在的改善机会并不难，难的是确定优先级并有效地执行。团队可能会将所有可能的改进列出一份很长的清单，并试图一次性实施所有改进。当公司同时开展太多项目时，所有项目的完成时间都会大大延迟。最好的办法是专注于少数关键项目，然后完成这些项目，把收益存入银行，然后再转向下一组活动。

应根据每个项目的成本、时间线、影响和风险确定项目的优先级。图 19-1

图 19-1 项目优先级确定矩阵

所示为一个可用于确定项目优先级的矩阵。很显然，与安全相关的产品或者生产问题总是会优先考虑。

检查清单 19-1：持续改善机会的来源

❏ **市场营销和销售**。接受客户关于产品改善和改变的反馈。

❏ **客户服务**。分析保修数据，以识别哪些故障正在造成产品退货和客户不满意。

❏ **质量**。分析工厂的良品率和返工数据，以识别哪些地方的低劣质量导致了生产周期的延长、返工和成本的增加。

❏ **工厂运营**。寻找那些导致装配成本和时间增加的高接触装配过程（那些需要大量人力进行装配的过程）。

❏ **工厂运营**。寻找系统中那些成堆的库存。大量在制品库存突出了产能不足造成的生产线不平衡。大量成品库存突出表明销售预测没有正确地推动生产计划。

❏ **工程**。识别出高成本零件，它们是降低销售成本的机会。

❏ **供应商管理**。剔除那些没有在质量、数量或者进度上满足期望的供应商。

❏ **采购**。识别出交付时间过长的物料或者严重拖延的供应商。

总会有几个"低垂的果实"项目，它们具有较小的风险和较高的投资回报率（ROI）。这些项目应该是第一批持续改善工作的重点。此外，团队还应该有几个"登月"项目，这些项目虽然风险高，但也有可能获得高回报。这些"登月"项目通常是长期项目，要在一些较容易解决的问题得到解决之后再完成。低成本、低投资回报率的项目一旦实施，就可以为大型项目提供所需要的现金。很明显，你应该规避那些风险高、投资回报率低的项目。

项目优先级的确认还应该确保关键资源不被过度使用。如果被过度地分配给多个项目，一些关键资源往往就会成为瓶颈。例如，如果许多项目都需要验证测试，那么测试和质量小组就可能成为瓶颈。

第 4 章所描述的项目管理原则同样也适用于持续改善项目，包括关键路径管理、风险管理和 RASCI 矩阵。

19.3 降低成本

降低成本的工作（顾名思义，这是推动降低成本的任何工作）可能会占据持续改善工作的大部分。降低成本的项目可以使销售成本降低，改善你与供应商的采购条款并缩短产品的交付时间。即使是微小的成本下降也会对企业的整体盈利能力产生巨大影响，尤其是当产量增加时。当你每年生产 100 万件产品时，
每件节省 0.1 美元，利润就会增加 10 万美元。降低成本的来源有很多（见检查清单 19-2），包括降低零件成本、降低交付成本（来料和出货）和降低生产成本。

检查清单 19-2：降低成本的来源

降低零件成本

❑ 确定商品定价趋势，以降低成本。

❑ 向供应商申请批量折扣。

❑ 把订单整合给一个供应商。

❑ 寻找第二供源或者与你的现有供应商二次协商
价格。

❑ 从指定件改为通用件（确保对质量没有影响）。

❑ 去除非关键零件。

❑ 重新设计零件以降低成本（减少倒扣、材料和特征）。

❑ 检查物料清单（BOM）中的定价是否存在错误。

降低交付成本

❑ 重新协商付款条件。

❑ 通过可选择的供应商或者谈判来缩短交付时间。

❑ 通过与其他货物捆绑或通过海运来降低发运成本。

❑ 改善预测和生产计划。

降低生产成本

❑ 尽可能用自动化代替人工装配。

❑ 用多型腔模具代替单型腔模具。

❑ 将子系统装配外包给相对便宜的工厂。

首先要关注的是销售成本的降低。降本团队（通常是持续改善工程团队和供应商管理团队）应该评估每个可能降低成本的机会，包括：

1）**利用市场力量和学习曲线**。随着技术的改进、制造效率的提高以及产能的增加，大多数核心技术（如电池、芯片/Wi-Fi 模块、LCD）的价格通常会有所下降（假设材料不短缺）。采购小组应该跟踪关键市场趋势，并利用市场的变化获得关键零部件的重新报价。

2）**申请批量折扣**。以更大批量订货时，供应商可能会给你一个折扣。供应商可能不会自动给你降价，你通常需要提出要求。

3）**整合订单**。如果你同时订购更多类型的产品，供应商和分销商可能会给予价格优惠。例如，你订购电阻的分销商可能同时还提供连接器和电池，所以你可以通过协商降低整个订单的成本。从一个分销商处订购多种类型的零件还可以减少管理来自多个供应商多种零件的时间和精力。

4）**寻找第二供源和重新招标**。昂贵的零件（半定制和加工件）也许用一个新供应商会更便宜。拿到其他供应商的报价也可以为你与现有供应商的谈判增加筹码。但也请注意，不断地威胁要更换供应商可能会削弱你与关键供应商之间的信任。

5）**将指定件更换为通用件**。在第一代产品中，昂贵的零部件通常都是从知名供应商处采购。随着团队更好地了解其产品的性能范围，他们可能会发现通用件也是可行的，而且是成本更低的选择。

6）**去除零部件**。考虑到较容易进行设计变更，第一代产品通常会包含过多的零部件和冗余系统。例如，一个机电产品最开始可能设计有额外的电容器、二极管和其他集成电路，但后来发现这些都是多余的。当设计经过现场验证后，如果工程团队确定去除某些零部件并不会降低性能或者使认证无效，则可以批准去除这些零部件。

7）**重新设计**。可以重新设计零件，以降低零件数量、合并工艺装备、减少材料或者降低人力成本。例如，可以重新设计以合并零件或者减少零件所使用的材料。

8）**检查 BOM 是否有错误**。BOM 可能存在一些看似相对较小的错误。耗材（如胶水）的用量可能被高估了，或者列出来的螺钉数量不正确。尽管这些件通常每件只有几分钱，但积累起来对成本的影响可能相当大。BOM 要定期评估，以发现并纠正错误。

9）**外包子系统装配**。相比于你厂内自制的成本，供应商可能能以一个更低的成本提供整个子系统的装配。例如，注塑供应商可能能为你先把整个壳体预先装配好，然后发运整个壳体。因为零件是从生产线上下来并立即装配，所以供应商的管理费用和人力成本可能要比你的低。此外，把装配外包出去本质上提高了你的产能，你可以把空间和人力应用到其他额外的生产中。

除了解决销售成本，你的团队还可以通过以下方式降低产品的交付成本：

1）**重新协商付款条件**。随着合约制造商或供应商对你的业务越来越有信心，如果他们无法降低制造成本和销售成本以与对手的报价相竞争，他们可能会给出更有竞争力的条件（如更低比例的采购预付款）。

2）**缩短交付时间**。正如第 15 章所指出的，交付时间过长会使订购、库存和现金流更加困难。寻找成本略高但交付时间较短的类似零件，可以降低库存持有成本从而改善成本。

3）**降低发运成本**。如果你的分销系统可以通过海运而不是空运来发运产品，成本将会大大降低。然而，考虑到货物在船上的额外时间，改为海运必须要在需求出现之前提前 4~6 周建立成品库存。

4）**改进预测和生产计划**。持有库存可能是对可用现金的一个巨大消耗。在批量生产早期，当最终的销量还不是很清楚时，可能有必要持有过多库存以应对预测中的不确定性。随着预测变得更加准确，生产速度确定，交付时间得到确认，团队就可以降低来料零件和材料库存、在制品库存和成品库存。

固定资产设备和模具也是降低成本的一个来源，包括：

1）**用自动化代替人工装配**。在产量较低的情况下，人工装配可能是合适的选择；除非需求证明自动化的支出是合理的，团队才会考虑建造自动化系统。随着产量的增加，人工成本的降低将会超过建造自动化系统的额外成本，而且自动化通常会提高质量的一致性。

2）**用多型腔模具代替单型腔模具**。在生产早期，当产量还不确定且现金较为短缺时，可使用低成本的单型腔软模来降低总的固定成本。随着产量的增加，新的多型腔硬模可能更具成本效益。

当进行降本流程时，团队必须要跟踪变更的实施时间，并将变更与生产批次和 BOM 关联起来。为了确保记账的准确，以及识别每个变更对产品质量的影响，对这些变更进行跟踪很有必要。

19.4 审核

确保工人在日复一日生产你的产品时始终遵循相同的合格流程，对于保证质量至关重要。然而，随着生产速度的提高和生产线的老化，实际工艺很容易偏离理想状态。例如，随着产量的增加，生产线会增加新的工人和设备。经验丰富的工人可能会开始走捷径，改变一些流程使其更容易，或者不仔细检查自己的工作。例如，他们可能不会等产品冷却后再移动，或者只是用眼睛估测胶水的用量，而不是使用一个带刻度的点胶机。

审核是一个正式流程，由外部专家评估工人在生产线上的实际操作，以及是否符合标准作业程序（或工艺计划）。审核可以是正式的法律程序，例如，在美国，食物和药品管理局可能会对工厂进行检查/审核；也可以由你的团队对工厂进行非正式（但是全面的）的巡查。审核可以检查以下内容是否符合要求：

1）**制造标准作业程序**。员工是否按照步骤操作？

2）**员工培训**。员工是否接受过正确的培训，是否具备所从事工作的资质？

3）**材料搬运和控制**。材料是否受到温度、湿度或者搬运的损坏？

4）**材料的可追溯性**。隔离的产品是否与其他产品分开？

5）**校准和预防性维护**。为了确保准确度，是否对工艺装备和机器进行了例行维护和校准？

6）**零件检查**。来自于供应商的零件是否符合你的规范要求？

审核过程中发现的问题应通过持续改善加以解决。

19.5 设备维护

设备故障是造成质量问题和生产周期变长的一个重要原因。所有的生产设备最终都会磨损和损坏，而且设备性能也会下降。为了将设备故障的影响最小化，运营团队需要创建一份维护计划以及相关的标准作业程序：

1）**校准**。大多数设备需要定期校准。例如，压力表的读

数可能显示设备的压力维持在 3.5 兆帕左右，但是由于压力传感器的性能降级，这可能意味着实际压力比压力表数值高一些或者低一些。关于设备的校准频率，设备制造商通常会提供一些指导。

2）**预防性维护**。应该要主动停机以进行定期维护。这种维护可以预防机器或模具在不太方便的时候出现故障。预防性维护的计划取决于机器的利用率、故障模式和安全规定。对于关键系统的维护频率，供应商通常会提供指导。

3）**工艺装备清理**。如模具等工艺装备，应在每次使用后进行清理和检查，以延长它们的使用寿命。

4）**工艺装备和设备更换**。工艺装备和设备通常都有一个功能性寿命。在它们的性能开始降级之前，运营团队需要制定计划，以准确确定何时需要更换工艺装备。你不希望看到零件出现了问题，然后不得不再等待 12 周的时间，在零件质量持续下降的情况下去制造新的工艺装备和设备。

5）**关键设备的备用计划**。关键设备出现故障会导致整条生产线停工，工厂运营团队需要有准备好的应急方案。应急方案可以包括设备的手动版本、备用产能、带有快速反应选项的服务协议，以及额外的库存。

19.6 推出下一款产品

大多数成功的公司都不止有一个单一的产品。如果一个产品取得了成功，客户和投资者就会期待在几年内推出更新、更完善的版本。期望在初步成功的基础上再接再厉的公司应该推出下一款产品，扩大产品系列以包括新产品，甚至在你的产品组合中增加全新的产品系列。当产品实现团队开始了设计下一款产品时，应吸取之前产品实现过程中的经验教训，以便更好地执行下一款产品。以下几点需要牢记：

1）**重复利用先前的规范文件、质量测试计划、风险文件和进度计划**。先前产品的文档可以用作新产品的起点，使后续文档的创建更高效。

2）**查看保修数据**。先前产品的失效模式可以为你的下一款产品提供一些有用的借鉴。这些借鉴可用于质量测试、设计变更和对供应商的要求。

3）**评估成本驱动因素**。了解先前产品成本的主要驱动因素能够帮助工程团队为下一款产品确定成本更低的解决方案。

4）**评估你的合约制造商和供应商**。评估关于当前的供应库，你喜欢什么，不喜欢什么。大多数新组织只关注成本，但是其他因素，如响应速度、可信赖度和质量，最终可能也同样重要。新的供应商可以充实你的供应库，针对你的业务做出有竞争力的报价，但是尚未证明其可靠性，所以你要在现有可信的供应商和新供应商之间做出权衡。

5）**确定在哪些地方可以重复使用零部件和模具**。一些零部件和模具可以在不同产品线之间共用，这样可减少设计时间、降低模具成本和复杂性。

6）**确定如何更好地进行下一次试产**。第一代产品可能需要 5 次试产才能推出。你不可能只用一次试产就推出你的新产品，但是严格地评估之前的试产可以帮你简化后续流程。

19.7 总结

19 章的内容已经向你介绍了一系列令人眼花缭乱的工具和方法，这些工具和方法相互作用，其执行对于产品的成功非常重要。你不太可能在第一遍阅读时就能吸收所有的信息，你需要回过头来阅读相关章节以加深理解。此外，工具、软件、最佳实践和方法也在不断发展。此处给大家介绍一个网址：productrealizationbook.com，它包含了许多阅读材料和其他材料，它们会随着技术水平的变化而不断增补更新。最后一个建议就是保持学习，多问问题，不做任何假设，最重要的是，享受创造伟大产品的乐趣。

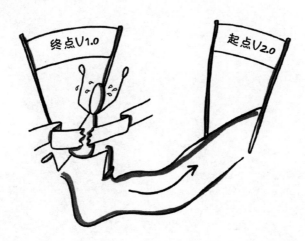

小结和要点

- ❑ 当你进入批量生产时，产品实现过程还并没有结束。

- ❑ 持续地改善产品、工艺和质量有助于推动降低销售成本和保修成本。

- ❑ 定期审核你的工厂，以确保工人正在遵循文件规定的流程。

- ❑ 降低成本贯穿于产品的整个生命周期，可以通过好几种方式实现降本。

- ❑ 吸取现有产品中的经验教训，避免在下一款产品中犯类似的错误。

参 考 文 献

1. Isidore, C. (2018). Tesla will start working 24/7 to crank out Model 3s. CNN Money. https://money.cnn.com/2018/04/18/news/companies/elon-musk-tesla-model-3-production/index.html (accessed 28 July 2020).

2. Randall, T.and Halford, D. (2020). Tesla Model 3 Tracker. *Bloomberg.com*. https://www.bloomberg.com/graphics/tesla-model-3-vin-tracker/ (accessed 28 July 2020).

3. Insinna, V. (2019). Inside America's dysfunctional trillion-dollar fighter-jet program. *The New York Times Magazine* (21 August).

4. Gates,D. (2011). Boeing's tab for the 787:$32 billion and counting. *The Seattle Times* (25 September), p.A14.

5. Wakabayashi, D. (2014). Inside Apple's broken Sapphire factory. *Wall Street Journal* (20 November), p.B1.

6. Jensen, L.S.and Ozkil, A.G. (2018). Identifying challenges in crowdfunded product development:a review of Kickstarter projects. *Design Science* 4:e18.

7. Carpenter, N. (2017). The 5 biggest crowdfunding failures of all time. https://www.digitaltrends.com/cool-tech/biggest-kickstarter-and-indiegogo-scams/ (accessed 28 July 2020).

8. Carreyrou, J. (2018). *Bad Blood:Secrets and Lies in a Silicon Valley Start-Up*.New York:Alfred A.Knopf.

9. Zaleski, O.and Huet, E. (2017). Silicon Valley's $400 juicer may be feeling the squeeze. https://www.bloomberg.com/news/features/2017-04-19/silicon-valley-s-400-juicer-may-be-feeling-the-squeeze (accessed 28 July 2020).

10. Levin, S. (2017). Squeezed out:Widely mocked start-up Juicero is shutting down. *The Guardian* (1 September).

11. Einstein, B. (2017). Here's why Juicero's press is so expensive. https://blog.bolt.io/heres-why-juicero-s-press-isso-expensive-6add74594e50 (accessed 28 July 2020).

12. Bodley, M. (2016). Brewing a new strategy:Keurig looks to learn from the failure of its Kold system. *Boston Globe* (1 June), p.A10.

13. Nieto-Rodriguez, A. (2017). Notorious project failures-Google Glass. https://www.cio.com/article/3201886/notorious-project-failures-google-glass.html (accessed 28 July

2020）.

14. Edwards，O.（2006）. The Death of the EV-1. *Smithsonian Magazine*（June）.

15. Ewing，J.（2017）. Engineering a deception:what led to Volkswagen's diesel scandal. *New York Times*（16 March）.

16. Kitroeff，N.（2019）. Boeing 737 Max safety system was vetoed，engineer says.*New York Times*（29 October）.

17. GAO（2016）. *Technology Readiness Assessment Guide:Best Practices for Evaluating the Readiness of Technology for Use in Acquisition Programs and Projects*（*GAO-16-410G*）. US Government Accountability Office.

18. Banke，J.（2010）. *Technology Readiness Levels Demystified.* https://www.nasa.gov/topics/ aeronautics/features/trl_demystified.html（accessed 28 July 2020）.

19. Department of Defense（2018）. *Manufacturing Readiness Level（MRL）D eskbook.* http:// www.dodmrl.com/MRL_Deskbook_2018.pdf（accessed 28 July 2020）.

20. Carman，A.（2019）. Crowdfunding disaster Coolest Cooler is shutting down and blaming tariffs for its downfall. https://www.theverge.com/2019/12/9/21003445/coolest-cooler-update-business-tariffs-kickstarter（accessed 28 July 2020）.

21. Cooler，C.（2019）. Coolest Cooler:21st Century Cooler that's Actually Cooler. https:// www.kickstarter.com/projects/ryangrepper/coolest-cooler-21st-century-cooler-thats-actually（accessed 28 July 2020）.

22. Soper，T.（2017）. Glowforge delays shipment of 3D printers again as buyers express frustration with Seattle start-up.*GeekWire*（13 October）.

23. Ulrich，K.T.and Eppinger，S.D.（2016）. *Product Design and Development.*New York，NY:McGraw-Hill.

24. Aulet，B.（2013）. *Disciplined Entrepreneurship:24 Steps to a Successful Start-Up.*Hoboken，NJ:Wiley.

25. Ries，E.（2011）. *Lean Start-Up:How Today's Entrepreneurs Use Continuous Innovation to Create Radically Successful Businesses.*New York:Random House.

26. AIAG（2008）. *Advanced Product Quality Planning and Control Plan*，2e.Automotive Industry Action Group.

27. Quality System Regulation（2015）.21 CFR § 820.

28. ASTM F963（2017）. *Standard Consumer Safety Specification for Toy Safety.*American Society for Testing and Materials.

29. CPSC, *CPSC Recall List.* https://www.cpsc.gov/Recalls（accessed 28 July 2020）.

30. International Traffic in Arms Regulations，22 CFR §120-130.

31. Export Administration Regulations，15 CFR § 730-774.

32. ISO 9001:2015（2015）. *Quality Management Systems.*International Standards Organization.

33. European Parliament and The Council on Medical Devices，Regulation（EU）2017/745.

34. ISO 13485:2016（2016）. *Medical Devices-Quality Management Systems Requirements for Regulatory Purposes.*International Standards Organization.

35. ISO 14971:2012（2012）. *Medical Devices-Application of Risk Management to Medical Devices.*International Standards Organization.

36. ISO/TS 16949.（2016）. *Automotive Quality Management Standard.*International Automotive Task Force（IATF）.

37. AS9100D（2016）. *Quality Systems-Aerospace Model for Quality Assurance in Design, Development, Production, Installation, and Servicing.*Society of Automotive Engineering.

38. TL9000（2017）. *Quality Management System R6.1.*Telecommunications Industry Association.

39. Declaration of Daniel W.Squiller in Support of Debtors'Motion（2014）.14-11916-HJB. US Bankruptcy Court，District of NH.

40. PMI（2019）. What is project management? http://www.pmi.org/about/learn-about-pmi/ what-is-project-management（accessed 28 July 2020）.

41. PricewaterhouseCoopers（2012）. *Insights and Trends:Current Portfolio, Programme, and Project Management Practices:The Third Global Survey on the Current State of Project Management.*PricewaterhouseCoopers.

42. Shepardson，D.（2015）. GM compensation fund completes review with 124 deaths. *Detroit News*（24 August）.

43. Reynolds，T.，Gutierrez，G.，and Gutierrez，G.（2014）. Document shows GM Engineer approved ignition switch change.*NBC News.* https://www.nbcnews. com/storyline/gm-recall/document-shows-gm-engineer-approved-ignition-switch-change-n68371（accessed 28 July 2020）.

44. Christensen，C.M.（2016）. *Competing Against Luck:The Story of Innovation and Customer Choice.*New York，NY:Harper Business.

45. Stringham，G.（2010）. *Hardware/Firmware Interface Design Best Practices for Improving*

*Embedded Systems Development.*Elsevier.

46. ISTA-2A（2011）. *Partial Simulation Test Procedure.*International Safe Transit Association.

47. IBM（2014）. IBM commits $100M to globally expand unique consulting model that fuses strategy, data and design［press release］. http://www-03.ibm.com/press/us/en/pressrelease/43523.wss（accessed 28 July 2020）.

48. Consumer Product Safety Commission（2012）. *Recall Handbook.* https://www.cpsc.gov/s3fs-public/8002.pdf（accessed 28 July 2020）.

49. CPSC（2015）. Laceration injuries prompt SharkNinja to recall Ninja BL660 blenders to provide new warnings and instructions. http://www.cpsc.gov/Recalls/2016/Laceration-Injuries-Prompt-SharkNinja-to-Recall-Ninja-BL660-Blenders（accessed 28 July 2020）.

50. CPSC（2013）. Calphalon recalls blenders due to injury hazard. http://www.cpsc.gov/Recalls/2014/Calphalon-Recalls-Blenders（accessed 28 July 2020）.

51. CPSC（2016）. Denon recalls rechargeable battery packs due to fire and burn hazards. http://www.cpsc.gov/Recalls/2016/Denon-Recalls-Rechargeable-Battery-Packs（accessed 28 July 2020）.

52. CPSC（2008）. Atico International USA recalls personal blenders due to laceration hazard. http://www.cpsc.gov/Recalls/2008/Atico-International-USA-Recalls-Personal-Blenders-Due-to-Laceration-Hazard（accessed 28 July 2020）.

53. Thompson，R.（2007）. *Manufacturing Processes for Design Professionals.*New York:Thames & Hudson.

54. Pantone（2019）. What is the pantone color system? https://www.pantone.com/color-systems/pantone-color-systems-explained（accessed 28 July 2020）.

55. ISO/CIE 11664-4:2019（E）（2019）. *Colorimetry-Part 4:CIE 1976 L*A*B*Colour Space.* International Commission on Illumination.

56. Standex Engraving.Mold-tech. https://www.mold-tech.com（accessed 28 July 2020）.

57. Plastics Industry Association.www.plasticsindustry.org（accessed 28 July 2020）.

58. SPI（1994）. *Cosmetic Specifications of Injection Molded Parts* AQ 103.Society of the Plastic Industry.

59. ASME Y14.100-2017（2017）. *Engineering Drawing Practices.*American Society of Mechanical Engineering.

60. ASME Y14.5-2018（2018）. *Dimensioning and Tolerancing.*American Society of Mechanical Engineering.

61. Dotcom Distribution（2018）. *Great（er）Expectations:The Rapid Evolution of Consumer Demands in eCommerce*.Dotcom Distribution 2018 eCommerce Study. https://dotcomdist. com/wp-content/uploads/2019/06/The_Rapid_Evolution_of_Consumer_Demands_in_ eCommerce_eGuide_v3_8.3-1.pdf（accessed 28 July 2020）.

62. Hubert, M., Hubert, M., Florack, A.et al.（2013）. Neural correlates of impulsive buying tendencies during perception of product packaging.*Psychology & Marketing* 30 （10）:861-873.

63. FEFCO Code（2019）. *International Fibreboard Case Code*.FEFCO.

64. Oxford English Dictionary（2007）. *Quality*.Oxford University Press.

65. Taguchi, G.（1993）. *Taguchi Methods:Design of Experiments*.Dearborn, MI:ASI Press.

66. Deming, W.E.（1986）. *Out of the Crisis*.Cambridge, MA:Massachusetts Institute of Technology, Center for Advanced Engineering Study.

67. Juran, J.M.and Gryna, F.M.（1988）. *Juran's Quality Control Handbook*.New York:McGraw-Hill.

68. Consumer Reports（2019）. Takata airbag recall:Everything you need to know. https:// www.consumerreports.org/car-recalls-defects/takata-airbag-recall-everything-you-need- to-know（accessed 28 July 2020）.

69. IEC 61000-4-2.*ESD Immunity and Transient Current Testing*.IEC. https://www.iec.ch/emc/ basic_emc/basic_emc_immunity.htm（accessed 28 July 2020）.

70. IEC 60529:1989+AMD1:1999+AMD2:2013 CSV（2013）. *Degrees of Protection Provided by Enclosures（IP Code）*. International Electrotechnical Commission.

71. Krystal, B.（2016）.8 million Cuisinart food processor blades have been recalled.Yours may be one of them.*The Washington Post*（14 December）.

72. Pushkar, R.（2002）. Comet's Tale-Making its inaugural flight 50 years ago, the world's first passenger jetliner, the British-built Comet 1, was sleek, fast, and, it would turn out, fatally flawed.*Smithsonian* 33（3）:59-62.

73. The numbers used in the reliability budgets and the lists for the MSA are based on discussions with Bill Drislane.

74. CPSC Recalls（2014）. Fitbit recalls Force activity-tracking wristband due to risk of skin irritation. https://www.cpsc.gov/Recalls/2014/fitbit-recalls-force-activity-tracking- wristband（accessed 28 July 2020）.

75. Park, J.（2014）. A letter from the CEO. https://www.fitbit.com/forcesupport（accessed

28 July 2020).

76. CPSC Recalls（2016）. McDonald's recalls "Step-iT" activity wristbands due to risk of skin irritation or burns. https://www.cpsc.gov/Recalls/2016/mcdonalds-recalls-step-it-activity-wristbands（accessed 28 July 2020）.

77. Baker，J.（2016）. *Wearable Products:Biocompatibility Insights*.CDP Blogs. https://www.cambridge-design.com/news-and-articles/blog/biocompatibility（accessed 28 July 2020）.

78. Niazi，A.，Dai，J.S.，Balabani，S.，and Seneviratne，L.（2006）. Product cost estimation:technique classification and methodology review.*Journal of Manufacturing Science and Engineering* 128（2）:563-575.

79. NASA（2015）. *NASA Cost Estimating Handbook*，Version 4.0.NASA.

80. Astor，M.（2017）. Your Roomba may be mapping your home，collecting data that could be shared.*New York Times*（25 July）.

81. Rosenberg，R.P.（2018）. Strava fitness app can reveal military sites，analysts say.*New York Times*（29 January）.

82. Harwell，D.（2019）. Doorbell-camera firm Ring has partnered with 400 police forces，extending surveillance concerns.*The Washington Post*（28 August）.

83. Strom，S.（2015）. Big companies pay later，squeezing their suppliers.*The New York Times*（6 April）.

84. Segan，S.（2017）. Inside Samsung's Galaxy S8 testing facility.*PC Magazine*（29 March）. https://uk.pcmag.com/smartphones/88614/inside-samsungs-galaxy-s8-testing-facility（accessed 28 July 2020）.

85. Sang-Hun，C.and Chen，B.（2016）. Why Samsung abandoned its Galaxy Note 7 flagship phone.*New York Times*（11 October）.

86. Tibken，S.（2017）. CPSC urges better battery safety after Samsung's Note 7 fiasco. https://www.cnet.com/news/us-safety-agency-cpsc-battery-safety-samsung-galaxy-note-7（accessed 28 July 2020）.

87. Womack，J.P.（2007）. *The Machine that Changed the World:The Story of Lean Production-Toyota's Secret Weapon in the Global Car Wars that is Revolutionizing World Industry*.New York:Free Press.

88. Byrne，E.S.（2017）. A clear correlation:Ethical companies outperform.*Ethisphere*（9 June），pp.40-41.

89. Boothroyd, G., Dewhurst, P., and Knight, W.A. (2010). *Product Design for Manufacture and Assembly.* Boca Raton, FL:CRC Press.

90. Mizell, D.W. (1997). Virtual reality and augmented reality in aircraft design and manufacturing.In:*Frontiers of Engineering:Reports on Leading Edge Engineering from the 1996 NAE Symposium on Frontiers of Engineering*, National Academy of Engineering.The National Academies Press.

91. Nielsen. (2014). *Doing Well by Doing Good.Nielsen Annual Global Survey on Corporate Social Responsibility.* https://www.nielsen.com/wp-content/uploads/sites/3/2019/04/global-corporate-social-responsibility-reportjune-2014.pdf (accessed 28 July 2020).

92. *Restriction of the Use of Certain Hazardous Substances in Electrical and Electronic equipment (RoHS),* Directive 2011/65/EU of the European Parliament and of the Council of 8 June 2011.

93. Musk, E. (2018). Yes, excessive automation at Tesla was a mistake.To be precise, my mistake.Humans are underrated. https://twitter.com/elonmusk/status/984882630947753984?lang=en (accessed 28 July 2020).

94. SAE AS9102B. (2014). *Aerospace First Article Inspection Requirement.* SAE.

95. Munk, C.L., Nelson, P.E., and Strand, D.E. (2004). Assignee:Boeing.*Determinant wing assembly.* US patent.US20050116105A1.

96. Barboza, D. (2000). Firestone workers cite lax quality control.*New York Times* (15 September).

97. NIST Physical Measurement Laboratory (2019). *Calibration Procedures.* https://www.nist.gov/pml/weights-andmeasures/laboratory-metrology/calibration-procedures (accessed 28 July 2020).

98. Mil-Std-105E *Military Standard:Sampling procedures and tables for inspection by attributes.* US Department of Defense.

99. ANSI/ASQ Z1.4-2003 (R2018) (2018). *Sampling Procedures and Tables for Inspection by Attributes.* American Society for Quality.

100. Montgomery, D.C. (1985). *Introduction to Statistical Quality Control.* New York:Wiley.

101. *Massachusetts Trusted Manufacturing Advisor.* https://massmep.org (accessed 28 July 2020).

102. NYSERDA-New York State Energy Research & Development Authority. https://www.nyserda.ny.gov (accessed 28 July 2020).

103. ISO（n.d.）. *Certification.* https://www.iso.org/conformity-assessment.html（accessed 28 July 2020）.

104. ISO/IEC 90003:2014（2014）. *Guidelines for the application of ISO 9001:2008 to computer software.*International Standards Organization.

105. ISO 14000:2015（2015）. *Environmental Management.*International Standards Organization.

106. ISO 45001:2018（2018）. *Occupational Health and Safety.*International Standards Organization.

107. ISO/IEC 27001:2013（2013）. *Information Technology-Security Techniques-Information Security Management Systems-Requirements.*International Standards Organization.

108. ISO/IEC 17025:2017（2017）. *General Requirements for the Competence of Testing and Calibration Laboratories.*International Standards Organization.

109. SA8000（2014）. *SA8000® Standard.*Social Accountability International.

110. Federico-O'Murchu，L.（2014）. Why can't Apple meet demand for the iPhone 6? https://www.cnbc.com/2014/12/05/why-cant-apple-meet-demand-for-the-iphone-6.html （accessed 28 July 2020）.

111. Statt，N.（2017）. Snap lost nearly $40 million on unsold Spectacles. https://www.theverge.com/2017/11/7/16620718/snapchat-spectacles-40-million-lost-failure-unsold-inventory（accessed 28 July 2020）.

112. Kubota，Y.，Mochizuki，T.，and Mickle，T.（2018）. Apple suppliers suffer with uncertainty around iPhone demand.*Wall Street Journal*（19 November）. https://www.wsj.com/articles/apple-suppliers-suffer-as-it-struggles-to-forecast-iphone-demand-1542618587（accessed 28 July 2020）.

113. Magretta，J.（1998）. The power of virtual integration:an interview with Dell Computer's Michael Dell.*Harvard Business Review* 76（2）:72-84.

114. Shah，A.（2017）. PC prices will continue to go up due to SSD，DRAM，LCD shortages，Lenovo says.*PCWorld.* https://www.pcworld.com/article/3171366/pc-prices-will-continue-to-go-up-due-to-shortage-of-components.html（accessed 28 July 2020）.

115. Wolfe，D.（2019）. The global shortage of capacitors impacts all consumer electronics. https://qz.com/1575735/a-mlcc-shortage-is-stifling-electronics-hardware-auto-makers （accessed 28 July 2020）.

116. US Customs and Border Protection（2018）. Becoming a customs broker. https://www.
cbp.gov/trade/programsadministration/customs-brokers/becoming-customs-broker
（accessed 28 July 2020）.

117. United States International Trade Commission.*Harmonized Tariff Schedule of the United
States Revision 7.*

118. International Chamber of Commerce（2010）. *Incoterms® 2010.*International Chamber
of Commerce. https://iccwbo.org/resources-for-business/incoterms-rules/incoterms-
rules-2010/（accessed 28 July 2020）.

119. California Proposition 65（1986）. *Safe Drinking Water and Toxic Enforcement Act of
1986.*California Office of Environmental Health Hazard Analysis.

120. Underwriters Laboratory *UL Certification.* http://www.ul.com/certification（accessed 28
July 2020）.

121. Equipment Authorization Procedures，47 CFR §§ 2.901-2.1093（2017）.

122. Hazardous material regulations，49 CFR Subchapter C. https://www.govinfo.gov/
content/pkg/CFR-2012-title49-vol2/xml/CFR-2012-title49-vol2-subtitleB-chapI-
subchapC.xml（accessed 28 July 2020）.

123. IATA（2020）.*61st Dangerous Goods Regulations.*International Air Transport Association.

124. Regulation No 1275/2008（2008）. *Directive 2005/32/EC of the European Parliament
and of the Council with regard to ecodesign requirements for standby and off mode electric power
consumption of electrical and electronic household and office equipment.*European Commission.

125. Directive 2012/19/EU（2012）. *Waste Electrical and Electronic Equipment（WEEE）.*
European Parliament and of the Council.

126. Bluetooth（2020）. *Qualify your product.* https://www.bluetooth.com/develop-with-
bluetooth/qualification-listing（accessed 28 July 2020）.

127. Zigbee Alliance.*Get Certified.* https://zigbeealliance.org/certification/get-certified
（accessed 28 July 2020）.

128. Magnuson-Moss Warranty Act（P.L.93-637），15 U.S.C.§ 2301 et seq.（1975）.

129. O'Rourke，M.（2010）. Tylenol's headache.*Risk Management* 57（5）:8-9.

130. O'Rourke，M.（2010）. Toyota's total recall.*Risk Management* 57（3）:8，10-11.

131. Birsch，D.（1994）. *The Ford Pinto Case:A Study in Applied Ethics，Business，and
Technology，SUNY Series，Case Studies in Applied Ethics，Technology，and Society.*
Albany，NY:State University of New York Press.

132. Greyser，S.A.（1992）. *Johnson & Johnson:The Tylenol Tragedy*.Harvard Business School Case 583-043.

133. Manley，M.（1987）. Product liability:you're more exposed than you think.*Harvard Business Review* 65（Sept.-Oct.）:28-40.

134. Insurance Information Institute（2019）. *Facts + Statistics:Product liability*. https://www.iii.org/fact-statistic/factsstatistics-product-liability（accessed 28 July 2020）.

135. Consumer Product Safety Commission（2016）. Duty to report to CPSC:rights and responsibilities of businesses. https://www.cpsc.gov/Business--Manufacturing/Recall-Guidance/Duty-to-Report-to-the-CPSC-Your-Rights-and-Responsibilities（accessed 28 July 2020）.

136. Consumer Product Safety Commission.Who we are-what we do for you. https://www.cpsc.gov/Safety-Education/Safety-Guides/General-Information/Who-We-Are---What-We-Do-for-You（accessed 28 July 2020）.

137. US Food and Drug Administration（2018）. Facts about the current good manufacturing practices（CGMPs）. http://www.fda.gov/drugs/pharmaceutical-quality-resources/facts-about-current-good-manufacturing-practices-cgmps（accessed 28 July 2020）.

138. National Association of Schools of Art and Design（2019）. National Association of Schools of Art and Design:Handbook 2019-2020. https://nasad.arts-accredit.org/accreditation/standards-guidelines/handbook/（accessed 28 July 2020）.